中文版 AutoCAD 2020
机械绘图实例教程

麓山文化 编著

机 械 工 业 出 版 社

本书从机械行业应用出发，全方位讲解了中文版 AutoCAD 2020 的各项功能，以及绘制各类机械工程图纸的相关知识、绘制流程与方法。

全书共 3 篇 17 章，第 1 章~第 7 章为软件基础篇，介绍了 AutoCAD 绘图的基本知识，包括 AutoCAD 2020 绘图基础、二维机械图的形绘制与编辑、文字和表格的创建、机械制图尺寸标注、参数化绘图、块与设计中心的应用；第 8 章~第 12 章为机械设计篇，介绍了使用 AutoCAD 绘制各类二维机械设计图的方法，包括机械设计概述、机件的常用表达方法、创建图幅和机械样板文件、绘制机械零件图和装配图；第 13 章~第 17 章为综合提高篇，介绍了 AutoCAD 三维绘图知识，包括创建和编辑三维实体、创建三维实体零件、创建机械三维装配图、三维实体生成二维视图以及机械图形的打印和输出等。

本书内容严谨，讲解透彻，实例紧密联系机械工程实际，具有较强的专业性和实用性。另外，本书各章配有典型实例和习题，可操作性强。

本书特别适合读者自学和大、中专院校师生作为教材和参考书，同时也适合从事机械设计的工程技术人员学习和参考。

图书在版编目（CIP）数据

中文版 AutoCAD 2020 机械绘图实例教程/麓山文化编著.—北京：机械工业出版社，2020.10
ISBN 978-7-111-65986-0

Ⅰ.①中⋯　Ⅱ.①麓⋯　Ⅲ.①机械制图－AutoCAD 软件－软件
Ⅳ.①TH126

中国版本图书馆 CIP 数据核字(2020)第 115401 号

机械工业出版社（北京市百万庄大街 22 号　邮政编码 100037）
责任编辑：曲彩云　责任校对：刘秀华　责任印制：郜　敏
北京中兴印刷有限公司印刷
2020 年 11 月第 1 版第 1 次印刷
184mm×260mm・28 印张・694 千字
0001－1900 册
标准书号：ISBN 978-7-111-65986-0
定价：99.00 元

电话服务　　　　　　　网络服务
客服电话：010-88361066　机工官网：www.cmpbook.com
　　　　　010-88379833　机工官博：weibo.com/cmp1952
　　　　　010-68326294　金书网：www.golden-book.com
封底无防伪标均为盗版　机工教育服务网：www.cmpedu.com

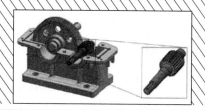

前　言

　　AutoCAD 是美国 Autodesk 公司开发的专门用于计算机绘图和设计工作的软件。自 20 世纪 80 年代 Autodesk 公司推出 AutoCAD R1.0 以来，由于其具有简便易学、精确高效等优点，一直深受广大工程设计人员的青睐。迄今为止，AutoCAD 历经了十余次的扩充与完善，　AutoCAD 2020 中文版极大地提高了二维绘图功能的易用性和三维建模功能。

■ 编写目的

　　鉴于 AutoCAD 强大的功能，我们力图编写一本全方位讲解 AutoCAD 在机械设计行业应用技术的图书。本书以 AutoCAD 命令为脉络，以操作实例为阶梯，可使读者逐步掌握使用 AutoCAD 绘制机械零件图、装配图和三维模型的方法和技巧。

■ 本书内容

　　本书分 3 篇，共 17 章，具体内容安排如下。

篇　　名	内 容 安 排
第 1 篇　软件基础篇 （第 1 章~第 7 章）	本篇内容主要讲解了 AutoCAD 的基本操作和二维图形的绘制、编辑、标注、约束、块、外部参照等功能，这些内容也是 AutoCAD 最核心的功能 第 1 章：主要介绍 AutoCAD 2020 软件的功能特点，使读者熟悉软件的基本界面与操作 第 2 章：主要介绍 AutoCAD 中二维绘图的一些主要工具，使读者掌握使用 AutoCAD 绘制简单机械图形的方法 第 3 章：主要介绍 AutoCAD 中与机械制图有关的一系列编辑命令，使读者掌握对图样进行修改的方法 第 4 章：主要介绍 AutoCAD 文字与表格工具的使用方法，使读者学会如何创建机械图形的注释文字与表格 第 5 章：主要介绍使用 AutoCAD 2020 对机械图形进行标注、注释的方法 第 6 章为：主要介绍约束工具在机械制图中的应用 第 7 章为：主要介绍图块、外部参照以及设计中心等工具的使用
第 2 篇　机械设计篇 （第 8 章~第 12 章）	本篇内容主要讲解 AutoCAD 的一些高级管理和绘图功能 第 8 章：主要介绍机械设计的一般流程与工作内容，让读者对机械设计有一个大概认识 第 9 章：主要介绍机械图形的布置技巧及视图选择，让读者清楚如何更好地将一个机械体表达在图样上 第 10 章：介绍如何事先设置好专门针对机械制图的模板，然后通过该模板进行机械制图的方法 第 11 章：以轴类、盘盖类、叉架类、箱体类等几大类主要机械零部件为例，介绍不同类型机械零件图的绘制方法 第 12 章：介绍装配图的绘制方法，并通过减速器这一个经典实例详细分析绘制装配图的技法

篇　名	内　容　安　排
第 3 篇　综合提高篇 （第 13 章~第 17 章）	本篇主要讲解 AutoCAD 的三维建模功能，以及图形的打印与输出 第 13 章：主要介绍 AutoCAD 中建模的基本概念以及建模界面和简单操作 第 14 章：主要介绍各类机械零件的三维造型与建模方法 第 15 章：主要介绍如何利用现有的三维模型，通过三维建模空间中的编辑命令进行装配的方法 第 16 章：主要介绍 AutoCAD 中由三维模型生成二维图形的方法 第 17 章：介绍利用 AutoCAD 对机械图样进行布局打印、多重打印及输出的方法

■ 本书特色

零点起步　轻松入门：本书内容讲解循序渐进、通俗易懂、易于入手，每个重要的知识点都采用了实例讲解，读者可以边学边练，通过实际操作理解各种功能的实际应用。

实战演练　逐步精通：安排了行业中大量经典的实例（共 280 多个），每个章节都有实例示范来提升读者的实战经验。实例串起了多个知识点，可提高读者的应用水平，使其快步迈向高手行列。

视频教学　身临其境：附赠资源内容丰富超值，不仅有实例的素材文件和结果文件，还有由专业领域的工程师录制的全程同步语音视频教学，让读者如亲临教学课堂。

超值赠送　在线答疑：随书赠送 AutoCAD 常用按钮、命令快捷键、功能键和绘图技巧速查手册 4 本，以及 100 多套图纸及 70 例绘图练习，并提供 QQ 群（368426081）免费在线答疑，让读者轻松学习、答疑无忧。

■ 配套资源

本书物超所值，随书附赠以下资源（扫描"资源下载"二维码即可获得下载方式）。

配套教学视频：配套 130 集高清语音教学视频，总时长近 600 分钟。读者可以先通过教学视频学习本书内容，然后对照本书加以实践和练习，以提高学习效率。

本书案例的文件和完成素材：书中所有案例均提供了源文件和素材，读者可以使用 AutoCAD 2020 打开和编辑。

资源下载

■ 本书作者

本书由麓山文化编著，参加编写的有陈志民、江凡、张洁、马梅桂、戴京京、骆天、胡丹、陈运炳、申玉秀、李红萍、李红艺、李红术、陈云香、陈文香、陈军云、彭斌全、林小群、刘清平、钟睦、刘里锋、朱海涛、廖博、喻文明、易盛、陈晶、张绍华、黄柯、何凯、黄华、陈文轶、杨少波、杨芳、刘有良、刘珊、赵祖欣、齐慧明等。

由于编者水平有限，书中不足、疏漏之处在所难免。在感谢读者选择本书的同时，也希望读者能够把对本书的意见和建议告诉我们。

读者服务邮箱：lushanbook@qq.com

读者 QQ 群：368426081

编　者

前 言

第1篇 软件基础篇

第1章 AutoCAD 2020 绘图基础

第2章 二维机械图形的绘制

第 3 章 二维机械图形的编辑

第 4 章 文字和表格的创建

第5章 机械制图尺寸标注

第6章 参数化绘图

第7章 块与设计中心的应用

第 2 篇 机械设计篇

第 8 章 机械设计概述

第 9 章 机件的常用表达方法

第 10 章 创建图幅和机械样板文件

第 11 章 绘制机械零件图

第 12 章 绘制机械装配图

第 3 篇 综合提高篇

第 13 章 创建和编辑三维实体

第 14 章　创建三维实体模型

第 15 章　绘制机械三维装配图

第 16 章 三维实体生成二维视图

第 17 章 机械图形打印和输出

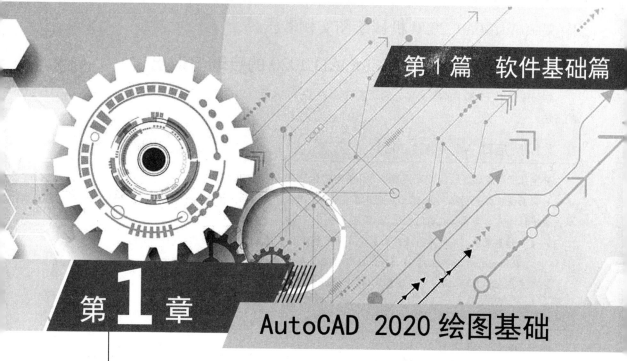

第1篇 软件基础篇

第1章

AutoCAD 2020 绘图基础

本章导读

　　AutoCAD 是业界深受广大用户喜爱、应用非常广泛的计算机辅助绘图和设计软件，它由美国 Autodesk 公司开发，其最大的优势就是绘制二维工程图，同时也可以进行三维建模和渲染。自 1982 年 12 月推出初始的 R1.0 版本，三十多年来，经过不断的发展和改进，AutoCAD 操作更加方便，功能更加完善，在机械、建筑、土木、服装、电力、电子和工业设计等行业得到了广泛的应用。

本章重点

➤ AutoCAD 2020 的启动与退出
➤ AutoCAD 2020 工作空间
➤ AutoCAD 2020 界面组成
➤ AutoCAD 调用命令的方法
➤ 绘图环境的基本设置
➤ 图形文件的管理
➤ AutoCAD 基本操作
➤ 控制图形显示
➤ 图层的创建和管理

1.1　AutoCAD 2020 的启动与退出

学习或使用任何软件前都必须先启动该软件，在工作完成后退出该软件。下面介绍启动和退出 AutoCAD 2020 的方法。

1.1.1　启动 AutoCAD 2020

在全部安装完成之后，可以通过以下几种方式启动 AutoCAD 2020。

➤ 桌面快捷方式图标：AutoCAD 2020 在安装时，默认会在桌面上生成一个 AutoCAD 2020 的快捷方式图标，双击该图标即可启动 AutoCAD 2020，如图 1-1 所示。

➤【开始】菜单：依次单击【开始】|【所有程序】|【Autodesk】|【CAD 2020 -简体中文 (Simplified Chinese)】|【AutoCAD 2020 -简体中文 (Simplified Chinese)】。

➤ 双击已经存在的 AutoCAD 图形文件（*.dwg 格式）。

1.1.2　退出 AutoCAD 2020

退出 AutoCAD 2020 有以下几种方式。

➤ 菜单栏：选择【文件】|【退出】命令。

图 1-1　快捷方式图标

➤ 命令行：在命令行中输入 "QUIT" 或 "EXIT"。

➤ 单击 AutoCAD 2020 操作界面右上角的【关闭】按钮 X 。

➤ 单击【应用程序菜单】按钮 A ，选择【退出 AutoCAD 2020】。

如果软件中有未保存的文件，则会弹出信息提示框，如图 1-2 所示。单击【是】按钮则保存文件并退出，单击【否】按钮则不保存文件退出，单击【取消】按钮则取消退出，继续绘图操作。

图 1-2　信息提示框

1.2　AutoCAD 2020 工作空间

AutoCAD 2020 提供了【草图与注释】、【三维基础】和【三维建模】3 种工作空间模式。

要在各工作空间模式中进行切换，只需在状态栏中单击【切换工作空间】按钮 ✿ ，或打开【快速访问】工具栏工作空间列表菜单，在弹出的下拉菜单中选择相应的命令即可，如图 1-3 所示。

图 1-3　工作空间切换菜单

1.2.1 草图与注释空间

系统默认打开的是【草图与注释】工作空间，其界面如图 1-4 所示。该空间界面主要由【应用程序菜单】按钮、【功能区】选项板、快速访问工具栏、绘图区、命令行和状态栏构成。通过【功能区】选项板中的各个选项卡中的按钮，可以方便地绘制和编辑二维图形。

图 1-4 【草图与注释】工作空间界面

1.2.2 三维基础空间

【三维基础】工作空间界面如图 1-5 所示，使用该工作空间能够非常方便地调用三维基本建模功能，创建简单的三维实体模型。

1.2.3 三维建模空间

使用三维建模空间，可以方便地进行复杂的三维实体、网格和曲面模型创建。在功能区中集中了【三维建模】、【视觉样式】、【光源】、【材质】、【渲染】和【导航】等面板，从而为绘制三维图形、观察图形、创建动画、设置光源、为三维对象附加材质等操作提供了非常便利的操作环境，如图 1-6 所示。

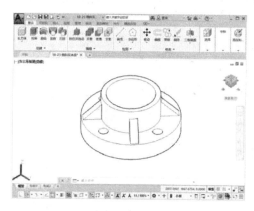

图 1-5 【三维基础】工作空间界面

图 1-6 【三维建模】工作空间界面

1.3 AutoCAD 2020 界面组成

AutoCAD 的各个工作空间界面都包含应用程序菜单按钮、快速访问工具栏、标题栏、绘图区、命令行和状态栏等元素，如图 1-7 所示。本节首先介绍各界面的组成元素，以便用户能够快速熟悉各空间的组成。

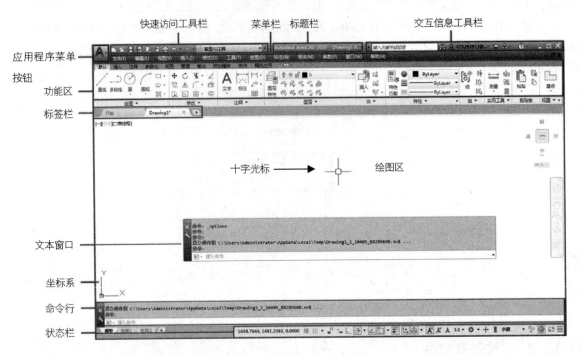

图 1-7 AutoCAD 2020 工作界面

1.3.1 【应用程序菜单】按钮

【应用程序菜单】按钮 位于界面左上角，如图 1-8 所示。单击该按钮，系统弹出 AutoCAD 菜单，该菜单包含了 AutoCAD 的部分功能和命令，用户选择命令后即可执行相

> **提示**
>
> 单击【应用程序菜单】按钮，在弹出菜单的【搜索】引擎中输入关键字，然后单击【搜索】按钮，就可以显示与关键字相关的命令。

1.3.2 快速访问工具栏

AutoCAD 2020 的快速访问工具栏位于【应用程序菜单】按钮的右侧，包含了最常用的快捷工具按钮。

在默认状态下，快速访问工具栏包含 9 个快捷按钮，依次为【新建】、【打开】、【保存】、【另存为】、【从 Web 和 Mobile 中打开】、【保存到 Web 和 Mobile】、【打印】、【重做】和【放弃】。

如果想在快速访问工具栏中添加或删除按钮，可以在快速访问工具栏上单击鼠标右键，在弹出的快捷菜单中选择【自定义快速访问工具栏】命令，在弹出的【自定义用户界面】对话框中进行设置即可。

图 1-8 【应用程序菜单】按钮

单击快速访问工具栏最右侧的下拉按钮 ，系统将弹出如图 1-9 所示的下拉菜单。在其中可以自定义快速访问工具栏，或隐藏/显示菜单栏。

图 1-9　快速访问工具栏下拉菜单

1.3.3　标题栏

标题栏位于工作界面的最上方，如图 1-10 所示，用于显示当前正在运行的程序名称及文件名等信息，AutoCAD 默认新建的文件名称格式为 DrawingN.dwg（N 是数字）。

图 1-10　标题栏

标题栏中的信息中心提供了多种信息来源。在文本框中输入需要帮助的问题，然后单击【搜索】按钮，就可以获取相关的帮助；单击按钮，可以访问产品更新，并与 Autodesk 社区联机；单击按钮，则可以访问 AutoCAD 的帮助文档。

1.3.4　菜单栏

在 AutoCAD 2020 中，菜单栏在任何工作空间都不会默认显示。单击【工作空间】下拉列表框右侧的三角下拉按钮，系统弹出下拉菜单，选择其中的【显示菜单栏】选项，系统就会在快速访问工具栏的下侧显示菜单栏。快速访问工具栏默认共有 12 个菜单项，几乎包含了 AutoCAD 的所有绘图和编辑命令。单击菜单项或按下 Alt + 菜单项中带下划线的字母（如 Alt+O），即可打开对应的下拉菜单。

1.3.5　功能区

功能区位于绘图窗口的上方，由许多面板组成，这些面板被组织到依任务进行标记的选项卡中。功能区面板包含的很多工具和控件与工具栏和对话框中的相同。

默认的【草图和注释】空间中功能区共有 11 个选项卡：默认、插入、注释、参数化、视图、管理、输出、附加模块、协作、精选应用和 Performance。每个选项卡中包含若干个面板，每个面板中又包含许多由图标表示的命令按钮，如图 1-11 所示。

图 1-11　功能区选项卡

功能区主要选项卡的作用如下。

➤ 默认：用于二维图形的绘制、修改以及标注等，包含绘图、修改、图层、注释、块、特性、实用工具、剪贴板等面板。

➤ 插入：用于各类数据的插入和编辑，包含块、块定义、参照、输入、点云、数据、链接和提取等面板。

➤ 注释：用于各类文字的标注、各类表格和注释的制作，包含文字、标注、引线、表格、标记、注释缩放等面板。

➤ 参数化：用于参数化绘图，包括各类图形的约束和标注的设置以及参数化函数的设置，包含几何、标注、管理等面板。

➤ 视图：用于二维及三维制图视角的设置和图纸集的管理等，包含二维导航、视图、坐标、视觉样式、视口、选项板、窗口等面板。

➤ 管理：用于动作的录制、CAD 界面的设置和 CAD 的二次开发以及 CAD 配置等，包含动作录制器、自定义设置、应用程序、CAD 标准等面板。

➤ 输出：用于打印、各类数据的输出等操作，包含打印和输出为 DWF/PDF 面板。

1.3.6 文件标签栏

文件标签栏位于绘图窗口上方，以方便文件的切换和管理。文件标签栏由多个文件选项卡组成，如图 1-12 所示。每个打开的图形对应一个文件选项卡，单击标签栏中相应的选项卡即可快速切换至相应图形文件。

图 1-12　文件标签栏

每个文件标签显示对应图形的文件名，如果名称右侧显示有 "*" 标记，则表明该文件修改后还未保存。移动鼠标至文件选项卡上，可以预览该图形对应的模型或布局，方便了解图形的内容。

在文件标签栏空白处单击鼠标右键，系统会弹出快捷菜单，用于对文件进行相关操作，内容包括新选项卡、新建、打开、全部保存和全部关闭。如果选择【全部关闭】命令，则可以关闭标签栏中的所有文件选项卡，而不会退出 AutoCAD 软件。

单击标签栏右侧的 "+" 按钮，能快速新建图形，并创建相应的文件选项卡，从而大大方便了图形文件的操作管理。

> **提示** 文件标签栏中的文件选项卡是按照图形打开的顺序来显示的，可以拖动选项卡更改标签的显示顺序和位置。如果上面没有足够的空间显示所有的文件选项卡，此时会在其右端出现一个浮动菜单来访问更多打开的文件。

1.3.7 绘图区

绘图区是屏幕上的一大片空白区域，它是用户进行绘图的主要工作区域，用户所进行的操作过程，以及绘制完成后的图形都会直接反映在绘图区。绘图区实际上是无限大的，用户可以通过缩放、平移等命令来观察绘图区的图形。

在绘图区左下角显示有一个坐标系图标，默认情况下，坐标系为世界坐标系（World Coordinate System，WCS）。另外，在绘图区还有一个十字光标，其交点为光标在当前坐标系中的位置。当移动鼠标时，可以改变光标的位置。

绘图区右上角同样也有【最小化】 ▭、【最大化】 ▢ 和【关闭】 ✕ 三个按钮，在 AutoCAD 中同时打开多个文件时，可通过这些按钮进行图形文件的切换和关闭。

绘图窗口右侧显示 ViewCube 工具和导航栏，用于切换视图方向和控制视图。

1.3.8　命令行与文本窗口

命令行窗口位于绘图窗口的底部，用于接收输入的命令，并显示 AutoCAD 提示信息。自 AutoCAD 2020 起，命令行就得到了增强，可以提供更智能、更高效的访问命令和系统变量，现在可以使用命令行来查找诸如阴影图案、可视化风格以及联网帮助等内容。命令行的颜色和透明度可以随意改变。拖动命令行窗口左边缘的夹点，可以使窗口浮动在图形窗口上方，或固定在图形窗口顶部或底部边缘的新位置。其半透明的提示历史可显示多达 50 行，如图 1-13 所示。

AutoCAD 文本窗口是记录 AutoCAD 命令的窗口，是放大的命令行窗口。按 F2 键，即可打开文本窗口，如图 1-14 所示，它记录了对文档进行的所有编辑操作。但这个方式并不实用，文本窗口显示在界面上会妨碍绘图操作。

图 1-13　命令行窗口

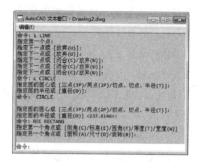

图 1-14　AutoCAD 文本窗口

用户可以自由地控制命令窗口的显示与隐藏，执行【工具】|【命令行】命令即可。

> **技巧**　将光标移至命令行窗口的上边缘，当光标呈↕形状时，按住鼠标左键向上拖动鼠标就可以增加命令窗口显示的行数。

1.3.9　状态栏

状态栏用来显示 AutoCAD 当前的状态，如对象捕捉、极轴追踪等命令的工作状态。同时 AutoCAD 2020 将之前的模型布局标签栏和状态栏合并在一起，并且取消了显示当前光标位置，如图 1-15 所示。

图 1-15　状态栏

在状态栏上空白位置单击鼠标右键，系统弹出快捷菜单，如图 1-16 所示。选择【绘图标准设置】选项，系统弹出【绘图标准】对话框，如图 1-17 所示，在该对话框中可以设置绘图的投影类型和着色效果。

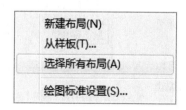

图 1-16　状态栏快捷菜单

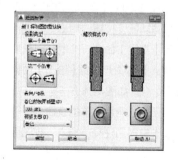

图 1-17　【绘图标准】对话框

状态栏中各按钮的含义如下。

➢ 推断约束♪：该按钮用于创建和编辑几何图形时推断几何约束。

➢ 捕捉模式▦：该按钮用于开启或者关闭捕捉。捕捉模式可以使光标能够很容易地抓取到每一个栅格上的点。

➢ 栅格显示▦：该按钮用于开启或者关闭栅格的显示。栅格即图幅的显示范围。

➢ 正交模式⌐：该按钮用于开启或者关闭正交模式。正交即光标只能沿 X 轴或者 Y 轴方向移动，不能画斜线。

➢ 极轴追踪⟳：该按钮用于开启或者关闭极轴追踪模式。用于捕捉和绘制与起点水平线成一定角度的线段。

➢ 二维对象捕捉▢：该按钮用于开启或者关闭对象捕捉。对象捕捉能使光标在接近某些特殊点时自动指引到那些特殊的点。

➢ 三维对象捕捉▨：该按钮用于开启或者关闭三维对象捕捉。对象捕捉能使光标在接近三维对象某些特殊点时自动指引到那些特殊的点。

➢ 对象捕捉追踪∠：该按钮用于开启或者关闭对象捕捉追踪。该功能和对象捕捉功能一起使用，用于追踪捕捉点在线性方向上与其他对象的特殊点的交点。

➢ 允许/禁止动态 UCS⌐：用于切换允许和禁止 UCS（用户坐标系）。

➢ 动态输入⌁：动态输入的开始和关闭。

➢ 线宽☰：该按钮控制线框的显示。

➢ 透明度▨：该按钮控制图形透明显示。

➢ 快捷特性▤：控制【快捷特性】选项板的禁用或者开启。

➢ 选择循环▨：开启该按钮可以在重叠对象上显示选择对象。

➢ 注释监视器+：开启该按钮后，一旦发生模型文档编辑或更新事件，注释监视器会自动显示。

➢ 模型▣：用于模型与图纸之间的转换。

➢ 注释比例▲ 1:1 ▾：可通过此按钮调整注释对象的缩放比例。

➢ 注释可见性▲：单击该按钮，可选择仅显示当前比例的注释或是显示所有比例的注释。

➢ 切换工作空间✿ ▾：切换绘图空间，可通过此按钮切换 AutoCAD 的工作空间。

➢ 全屏显示⛶：单击该按钮可以开启或者退出全屏显示。

➢ 自定义☰：单击该按钮可以对当前状态栏中的按钮进行添加或删除，方便管理。

1.4 AutoCAD 调用命令的方法

AutoCAD 2020 主要采用键盘和鼠标结合的命令输入方式，通过键盘输入命令和参数，通过鼠标执行工具栏中的命令、选择对象、捕捉关键点以及拾取点等。其中命令行输入是普通 Windows 应用程序所不具备的。

1.4.1 功能区按钮调用命令

在 AutoCAD 2020 中，默认的工作空间是【草图与注释】工作空间，较常用的并且比较适合初学者的命令调用方式就是单击功能区按钮调用命令，这种方法比较直观，且方便快捷。如调用【直线】命令，绘制任一长度和角度的直线，直接单击功能区【默认】选项卡上的【绘图】面板中的【直线】按钮即可调用【直线】命令，如图 1-18 所示。

功能区除了可以调用简单的直线、圆等绘图命令以外，还可以在不同的选项卡中调用注释、插入、视图等命令，对图形进行编辑完善。

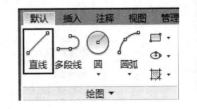

图 1-18 调用【直线】命令

1.4.2 使用鼠标操作执行命令

在绘图窗口中，光标通常显示为"十"字线形式。当光标移至菜单选项、工具或对话框内时，它会变成一个箭头。单击或者按动鼠标键，都会执行相应的命令或动作。在 AutoCAD 中，鼠标键是按照以下规则定义的。

➤ 拾取键：通常指鼠标左键，用于指定屏幕上的点，也可以用来选择 Windows 对象、AutoCAD 对象、工具栏按钮和菜单命令等。

➤ 确定键：指鼠标右键，相当于 Enter 键，用于结束当前使用的命令，此时系统将根据当前绘图状态而弹出不同的快捷菜单。

➤ 快捷键：当按 Shift 键和鼠标右键的组合时，系统将弹出快捷菜单，打开临时捕捉，可以选择相应的临时捕捉方式。

1.4.3 命令行调用命令

通常情况下，绘制一个图形需要指定一些参数，不可能一步完成。例如，画一段弧就必须通过启动画弧命令、确定弧段起点、确定弧所在圆的半径及确定弧对应的圆心角这四个步骤。这些命令，如果仅通过用鼠标单击菜单或工具栏按钮来执行，效率会很低，甚至根本无法完成。命令输入方式可以连续地输入参数，并且实现人机交互，效率大大提高。

例如，调用【直线】命令，可以输入"LINE"或命令简写"L"。有些命令输入后，将显示对话框，这时如果在这些命令前输入"-"，则显示等价的命令行提示信息，而不再显示对话框（如填充命令 HATCH）。

输入参数时，鼠标操作和键盘输入通常是结合起来使用的。可用鼠标直接在屏幕上捕捉特征点的位置，用键盘启动命令和输入参数。一个熟练的 CAD 设计人员通常用右手操纵鼠标，用左手操作键盘，这样配合能够达到最高的工作效率。

> **提示** 在输入命令后，很多情况下还需要继续选择命令选项，在 AutoCAD 2020 中，除了可以输入选项字母外，还可以直接单击选项进行选择。也可以在命令选项中使用方向键选择选项命令。

1.4.4 菜单栏调用命令

在 AutoCAD 2020 中，菜单栏默认不显示，单击快速访问工具栏中的【工作空间】列表框右侧的三角按钮，在弹出的下拉菜单中执行【显示菜单栏】命令，如图 1-19 所示，即可在快速访问工具栏下部显示菜单栏。

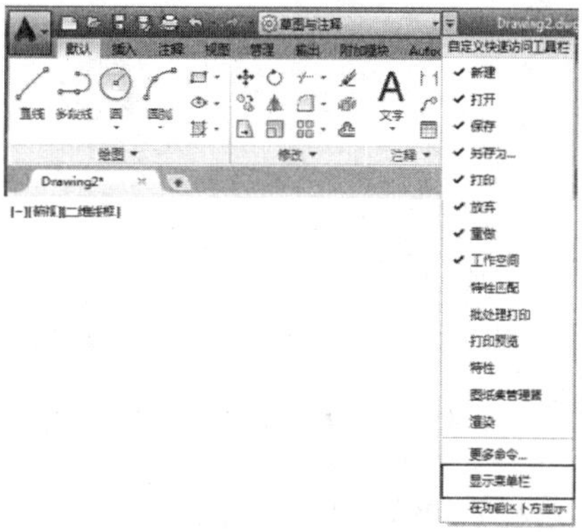

在 AutoCAD 2020 中，通过菜单启动命令有以下几种方法。

➤ 在菜单栏中单击某个菜单项，打开其下拉菜单。然后将光标移至需要的菜单命令并单击即可执行该命令。

➤ 单击【应用程序菜单】按钮 ，显示菜单项，从中选择相应的菜单命令。

➤ 在屏幕上不同的位置或不同的进程中右击，将弹出不同的快捷菜单，从中可以选择与当前操作相关的命令。

图 1-19 显示菜单栏

1.4.5 重复执行命令

按 Enter 键或空格键可以重复刚执行的命令，如刚执行了绘制圆（CIRCLE）命令，按 Enter 键或空格键可以重复执行【圆】命令。或者在绘图区右击，在弹出的快捷菜单中选择【重复 XX】。

另外，在命令行右击，在弹出的快捷菜单中选择【最近的输入】菜单项中最近执行的某个命令，如图 1-20

所示，则可有选择地重复执行某命令。

1.5 绘图环境的基本设置

AutoCAD 2020 启动后，用户就可以在其默认的绘图环境中绘图了，但是，有时为了保证图形文件的规范性、图形的准确性与绘图的效率，需要在绘制图形前对绘图环境和系统参数进行设置。

1.5.1 系统参数的设置

对大部分绘图环境的设置，最直接的方法就是使用【选项】对话框。在绘图区空白位置单击鼠标右键，在弹出的快捷菜单中选择【选项】命令，系统弹出如图 1-21 所示的【选项】对话框。该对话框中包含了 10 个选项卡，可以在其中查看、调整 AutoCAD 的设置。

图 1-20　重复执行命令

各选项卡的功能如下。

➢ 【文件】选项卡：用于确定 AutoCAD 搜索支持文件、驱动程序文件、菜单文件和其他文件时的路径以及用户定义的一些设置。

➢ 【显示】选项卡：用于设置窗口元素、布局元素、显示精度、显示性能、十字光标大小和参照编辑的褪色度等显示属性。其中，最常执行的操作为改变绘图区窗口颜色，可以单击【颜色】按钮，在系统弹出的【图形窗口颜色】对话框中设置各类背景颜色，如图 1-22 所示。

➢ 【打开和保存】选项卡：用于设置是否自动保存文件以及自动保存文件时的时间间隔，是否维护日志以及是否加载外部参照等。

➢ 【打印和发布】选项卡：用于设置 AutoCAD 输出设备及相关输出选项。默认情况下，输出设备为 Windows 打印机。但在很多情况下，为了输出较大幅面的图形，也可能使用专门的绘图仪。

图 1-21　【选项】对话框

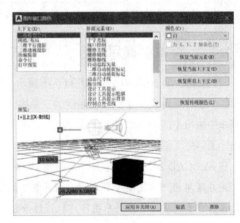

图 1-22　【图形窗口颜色】对话框

➢ 【系统】选项卡：用于设置当前三维图形的显示特性，设置定点设备、是否显示 OLE 特性对话框、是否显示所有警告信息、是否检查网络连接、是否显示启动对话框、是否允许长符号名等。

➢ 【用户系统配置】选项卡：用于设置是否使用快捷菜单和对象的排序方式。

➢ 【绘图】选项卡：用于设置自动捕捉、自动追踪、自动捕捉标记框颜色和大小、靶框大小。

➢ 【三维建模】选项卡：用于对三维绘图模式下的三维十字光标、UCS 图标、动态输入、三维对象、三维导航等选项进行设置。

➢ 【选择集】选项卡：用于设置选择集模式、拾取框大小及夹点大小等。

➤ 【配置】选项卡：用于实现新建系统配置文件、重命名系统配置文件以及删除系统配置文件等操作。

提示 在没有执行任何命令时，在绘图区域或命令行窗口右击，在弹出的快捷菜单中选择【选项】命令，也可以打开【选项】对话框。

1.5.2 图形界限的设置

图形界限是在绘图空间中假想的一个绘图区域，用可见栅格进行标示。图形界限相当于图纸的大小，一般根据国家标准关于图幅尺寸的规定进行设置。当打开图形界限边界检验功能时，一旦绘制的图形超出了图形界限，系统将发出提示，并不允许绘制超出图形界限范围的点。

可以使用以下两种方式调用图形界限命令。

➤ 菜单栏：执行【格式】|【图形界限】命令。

➤ 命令行：输入"LIMITS"。

下面以设置 A3 大小图形界限为例，介绍图形界限的设置方法。

【案例 1-1】： 设置 A3 大小图形界限

01 在命令行中输入 LIMITS 并按 Enter 键，调用【图形界限】命令，根据命令行的提示，设置图形界限大小，命令行操作如下。

命令：LIMITS✓ 　　//调用【图形界限】命令

重新设置模型空间界限

指定左下角点或[开(ON)/关(OFF)]<0.000,0.000>:✓　　//按空格键或者Enter键默认坐标原点为图形界限的左下角点。此时若选择"ON"选项，则绘图时图形不能超出图形界限，若超出系统不予绘出。选择"OFF"则准予超出界限图形

指定右上角点:420.000,297.000✓//输入图纸长度和宽度值，按下Enter键确定,再按下Esc键退出,完成图形界限设置

02 双击鼠标滚轮，使图形界限最大化显示在绘图区域中，然后单击状态栏【栅格显示】按钮▦，即可直观地观察到图形界限范围，如图 1-23 所示。

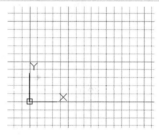

图 1-23　设置的图形界限

03 结束上述操作后，将显示出超出界限的栅格。此时可在状态栏栅格按钮▦上右击，选择【设置】选项，打开如图 1-24 所示的【草图设置】对话框，取消勾选"显示超出界限的栅格"复选框。单击【确定】按钮退出，结果如图 1-25 所示。

图 1-24　【草图设置】对话框

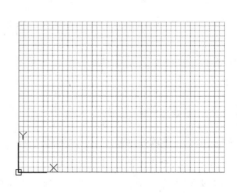

图 1-25　取消超出界限栅格显示

技巧 打开图形界限检查时，无法在图形界限之外指定点，但因为界限检查只是检查输入点，所以对象（如圆）的某些部分仍然可能会延伸出图形界限。

1.5.3 图形单位的设置

在绘制图形前，一般需要先设置图形单位，比如绘图比例设置为 1:1，则所有图形的尺寸都会按照实际绘制尺寸来标出。图形单位的设置，主要包括长度和角度的类型、精度和起始方向等内容。

设置图形单位主要有以下两种方法。

➢ 菜单栏：执行【格式】|【单位】命令。

➢ 命令行：输入 "UNITS/UN"。

执行上述任一命令后，系统弹出如图 1-26 所示的【图形单位】对话框。该对话框中各选项的含义如下。

➢【长度】：用于选择长度单位的类型和精确度。

➢【角度】：用于选择角度单位的类型和精确度。

➢【顺时针】复选框：用于设置旋转方向。如果选中此选项，则表示按顺时针旋转的角度为正方向，未选中则表示按逆时针旋转的角度为正方向。

➢【插入时的缩放单位】：用于选择插入图块时的单位，也是当前绘图环境的尺寸单位。

➢【方向】按钮：用于设置角度方向。单击该按钮将弹出如图 1-27 所示的【方向控制】对话框，在其中可以设置基准角度，即设置 0° 角。

图 1-26 【图形单位】对话框

图 1-27 【方向控制】对话框

1.6 图形文件的管理

AutoCAD 2020 图形文件的管理功能主要包括新建图形文件、打开图形文件、保存图形文件以及输入、输出图形文件等。

1.6.1 新建图形文件

在绘图前，应该首先创建一个新的图形文件。在 AutoCAD 2020 中，有以下几种创建新文件的方法。

➢ 菜单栏：执行【文件】|【新建】命令。

➢ 快速访问工具栏：单击快速访问工具栏中的【新建】按钮 📄。

➢ 命令行：QNEW。

➢ 快捷键：按 Ctrl+N 组合键。

➢ 标签栏：单击标签栏上的按钮 ⊕。

执行上述任一操作，系统弹出如图 1-28 所示的【选择样板】对话框，用户可以在该对话框中选择不同的绘图样板。当用户选择好绘图样板时，系统会在对话框的右上角显示预览，然后单击【打开】按钮，即可创建一个新图形文件。也可以在【打开】按钮下拉菜单中选择其他打开方式。

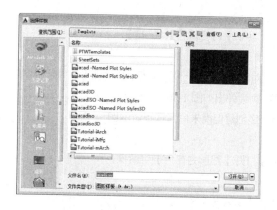

图 1-28 【选择样板】对话框

1.6.2 打开图形文件

AutoCAD 文件的打开方式有很多种，下面介绍常见的几种。

➢ 菜单栏：执行【文件】|【打开】命令。

➢ 快速访问工具栏：单击快速访问工具栏中的【打开】按钮。

➢ 命令行：OPEN。

➢ 快捷键：按 Ctrl+O 组合键。

➢ 标签栏：在标签栏空白位置单击鼠标右键，在弹出的快捷菜单中选择【打开】选项。

执行以上操作都会弹出如图 1-29 所示的【选择文件】对话框。该对话框用于选择已有的 AutoCAD 图形，单击【打开】按钮后的三角下拉按钮，在弹出的下拉菜单中可以选择不同的打开方式。

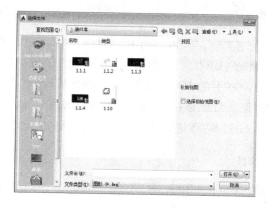

图 1-29 【选择文件】对话框

技巧 如果使用的是英制尺寸，可选择 acad.dwt 或 acadlt.dwt 模板。如果使用的是米制尺寸，可选择 acadiso.dwt 或 acadltiso.dwt 模板。

1.6.3 保存图形文件

保存文件是文件操作中最重要的一项工作。没有保存的文件信息一般存在于计算机的内存中，在计算机死机、断电或程序发生错误时，内存中的信息将会丢失。保存的作用是将内存中的文件信息写入磁盘，写入磁盘的信息不会因为断电、关机或死机而丢失。在 AutoCAD 中，可以使用多种方式将所绘图形存入磁盘。

常用的保存图形方法有以下 4 种。

➤ 菜单栏：执行【文件】|【保存】命令。

➤ 命令行：QSAVE。

➤ 工具栏：单击快速访问工具栏中的【保存】按钮 💾。

➤ 快捷键：按 Ctrl+ S 组合键。

执行上述任一操作，都可以对图形文件进行保存。若当前的图形文件已经命名保存过，则按此名称保存文件。

如果当前图形文件尚未保存过，则会弹出如图 1-30 所示的【图形另存为】对话框，用于保存已经创建但尚未命名保存过的图形文件。

也可以通过下面的方式直接打开【图形另存为】对话框，对图形进行重命名保存。

➤ 菜单栏：执行【文件】|【另存为】命令。

➤ 命令行：SAVE。

➤ 快捷键：按 Ctrl+Shift+S 组合键。

在【图形另存为】对话框中，【保存于】下拉列表框用于设置图形文件保存的路径，【文件名】文本框用于输入新的文件名称，【文件类型】下拉列表框用于选择文件保存的格式。其中，*.dwg 是 AutoCAD 图形文件，*.dwt 是 AutoCAD 样板文件，这两种格式最为常用。

图 1-30　【图形另存为】对话框

提示　AutoCAD 默认的 DWG 文件格式在 2020 版本中已更新，提高了打开和保存操作的效率，尤其是对于包含多个注释性对象和视口的图形。此外，三维实体和曲面的创建现在使用最新的 Geometric Modeler (ASM)，它提供了改进的安全性和稳定性。

1.6.4　输入 PDF 文件

在之前的版本中，AutoCAD 已经实现了包括输出 PDF 在内的多种图形格式文件的功能。但是反过来，将 PDF、JPEG 等图形格式文件转换为可编辑的 DWG 文件功能却始终没能实现。在这次 AutoCAD 2020 的升级中，终于实现了将 PDF 文件无损转换为 DWG 文件的功能，尤其是从 AutoCAD 图形生成的 PDF 文件（包含 SHX 文字），甚至可以将文字也存储为几何对象。用户可以在软件中使用 PDFSHXTEXT 命令将 SHX 几何图形重新转换为文字。此外，TXT2MTXT 命令已通过多项改进得到增强，可以用于强制执行文字的均匀行距选项。

【案例 1-2】：　输入 PDF 文件

01 双击桌面上的 AutoCAD 2020 快捷图标，启动软件，然后单击【标准】工具栏上的【新建】按钮，新建一空白的图纸对象。

02 单击【应用程序菜单】按钮，在弹出的快捷菜单中选择【输入】选项，在右侧的输入菜单中选择【PDF】，如图 1-31 所示。

03 此时命令行提示在绘图区中选择 PDF 图像，或者执行【文件】命令，打开保存在计算机中其他位置的 PDF 文件。

04 可直接按 Enter 键或空格键，执行【文件】命令，打开【选择 PDF 文件】对话框，然后定位至"素材\01章\大齿轮.pdf"文件，如图 1-32 所示。

05 单击对话框中的【打开】按钮，系统自动转到【输入 PDF】对话框，如图 1-33 所示。在该对话框中可以按要求自行设置各项参数。

图 1-31　输入 PDF

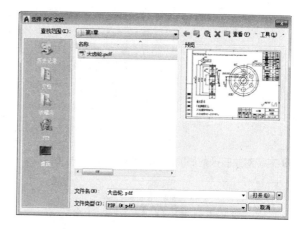

图 1-32　【选择 PDF 文件】对话框

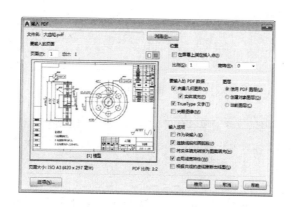

图 1-33　【输入 PDF】对话框

06 参数设置完毕后，单击【确定】按钮，即可将 PDF 文件导入 AutoCAD 2020，由 PDF 转换而来的 DWG 图形如图 1-34 所示。

07 使用该新功能导入的图形文件具备 DWG 图形的一切属性，可以被单独选择、编辑、标注，对象上也有夹点，如图 1-35 所示。而不是像之前版本一样被视作一个单一的整体。

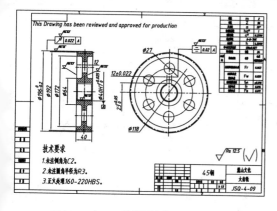

图 1-34　由 PDF 转换而来的 DWG 图形

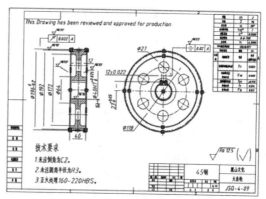

图 1-35　转换后的图形具有 DWG 图形的属性

08 转换后图形中的文字对象被分解为若干零散的直线对象，不具备文字的属性，此时可在命令行中输入 PDFSHXTEXT 指令，然后选择要转换为文字的部分，单击 Enter 键弹出【识别 SHX 文字】对话框，提示转换成功，如图 1-36 所示。

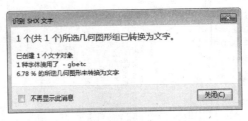

图 1-36 【识别 SHX 文字】对话框

09 文字对象转换前后的效果对比如图 1-37 所示。

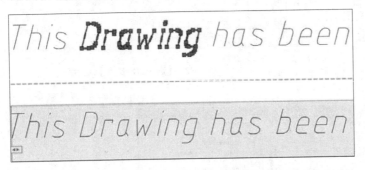

转换前（文字只是由若干线段组成，无法被编辑、修改）

转换后（文字转换成了多行文字对象，可以在文本框中编辑、修改）

图 1-37 转换前后的文字效果对比

> **提示** 从 PDF 转换至 DWG 文件后，文字对象只能通过 PDFSHXTEXT 指令再次执行转换，才可以变为可识别和编辑的 AutoCAD 文本（即多行文字、单行文字命令创建的文本），且目前只对英文文本有效，汉字仍不能通过 PDFSHXTEXT 进行转换。

1.7 AutoCAD 基本操作

在本节中，将介绍 AutoCAD 最基本的操作命令，包括绘制基本的几何图形、选择删除图形、视图缩放等。这些命令在 AutoCAD 制图过程中将频繁使用。通过学习这些命令的使用方法，可以了解 AutoCAD 的操作方式和工作流程。

1.7.1 绘制基本的几何图形

在 AutoCAD 中，无论多么复杂的图形对象都是由最基本的几何图形组合而成的。本节只简述直线、圆和矩形这三种图形的基本绘制方法。在本书的后面章节中将详细讨论其他基本绘图命令。

1. 直线

在命令行中输入直线命令"LINE"，或者其简写形式"L"，然后按 Enter 键，可以绘制首尾相连的一系列直线。启动命令后，可以在屏幕上连续单击，依次确定各段直线的端点。例如，要绘制如图 1-38 所示的直线段，在屏幕上点 A、B、C、D 的位置单击，即可确定各端点的位置。各段直线绘制完成后，按下 Enter 键可结束命令。

另外，在菜单栏中执行【绘图】|【直线】命令，或者单击【绘图】面板中【直线】按钮，同样可以调用直线命令。

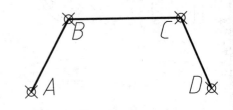

图 1-38 绘制直线

2．圆

在命令行中输入"CIRCLE"，或者其简写形式"C"，然后按 Enter 键，可以调用【圆】命令绘制圆。启动命令后，可以在屏幕上单击一点确定圆心的位置，然后拖动光标，确定圆的半径。单击【绘图】工具栏中【圆】按钮 ⊘，也可以启动圆命令。

3．矩形

如图 1-39 所示，矩形的绘制是通过确定矩形的一对对角点 A 和 B 完成的。在命令行输入矩形命令"RECTANGLE"，或者其简写形式"REC"后按 Enter 键，或者单击【绘图】工具栏中的【矩形】按钮 ▭，可以启动矩形命令。启动命令后，在屏幕上单击确定对角点 A 和 B，便可以完成矩形的绘制。

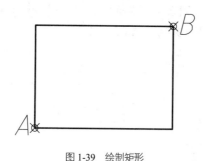

图 1-39　绘制矩形

1.7.2　动态输入

动态输入是从 AutoCAD 2006 开始增加的一种比命令输入更友好的人机交互方式。单击状态行上的图标按钮 ⊦，可以打开或关闭动态输入功能。动态输入包括指针输入、标注输入和动态提示 3 项功能。动态输入的有关设置可以在【草图设置】对话框的【动态输入】选项卡中完成，如图 1-40 所示。

1．指针输入

勾选【启用指针输入】复选框，即可启用指针输入功能。在绘图区域中移动光标时，光标附近的工具栏提示显示为坐标，如图 1-41 所示。用户可以在工具栏提示中输入坐标值，并用 Tab 键在几个输入框提示中切换。

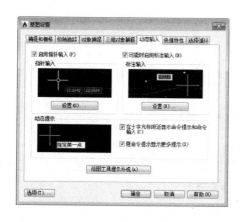

图 1-40　【动态输入】选项卡

图 1-41　指针输入

2．标注输入

勾选【可能时启用标注输入】复选框，即可启用标注输入功能。当命令提示输入第二点时，工具栏提示中的距离和角度值将随着光标的移动而改变，用户可以在工具栏提示中输入距离和角度值，并用 Tab 键在它们之间切换。

1.7.3 删除图形和选择对象

在命令行输入删除命令"ERASE",或其简写形式 E 后按 Enter 键,可以删除当前选择的图形。

启动命令后,光标变成一个小拾取框。选中要删除的图形,该对象变为虚线显示,表示已经被选中。可以连续选择多个需要删除的对象,所有对象选择完毕后按 Enter 键,所有选中的对象将被删除。

如果需要删除多个图形对象,那么用拾取框逐个选择将非常不便。此时,可以使用窗选方式,通过拉出一个矩形选择框,一次选择多个图形对象。

窗选分为窗口选择和交叉选择两种方式。在窗口选择方式中,从左往右拉出选择框,只有全部位于矩形窗口中的图形对象才会被选中。

启动 ERASE 命令后,光标变成拾取框,使用鼠标从左往右确定两对角点 A 和 B,确定选择区域。选择完毕后按 Enter 键,完全落入选择框的圆即可被删除,如图 1-42 所示。

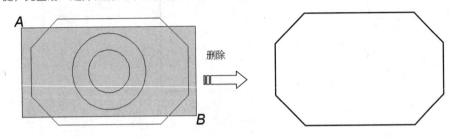

图 1-42　窗口选择

交叉选择方式与窗口选择方式相反,它是从右往左拉出选择框,无论是全部还是部分位于选择框中的图形对象都将被选中。如图 1-43 所示,启动 ERASE 命令后,光标变成拾取框,使用鼠标从右往左确定两对角点 A 和 B,拉出选择框。选择完毕后按 Enter 键,与选择框相交的三条边以及全部落入选择框的圆都被删除。

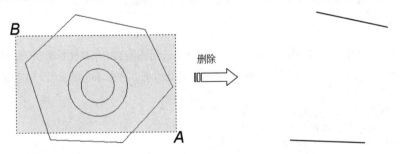

图 1-43　交叉选择

 输入 OOPS 命令可恢复由上一个 ERASE 命令删除的对象。

1.7.4 命令的放弃和重做

在绘图过程中出现错误时,就需要使用放弃或重做命令来更改。

1. 连续操作

在需要连续反复使用同一条命令时,可以使用 AutoCAD 的连续操作功能。当需要重复执行上一条操作命令时,只需按一次 Enter 键或空格键,AutoCAD 就能自动启动上一条命令。使用连续操作,省去了重复输入命令的麻烦。

2．撤消操作

在完成了某一项操作以后，如果希望将该步操作取消，就要用撤消命令。在命令行输入"UNDO"，或者其简写形式"U"后按 Enter 键，可以撤消刚刚执行的操作。另外，单击快速访问工具栏中的【放弃】按钮 ↩，也可以启动撤销命令。单击该工具按钮右侧三角下拉按钮 ▾，还可以选择撤消的步骤。

3．终止命令执行

撤消操作是在命令结束之后进行的操作，如果在命令执行过程当中需要终止该命令的执行，按键盘左上角的 Esc 键即可。

4．命令的重做

在 AutoCAD 中已被撤消的命令还可以恢复重做。

常用的调用【重做】命令的方法有以下几种。

➤ 【快速访问】工具栏：单击【重做】按钮 ↪。

➤ 快捷菜单：在绘图区单击鼠标右键，在弹出的快捷菜单中选择【重做】选项。

➤ 命令行：在命令行输入"MREDO"命令后按 Enter 键。

1.8　控制图形显示

利用视图的缩放、移动以及重画等功能，可以从整体上对所绘制的图形进行有效的控制，从而可以辅助设计人员对图形进行整体观察、对比和校准，以达到提高绘图效率和准确性的目的。

1.8.1　缩放与平移视图

按一定的比例、观察位置和角度显示图形的区域称为视图。在 AutoCAD 中，用户可以通过缩放和平移视图来方便地观察图形。

1．缩放视图

单击绘图区右侧导航栏中【范围缩放】下侧的三角下拉按钮，在弹出的下拉菜单中选择相应的缩放命令，即可对图形进行相应的缩放，其子菜单如图 1-44 所示。或者在命令行输入

"ZOOM"并按 Enter 键，调用【缩放】命令，根据命令行的提示，激活相应的缩放选项，对图形进行缩放操作。命令行提示信息如下。

> 命令：ZOOM↙
>
> 指定窗口的角点，输入比例因子 (nX 或 nXP)，或者
>
> [全部 (A) / 中心 (C) / 动态 (D) / 范围 (E) / 上一个 (P) / 比例 (S) / 窗口 (W) / 对象 (O)] <实时>：

该命令可以选择输入不同的选项进行不同的缩放，如在输入选项中输入【W（窗口）】选项则进行的是窗口缩放；在输入选项中输入【S（比例）】选项则按照比例进行比例缩放。

2．平移视图

通过视图平移，可以重新定位图形，使用户更加清楚地观察图形的其他部分。

调用视图平移命令的操作方法有以下几种。

➤ 菜单栏：执行【视图】|【平移】命令。

➤ 命令行：在命令行中输入"PAN / P"。

图 1-44　子菜单

> ➤ 快捷键：按住鼠标中键拖动。
> ➤ 导航栏：单击绘图区右侧导航栏中的【平移】按钮

 按住鼠标滚轮拖动可以快速平移视图。鼠标上、下滚动滚轮可以快速缩放视图。

1.8.2 重画与重生成视图

在 AutoCAD 中，某些操作完成后，操作效果往往不会立即显示出来，或者在屏幕上留下绘图的痕迹与标记。此时需要通过视图刷新对当前图形进行重新生成，以观察到最新的编辑效果。

视图刷新的命令主要有两个：【重生成】命令和【重画】命令。这两个命令都是 AutoCAD 自动完成的，不需要输入任何参数，也没有预备选项。

1. 重生成

【重生成】命令将重新计算当前视区中所有对象的屏幕坐标并重新生成整个图形。它还重新建立图形数据库索引，从而优化显示和对象选择的性能。在 AutoCAD 中执行该命令的常用方法有以下两种。

> ➤ 命令行：在命令行中输入 "REGEN/RE"。
> ➤ 菜单栏：执行【视图】|【重生成】命令。

提示 如果要重生成所有视图内图形，可以执行菜单栏中的【视图】|【全部重生成】命令。

2. 重画

AutoCAD 常用数据库以浮点数据的形式储存图形对象的信息。浮点格式精度高，但计算时间长，AutoCAD 重生成对象时，需要把浮点数值转换为适当的屏幕坐标，因此对于复杂图形，重新生成需要花很长时间。

AutoCAD 提供了另一个速度较快的刷新命令，即重画（REDRAW）。【重画】命令只刷新屏幕显示，而【重生成】不仅刷新显示，还更新图形数据库中所有图形对象的屏幕坐标。在 AutoCAD 中执行该命令的常用方法有以下两种。

> ➤ 命令行：在命令行中输入 "REDRAW/R"。
> ➤ 菜单栏：执行【视图】|【重画】命令。

在进行复杂的图形处理时，应该充分考虑到【重画】和【重生成】命令的不同工作机制，合理使用。重画命令耗时比较短，可以经常使用刷新屏幕。每隔一段较长的时间，或【重画】命令无效时可以使用【重生成】命令。为了减轻计算机的负担，【重生成】命令不能经常使用。

1.9 图层的创建和管理

图层是 AutoCAD 提供给用户的组织图形的强有力工具。AutoCAD 的图形对象必须绘制在某个图层上，它可能是默认的图层，也可以是用户自己创建的图层。利用图层的特性，如颜色、线型、线宽等，可以非常方便地区分不同的对象。此外，AutoCAD 还提供了大量的图层管理功能（打开/关闭、冻结/解冻、加锁/解锁等），这些功能使用户在组织图层时非常方便。

1.9.1 创建图层

【图层特性管理器】是管理和组织 AutoCAD 图层的强有力工具。

在 AutoCAD 2020 中打开【图层特性管理器】有以下几种方法。

> ➤ 命令行：在命令行中输入 "LAYER/LA"。
> ➤ 功能区：单击【图层】面板中的【图层特性】按钮 ，如图 1-45 所示。
> ➤ 菜单栏：执行【格式】|【图层】命令，如图 1-46 所示。

图 1-45　【图层特性】按钮　　　　　　　　　　　图 1-46　执行【图层】命令

执行以上任意一种操作后，将弹出如图 1-47 所示的【图层特性管理器】对话框。该对话框主要分为【图层树状区】与【图层设置区】两部分。

单击【图层特征管理器】对话框上方的【新建】按钮 ，可以新建一个图层；单击【删除】按钮 ，可以删除选定的图层。默认情况下，创建的图层会依次以【图层 1】、【图层 2】……进行命名。

为了更直接地表现该图层上的图形对象，用户可以对所创建的图层重命名。在所创建的图层上单击鼠标右键，系统弹出快捷菜单，选择【重命名图层】选项，如图 1-48 所示。或是选中要命名的图层后直接按 F2 键，此时名称文本框呈可编辑状态，输入名称即可。也可以在创建新图层时直接输入新名称。

图 1-47　【图层特性管理器】对话框　　　　　　　图 1-48　快捷菜单

AutoCAD 规定以下 4 类图层不能被删除。

➢ 0 层和 Defpoints 图层。

➢ 当前图层。要删除当前图层，可以先改变当前图层到其他图层。

➢ 插入了外部参照的图层。要删除该图层，必须先删除外部参照。

➢ 包含了可见图形对象的图层。要删除该图层，必须先删除该图层中所有的图形对象。

提示　　在为图层命名时，在图层的名称中不能包含通配符（∗和?）和空格，也不能与其他图层重名。

1.9.2　设置图层颜色

在实际绘图中，为了区分不同的图层，可将不同图层设置为不同的颜色。图层的颜色是指该图层上面的图形对象的颜色。每个图层只能设置一种颜色。

新建图层后，要设置图层颜色，可在【图层特性管理器】对话框中单击颜色属性项，系统弹出【选择颜色】对话框，如图 1-49 所示。用户可以根据需要选择所需的颜色，然后单击【确定】按钮，完成图层颜色设置。

1.9.3　设置图层线型

线型是指图形基本元素中线条的组成和显示方式，如中心线和实线等。在 AutoCAD 中既有简单线型，也有由一些特殊符号组成的复杂线型，以满足用户的使用需求。

中文版 AutoCAD 2020 机械绘图实例教程

1. 加载线型

单击线型属性项，系统弹出【选择线型】对话框。在默认状态下，【选择线型】对话框中有一种已加载的线型，如图 1-50 所示。

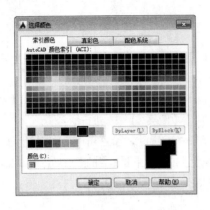

图 1-49 【选择颜色】对话框

图 1-50 【选择线型】对话框

如果要使用其他线型，必须将其添加到【已加载的线型】列表框中。单击【加载】按钮，系统弹出【加载或重载线型】对话框，如图 1-51 所示。在该对话框中选择相应的线型，然后单击【确定】按钮，即可完成加载线型。

2. 设置线型比例

在菜单栏中执行【格式】|【线型】命令，系统将弹出【线型管理器】对话框，如图 1-52 所示。在该对话框中可设置图形中的线型比例，从而改变非连续线型的外观。

在线型列表中选择需要修改的线型，单击【显示细节】按钮，在【详细信息】区域中可以设置线型的【全局比例因子】和【当前对象缩放比例】。其中，【全局比例因子】用于设置图形中所有线型的比例，【当前对象缩放比例】用于设置当前选中线型的比例。

图 1-51 【加载或重载线型】对话框

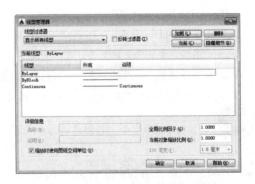

图 1-52 【线型管理器】对话框

例如，图纸的比例为 1:50，那么就需要将线型的比例因子设置为 50，这样点画线才能在绘图区域中正确显示。图 1-53 所示为对同一直线设置不同"全局比例因子"的显示效果。

全局比例因子=1

全局比例因子=50

图 1-53 不同全局比例因子的显示效果

1.9.4 设置图层线宽

线宽设置就是设置线条的宽度。在 AutoCAD 中，使用不同宽度的线条表现对象的大小或类型，可以提高图形的表达能力和可读性。

如图 1-54 所示为不同线宽显示的效果。

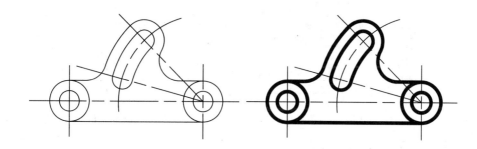

图 1-54　不同线宽显示的效果

要设置图层的线宽，单击【图层特性管理器】对话框中的【线宽】属性项，系统弹出【线宽】对话框，如图 1-55 所示，从中选择所需的线宽即可。

执行菜单栏中的【格式】|【线宽】命令，系统将弹出【线宽设置】对话框，如图 1-56 所示。通过调整显示比例，可调整图形中的线宽显示效果。

图 1-55　【线宽】对话框

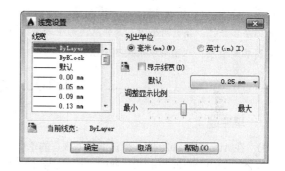

图 1-56　【线宽设置】对话框

1.9.5 使用图层工具管理图层

在 AutoCAD 2020 中，使用图层管理工具可以更加方便地管理图层。执行菜单栏中的【格式】|【图层工具】命令，系统将弹出图层工具的子菜单，如图 1-57 所示。同样，在功能区【默认】选项卡中的【图层】面板中同样可以调用图层工具命令，如图 1-58 所示。

【图层工具】菜单或者【图层】面板中各命令的含义如下：

➢ 将对象的图层置为当前：将图层设置为当前图层。

➢ 上一个图层：恢复上一个图层设置。

➢ 图层漫游：动态显示在【图层】列表中选择的图层上的对象。

➢ 图层匹配：将选定对象的图层更改为选定目标对象的图层。

➢ 更改为当前图层：将选定对象的图层更改为当前图层。

➢ 将对象复制到新图层：将图形对象复制到不同的图层。

图 1-57 【图层工具】子菜单

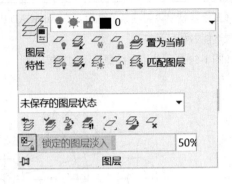

图 1-58 【图层】面板

➢ 图层隔离 🔲：将选定对象的图层隔离。

➢ 将图层隔离到当前视口 🔲：将选定对象的图层隔离到当前视口。

➢ 取消图层隔离 🔲：恢复由【隔离】命令隔离的图层。

➢ 图层关闭 🔲：将选定对象的图层关闭。

➢ 打开所有图层 🔲：打开图形中的所有图层。

➢ 图层冻结 🔲：将选定对象的图层冻结。

➢ 解冻所有图层 🔲：解冻图形中的所有图层。

➢ 图层锁定 🔲：锁定选定对象的图层。

➢ 图层解锁 🔲：解锁图形中的所有图层。

➢ 图层合并 🔲：合并两个图层，并从图形中删除第一个图层。

➢ 图层删除 🔲：从图形中永久删除图层。

1.10　习　题

1.　填空题

(1) 在 AutoCAD 2020 中，默认情况下线宽的单位为＿＿＿＿＿＿＿＿。

(2) 在 AutoCAD 2020 初始界面中，其草图与注释空间界面主要包括＿＿＿＿＿＿＿、＿＿＿＿＿＿＿、＿＿＿＿＿＿＿、＿＿＿＿＿＿＿、＿＿＿＿＿＿＿、＿＿＿＿＿＿＿等几个部分。

(3) AutoCAD 2020 中图形文件的管理功能主要包括＿＿＿＿＿＿、＿＿＿＿＿＿、＿＿＿＿＿＿、＿＿＿＿＿＿等。

(4) AutoCAD 2020 提供了＿＿＿＿＿、＿＿＿＿＿与＿＿＿＿＿三个绘图空间。

(5) AutoCAD 启动命令的方式有＿＿＿＿＿＿＿、＿＿＿＿＿＿＿、＿＿＿＿＿＿＿和＿＿＿＿＿＿＿等。

2.　问答题

(1) 如何设置图形单位？

(2) 图层的作用有哪些？怎样切换图层？

(3) 怎样设置图形界限？

3.　操作题

调用【直线】命令，试着绘制图 1-59 所示的图形（标注不做要求）。

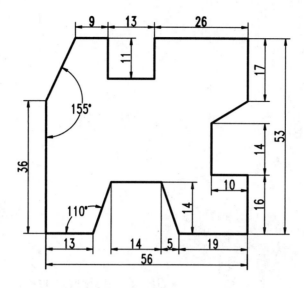

图 1-59　绘制图形

第2章

二维机械图形的绘制

本章导读

任何复杂的机械图形都可以分解成多个基本的二维图形，这些图形包括点、直线、圆、多边形和圆弧等。AutoCAD 2020 为用户提供了丰富的绘图功能，使用户可以非常轻松地绘制机械图形。

通过本章的学习，用户将会对基本机械图形的绘制方法有一个全面的了解和认识，并能熟练使用常用的绘图命令。

本章重点

➢ 对象捕捉工具的使用

➢ 栅格、捕捉和正交工具的使用

➢ 自动追踪功能的使用

➢ 直线、射线、多段线、多线的绘制方法

➢ 圆、圆弧、椭圆、圆环的绘制方法

➢ 点样式的设置和点的绘制方法

➢ 矩形的绘制方法

➢ 正多边形的绘制方法

2.1 使用辅助工具精确绘图

在实际绘图中，用鼠标定位虽然方便快速，但精度不高，为了解决快速精确的定位问题，AutoCAD 提供了一些绘图辅助工具，如捕捉、栅格显示、正交、极轴追踪和对象捕捉等，利用这些辅助工具，可以在不输入坐标的情况下精确绘图，提高绘图速度。

2.1.1 对象捕捉

使用对象捕捉可以精确定位现有图形对象的特征点，如直线的中点和圆的圆心等，从而为精确绘图提供了条件。

1. 对象捕捉的概念

输入点的位置参数有两种方法。

➢ 坐标输入：用键盘输入点的空间坐标(绝对坐标或相对坐标)。

➢ 鼠标单击：用鼠标在屏幕上单击，直接确定点的坐标。

第一种方法可以定量地输入点的位置参数，而第二种方法是用户凭自己的肉眼观察在屏幕上点击，不能精确地定位，尤其是在大视图比例的情况下，计算机屏幕上的微小偏差会导致实际情况的巨大偏差。

为此，AutoCAD 提供了对象捕捉功能。在对象捕捉开关打开的情况下，将光标移动到某些特征点（如直线端点、圆中心点、两直线交点、垂足等）附近时，系统能够自动地捕捉到这些点的位置。因此，对象捕捉的实质是对图形对象特征点的捕捉。

对象捕捉生效需要具备两个条件。

➢ 对象捕捉开关必须打开。

➢ 必须是在命令行提示输入点的位置的时候，如画直线时提示输入端点，复制时提示输入基点等。

如果命令行并没有提示输入点的位置，如【命令:】提示待输入状态，或者删除命令中提示选择对象的时候，对象捕捉就不会生效。因此，对象捕捉实际上是通过捕捉特征点的位置来代替命令行输入特征点的坐标。

2. 对象捕捉的开关设置

根据实际需要，可以打开或关闭对象捕捉。对象捕捉的开关设置有以下两种常用的方法。

➢ 功能键 F3：连续按 F3，可以在开、关状态间切换。

➢ 状态栏：单击状态栏中的【对象捕捉】开关按钮 。

除此之外，执行【工具】|【绘图设置】命令，或输入命令 "OSNAP/OS"，在打开的【草图设置】对话框中选择【对象捕捉】选项卡，选中或取消【启用对象捕捉】复选框，也可以打开或关闭对象捕捉，但由于操作麻烦，在实际工作中并不常用。

3. 设置对象捕捉点

在使用对象捕捉之前，需要设置好对象捕捉模式，也就是确定当探测到对象特征点时，哪些点需要捕捉，而哪些点可以忽略，从而避免视图混乱。对象捕捉模式的设置在图 2-1 所示的【对象捕捉】选项卡中进行。

【对象捕捉】选项卡共列出了 14 种对象捕捉点和对应的捕捉标记，可根据需要勾选这些选项前面的复选框。设置完毕后，单击【确定】按钮关闭选项卡即可。各捕捉标记的具体含义见表 2-1。

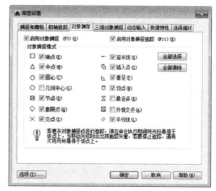

图 2-1 【对象捕捉】选项卡

中文版 AutoCAD 2020 机械绘图实例教程

表 2-1 对象捕捉点的含义

对象捕捉点	含 义
端 点	捕捉直线或曲线的端点
中 点	捕捉直线或弧段的中间点
圆 心	捕捉圆、椭圆或圆弧的中心点
几何中心	捕捉多段线、二维多段线和二维样条曲线的几何中心点
节 点	捕捉用 POINT 命令绘制的点对象
象限点	捕捉位于圆、椭圆或弧段上 0°、90°、180°和 270°处的点
交 点	捕捉两条直线或弧段的交点
延长线	捕捉直线延长线路径上的点
插入点	捕捉图块、标注对象或外部参照的插入点
垂 足	捕捉从已知点到已知直线的垂线的垂足
切 点	捕捉圆、弧段及其他曲线的切点
最近点	捕捉处在直线、弧段、椭圆或样条线上，而且距离光标最近的特征点
外观交点	在三维视图中，从某个角度观察两个对象可能相交，但实际并不一定相交，可以使用【外观交点】捕捉对象在外观上相交的点
平 行	选定路径上一点，使通过该点的直线与已知直线平行

4. 自动捕捉和临时捕捉

AutoCAD 提供了两种对象捕捉模式：自动捕捉和临时捕捉。

自动捕捉模式要求使用者先设置好需要的对象捕捉点，以后当光标移动到这些对象捕捉点附近时，系统就会自动捕捉到这些点。

临时捕捉是一种一次性的捕捉模式，这种捕捉模式不是自动的。当用户需要临时捕捉某个特征点时，需要在捕捉之前手工设置需要捕捉的特征点，然后进行对象捕捉，而且这种捕捉设置是一次性的，不能反复使用，在下一次遇到相同的对象捕捉点时，需要再次设置。

在命令行提示输入点的坐标时，如果要使用临时捕捉模式，可按 Shift 键+鼠标右键，系统会弹出如图 2-2 所示的快捷菜单。单击选择需要的临时对象捕捉点，系统将会捕捉到该点。

读者可以使用中点捕捉练习绘制如图 2-3 所示的图形。

图 2-2 临时捕捉快捷菜单

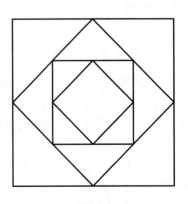

图 2-3 捕捉中点绘制图形

【案例 2-1】： 对象捕捉绘制传动带

带传动是利用张紧在带轮上的柔性带进行运动或动力传递的一种机械传动，如图 2-4 所示。因此，在图形上柔性带一般以公切线的形式横跨在传动轮上。这时就可以借助临时捕捉将光标锁定在所需的对象点上来绘制公切线。

图 2-4　带传动

01 打开 "第 2 章\2-1 使用临时捕捉绘制带传动简图.dwg" 素材文件，素材图形如图 2-5 所示，其中已经绘制好了两个传动轮。

02 在【默认】选项卡中，单击【绘图】面板上的【直线】按钮，命令行提示指定直线的起点。

03 此时按住 Shift 键，然后单击鼠标右键，在临时捕捉选项中选择【切点】，然后将指针移到传动轮 1 上，出现切点捕捉标记，如图 2-6 所示。在此位置单击确定直线第一点。

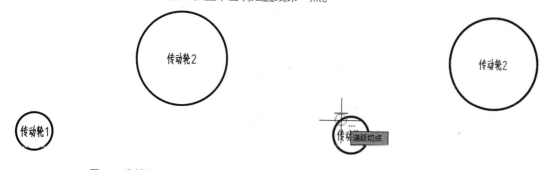

图 2-5　素材图形　　　　　　　　　　　　　图 2-6　切点捕捉标记

04 确定第一点之后，临时捕捉失效。再次按住 Shift 键，然后单击鼠标右键，在临时捕捉选项中选择【切点】，将指针移到传动轮 2 的同一侧上，出现切点捕捉标记时单击，完成公切线绘制，如图 2-7 所示。

05 重复上述操作，绘制另外一条公切线，如图 2-8 所示。

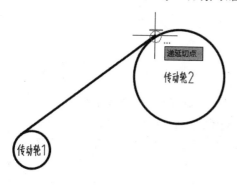 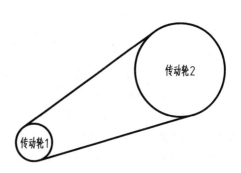

图 2-7　绘制的第一条公切线　　　　　　　图 2-8　绘制的第二条公切线

提示　带传动具有结构简单、传动平稳、能缓冲吸振、可以在大的轴间距和多轴间传递动力，且具有造价低廉、不需润滑、维护容易等特点，在近代机械传动中应用十分广泛。

2.1.2 栅格、捕捉和正交

栅格的作用如同传统纸面制图中使用的坐标纸，按照相等的间距在屏幕上设置了栅格线，使用者可以通过栅格线数目来确定距离，从而达到精确绘图的目的。栅格不是图形的一部分，打印时不会被输出。

捕捉功能(不是对象捕捉)经常和栅格功能联用。当捕捉功能打开时，光标只能停留在栅格点上。这样，只能绘制出栅格间距整数倍的距离。

正交功能可以保证绘制的直线完全成水平或垂直状态。

1. 栅格

控制栅格是否显示，有以下两种常用方法。

➤ 快捷键：连续按功能键F7，可以在开、关状态间切换。

➤ 状态栏：单击状态栏【显示图形栅格】开关按钮▦。

执行【工具】|【绘图设置】命令，在打开的【草图设置】对话框中选中【捕捉和栅格】选项卡，如图 2-9 所示，选中或取消【启用栅格】复选框，也可以控制显示或隐藏栅格。同时，在【栅格】选项组中，可以设置栅格点在 X 轴方向(水平)和 Y 轴方向(垂直)上的距离。此外，在命令行输入 "GRID" 命令，也可以设置栅格的间距和控制栅格的显示。

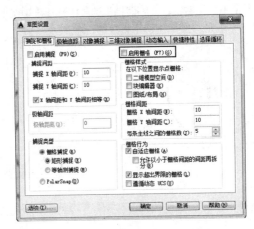

图 2-9　【捕捉和栅格】选项卡

2. 捕捉

捕捉功能可以控制光标移动的距离。下面为两种打开和关闭捕捉功能的常用方法。

➤ 快捷键：连续按功能键F9，可以在开、关状态间切换。

➤ 状态栏：单击状态栏中的【捕捉】开关按钮▯。

在【捕捉和栅格】选项卡中，设置捕捉属性的选项有以下两种。

➤ 【捕捉】选项组：可以设定 X 方向和 Y 方向的捕捉间距，以及整个栅格的旋转角度。

➤ 【捕捉类型和样式】选项组：可以选择【栅格捕捉】和【极轴捕捉】两种类型。选择【栅格捕捉】时，光标只能停留在栅格点上。栅格捕捉又有【矩形捕捉】和【等轴测捕捉】两种样式。两种样式的区别在于栅格的排列方式不同。【等轴测捕捉】常用于绘制轴测图。

3. 正交

无论是机械制图还是建筑制图，有相当一部分直线是水平或垂直的。针对这种情况，AutoCAD 提供了一个正交开关，以方便绘制水平或垂直直线。

打开和关闭正交开关的方法有以下两种。

➤ 快捷键：连续按功能键 F8，可以在开、关状态间切换。

➤ 状态栏：单击状态栏再的【正交】开关按钮 └。

正交开关打开以后，系统就只能画出水平或垂直的直线，如图 2-10 所示。更方便的是，由于正交功能已经限制了直线的方向，所以要绘制一定长度的直线时，只需直接输入长度值，而不需要再输入完整的相对坐标。

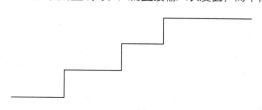

图 2-10　使用正交模式绘制水平或垂直直线

2.1.3　自动追踪

自动追踪的作用也是辅助精确绘图。制图时，自动追踪能够显示出许多临时辅助线，帮助用户在精确的角度或位置上创建图形对象。自动追踪包括极轴追踪和对象捕捉追踪两种模式。

1. 极轴追踪

极轴追踪实际上是极坐标的一个应用。该功能可以使光标沿着指定角度的方向移动，从而很快找到需要的点。可以通过下列方法打开/关闭极轴追踪功能。

➤ 快捷键：按功能键 F10。

➤ 状态栏：单击状态栏中的【极轴】开关按钮 ⓖ。

AutoCAD 2020 中，单击状态栏中【极轴追踪】按钮右侧的三角按钮，在弹出的快捷菜单中可以快速地设置极轴追踪的角度值。若选择【正在追踪设置】选项，即可弹出如图 2-11 所示的打开了【极轴追踪】选项卡的对话框。

图 2-11　【极轴追踪】选项卡

在该对话框中可以设置下列极轴追踪属性。

➤ 【增量角】下拉列表框：选择极轴追踪角度。当光标的相对角度等于该角，或者是该角的整数倍时，屏幕上将显示追踪路径。

➤ 【附加角】复选框：增加任意角度值作为极轴追踪角度。可选中【附加角】复选框，并单击【新建】按钮，然后输入所需追踪的角度值。

➤ 【仅正交追踪】单选按钮：当对象捕捉追踪打开时，仅显示已获得的对象捕捉点的正交(水平和垂直方向)对象捕捉追踪路径。

➢【用所有极轴角设置追踪】单选按钮：对象捕捉追踪打开时，将从对象捕捉点起沿任何极轴追踪角进行追踪。

➢【极轴角测量】选项组：设置极轴角的参照标准。【绝对】选项表示使用绝对极坐标，以 X 轴正方向为 0°。【相对上一段】选项根据上一段绘制的直线确定极轴追踪角，上一段直线所在的方向为 0°。

2. 对象捕捉追踪

对象捕捉追踪是在对象捕捉功能基础上发展起来的，该功能可以使光标从对象捕捉点开始，沿着对齐路径进行追踪，并找到需要的精确位置。对齐路径是指和对象捕捉点水平对齐、垂直对齐，或者按设置的极轴追踪角度对齐的方向。

对象捕捉追踪应与对象捕捉功能配合使用。使用对象捕捉追踪功能之前，必须先设置好对象捕捉点。

打开/关闭对象捕捉追踪功能的方法有以下两种。

➢ 快捷键：按功能键 F11。

➢ 状态栏：单击状态栏中的【对象追踪】开关按钮 ∠。

在绘图过程中，当要求输入点的位置时，将光标移动到一个对象捕捉点附近，不要单击鼠标，只需暂时停顿即可获取该点。已获取的点显示为一个绿色靶框标记。可以同时获取多个点。获取点之后，当在绘图路径上移动光标时，相对点的水平、垂直或极轴对齐路径将会显示出来，如图 2-12 所示，而且还可以显示多条对齐路径的交点。

a)水平对齐   b)垂直对齐   c)极轴对齐

图 2-12 对象捕捉追踪

当对齐路径出现时，极坐标的极角就已经确定了。这时可以在命令行中直接输入极径值以确定点的位置。

临时追踪点并非真正确定一个点的位置，而是先临时追踪到该点的坐标，然后在该点基础上再确定其他点的位置。当命令结束时，临时追踪点也随之消失。

2.2 绘制直线类图形

直线类图形是 AutoCAD 中最基本的图形对象。在 AutoCAD 中，根据用途的不同，可以将线分为直线、射线、构造线、多段线和多线。不同的直线对象具有不同的特性，下面进行详细讲解。

2.2.1 直线

直线对象可以是一条线段，也可以是一系列的线段，但每条线段都是独立的直线对象。如果要将一系列直线绘制成一个对象，可使用多段线。连接一系列的线段的起点和终点可使线段闭合，形成一个封闭的图形。

直线的绘制是通过确定直线的起点和终点完成的。可以连续绘制首尾相连的一系列直线，上一段直线的终点自动成为下一段直线的起点。所有直线绘制完成后，按 Enter 键结束命令。

直线是绘图中最常用的图形对象，只要指定了起点和终点，就可绘制出一条直线。执行【直线】命令有以下几种方法。

➢ 功能区：在【默认】选项卡中，单击【绘图】面板中的【直线】按钮 ∕。

➢ 菜单栏：执行【绘图】|【直线】命令。

➢ 命令行: LINE 或 L。

执行上述任一操作，即可调用【直线】命令，根据命令行的提示，绘制直线。

在直线绘制过程中，连续绘制两条或两条以上不重合的直线，命令行中会出现【闭合(C)】选项，提示是否闭合图形。命令行中的【放弃(U)】选项则表示撤消绘制上一段直线的操作。

【案例 2-2】: 绘制视孔盖主视图

在减速器设计中，都会在箱盖上方开有观察孔，以便工作人员在不开启箱盖的情况下观察箱体内传动零件的工作情况。该孔通常配有视孔盖，用于防止灰尘、杂屑的进入，如图 2-13 所示。

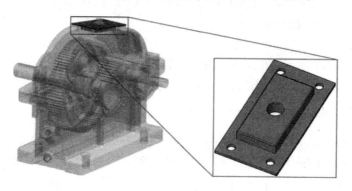

图 2-13　视孔盖

01 打开素材文件 "第 2 章\2-2 绘制视孔盖（一）.dwg"，其中已经绘制好了相应的中心线。

02 在【默认】选项卡中，单击【绘图】面板中的【直线】按钮 ╱，绘制视孔盖外轮廓。命令行操作如下。

命令: _line	//调用【直线】命令
指定第一个点: 0,0↙	//输入第一点绝对直角坐标
指定下一点或 [放弃(U)]: @120,0	//输入相对直角坐标
指定下一点或 [放弃(U)]: @0,-62	//输入相对直角坐标
指定下一点或 [闭合(C)/放弃(U)]: @-120,0	//输入相对直角坐标
指定下一点或 [闭合(C)/放弃(U)]: c	//激活【闭合】选项，闭合图形，如图 2-14 所示

03 继续调用【直线】命令，绘制视孔盖的凸起部分，结果如图 2-15 所示。命令行操作如下（下一步骤见 2.2.2 小节）。

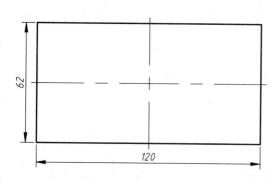

图 2-14　绘制视孔盖轮廓

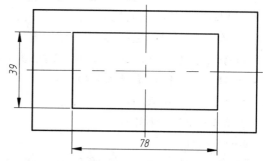

图 2-15　绘制视孔盖凸起部分

命令: _line	//调用【直线】命令
指定第一个点: 21,-11.5↙	//输入第一点绝对直角坐标
指定下一点或 [放弃(U)]:@78,0↙	//输入相对直角坐标

指定下一点或 [放弃(U)]:@0,-39↙	//输入相对直角坐标
指定下一点或 [闭合(C)/放弃(U)]: @-78,0	//输入相对直角坐标
指定下一点或 [闭合(C)/放弃(U)]: c	//激活【闭合】选项，闭合图形

2.2.2　射线

　　射线是一端固定而另一端无限延伸的直线，它只有起点和方向，没有终点，一般用来作为辅助线。执行【射线】命令有以下几种方法。

　　➢ 功能区：在【默认】选项卡中，单击【绘图】面板中的【射线】按钮 ╱。

　　➢ 菜单栏：执行【绘图】|【射线】命令。

　　➢ 命令行：RAY。

　　调用【射线】命令指定射线的起点后，可以根据【指定通过点】的提示指定多个通过点，绘制经过相同起点的多条射线，直到按 Esc 键或 Enter 键退出为止。

【案例 2-3】：　绘制视孔盖投影线

　　【射线】命令在机械制图中多作为辅助线使用，尤其是在绘制三视图时，可以当作投影线使用。

　　01 紧接着【案例 2-2】进行绘制，或打开 "第 2 章\2-2 绘制视孔盖（一）- OK.dwg" 素材文件。

　　02 在【默认】选项卡中，单击【绘图】面板中的【射线】按钮 ╱，在绘图区中选择视口盖的端点向下绘制射线，结果如图 2-16 所示。下一步骤见 2.2.4 小节。

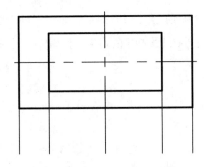

图 2-16　绘制投影线

2.2.3　构造线

　　构造线是两端无限延伸的直线，没有起点和终点，主要用于绘制辅助线和修剪边界，在室内设计中常用来作为辅助线。构造线只需指定两个点即可确定位置和方向，执行【构造线】命令有以下几种方法。

　　➢ 功能区：在【默认】选项卡中，单击【绘图】面板中的【构造线】按钮 ╱。

　　➢ 菜单栏：执行【绘图】|【构造线】命令。

　　➢ 命令行：　XLINE 或 XL。

　　执行该命令后命令行操作如下。

命令: _xline	//调用【构造线】命令
指定点或[水平(H)/垂直(V)/角度(A)/二等分(B)/偏移(O)]:	//指定构造线的绘制方式

　　各选项的含义说明如下。

　　➢ 水平（H）、垂直（V）：选择【水平（H）】或【垂直（V）】选项，可以绘制水平或垂直的构造线，如图 2-17 所示。

　　➢ 角度（A）：选择【角度（A）】选项，可以绘制用户所输入角度的构造线，如图 2-18 所示。

　　➢ 二等分（B）：选择【二等分（B）】选项，可以绘制两条相交直线的角平分线，如图 2-19 所示。绘制角平分线时，使用捕捉功能依次拾取顶点 *O*、起点 *A* 和端点 *B* 即可（*A*、*B* 可为直线上除 *O* 点外的任意点）。

➤ **偏移（O）**：选择【偏移（O）】选项，可以由已有直线偏移出平行线。该选项的功能类似于【偏移】命令。可通过输入偏移距离和选择要偏移的直线来绘制与该直线平行的构造线。

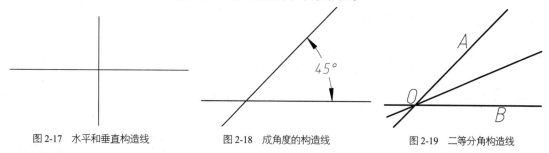

图 2-17 水平和垂直构造线   图 2-18 成角度的构造线   图 2-19 二等分角构造线

提示　　构造线是真正意义上的"直线"，可以向两端无限延伸。构造线在控制草图的几何关系、尺寸关系方面，有着极其重要的作用，是绘图提高效率的常用命令。构造线可以用来绘制各种绘图过程中的辅助线和基准线，如机械上的中心线、建筑中的墙体线。构造线不会改变图形的总面积，因此，它们的无限长的特性对缩放或视点没有影响，并会被显示图形范围的命令所忽略。和其他对象一样，构造线也可以移动、旋转和复制。

2.2.4 多段线

多段线是 AutoCAD 中常用的一类复合图形对象。使用【多段线】命令可以生成由若干条直线和曲线首尾连接形成的复合线实体。调用【多段线】命令有以下几种方法。

➤ **功能区**：在【默认】选项卡中，单击【绘图】面板中的【多段线】按钮 ⤵。

➤ **菜单栏**：执行【绘图】｜【多段线】命令。

➤ **命令行**：PLINE 或 PL。

1．绘制多段线

执行【多段线】命令并指定多段线起点后，命令行操作如下。

指定下一个点或 [圆弧(A)/半宽(H)/长度(L)/放弃(U)/宽度(W)]：

命令行中各选项的含义如下。

➤ **圆弧（A）**：激活该选项，将以绘制圆弧的方式绘制多段线。

➤ **半宽（H）**：激活该选项，将指定多段线的半宽值，AutoCAD 将提示用户输入多段线的起点宽度和终点宽度，常用此选项绘制箭头。

➤ **长度（L）**：激活该选项，将定义下一条多段线的长度。

➤ **放弃（U）**：激活该选项，将取消上一次绘制的一段多段线。

➤ **宽度（W）**：激活该选项，可以设置多段线宽度值。建筑制图中常用此选项来绘制具有一定宽度的地平线等元素。

2．编辑多段线

多段线绘制完成后，如需修改，AutoCAD 2020 提供了专门的多段线编辑工具对其进行编辑。执行【编辑多段线】命令的方法有以下几种。

➤ **菜单栏**：执行【修改】｜【对象】｜【多段线】菜单命令。

➤ **功能区**：在【默认】选项卡中，单击【修改】面板中的【编辑多段线】按钮 ✐。

➤ **工具栏**：单击【修改Ⅱ】工具栏中的【编辑多段线】按钮 ✐。

➤ **命令行**：在命令行中输入"PEDIT/PE"命令。

中文版 AutoCAD 2020 机械绘图实例教程

执行上述命令后，选择需编辑的多段线，命令行提示如下。

输入选项 [闭合()/合并(J)/宽度(W)/编辑顶点(E)/拟合(F)/样条曲线(S)/非曲线化(D)/线型生成(L)/反转(R)/放弃(U)]:

【案例 2-4】： 绘制视孔盖俯视图

紧接着【案例 2-2】和【案例 2-3】，在其基础之上绘制视孔盖的俯视图。

01 打开"第 2 章\2-3 绘制视孔盖（二）-OK.dwg"素材文件。

02 在【默认】选项卡中，单击【绘图】面板中的【多段线】按钮 ，绘制视孔盖俯视图，命令行操作如下。

```
命令：PL↙    PLINE                                    //执行【多段线】命令
指定起点：                                             //以最左侧投影线上的一点为起点
当前线宽为 0.0000
指定下一个点或 [圆弧(A)/半宽(H)/长度(L)/放弃(U)/宽度(W)]：120↙        //向右移动鼠标，绘制直线
指定下一点或 [圆弧(A)/闭合(C)/半宽(H)/长度(L)/放弃(U)/宽度(W)]：3↙     //向下移动鼠标，绘制直线
指定下一点或 [圆弧(A)/闭合(C)/半宽(H)/长度(L)/放弃(U)/宽度(W)]：22↙    //向左移动鼠标，绘制直线
指定下一点或 [圆弧(A)/闭合(C)/半宽(H)/长度(L)/放弃(U)/宽度(W)]：10↙    //向下移动鼠标，绘制直线
指定下一点或 [圆弧(A)/闭合(C)/半宽(H)/长度(L)/放弃(U)/宽度(W)]：76↙    //向左移动鼠标，绘制直线
指定下一点或 [圆弧(A)/闭合(C)/半宽(H)/长度(L)/放弃(U)/宽度(W)]：10↙    //向上移动鼠标，绘制直线
指定下一点或 [圆弧(A)/闭合(C)/半宽(H)/长度(L)/放弃(U)/宽度(W)]：22↙    //向左移动鼠标，绘制直线
指定下一点或 [圆弧(A)/闭合(C)/半宽(H)/长度(L)/放弃(U)/宽度(W)]：C↙    //闭合图形
                                                       //按 Enter 键结束绘制，结果如图 2-20 所示
```

03 下一步骤见 2.3.1 小节，补画视孔盖中的螺纹孔。

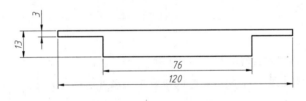

图 2-20 绘制视孔盖俯视图

2.2.5 多线

多线是由一系列相互平行的直线组成的组合图形，其组合范围为 1～16 条平行线，这些平行线称为元素。构成多线的元素既可以是直线，也可以是圆弧。在机械绘图中，键槽等图形常用多线绘制。

1. 绘制多线

通过多线的样式，用户可以自定义元素的类型以及元素间的间距，以满足不同情形下的多线使用要求。执行【多线】命令有以下两种方法。

➢ 菜单栏：执行【绘图】|【多线】菜单命令。

➢ 命令行： MLINE 或 ML。

多线的绘制方法与直线相似，不同的是多线由多条平行线组成。绘制的每一条多线都是一个完整的整体，不能对其进行偏移、延伸、修剪等编辑操作，只能将其分解为多条直线后才能编辑。执行【多线】命令后，命令行操作如下。

指定起点或 [对正(J)/比例(S)/样式(ST)]:

36

各选项的含义介绍如下。

➤ 对正（J）：设置绘制多线相对于用户输入端点的偏移位置。该选项有【上】、【无】和【下】3 个选项。【上】表示多线顶端的线随着光标进行移动，【无】表示多线的中心线随着光标点移动；【下】表示多线底端的线随着光标点移动。3 种对正方式如图 2-21 所示。

➤ 比例（S）：设置多线的宽度比例。如图 2-22 所示，比例因子为 10 和 100。比例因子为 0 时，将使多线变为单一的直线。

➤ 样式（ST）：用于设置多线的样式。激活【样式】选项后，命令行出现"输入多线样式或[?]"提示信息，此时可直接输入已定义的多线样式名称。输入"？"，则会显示已定义的多线样式。

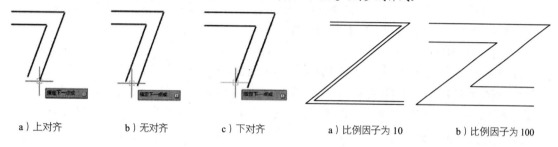

a）上对齐　　　　b）无对齐　　　　c）下对齐　　　　a）比例因子为 10　　　　b）比例因子为 100

图 2-21　多线的 3 种对正方式　　　　　　　　　　图 2-22　多线的比例

2. 定义多线样式

系统默认的多线样式称为 STANDARD 样式，它由两条平行线组成，并且平行线的间距是定值。如需绘制不同样式的多线，则可以在打开的【多线样式】对话框中设置多线的线型、颜色、线宽和偏移等特性。

执行【多线样式】命令有以下两种方法。

➤ 菜单栏：执行【格式】|【多线样式】命令。

➤ 命令行：　MLSTYLE。

执行上述任一命令后，系统将弹出如图 2-23 所示的【多线样式】对话框，其中可以新建、修改或者加载多线样式。单击其中的【新建】按钮，可以打开【创建新的多线样式】对话框，然后定义新多线样式的名称，如图 2-24 所示。接着单击【继续】按钮，便可打开【新建多线样式】对话框，可以在其中设置多线的各种特性，如图 2-25 所示。

图 2-23　【多线样式】对话框　　　图 2-24　【创建新的多线样式】对话框　　　图 2-25　【新建多线样式】对话框

【新建多线样式】对话框中各选项的含义如下。

➤ 说明：用来为多线样式添加说明，最多可输入 255 个字符。

➤ 封口：设置多线的平行线段之间两端封口的样式。若取消【封口】选项区中的复选框勾选，绘制的多段线两端将呈打开状态。

➤ 填充：设置封闭的多线内的填充颜色。选择【无】选项，表示使用透明颜色填充。

➢ 显示连接：显示或隐藏每条多段线顶点处的连接。

➢ 图元：构成多线的元素，通过单击【添加】按钮可以添加多线的构成元素，也可以通过单击【删除】按钮删除这些元素。

➢ 偏移：设置多线元素从中线的偏移值，值为正表示向上偏移，值为负表示向下偏移。

➢ 颜色：设置组成多线元素的直线线条颜色。

➢ 线型：设置组成多线元素的直线线型。

3. 编辑多线

多线绘制完成以后，可以根据不同的需要进行多线编辑。执行【多线编辑】命令有以下两种方法。

➢ 菜单栏：执行【修改】|【对象】|【多线】命令。

➢ 命令行： MLEDIT。

执行上述任一命令后，系统将弹出【多线编辑工具】对话框，如图 2-26 所示。

该对话框中共有 4 列 12 种多线编辑工具：第一列为十字闭合编辑工具，第二列为 T 形闭合工具，第三列为角点结合编辑工具，第四列为剪切或接合编辑工具。单击选择其中的一种工具图标，即可使用该工具。

【案例 2-5】： 绘制 A 型平键

平键依靠两个侧面作为工作面，靠键与键槽侧面的挤压来传递转矩，广泛应用于各种承受应力的连接处，如轴与齿轮的连接，如图 2-27 所示。

图 2-26 【多线编辑工具】对话框

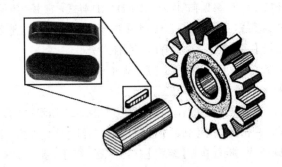

图 2-27 键连接

普通平键（GB/T 1096—2003）可以分为三种结构型式，A 型为圆头普通平键，B 型为方头普通平键，C 型为单圆头普通平键，如图 2-28 所示（倒角或倒圆未画）。

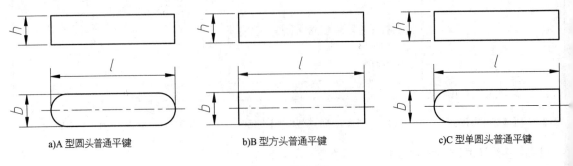

a)A 型圆头普通平键   b)B 型方头普通平键   c)C 型单圆头普通平键

图 2-28 普通平键

普通平键均可以直接采购到成品，无需另行加工。键的代号为"键的形式 键宽 b×键高 h×键长 L"，如"键 B8×7×25"，即表示"B 型方头普通平键，宽 8mm、高 7mm、长 25mm"。而 A 型平键一般可以省去"A"不写如"16×12×76"，即表示的是 A 型平键，如图 2-29 所示。本案例将绘制该 A 型平键。

01 新建空白文档。

02 设置多线样式。执行【格式】|【多线样式】命令，打开【多线样式】对话框。

03 新建多线样式。单击【新建】按钮，弹出【创建新的多线样式】对话框，在【新样式名】文本框中输入"A 型平键"，如图 2-30 所示。

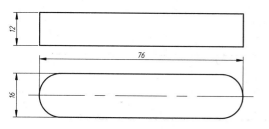

图 2-29　代号为"16×12×76"的平键

图 2-30　创建"A 型平键"样式

04 设置多线端点封口样式。单击【继续】按钮，打开【新建多线样式：A 型平键】对话框，然后在【封口】选项组中选中【外弧】的【起点】和【端点】复选框，如图 2-31 所示。

05 设置多线宽度。在【图元】选项组中选择 0.5 的线型样式，在【偏移】栏中输入 8，再选择-0.5 的线型样式，修改偏移值为-8，如图 2-32 所示。

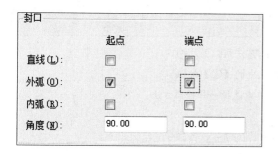

图 2-31　设置平键多线端点封口样式

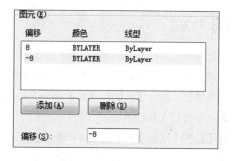

图 2-32　设置多线宽度

06 设置当前多线样式。单击【确定】按钮，返回【多线样式】对话框，在【样式】列表框中选择"A 型平键"样式，单击【置为当前】按钮，将该样式设置为当前，如图 2-33 所示。

07 绘制 A 型平键。执行【绘图】|【多线】命令，绘制平键，如图 2-34 所示。命令行操作如下。

```
命令: _mline
当前设置: 对正 = 上, 比例 = 20.00, 样式 = A型平键
指定起点或 [对正(J)/比例(S)/样式(ST)]: S           //选择【比例】选项
输入多线比例 <20.00>: 1                             //按1:1绘制多线
当前设置: 对正 = 上, 比例 = 1.00, 样式 = A型平键
指定起点或 [对正(J)/比例(S)/样式(ST)]: J           //选择【对正】选项
输入对正类型 [上(T)/无(Z)/下(B)] <上>: Z           //按正中线绘制多线
当前设置: 对正 = 无, 比例 = 1.00, 样式 = A型平键
指定起点或 [对正(J)/比例(S)/样式(ST)]:              //在绘图区任意指定一点
指定下一点: 60                                      //光标水平移动，输入长度60
指定下一点或 [放弃(U)]:                             //结束绘制
```

08 按投影方法补画另一视图，即可完成 A 型平键的绘制。

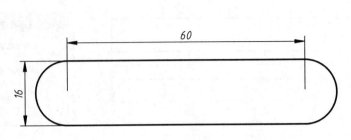

图 2-33　将"A 型平键"样式置为当前　　　　　　　图 2-34　绘制的 A 型平键

2.3　绘制曲线类图形

在 AutoCAD 2020 中，样条曲线、圆、圆弧、椭圆、椭圆弧和圆环都属于曲线类图形，其绘制方法相对于直线对象较复杂。下面分别进行讲解。

2.3.1　圆

圆也是绘图中最常用的图形对象。执行【圆】命令的方法有以下几种。

➢ 功能区：在【默认】选项卡中，单击【绘图】面板中的【圆】按钮。

➢ 菜单栏：执行【绘图】|【圆】命令，然后在子菜单中选择一种绘圆方法。

➢ 命令行：　CIRCLE 或 C。

在【绘图】面板【圆】的下拉列表中提供了 6 种绘制圆的命令，各命令的含义如下。

➢ 圆心、半径（R）：用圆心和半径方式绘制圆，如图 2-35 所示。

➢ 圆心、直径（D）：用圆心和直径方式绘制圆，如图 2-36 所示。

➢ 两点（2P）：通过直径的两个端点绘制圆，如图 2-37 所示。系统会提示指定圆直径的第一端点和第二端点。

➢ 三点（3P）：通过圆上 3 点绘制圆，如图 2-38 所示，系统会提示指定圆上的第一点、第二点和第三点。

➢ 相切、相切、半径 (T)：通过选择圆与其他两个对象的切点和指定半径值来绘制圆，如图 2-39 所示。系统会提示指定圆的第一切点和第二切点及圆的半径。

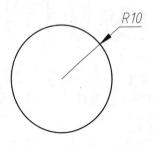

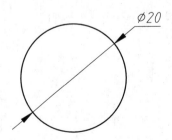

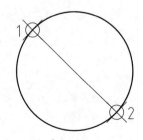

图 2-35　圆心、半径方式画圆　　　　图 2-36　圆心、直径方式画圆　　　　图 2-37　两点画圆

➢ 相切、相切、相切（A）：通过选择三条切线来绘制圆，如图 2-40 所示。

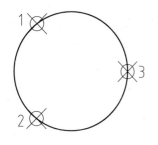

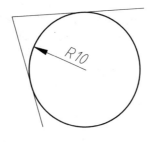

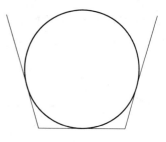

图 2-38 三点画圆   图 2-39 相切、相切、半径画圆   图 2-40 相切、相切、相切画圆

如果直接单击【绘图】面板中的【圆】按钮，执行【圆】命令后命令行提示如下。

命令：_circle   指定圆的圆心或 [三点(3P)/两点(2P)/切点、切点、半径(T)]。

【案例 2-6】： 绘制视孔盖中的通孔

紧接【案例 2-4】进行绘制，绘制视孔盖中的螺纹孔。

01 打开"第 2 章\2-4 绘制视孔盖（三）- OK.dwg"素材文件。

02 绘制螺纹孔内径。螺纹孔内径为一用粗线条绘制的整圆。调用【圆】命令，拾取主视图的中心线交点作为圆心，绘制直径为 φ14mm 的圆，如图 2-41 所示。

03 绘制安装孔。重复调用【圆】命令，在如图 2-42 所示的位置绘制 4 个直径为 φ8mm 的圆，并补画中心线。

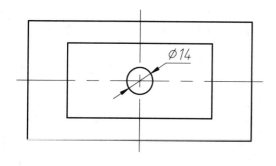

图 2-41 绘制螺纹孔内径

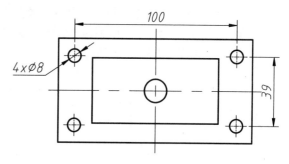

图 2-42 绘制安装孔

04 视孔盖绘制完成。下一步骤参见 2.3.2 小节。

2.3.2 圆弧

圆弧是圆的一部分曲线，是与其半径相等的圆周的一部分。执行【圆弧】命令有以下几种方法。

➢ 功能区：在【默认】选项卡中，单击【绘图】面板中的【圆弧】按钮。

➢ 菜单栏：执行【绘图】|【圆弧】命令。

➢ 命令行： ARC 或 A。

在【绘图】面板【圆弧】按钮的下拉列表中提供了 11 种绘制圆弧的命令，各命令的含义如下。

➢ 三点（P）：通过指定圆弧上的三点绘制圆弧，如图 2-43 所示。需要指定圆弧的起点、通过的第二个点和端点。

➢ 起点、圆心、端点（S）：通过指定圆弧的起点、圆心、端点绘制圆弧，如图 2-44 所示。

➢ 起点、圆心、角度（T）：通过指定圆弧的起点、圆心、包含角度绘制圆弧，执行此命令时会出现"指定包含角"的提示，在输入角度时，如果当前环境设置逆时针方向为角度正方向，且输入正的角度值，则绘制的圆弧是从起点绕圆心沿逆时针方向绘制，反之则沿顺时针方向绘制。

➢ 起点、圆心、长度（A）：通过指定圆弧的起点、圆心、弧长绘制圆弧，如图 2-45 所示。另外，在命令行提示的"指定弧长"提示信息下，如果所输入的值为负，则该值的绝对值将作为相应整圆的空缺部分的圆弧的弧长。

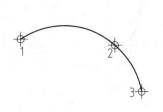

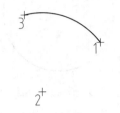
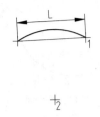

图 2-43　三点画弧　　　　　图 2-44　起点、圆心、端点画弧　　　　　图 2-45　起点、圆心、长度画弧

➢ 起点、端点、角度（N）：通过指定圆弧的起点、端点、包含角绘制圆弧。

➢ 起点、端点、方向（D）：通过指定圆弧的起点、端点和圆弧的起点切向绘制圆弧，如图 2-46 所示。命令执行过程中会出现"指定圆弧的起点切向"提示信息，此时可拖动鼠标动态地确定圆弧在起始点处的切线方向和水平方向的夹角。拖动鼠标时，AutoCAD 会在当前光标与圆弧起始点之间形成一条线，即为圆弧在起始点处的切线。确定切线方向后，单击拾取键即可得到相应的圆弧。

➢ 起点、端点、半径（R）：通过指定圆弧的起点、端点和圆弧半径绘制圆弧，如图 2-47 所示。

➢ 圆心、起点、端点（C）：以圆弧的圆心、起点、端点方式绘制圆弧。

➢ 圆心、起点、角度（E）：以圆弧的圆心、起点、圆心角方式绘制圆弧，如图 2-48 所示。

➢ 圆心、起点、长度（L）：以圆弧的圆心、起点、弧长方式绘制圆弧。

➢ 连续（O）：绘制其他直线与非封闭曲线后，执行【圆弧】|【圆弧】|【圆弧】命令，系统将自动以刚才绘制的对象的终点作为即将绘制的圆弧的起点。

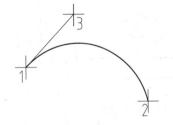
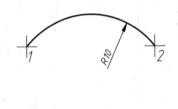
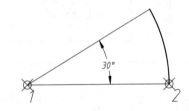

图 2-46　起点、端点、方向画弧　　　　　图 2-47　起点、端点、半径画弧　　　　　图 2-48　圆心、起点、角度画弧

【案例 2-7】：　绘制视孔盖中的螺纹孔

继续【案例 2-6】完成的图形进行绘制，得到最终的视孔盖图形。

01 按 Ctrl+O 组合键，打开"第 2 章\2-6 绘制视孔盖-OK.dwg"素材文件。

02 绘制螺纹孔外径。螺纹孔外径为一用细线条绘制的 3/4 圆。单击【绘图】面板中的【圆弧】按钮 ⌒，执行"圆心、起点、端点"命令，指定主视图的中心线交点为圆心，绘制一个 3/4 的圆，结果如图 2-49 所示。

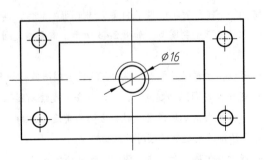

图 2-49　绘制视孔盖螺纹孔外径

03 执行 RAY【射线】命令，绘制螺纹孔在俯视图中的投影线，如图 2-50 所示。

04 执行 L【直线】命令，根据投影线绘制视孔盖俯视图中的螺纹孔图形，然后删除多余线条。读者可以自行使用 H【图案填充】命令填充剖面线，最终图形如图 2-51 所示。

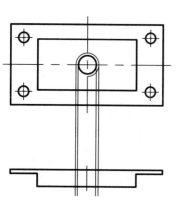

图 2-50　绘制俯视图投影线

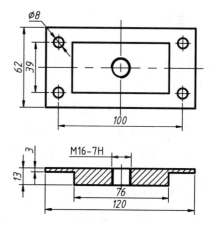

图 2-51　视孔盖最终图形

2.3.3　圆弧的方向与大小

【圆弧】是初学者使用时最常出错的命令之一。由于圆弧的绘制方法以及子选项都很丰富，因此初学者在使用【圆弧】命令时容易对概念理解不清楚。

AutoCAD 中圆弧绘制的默认方向是逆时针方向，因此在绘制上圆弧的时候，如果以 A 点为起点、B 点为端点，则会绘制出如图 2-52 所示的圆弧（按住 Ctrl 键的同时拖动，则可以顺时针方向绘制圆弧）。圆弧的默认方向也可以自行修改。

根据几何学的知识可知，在半径已知的情况下，弦长对应着两段圆弧：优弧（弧长较长的一段）和劣弧（弧长较短的一段）。而在 AutoCAD 中只有输入负值才能绘制出优弧，如图 2-53 所示。

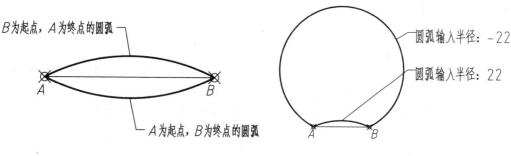

图 2-52　不同起点与终点的圆弧　　　　　　　图 2-53　输入不同半径绘制的圆弧

2.3.4　椭圆与椭圆弧

1.　椭圆

椭圆是平面上到定点距离与到指定直线间距离之比为常数的所有点的集合。启动【椭圆】命令有以下几种方法。

➢ 功能区：在【默认】选项卡中，单击【绘图】面板中的【椭圆】按钮 ⊙。

➢ 菜单栏：执行【绘图】|【椭圆】命令。

➢ 命令行：ELLIPSE 或 EL。

绘制【椭圆】命令有指定【圆心】和【端点】两种方法。

➢ 圆心：通过指定椭圆的中心点、一条轴的一个端点及另一条轴的半轴长度来绘制椭圆。

➢ 轴、端点：通过指定椭圆一条轴的两个端点及另一条轴的半轴长度来绘制圆。

2．椭圆弧

椭圆弧是椭圆的一部分，它类似于椭圆，不同的是它的起点和终点没有闭合。绘制椭圆弧需要确定的参数有：椭圆弧所在椭圆的两条轴及椭圆弧的起点和终点角度。

启动【椭圆】命令有以下两种方法。

➢ 菜单栏：执行【绘图】|【椭圆】|【圆弧】命令。

➢ 功能区：在【默认】选项卡中，单击【绘图】面板中的【椭圆弧】按钮 ⌒。

执行上述任一命令后，命令行提示如下。

> 指定椭圆弧的轴端点或 [圆弧（A）中心点(C)]：
>
> 指定椭圆弧的轴端点或 [中心点(C)]。

【案例 2-8】： 绘制连接片主视图

连接片是电子行业中常见的零件，如图 2-54 所示。一般用于电子、电脑仪器接地端点，一端焊接于接地线，另一端用螺钉锁于机壳。由于连接片外形简单，数量较大，因此它的主要制作方法是冲压。

连接片的零件图一般只有一个主视图，再标明厚度即可，如图 2-55 所示。

图 2-54　连接片

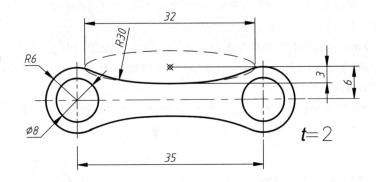

图 2-55　连接片零件图

由零件图可知，连接片的中间轮廓部分是用一段椭圆弧连接两段 $R30\text{mm}$ 的圆弧得到的，而 $R30\text{mm}$ 圆弧可以通过倒圆角获得，因此本案例的关键就在于绘制椭圆弧。具体操作步骤如下。

01 启动 AutoCAD 2020，打开"第 2 章\2-8 绘制连接片主视图.dwg"文件，素材文件内已经绘制好了中心线，如图 2-56 所示。

图 2-56　素材文件

02 单击【绘图】面板中的【圆】按钮 ⊙，以中心线的两个交点为圆心，分别绘制两个直径为 8mm、12mm 的圆，如图 2-57 所示。

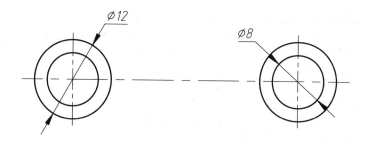

图 2-57 绘制两侧的圆

03 单击【绘图】面板中的【直线】按钮 ，以水平中心线的中点为起点，向上绘制一长度为 6mm 的辅助直线，如图 2-58 所示。命令行操作如下。

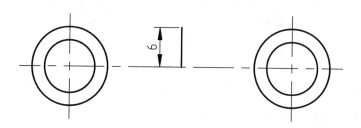

图 2-58 绘制辅助直线

命令: _line	//单击【直线】按钮
指定第一个点:	//指定水平中心线的中点
指定下一点或 [放弃(U)]: 6	//光标向上移动，引出追踪线确保垂直，输入长度 6
指定下一点或 [闭合(C)/放弃(U)]:*取消*	//按 Esc 退出【直线】命令

04 单击【绘图】面板中的【椭圆】按钮 ，以中心点的方式绘制椭圆，选择刚绘制直线的上端点为圆心，然后绘制一长半轴长度为 16mm、短半轴长度为 3mm 的椭圆，如图 2-59 所示。命令行操作如下。

命令: _ellipse	
指定椭圆的轴端点或 [圆弧(A)/中心点(C)]: _c	//以中心点的方式绘制椭圆
指定椭圆的中心点:	//指定直线的上端点
指定轴的端点: 16	//光标向左（或右）移动，引出水平追踪线，输入长度 16
指定另一条半轴长度或 [旋转(R)]: 3	//光标向上（或下）移动，引出垂直追踪线，输入长度 3

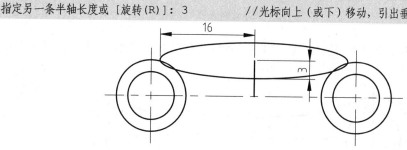

图 2-59 绘制椭圆

05 单击【修改】面板中的【修剪】按钮 ，启用命令后再按空格键或 Enter 键，然后依次选取外侧要删除的 3 段椭圆，最终剩下所需的一段椭圆弧，如图 2-60 所示。

06 倒圆角。单击【修改】面板中的【圆角】按钮 ，输入圆角半径为 30mm，然后依次选取左侧 φ12mm 的圆和椭圆弧，结果如图 2-61 所示，命令行操作如下。

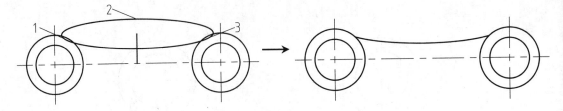

图 2-60　修剪图形

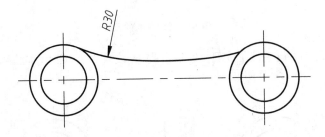

图 2-61　左侧倒圆角

```
命令：_fillet
当前设置：模式 = 修剪，半径 = 0.0000
选择第一个对象或 [放弃(U)/多段线(P)/半径(R)/修剪(T)/多个(M)]：R
指定圆角半径 <0.0000>：30                              //输入圆角半径值
选择第一个对象或 [放弃(U)/多段线(P)/半径(R)/修剪(T)/多个(M)]：    //选择左侧Φ12的圆
选择第二个对象，或按住 Shift 键选择对象以应用角点或 [半径(R)]：    //选择椭圆弧
```

07 使用同样的方法对右侧进行倒圆角，结果如图 2-62 所示。

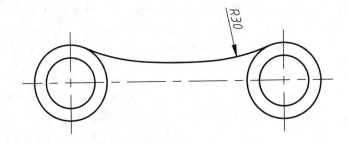

图 2-62　右侧倒圆角

　　08 使用同样的方法绘制下半部分轮廓，然后修剪多余线段，即可完成连接片的绘制，最终图形如图 2-63 所示。

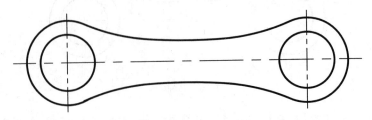

图 2-63　最终图形

2.3.5 圆环

圆环是由同一圆心、不同直径的两个同心圆组成的，控制圆环的参数是圆心、内直径和外直径。圆环可分为填充环（两个圆形中间的面积填充）和实体填充圆（圆环的内直径为 0）。圆环的典型示例如图 2-64 所示。

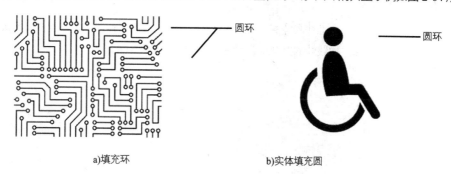

a)填充环 b)实体填充圆

图 2-64 圆环的典型示例

执行【圆环】命令有以下几种方法。

➢ 功能区：在【默认】选项卡中，单击【绘图】面板中的【圆环】按钮⊚。

➢ 菜单栏：执行【绘图】|【圆环】菜单命令。

➢ 命令行： DONUT 或 DO。

AutoCAD 默认情况下，所绘制的圆环为填充的实心图形。如果在绘制圆环之前在命令行中输入 "FILL"，则可以控制圆环和圆的填充可见性。执行 FILL 命令后，命令行提示如下。

命令: FILL↙

输入模式[开(ON)]|[关(OFF)]<开>: //选择填充开、关

选择【开(ON)】模式，表示绘制的圆环和圆都会填充，如图 2-65 所示。

a）内外直径不相等 b）内直径为 0 c）内外直径相等

图 2-65 选择【开(ON)】模式

选择【关(OFF)】模式，表示绘制的圆环和圆不予填充，如图 2-66 所示。

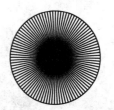

a）内外直径不相等 b）内直径为 0

图 2-66 选择【关(OFF)】模式

2.3.6 样条曲线

样条曲线是经过或接近一系列给定点的平滑曲线，它能够自由编辑，以及控制曲线与点的拟合程度。

1. 绘制样条曲线

样条曲线可分为拟合点样条曲线和控制点样条曲线两种，拟合点样条曲线的拟合点与曲线重合，如图 2-67 所示；控制点样条曲线是通过曲线外的控制点控制曲线的形状，如图 2-68 所示。

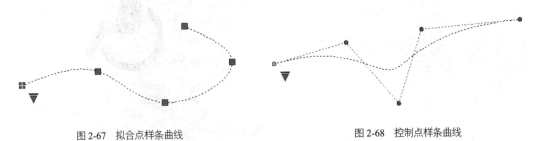

图 2-67　拟合点样条曲线　　　　　　　　图 2-68　控制点样条曲线

调用【样条曲线】命令有以下几种方法。

➤ 功能区：在【默认】选项卡中，单击【绘图】滑出面板上的【拟合点】按钮 ~ 或【控制点】按钮 ~。

➤ 菜单栏：执行【绘图】|【样条曲线】命令，然后在子菜单中执行【拟合点】或【控制点】命令。

➤ 命令行：SPLINE 或 SPL。

调用该命令，命令行提示如下。

```
命令：_spline
当前设置：方式=拟合节点=弦
指定第一个点或 [方式(M)/节点(K)/对象(O)]：
输入下一个点或 [起点切向(T)/公差(L)]：
```

命令行部分选项的含义如下。

➤ 起点切向（T）：定义样条曲线的起点和结束点的切线方向。

➤ 公差（L）：定义曲线的偏差值。值越大，离控制点越远，反之则越近。

当样条曲线的控制点达到要求之后，按 Enter 键即可完成该样条曲线。

【案例 2-9】： 使用样条曲线绘制手柄

手柄是一种为方便工人操作机械而制造的简单配件，常见于各种机床的操作部分，如图 2-69 所示。手柄一般由钢件和塑料件车削而成。由于手柄在操作时直接握在操作者的手中，因此对于外形有一定的要求，需满足人体工程学，使其符合人的手感，所以一般使用样条曲线来绘制它的轮廓。

图 2-69　手柄

本案例绘制的手柄图形如图 2-70 所示。具体的绘制步骤如下。

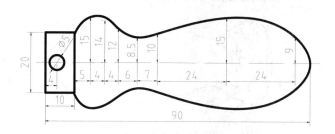

图 2-70　绘制的手柄

01 启动 AutoCAD 2020，打开"第 2 章\2-9 使用样条曲线绘制手柄.dwg"文件，素材图形内已经绘制好了中心线与各通过点（未设置点样式之前很难观察到），如图 2-71 所示。

图 2-71　素材图形

02 设置点样式。执行【格式】|【点样式】命令，弹出【点样式】对话框，设置点样式，如图 2-72 所示。

03 定位样条曲线的通过点。单击【修改】面板中的【偏移】按钮 ，将中心线偏移，并在偏移线交点处绘制点，结果如图 2-73 所示。

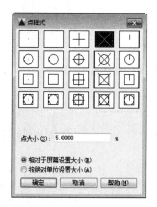

图 2-72　【点样式】对话框

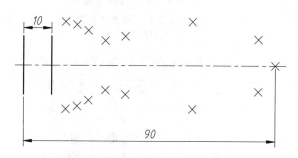

图 2-73　绘制样条曲线的通过点

04 绘制样条曲线。单击【绘图】面板中的【样条曲线】按钮 ，以左上角辅助点为起点，按顺时针方向依次连接各辅助点，结果如图 2-74 所示。

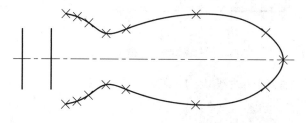

图 2-74　绘制样条曲线

05 闭合样条曲线。在命令行中输入 C 并按 Enter 键，闭合样条曲线，结果如图 2-75 所示.

图 2-75　闭合样条曲线

06 绘制圆和外轮廓线。分别单击【绘图】面板中的【直线】和【圆】按钮，绘制外轮廓线和直径为 4mm 的圆，如图 2-76 所示。

07 修剪整理图形。单击【修改】面板中的【修剪】按钮，修剪多余样条曲线，并删除辅助点，结果如图 2-77 所示。

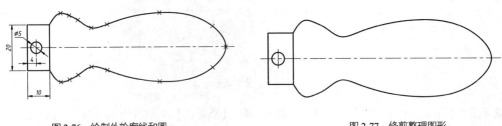

图 2-76　绘制外轮廓线和圆　　　　　　　　　图 2-77　修剪整理图形

2.　编辑样条曲线

与多段线一样，AutoCAD 2020 也提供了专门编辑样条曲线的工具，其执行方式有以下几种方法。

➤ 菜单栏：执行【修改】|【对象】|【样条曲线】命令。

➤ 功能区：在【默认】选项卡中，单击【修改】面板中的【编辑样条曲线】按钮 ⒣。

➤ 命令行：SPEDIT。

执行上述命令后，选择要编辑的样条曲线，命令行提示如下。

> 输入选项[闭合(C)/合并(J)/拟合数据(F)/编辑顶点(E)/转换为多线段(P)/反转(R)/放弃(U)/退出(X)]:<退出>

【案例 2-10】：　绘制断面边线

样条曲线在机械制图中常用来绘制断面图或剖视图的边线，本例即使用样条曲线绘制一长轴的断面线。

01 打开 "第 2 章\2-10 绘制断面边线.dwg" 素材文件，如图 2-78 所示。

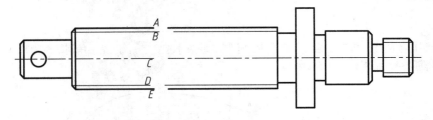

图 2-78　素材图形

02 单击【绘图】面板上的【样条曲线拟合】按钮 ∿，绘制断面边线，如图 2-79 所示。命令行操作如下。

```
命令：_SPLINE ✓                                //调用【样条曲线】命令
当前设置：方式=拟合    节点=弦
指定第一个点或 [方式(M)/节点(K)/对象(O)]：_M
输入样条曲线创建方式 [拟合(F)/控制点(CV)] <拟合>：_FIT
```

当前设置：方式=拟合　　节点=弦

指定第一个点或 [方式(M)/节点(K)/对象(O)]:　　　　　　　//指定 A 点

输入下一个点或 [起点切向(T)/公差(L)]:　　　　　　　　//指定 B 点

输入下一个点或 [端点相切(T)/公差(L)/放弃(U)]:　　　　//指定 C 点

输入下一个点或 [端点相切(T)/公差(L)/放弃(U)/闭合(C)]:　//指定 D 点

输入下一个点或 [端点相切(T)/公差(L)/放弃(U)/闭合(C)]:　//指定 E 点

输入下一个点或 [端点相切(T)/公差(L)/放弃(U)/闭合(C)]:✓　//按 Enter 键结束绘制，用同

样方法绘制另一条样条曲线

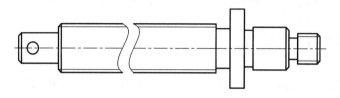

图 2-79　绘制断面边线

2.4　绘制点

点是所有图形中最基本的图形对象，可以用来作为捕捉和偏移对象的参考点。本节将介绍点样式的设置及绘制点的方法。

2.4.1　设置点样式

从理论上来讲，点是没有长度和大小的图形对象。在 AutoCAD 中，系统默认情况下绘制的点显示为一个小圆点，在屏幕中很难看清，因此可以为点设置显示样式，使其清晰可见。

执行【点样式】命令有以下几种方法。

➢ 功能区：在【默认】选项卡中单击【实用工具】面板中的【点样式】按钮 📝 点样式...。

➢ 菜单栏：执行【格式】|【点样式】命令。

➢ 命令行：DDPTYPE。

执行该命令后，将弹出如图 2-80 所示的【点样式】对话框，可以在其中设置点的显示样式和大小。

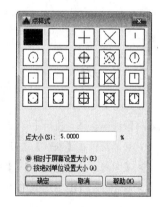

图 2-80　【点样式】对话框

对话框中各选项的含义如下。

➢ 点大小：用于设置点的显示大小，与下面的两个选项有关。

➢ 相对于屏幕设置大小：用于按 AutoCAD 绘图屏幕尺寸的百分比设置点的显示大小。在进行视图缩放操作时，点的显示大小并不改变，在命令行输入 "RE" 命令即可重生成，始终保持与屏幕的相对比例。

➢ 按绝对单位设置大小：使用实际单位设置点的大小同其他的图形元素（如直线、圆），当进行视图缩放操作时，点的显示大小也会随之改变。

2.4.2　绘制单点和多点

在 AutoCAD 2020 中，绘制点对象的操作包括绘制单点和绘制多点的操作。

1. 单点

绘制单点就是执行一次命令只能指定一个点。执行【单点】命令有以下两种方法。

➤ 菜单栏：执行【绘图】|【点】|【单点】命令。

➤ 命令行：PONIT 或 PO。

执行上述任一命令后，在绘图区任意位置单击，即完成单点的绘制，结果如图 2-81 所示。命令行操作如下。

```
命令：_point
当前点模式：PDMODE=33  PDSIZE=0.0000
指定点：                                        //选择任意坐标作为点的位置
```

2. 多点

绘制多点是指执行一次命令后可以连续指定多个点，直到按 Esc 键结束命令。执行【多点】命令有以下两种方法。

➤ 功能区：单击【绘图】面板中的【多点】按钮 ⊡。

➤ 菜单栏：执行【绘图】|【点】|【多点】命令。

执行上述任一命令后，在绘图区任意 6 个位置单击，再按 Esc 键退出，即可完成 6 个点的绘制，结果如图 2-82 所示。命令行操作如下。

```
命令：_point
当前点模式：PDMODE=33  PDSIZE=0.0000              //在任意 6 个位置单击
指定点：*取消*                                    //按 Esc 键取消多点绘制
```

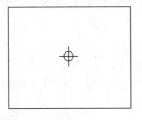

图 2-81　绘制单点效果

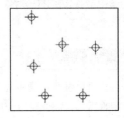

图 2-82　绘制多点效果

2.4.3　定数等分

定数等分是将对象按指定的数量分为等长的多段，在等分位置生成点。被等分的对象可以是直线、圆、圆弧和多段线等实体。执行【定数等分】命令有以下几种方法。

➤ 功能区：在【默认】选项卡中，单击【绘图】面板中的【定数等分】按钮。

➤ 菜单栏：执行【绘图】|【点】|【定数等分】命令。

➤ 命令行：DIVIDE 或 DIV。

【案例 2-11】：　绘制轴承端盖

轴承端盖是安装在减速器箱体上的一类零件，如图 2-83 所示。其作用一是轴向固定轴承，二是起密封保护作用，防止尘土等进入轴承造成损坏。通常轴承端盖是通过小螺钉固定在机体上的，如果直接固定在轴上会使密封直径加大，密封困难。

01 按 Ctrl+O 组合键，打开 "第 2 章\2-11 绘制轴承端盖.dwg" 素材文件，其中已经设置好了点样式，并绘制好了轴承端盖的剖视图，如图 2-84 所示。

02 在【默认】选项卡中，单击【绘图】面板中的【射线】按钮，在绘图区中选择素材图形中的各点向上绘制射线，作为主视图的投影线，结果如图 2-85 所示。

03 调用 C【圆】命令，以中心线上的一点为圆心，以投影线为边界绘制主视图中的轴承端盖圆轮廓，如图 2-86 所示。

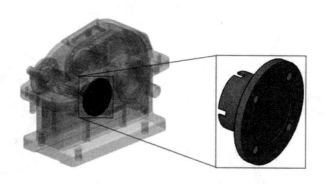

图 2-83 轴承端盖

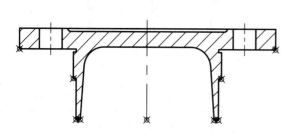

图 2-84 素材图形

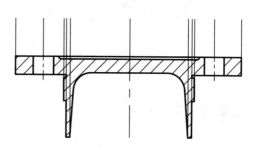

图 2-85 绘制投影线

04 删除多余投影线，然后在【默认】选项卡中单击【绘图】面板中的【定数等分】按钮 ，选择主视图中通孔的投影圆，将其等分为 4 段，如图 2-87 所示。命令行操作如下。

命令：DIVIDE	//调用【定数等分】命令
选择要定数等分的对象：	//选择素材直线
输入线段数目或 [块(B)]：4	//输入要等分的段数并按下 Enter 键
	//按 Esc 键退出

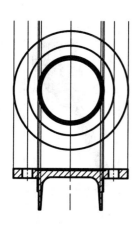

图 2-86 绘制轴承端盖圆轮廓

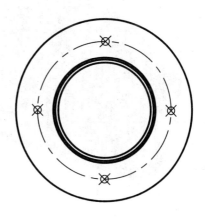

图 2-87 绘制等分点

05 调用 C【圆】命令，按等分点为圆心，绘制 4 个 φ8mm 作为通孔的圆，如图 2-88 所示。

06 再执行 L【直线】命令，补画中心线，轴承端盖绘制完成，结果如图 2-89 所示。

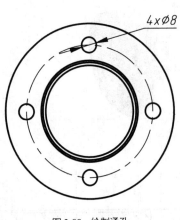

图 2-88　绘制通孔

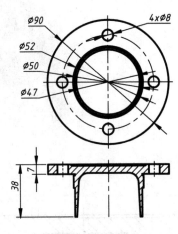

图 2-89　轴承端盖图形

2.4.4　定距等分

定距等分是将对象分为长度为定值的多段，在等分位置生成点。执行【定距等分】命令有以下几种方法。

➤ 功能区：在【默认】选项卡中，单击【绘图】面板中的【定距等分】按钮 。

➤ 菜单栏：执行【绘图】|【点】|【定距等分】命令。

➤ 命令行：MEASURE 或 ME。

【案例 2-12】：　绘制油标刻度线

油标是减速器中的常见配件，工作人员主要用它来检查机体内润滑油脂的保存情况。在油标上通常会设有刻度线，借此即可准确判断含油量是否足以支持减速器继续工作，如图 2-90 所示。

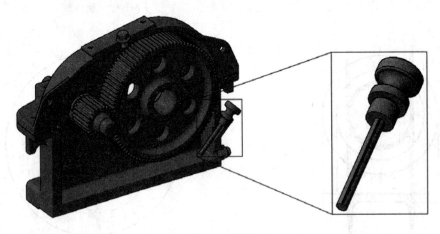

图 2-90　油标

01 打开 "第 2 章\2-12 绘制油标刻度线.dwg" 素材文件，其中已经绘制好了油标的图形，如图 2-91 所示。

02 执行 L【直线】命令，沿着油标中心线绘制一辅助线作为刻度线，如图 2-92 所示。

03 在【默认】选项卡中单击【实用工具】面板中的【点样式】按钮 点样式... ，打开【点样式】对话框，选择如图 2-93 所示的点样式。

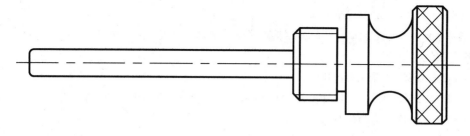

图 2-91　素材图形

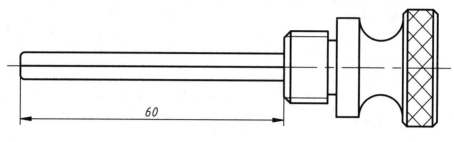

图 2-92　绘制刻度线

04 在【默认】选项卡中单击【绘图】面板中的【定距等分】按钮 ，将步骤 2 绘制好的直线段按每段 10mm 长进行分段，生成刻度，结果如图 2-94 所示。命令行操作如下。

命令：ME	//调用【定距等分】命令
选择要定数等分的对象：	//选择直线
输入线段数目或 ［块(B)］：1	//输入等分的距离
	//按 Esc 键退出

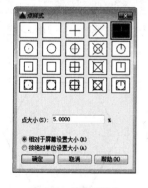

图 2-93　设置点样式

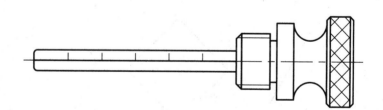

图 2-94　生成刻度

2.5　绘制多边形类图形

在 AutoCAD 中，矩形及多边形的各边构成一个单独的对象，它们在绘制复杂图形时比较常用。

2.5.1　矩形

在 AutoCAD 中绘制矩形，可以为其设置倒角、圆角，以及宽度和厚度值等参数。调用【矩形】命令有以下几种方法。

➢ 功能区：在【默认】选项卡中，单击【绘图】面板中的【矩形】按钮 。
➢ 菜单栏：执行【绘图】|【矩形】命令。
➢ 命令行：RECTANG 或 REC。

中文版 AutoCAD 2020 机械绘图实例教程

执行上述任一命令后，命令行操作如下。

指定第一个角点或 [倒角(C)/标高(E)/圆角(F)/厚度(T)/宽度(W)]：

其中各选项的含义如下。

➢ 倒角（C）：绘制一个带倒角的矩形。

➢ 标高（E）：矩形的高度。默认情况下，矩形在 x、y 平面内。一般用于三维绘图。

➢ 圆角（F）：绘制带圆角的矩形。

➢ 厚度（T）：矩形的厚度。该选项一般用于三维绘图。

➢ 宽度（W）：定义矩形的宽度。

图 2-95 所示为各种样式的矩形。

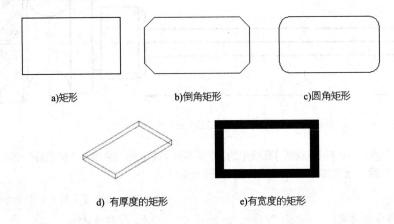

a)矩形　　　　　　　　b)倒角矩形　　　　　　　　c)圆角矩形

d) 有厚度的矩形　　　　　　e)有宽度的矩形

图 2-95　各种样式的矩形

2.5.2　正多边形

正多边形是由三条或三条以上长度相等的线段首尾相接形成的闭合图形，其边数范围值为 3～1024。图 2-96 所示为各种正多边形。

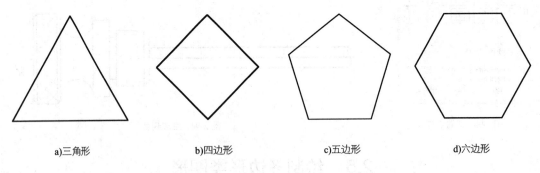

a)三角形　　　　　b)四边形　　　　　c)五边形　　　　　d)六边形

图 2-96　各种正多边形

启动【多边形】命令有以下几种方法。

➢ 功能区：在【默认】选项卡中，单击【绘图】面板中的【多边形】按钮。

➢ 菜单栏：执行【绘图】|【多边形】命令。

➢ 命令行：POLYGON 或 POL。

执行【多边形】命令后，命令行将出现如下提示。

命令：POLYGON↙　　　　　　　　　　　　　//执行【多边形】命令

输入侧面数 <4>：　　　　　　　　　　　　//指定多边形的边数，默认状态为四边形

指定正多边形的中心点或 [边(E)]:　　　　//确定多边形的一条边来绘制正多边形，由边数和边长确定
输入选项 [内接于圆(I)/外切于圆(C)] <I>:　　　　　　//选择正多边形的创建方式
指定圆的半径:　　　　　　　　　　　　　　//指定创建正多边形时的内接于圆或外切于圆的半径

其部分选项含义如下。

➤ 中心点: 通过指定正多边形中心点的方式来绘制正多边形。

➤ 内接于圆 (I) /外切于圆 (C): 内接于圆表示以指定正多边形内接圆半径的方式来绘制正多边形; 外切于圆表示以指定正多边形外切圆半径的方式来绘制正多边形, 如图 2-97 所示。

➤ 边 (E): 通过指定多边形边的方式来绘制正多边形。该方式将通过边的数量和长度确定正多边形, 如图 2-98 所示。

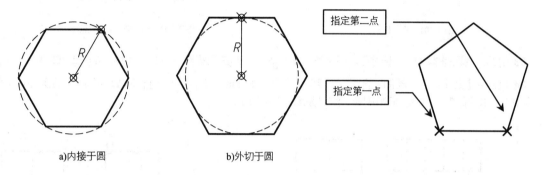

图 2-97　通过【内接于圆(I)/外切于圆(C)】绘制正多边形　　　　图 2-98　通过指定边长的方式来绘制正多边形

【案例 2-13】：　绘制 M10 六角螺母

六角螺母如图 2-99 所示, 其与螺栓、螺钉配合使用, 起连接、紧固机件的作用。1 型六角螺母应用最广, 包括 A、B、C 这 3 种级别, 其中 C 级螺母用于表面比较粗糙、对精度要求不高的机器、设备或结构上, A 级和 B 级螺母用于表面比较光洁、对精度要求较高的机器、设备或结构上。2 型六角螺母的厚度较大, 多用于需要经常装拆的场合。六角薄螺母的厚度较小, 多用于表面空间受限的零件。

六角螺母作为一种标准件, 有着规定的形状和尺寸关系。图 2-100 所示为六角螺母的尺寸参数。

由于螺母有成熟的标准体系, 因此只需写明对应的国标号与螺纹的公称直径大小, 就可以准确地指定某种螺母。如装配图明细栏中 "M10A—GB/T 6170" 表示 "1 型六角螺母, 螺纹公称直径为 M10, 性能等级 A 级"。

图 2-99　六角螺母

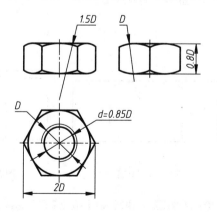

图 2-100　六角螺母的尺寸参数

本案例将按图 2-100 中的参数, 绘制 "M10A—GB/T 6170" 六角螺母。具体步骤如下。

01 打开素材文件 "第 2 章\2-13 绘制 M10 六角螺母.dwg", 如图 2-101 所示, 其中已经绘制好了的中心线。

02 切换到【轮廓线】图层，执行 C【圆】和 POL【正多边形】命令，在交叉的中心线上绘制俯视图，如图 2-102 所示。

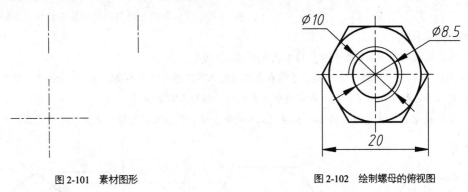

图 2-101　素材图形　　　　　　　　　　图 2-102　绘制螺母的俯视图

03 根据三视图基本准则"长对正、高平齐、宽相等"绘制主视图和左视图轮廓线，如图 2-103 所示。

04 执行 C【圆】命令，绘制与直线 AB 相切、半径为 15mm 的圆，绘制与直线 CD 相切、半径为 10mm 的圆，再执行 TR【修剪】命令，修剪图形，结果如图 2-104 所示。

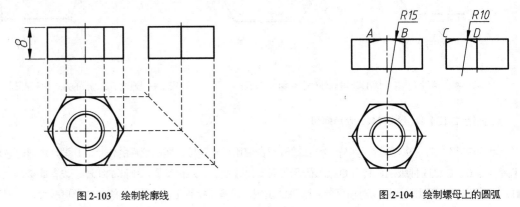

图 2-103　绘制轮廓线　　　　　　　　　　图 2-104　绘制螺母上的圆弧

05 单击【修改】面板中的【打断于点】按钮，将最上方的轮廓线在 A、B 两点打断，如图 2-105 所示。

06 执行 L【直线】命令，在主视图上绘制通过 R15mm 圆弧两端点的水平辅助线，如图 2-106 所示。执行 A【圆弧】命令，以水平直线与轮廓线的交点作为圆弧起点、终点，轮廓线的中点作为圆弧的中点，绘制圆弧，然后修剪图形，结果如图 2-107 所示。

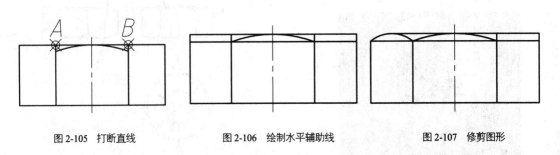

图 2-105　打断直线　　　　　　图 2-106　绘制水平辅助线　　　　　　图 2-107　修剪图形

07 镜像图形。执行 MI【镜像】命令，以主视图水平中线作为镜像线，镜像图形。用同样的方法镜像左视图，结果如图 2-108 所示。

08 修剪图形如图 2-109 所示，再执行【文件】|【保存】命令，保存文件，完成绘制。

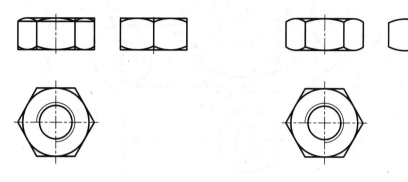

图 2-108　镜像图形　　　　　　　　　　图 2-109　修剪图形

2.6　习　题

1．填空题

（1）AutoCAD 2020 中圆的绘制方法有_____种。

（2）AutoCAD 2020 中绘制直线、圆、椭圆、多边形的快捷命令分别为_____、_____、

_____、_____。

（3）AutoCAD 2020 中图案填充是指通过指定的_____、_____、_____

来填充指定区域的一种操作方式。

（4）绝对极坐标的使用格式为_____。

2．操作题

绘制如图 2-110 和图 2-111 所示的两个图形（标注不做要求）。

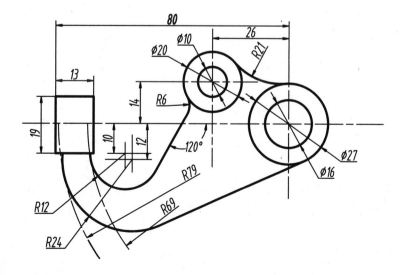

图 2-110　图形 1

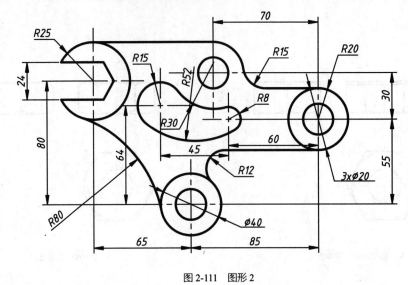

图 2-111　图形 2

第 3 章

二维机械图形的编辑

本章导读

将前面章节学习了各种图形对象的绘制方法，为了创建图形的更多细节特征以及提高绘图的效率，AutoCAD 2020 提供了许多编辑命令，常用的有移动、复制、修剪、倒角与圆角等。本章讲解这些命令的使用方法，以进一步提高读者绘制复杂图形的能力。使用编辑命令，能够方便地改变图形的大小、位置、方向、数量及形状，从而绘制出更为复杂的图形。

本章重点

➤ 单个、多个对象的选择方法

➤ 复制、偏移、镜像和阵列等快速复制对象的方法

➤ 对象的移动、旋转、缩放、拉伸等操作方法

➤ 修剪、删除、延伸和打断图形的方法

➤ 倒角和圆角的应用

➤ 创建和编辑图案填充的方法

➤ 利用夹点移动、拉伸、旋转对象的方法

3.1 选择对象的方法

对图形进行任何编辑和修改操作时，必须先选择图形对象。针对不同的情况，采用最佳的选择方法，能大幅提高图形的编辑效率。AutoCAD 2020 提供了多种选择对象的基本方法，如点选、窗口选择、窗交选择、栏选、圈围等。

3.1.1 点选

如果选择的是单个图形对象，可以使用点选的方法。直接将拾取光标移动到选择对象上方，此时该图形对象会虚线亮显表示，单击鼠标左键，即可完成单个对象的选择。点选方式一次只能选中一个对象，如图 3-1 所示。连续单击需要选择的对象，可以同时选择多个对象（虚线显示部分为被选中的部分），如图 3-2 所示。

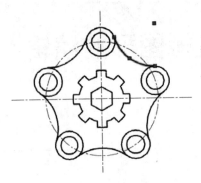
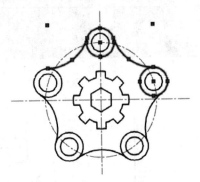

图 3-1　点选单个对象　　　　　　　　　　　　　图 3-2　点选多个对象

提示　　按下 Shift 键并再次单击已经选中的对象，可以将这些对象从当前选择集中删除；按 Esc 键，可以取消对当前全部选定对象的选择。

如果需要同时选择多个或者大量的对象，使用点选的方法不仅费时费力，而且容易出错。此时宜使用 AutoCAD 2020 提供的窗口选择、窗交选择、栏选等方法。

3.1.2 窗口选择

窗口选择是一种通过定义矩形窗口选择对象的方法。利用该方法选择对象时，从左往右拉出矩形窗口，框住需要选择的对象，此时绘图区将出现一个实线的矩形方框，选框内颜色为蓝色，如图 3-3 所示。释放鼠标左键后，被方框完全包围的对象将被选中（虚线显示部分为被选中的部分），如图 3-4 所示。按 Delete 键删除选择对象，结果如图 3-5 所示。

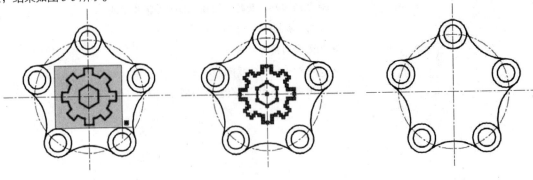

图 3-3　窗口选择　　　　　　　　　图 3-4　选择结果　　　　　　　　图 3-5　删除对象

3.1.3　窗交选择

窗交选择对象的选择方向正好与窗口选择相反，它是按住鼠标左键向左上方或左下方拖动，框住需要选择的对象，框选时绘图区将出现一个虚线的矩形方框，选框内颜色为绿色，如图 3-6 所示。释放鼠标左键后，与方框相交和被方框完全包围的对象都将被选中（虚线显示部分为被选中的部分），如图 3-7 所示。删除选中对象，结果如图 3-8 所示。

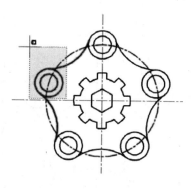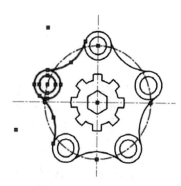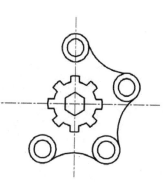

图 3-6　窗交选择　　　　　　　　图 3-7　选择结果　　　　　　　　图 3-8　删除对象

3.1.4　栏选

栏选图形是指在选择图形时拖曳出任意折线，如图 3-9 所示。凡是与折线相交的图形对象均被选中，如图 3-10 所示；虚线显示部分为被选中的部分，删除选中对象，如图 3-11 所示。

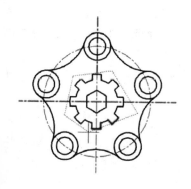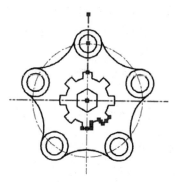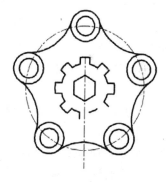

图 3-9　栏选　　　　　　　　　图 3-10　选择结果　　　　　　　　图 3-11　删除对象

在绘图区空白处单击，然后在命令行中输入"F"并按 Enter 键，即可调用栏选命令。调用栏选命令后，还需根据命令行提示分别指定各栏选点。命令行提示如下。

```
指定对角点或 [栏选(F)/圈围(WP)/圈交(CP)]：F           //选择【栏选】方式
指定第一个栏选点：
指定下一个栏选点或 [放弃(U)]：
```

使用该方式选择连续性对象非常方便，但栏选线不能封闭或相交。

3.1.5　圈围

圈围是一种多边形窗口选择方式，与窗口选择对象的方法类似，不同的是圈围方法可以构造任意形状的多边形，如图 3-12 所示。被多边形选择框完全包围的对象才能被选中（虚线显示部分为被选中的部分），如图 3-13 所示。删除选中的对象，结果如图 3-14 所示。

在绘图区空白处单击，然后在命令行中输入 "WP" 并按 Enter 键，即可调用圈围命令，命令行提示如下。

指定对角点或 [栏选(F)/圈围(WP)/圈交(CP)]: WP　　　　　　　　　　　　　//选择【圈围】方式

第一圈围点:

指定直线的端点或 [放弃(U)]:

指定直线的端点或 [放弃(U)]:

圈围对象范围确定后，按 Enter 键或空格键便可确认选择。

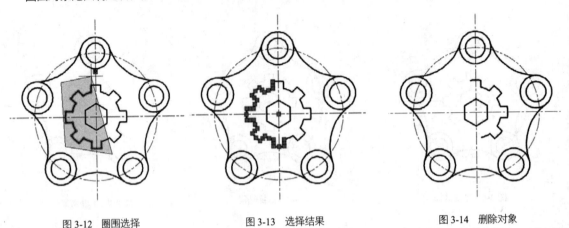

图 3-12　圈围选择　　　　　　　　　图 3-13　选择结果　　　　　　　　　图 3-14　删除对象

3.1.6　圈交

圈交是一种多边形窗交选择方式，与窗交选择对象的方法类似，不同的是圈交方法可以构造任意形状的多边形，它可以绘制任意闭合但不能与选择框自身相交或相切的多边形，如图 3-15 所示。选择完毕后可以选择多边形中与它相交的所有对象（虚线显示部分为被选中的部分），如图 3-16 所示。删除选中的对象，结果如图 3-17 所示。

光标空置时，在绘图区空白处单击，然后在命令行中输入 "CP" 并按 Enter 键，即可调用圈围命令。命令行提示如下。

指定对角点或 [栏选(F)/圈围(WP)/圈交(CP)]: CP　　　　　　　　　　　　　//选择【圈交】选择方式

第一圈围点:

指定直线的端点或 [放弃(U)]:

指定直线的端点或 [放弃(U)]:

圈交对象范围确定后，按 Enter 键或空格键便可确认选择。

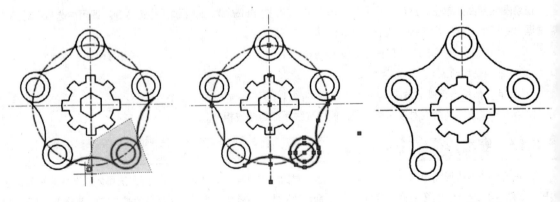

图 3-15　圈交选择　　　　　　　　　图 3-16　选择结果　　　　　　　　　图 3-17　删除对象

3.1.7　套索选择

套索选择是框选命令的一种延伸，使用方法与以前版本的框选命令类似，只是当移动鼠标围绕对象拖动时，将生成不规则的套索选区，使用起来更加人性化。根据拖动方向的不同，套索选择分为窗口套索和窗交套索 2 种。

➢ 顺时针方向拖动为窗口套索选择，结果如图 3-18 所示。

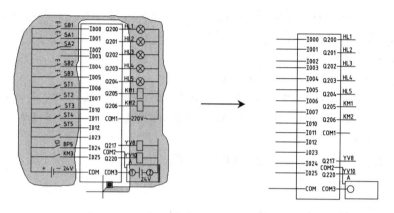

图 3-18　窗口套索选择效果

➢ 逆时针方向拖动则为窗交套索选择，结果如图 3-19 所示。

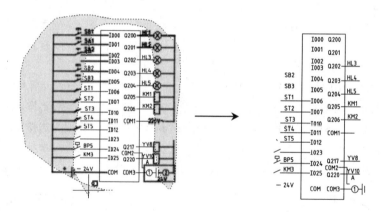

图 3-19　窗交套索选择效果

3.2　图形的复制

一张机械设计图样中会有很多形状完全相同的图形，使用 AutoCAD 提供的复制、偏移、镜像、阵列等工具，可以快速创建这些相同的对象。

3.2.1　复制对象

【复制】命令是指在不改变图形大小、方向的前提下，重新生成一个或多个与原对象一模一样的图形。在命令执行过程中，配合坐标、对象捕捉、栅格捕捉等其他工具，可以精确复制图形。

调用【复制】命令有以下几种方法。

➢ 菜单栏：执行【修改】|【复制】命令。

➢ 功能区：在【默认】选项卡中，单击【修改】面板中的【复制】按钮。

➢ 命令行：COPY、CO 或 CP。

在复制过程中，首先要确定复制的基点，然后通过指定目标点位置与基点位置的距离来复制图形。使用复制命令可以将同一个图形连续复制多份，直到按 Esc 键终止复制操作。

执行上述任一命令后，命令行的操作如下。

命令：_copy✓	//执行【复制】命令
选择对象：	//选择要复制的对象
指定基点或 [位移(D)/模式(O)] <位移>：	//指定复制基点
指定第二个点或 [阵列(A)] <使用第一个点作为位移>：	//指定目标点
指定第二个点或 [阵列(A)/退出(E)/放弃(U)] <退出>：	//按 Enter 键结束操作

其中各选项含义如下。

➢ 位移（D）：使用坐标值指定复制的位移矢量。

➢ 模式（O）：用于控制是否自动重复该命令。激活该选项后，当命令行提示"输入复制模式选项 [单个（S）/多个（M）] <多个>："时，默认模式为【多个（M）】，即自动重复复制命令，若选择【单个（S）】选项，则执行一次复制操作只创建一个对象副本。

➢ 阵列（A）：快速复制对象以呈现出指定项目数的效果。

【案例 3-1】： 复制螺纹孔

01 打开素材文件"第3章\3-1 复制螺纹孔.dwg"，素材图形如图 3-20 所示。

02 单击【修改】面板中的【复制】按钮，复制螺纹孔到 A、B、C 点，如图 3-21 所示。命令行操作如下。

命令：_copy	//执行【复制】命令
选择对象：指定对角点：找到 2 个	//选择螺纹孔内、外圆弧
选择对象：	//按 Enter 键结束选择
当前设置： 复制模式 = 多个	
指定基点或 [位移(D)/模式(O)] <位移>：	//选择螺纹孔的圆心作为基点
指定第二个点或 [阵列(A)] <使用第一个点作为位移>：	//选择 A 点
指定第二个点或 [阵列(A)/退出(E)/放弃(U)] <退出>：	//选择 B 点
指定第二个点或 [阵列(A)/退出(E)/放弃(U)] <退出>：	//选择 C 点
指定第二个点或 [阵列(A)/退出(E)/放弃(U)] <退出>：*取消*	//按 Esc 键退出复制

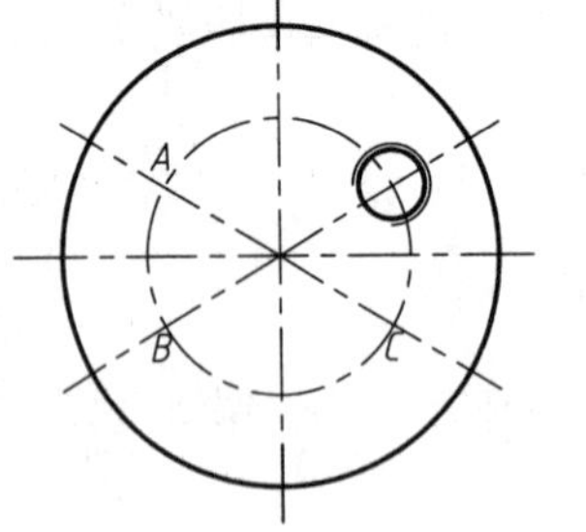

图 3-20 素材图形 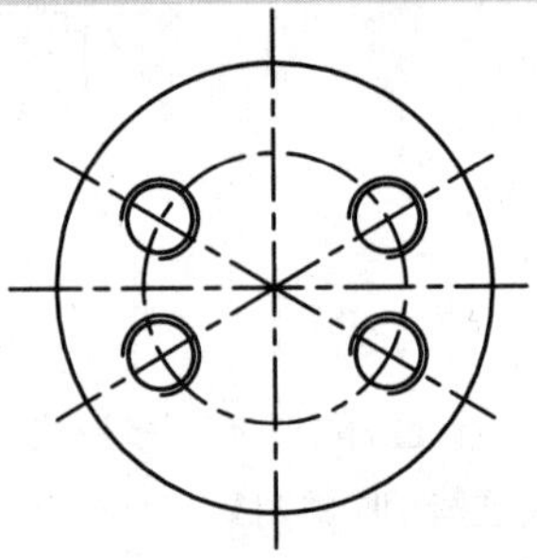　　　　　　　图 3-21 复制的结果

指定复制的基点之后，命令行出现【阵列(A)】选项，选择此选项，即可以线性阵列的方式快速大量复制对象，从而提高效率。

3.2.2 偏移对象

使用【偏移】工具可以创建与源对象成一定距离的形状相同或相似的新图形对象。可以进行偏移的图形对象包括直线、曲线、多边形、圆、圆弧等。

调用【偏移】命令有以下几种方法。

➤ 功能区：在【默认】选项卡中，单击【修改】面板中的【偏移】按钮 ⊏ 。

➤ 菜单栏：执行【修改】|【偏移】命令。

➤ 命令行：OFFSET 或 O。

偏移命令需要输入的参数有需要偏移的源对象、偏移距离和偏移方向。只要在需要偏移的一侧的任意位置单击即可确定偏移方向，也可以指定偏移对象通过已知的点。执行【偏移】命令后，选择要偏移的对象，命令行出现如下提示。

指定偏移距离或［通过(T)/删除(E)/图层(L)］<0.0000>：

命令行中各选项的含义如下。

➤ 通过（T）：指定一个通过点定义偏移的距离和方向。

➤ 删除（E）：偏移源对象后将其删除。

➤ 图层（L）：确定将偏移对象创建在当前图层上还是源对象所在的图层上。

【案例 3-2】：　通过偏移绘制弹性挡圈

弹性挡圈分为轴用与孔用两种，如图 3-22 所示，均是用来紧固在轴或孔上的圈形机件，可以防止装在轴或孔上其他零件的窜动。弹性挡圈的应用非常广泛，在各种工程机械与农业机械上都很常见。弹性挡圈通常采用 65Mn 板料冲裁制成，截面呈矩形。

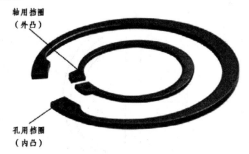

图 3-22　弹性挡圈

弹性挡圈的规格与安装槽标准可参阅 GB/T 893-2017（孔用）与 GB/T 894-2017（轴用），本例将利用【偏移】命令绘制如图 3-23 所示的轴用弹性挡圈。

01 打开素材文件 "第 3 章\3-2 绘制弹性挡圈.dwg"，素材图形如图 3-24 所示，其中已经绘制好了 3 条中心线。

02 绘制圆弧。单击【绘图】面板中的【圆】按钮 ⊙ ，分别在上方的中心线交点处绘制半径为 $R115$mm、$R129$mm 的圆，下方的中心线交点处绘制半径 $R100$mm 的圆，结果如图 3-25 所示。

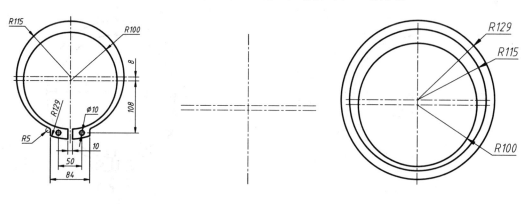

图 3-23　轴用弹性挡圈　　　　图 3-24　素材图形　　　　图 3-25　绘制圆

03 修剪图形。单击【修改】面板中的【修剪】按钮 ✂ ，修剪左侧的圆弧，如图 3-26 所示。

04 偏移图形。单击【修改】面板中的【偏移】按钮 ⊂ ，将垂直中心线分别向右偏移 5mm、42mm，结果如图 3-27 所示。

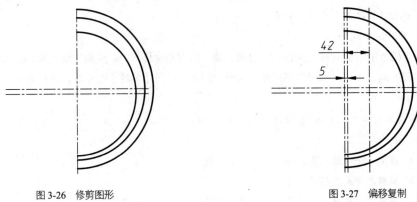

图 3-26 修剪图形　　　　　　　　　图 3-27 偏移复制

05 绘制直线。单击【绘图】面板中的【直线】按钮 ╱ ，绘制直线，删除辅助线，结果如图 3-28 所示。

06 偏移中心线。单击【修改】面板中的【偏移】按钮 ⊂ ，将竖直中心线向右偏移 25mm，将下方的水平中心线向下偏移 108mm，如图 3-29 所示。

07 绘制圆。单击【绘图】面板中的【圆】按钮 ⊙ ，在偏移出的辅助中心线交点处绘制直径为 10mm 的圆，如图 3-30 所示。

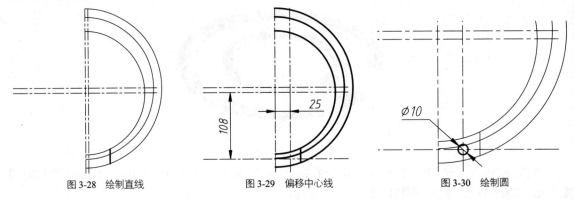

图 3-28 绘制直线　　　　　　图 3-29 偏移中心线　　　　　　图 3-30 绘制圆

08 修剪图形。单击【修改】面板中的【修剪】按钮 ✂ ，修剪出右侧图形，如图 3-31 所示。

09 镜像图形。单击【修改】面板中的【镜像】按钮 ⚠ ，以垂直中心线作为镜像线，镜像图形，结果如图 3-32 所示。

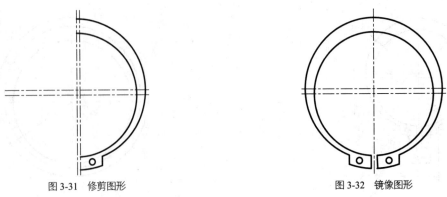

图 3-31 修剪图形　　　　　　　　　图 3-32 镜像图形

3.2.3 镜像对象

　　【镜像】命令 MIRROR 是一个特殊的复制命令。通过镜像生成的图形对象与源对象相对于对称轴呈左右对称的关系。在实际工程中，许多物体都设计成对称形状，如果绘制了这些物体的一半，就可以利用【镜像】命令迅速得到另一半。

调用【镜像】命令有以下几种方法。

➢ 功能区：在【默认】选项卡中，单击【修改】面板中的【镜像】按钮 🔀 。

➢ 菜单栏：执行【修改】|【镜像】命令。

➢ 命令行： MIRROR 或 MI。

【案例 3-3】： 绘制 6205 轴承简化图

轴承是现代机械设备中的一种重要零部件，它的主要功能是支承机械旋转体，降低其运动过程中的摩擦系数，并保证其回转精度，如减速器上常用的深沟球轴承 6205（6205 为其规格牌号），如图 3-33 所示。

在工程制图的过程中，轴承简化画法十分常用。轴承种类繁多，不同种类的轴承简化画法也不一样。深沟球轴承（GB/T 276—2013）是滚动轴承中最为普通的一种类型。基本型的深沟球轴承由一个外圈、一个内圈、一组钢球和一组保持架构成，如图 3-34 所示。本例将绘制 6205 轴承简化图。

图 3-33　深沟球轴承

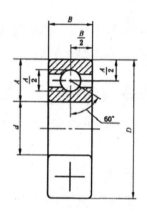

图 3-34　深沟球轴承简化图

01 打开 "第 3 章\3-3 绘制 6205 轴承.dwg" 素材文件，其中已经绘制好了中心线和一侧轮廓线，如图 3-35 所示。

02 在【默认】选项卡中单击【修改】面板上的【偏移】按钮 ⊂ ，将轮廓线向右侧偏移 13.5mm，结果如图 3-36 所示。

03 执行 L【直线】命令，连接偏移直线的端点并绘制一中心十字，得到轴承的半边图形，如图 3-37 所示。

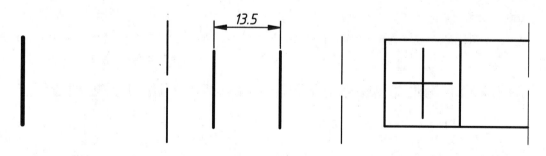

图 3-35　素材图形　　　　　图 3-36　偏移轮廓线　　　　　图 3-37　绘制直线

04 镜像复制图形。在【默认】选项卡中单击【修改】面板中的【镜像】按钮 🔀 ，以竖直的中心线为镜像线，镜像复制左边的轴承图形，如图 3-38 所示。命令行提示如下。

```
命令：_mirror↙                          //执行【镜像】命令
选择对象：指定对角点，找到 11 个          //框选左侧轴承图形
```

选择对象: //按 Enter 键结束选择

指定镜像线的第一点: //捕捉确定中心线第一点

指定镜像线的第二点: //捕捉确定中心线第二点

要删除源对象吗？[是(Y)/否(N)] <N>:N↙   //选择不删除源对象，按 Enter 键确定完成镜像

05 6205 轴承简化图绘制完成。下一步骤见 3.4.1 小节。

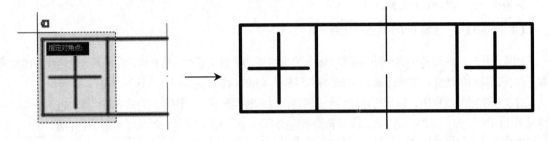

图 3-38 镜像轴承

> **提示**
> 对于水平或垂直的对称轴，更简便的方法是使用正交功能。确定了对称轴的第一点后，打开正交开关。此时光标只能在经过第一点的水平或垂直路径上移动，任取一点作为对称轴上的第二点即可。

3.2.4 阵列对象

【阵列】命令可以快速绘制大量的规律图形，在 AutoCAD 中有矩形阵列、路径阵列、环形阵列三种方式，分别介绍如下。

1. 矩形阵列

矩形阵列是按照矩形排列方式创建多个对象的副本。执行【矩形阵列】命令有以下几种方法。

➢ 菜单栏：执行【修改】|【阵列】|【矩形阵列】命令。

➢ 功能区：在【默认】选项卡中，单击【修改】面板中的【矩形阵列】按钮 ▦。

➢ 命令行： ARRAYRECT。

矩形阵列可以控制行数、列数以及行距和列距，或添加倾斜角度。

执行上述任一命令后，系统弹出【阵列创建】选项卡，如图 3-39 所示。命令行提示如下。

命令：ARRAYRECT↙   //调用【矩形阵列】命令

选择对象：   //选择阵列对象并按 Enter 键

类型 = 矩形 关联 = 是

选择夹点以编辑阵列或 [关联(AS)/基点(B)/计数(COU)/间距(S)/列数(COL)/行数(R)/层数(L)/退出(X)] <退出>：   //设置阵列参数，按 Enter 键退出

| 默认 | 插入 | 注释 | 参数化 | 视图 | 管理 | 输出 | 附加模块 | A360 | 精选应用 | BIM 360 | Performance | 阵列创建 |

类型	列			行 ▾			层级			特性		关闭
矩形	列数：	4		行数：	3		级别：	1		关联 基点		关闭阵列
	介于：	639.6913		介于：	639.6913		介于：	1				
	总计：	1919.0738		总计：	1279.3825		总计：	1				

图 3-39 【阵列创建】选项卡

其中各选项的含义如下。

➢ 关联（AS）：指定阵列中的对象是关联的还是独立的。

➢ 基点（B）：定义阵列基点和基点夹点的位置。

➤ 计数（COU）：指定行数和列数并使用户在移动光标时可以动态观察结果(一种比【行】和【列】选项更快捷的方法)。

➤ 间距（S）：指定行间距和列间距并使用户在移动光标时可以动态观察结果。

➤ 列数（COL）：编辑列数和列间距。

➤ 行数（R）：指定阵列中的行数、它们之间的距离以及行之间的增量标高。

➤ 层数（L）：指定三维阵列的层数和层间距。

2. 路径阵列

路径阵列可沿曲线轨迹复制图形，通过设置不同的基点，能得到不同的阵列结果。执行【路径阵列】命令有以下几种方法。

➤ 菜单栏：执行【修改】|【阵列】|【路径阵列】命令。

➤ 功能区：在【默认】选项卡中，单击【修改】面板中的【路径阵列】按钮 。

➤ 命令行：ARRAYPATH。

路径阵列可以控制阵列路径、阵列对象、阵列数量和方向等。

执行上述命令操作后，系统弹出【阵列创建】选项卡，如图 3-40 所示，命令行提示如下。

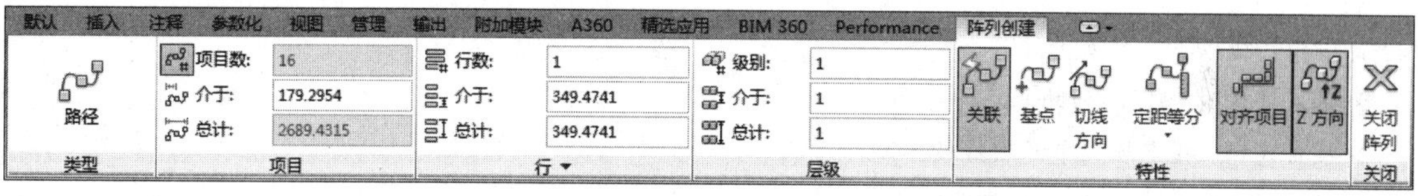

图 3-40　【阵列创建】选项卡

```
命令：ARRAYPATH↙                                //调用【路径阵列】命令
选择对象：                                      //选择阵列对象并按 Enter 键
类型 = 路径   关联 = 是
选择路径曲线：                                  //选择路径曲线
选择夹点以编辑阵列或 ［关联(AS)/方法(M)/基点(B)/切向(T)/项目(I)/行(R)/层(L)/对齐项目
(A)/Z 方向(Z)/退出(X)］<退出>：                 //设置阵列参数，按 Enter 键退出
```

命令行中各选项的含义如下。

➤ 关联（AS）：指定是否创建阵列对象，或者是否创建选定对象的非关联副本。

➤ 方法（M）：控制如何沿路径分布项目，包括定数等分（D）和定距等分（M）。

➤ 基点（B）：定义阵列的基点。路径阵列中的项目相对于基点放置。

➤ 切向（T）：指定阵列中的项目如何相对于路径的起始方向对齐。

➤ 项目（I）：根据【方法】设置，指定项目数或项目之间的距离。

➤ 行（R）：指定阵列中的行数、它们之间的距离以及行之间的增量标高。

➤ 层（L）：指定三维阵列的层数和层间距。

➤ 对齐项目（A）：指定是否对齐每个项目以与路径的方向相切。对齐相对于第一个项目的方向。

➤ Z 方向（Z）：控制是否保持项目的原始 Z 方向或沿三维路径自然倾斜项目。

3. 环形阵列

环形阵列又称为极轴阵列，是以某一点为中心点进行环形复制，阵列结果是阵列对象沿圆周均匀分布。执行【环形阵列】命令有以下几种方法。

➤ 菜单栏：执行【修改】|【阵列】|【环形阵列】命令。

➤ 功能区：在【默认】选项卡中，单击【修改】面板中的【环形阵列】按钮 。

➢ 命令行：　**ARRAYPOLAR**。

路径阵列可以设置的参数有阵列的源对象、项目总数、中心点位置和填充角度。

执行上述命令操作后，系统弹出【阵列创建】选项卡，如图 3-41 所示，命令行提示如下。

```
命令：ARRAYPOLAR✓                                         //调用【环形阵列】命令

选择对象：                                                //选择阵列对象并按 Enter 键

类型 = 极轴   关联 = 是

指定阵列的中心点或〔基点(B)/旋转轴(A)〕：                    //选择阵列中心点

选择夹点以编辑阵列或〔关联(AS)/基点(B)/项目(I)/项目间角度(A)/填充角度(F)/行(ROW)/层
(L)/旋转项目(ROT)/退出(X)〕<退出>：                         //设置阵列参数，按 Enter 键退出
```

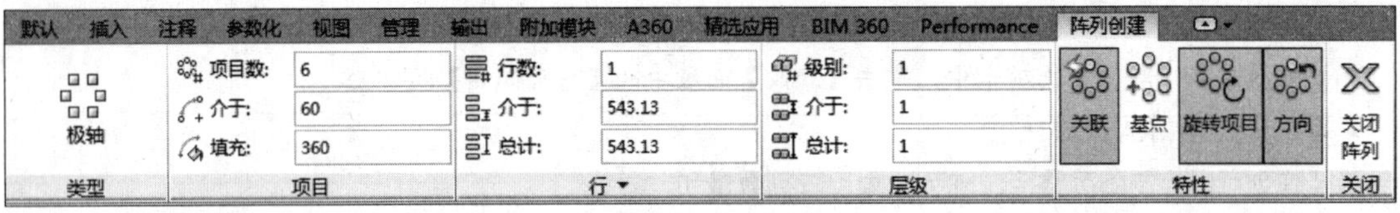

图 3-41　【阵列创建】选项卡

命令行各选项的含义如下。

➢ 基点（B）：指定阵列的基点。

➢ 项目（I）：指定阵列中的项目数。

➢ 项目间角度（A）：设置相邻的项目间的角度。

➢ 填充角度（F）：对象环形阵列的总角度。

➢ 旋转项目（ROT）：控制在阵列时是否旋转项。

【案例 3-4】：　矩形阵列绘制螺纹孔

根据 2.3.1 小节中的 $\varphi 8$ 通孔，绘制箱盖上对应的螺纹孔。

01 打开"第 3 章\3-4 矩形阵列螺纹孔.dwg"素材文件，素材图形中已经绘制好了一个螺纹孔，如图 3-42 所示。

02 在【默认】选项卡中单击【修改】面板中的【矩形阵列】按钮⁣，阵列螺纹孔，如图 3-43 所示。命令行操作如下。

```
命令：_arrayrect✓                                         //启动【矩形阵列】命令

选择对象：找到 1 个                                         //选择阵列对象

选择对象：✓                                               //按 Enter 键结束对象选择

类型 = 矩形   关联 = 是

选择夹点以编辑阵列或〔关联(AS)/基点(B)/计数(COU)/间距(S)/列数(COL)/行数(R)/层数(L)/退
出(X)〕<退出>：cou ✓                                       //激活【计数】选项

   输入列数数或〔表达式(E)〕<4>：2✓                        //输入列数为 2

   输入行数数或〔表达式(E)〕<3>：2✓                        //输入行数为 2

选择夹点以编辑阵列或〔关联(AS)/基点(B)/计数(COU)/间距(S)/列数(COL)/行数(R)/层数(L)/退
出(X)〕<退出>：s✓                                          //激活【间距】选项

   指定列之间的距离或〔单位单元(U)〕<88.5878>：100✓         //输入列间距

   指定行之间的距离 <777.4608>：-39✓                        //输入行间距

选择夹点以编辑阵列或〔关联(AS)/基点(B)/计数(COU)/间距(S)/列数(COL)/行数(R)/层数(L)/退
出(X)〕<退出>：✓                                           //按 Enter 键结束命令操作
```

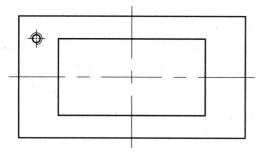

图 3-42 素材图形

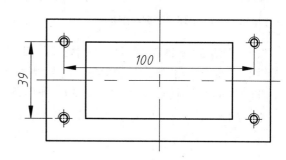

图 3-43 矩形阵列螺纹孔

【案例 3-5】：路径阵列绘制输送带

01 打开"第 3 章\3-5 路径阵列输送带.dwg"素材文件，素材图形如图 3-44 所示。

图 3-44 素材图形

02 在【常用】选项卡中单击【修改】面板中的【路径阵列】按钮 ，根据命令行的提示阵列图案，如图 3-45 所示，命令行操作如下。

```
命令：_arraypath✓                                    //调用【阵列】命令
选择对象：指定对角点：找到 1 个                           //选择对象
选择对象：✓
类型 = 路径   关联 = 是
选择路径曲线：                                        //选择路径
选择夹点以编辑阵列或 [关联(AS)/方法(M)/基点(B)/切向(T)/项目(I)/行(R)/层(L)/对齐项目
(A)/Z 方向(Z)/退出(X)] <退出>：I✓                      //激活"项目(I)"选项
指定沿路径的项目之间的距离或 [表达式(E)] <35.475>：✓
最大项目数 = 14
指定项目数或 [填写完整路径(F)/表达式(E)] <14>：✓
选择夹点以编辑阵列或 [关联(AS)/方法(M)/基点(B)/切向(T)/项目(I)/行(R)/层(L)/对齐项目
(A)/Z 方向(Z)/退出(X)] <退出>：✓                        //按 Enter 键退出
```

图 3-45 路径阵列图案

03 调用【分解】命令，对阵列的图形进行分解，然后配合【修剪】命令整理图形，结果如图 3-46 所示。

图 3-46 整理图形

【案例 3-6】：环形阵列绘制齿轮

由于齿轮的轮齿数量非常多，而且形状复杂，因此在机械制图中通常采用简化画法进行表示。但有时为了建模需要，想让三维模型表达得更加准确，就需要绘制准确的齿形，然后通过环形阵列的方式进行布置。

01 按 Ctrl+O 快捷键，打开"第 3 章\3-6 环形阵列绘制齿轮.dwg"素材文件，素材图形如图 3-47 所示。

02 在【常用】选项卡中单击【修改】面板中的【环形阵列】按钮，阵列轮齿，如图 3-48 所示，命令行操作如下。

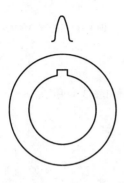

图 3-47 素材图形   图 3-48 阵列轮齿

```
命令：_arraypolar↙                                          //调用【阵列】命令
选择对象：指定对角点：找到 1 个                              //选择轮齿图形
选择对象：↙
类型 = 极轴  关联 = 是
指定阵列的中心点或 [基点(B)/旋转轴(A)]：                      //捕捉圆心作为中心点
选择夹点以编辑阵列或 [关联(AS)/基点(B)/项目(I)/项目间角度(A)/填充角度(F)/行(ROW)/层
(L)/旋转项目(ROT)/退出(X)] <退出>：I↙                        //激活"项目(I)"选项
输入阵列中的项目数或 [表达式(E)] <6>：20↙                     //输入项目个数
选择夹点以编辑阵列或 [关联(AS)/基点(B)/项目(I)/项目间角度(A)/填充角度(F)/行(ROW)/层
(L)/旋转项目(ROT)/退出(X)] <退出>：↙                         //按 Enter 键退出阵列
```

3.3　改变图形的大小及位置

对于已经绘制好的图形对象，有时需要改变图形的大小及它们的位置。改变的方式有很多种，如移动、旋转、拉伸和缩放等。下面将做详细介绍。

3.3.1　移动图形

移动图形是指将图形从一个位置平移到另一个位置，移动过程中图形的大小、形状和角度都不会改变。执行【移动】命令的方法有以下几种。

➢ **面板：** 在【修改】面板中单击【移动】按钮。

➢ **菜单栏：** 执行【修改】|【移动】命令。

➢ **命令行：** MOVE 或 M。

执行【移动】命令之后，首先选择需要移动的图形对象，然后分别确定移动的基点（起点）和终点，就可以将图形对象从基点的起点位置平移到终点位置。

【案例 3-7】：使用移动放置基准符号

基准是机械制造中应用十分广泛的一个概念，机械产品从设计时零件尺寸的标注，制造时工件的定位，验时尺寸的测量，一直到装配时零部件的装配位置确定等，都要用到基准的概念。基准符号是用一个大写字母标注在基准方格内，选择要指定为基准的表面，然后在其尺寸或轮廓处放置基准符号即可。

01 打开 "第 3 章\3-7 使用移动放置基准符号.dwg" 素材文件，素材图形中已绘制了部分轴零件图与基准符号，如图 3-49 所示。

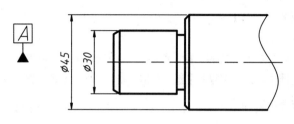

图 3-49　素材图形

02 在【默认】选项卡中单击【修改】面板中的【移动】按钮🕂，选择基准符号，按空格键或 Enter 键确定，指定基准图块的插入点为移动基点，如图 3-50 所示。

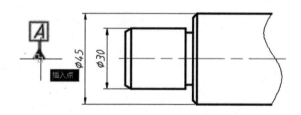

图 3-50　指定移动基点

03 将基准符号拖至右上角，选择轴零件的大径 ϕ45mm 尺寸的上侧端点为放置点，如图 3-51 所示。

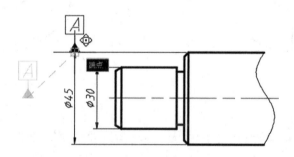

图 3-51　指定放置点

04 为了便于观察，基准符号需要与被标注对象保持一定的间距，因此可引出极轴追踪的追踪线。将基准符号向上移动一定的距离，然后进行放置，结果如图 3-52 所示。

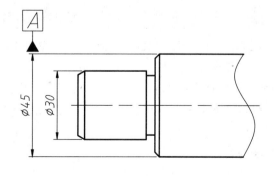

图 3-52　放置基准符号

3.3.2 旋转图形

旋转图形是将图形绕某个基点旋转一定的角度。执行【旋转】命令的方法有以下几种。

➢ 面板：单击【修改】面板中的【旋转】按钮🔾。

➢ 菜单栏：执行【修改】|【旋转】命令。

➢ 命令行：ROTATE 或 RO。

执行【旋转】命令之后，依次选择旋转对象、旋转基点和旋转角度。逆时针旋转的角度为正值，顺时针旋转的角度为负值。在旋转过程中，选择【复制】选项可以以复制的方式旋转对象，保留源对象。

【案例 3-8】：旋转键槽位置

在机械设计中，有时会为了满足不同的工况而将零件设计成各种非常规的形状，该形状往往是在一般图形的基础上偏移一定角度所致，如曲轴和凸轮等。这时就可使用【旋转】命令来辅助绘制。

01 单击【快速访问】工具栏中的【打开】按钮📂，打开"第 3 章\3-8 旋转键槽位置.dwg"素材文件，素材图形如图 3-53 所示。

02 单击【修改】工具栏中的【旋转】按钮🔾，将键槽部分旋转 90°，不保留源对象，如图 3-54 所示。命令行操作如下。

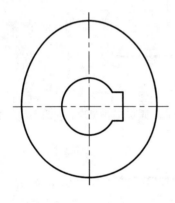

图 3-53 素材图形

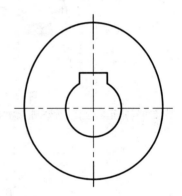

图 3-54 旋转键槽

```
命令：_rotate                                        //执行【旋转】命令
UCS 当前的正角方向：ANGDIR=逆时针  ANGBASE=0
选择对象：指定对角点：找到 4 个                        //选择旋转对象
选择对象：                                            //按 Enter 键结束选择
指定基点：                                            //指定圆心为旋转中心
指定旋转角度，或 [复制(C)/参照(R)] <0>：90             //输入旋转角度
```

3.3.3 缩放图形

缩放图形是将图形对象以指定的缩放基点放大或缩小一定比例。可以选择【复制】选项，在生成缩放对象时保留源对象。执行【缩放】命令的方法有以下几种。

➢ 面板：单击【修改】面板中的【缩放】按钮🔲。

➢ 菜单栏：执行【修改】|【缩放】命令。

➢ 命令行：SCALE 或 SC。

【案例 3-9】：缩放表面粗糙度符号

01 打开素材文件"第 3 章\3-9 缩放粗糙度.dwg"，素材图形如图 3-55a 所示。

02 单击【修改】面板中的【缩放】按钮🔲，将表面粗糙度符号按 0.5 的比例缩小，如图 3-55b 所示。命令行操作如下。

```
命令：_scale                                    //执行【缩放】命令
选择对象：指定对角点：找到 6 个                  //选择表面粗糙度标注符号
选择对象：                                      //按 Enter 键完成选择
指定基点：                                      //选择表面粗糙度符号下方端点作为基点
指定比例因子或 [复制(C)/参照(R)]：0.5           //输入缩放比例
```

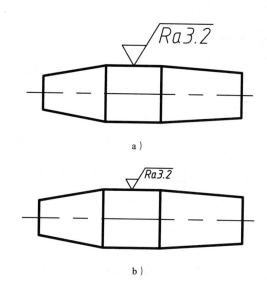

a）

b）

图 3-55　缩放图形效果

命令行中各选项的含义如下。

➤ 比例因子：比例因子即缩小和放大的比例值，大于 1 时放大图形，小于 1 时缩小图形。

➤ 复制（C）：缩放时保留源图形。

➤ 参照（R）：需用户输入参照长度和新长度数值，由系统自动算出两长度之间的比例数值，确定缩放的比例因子，然后对图形进行缩放操作。

3.3.4　拉伸图形

拉伸图形是将图形的一部分线条沿指定矢量方向拉长。执行【拉伸】命令的方法有以下几种。

➤ 面板：单击【修改】面板中的【拉伸】按钮。

➤ 菜单栏：执行【修改】|【拉伸】命令。

➤ 命令行：STRETCH 或 S。

执行【拉伸】命令需要选择拉伸对象、拉伸基点和第二点，基点和第二点定义的矢量决定了拉伸的方向和距离。

【案例 3-10】：拉伸螺钉图形

01 打开素材文件"第 3 章\3-10 拉伸螺钉图形.dwg"，素材图形如图 3-56 所示。

02 单击【修改】面板中的【拉伸】按钮，将螺钉长度拉伸至 50mm，命令行操作如下。

```
命令：_stretch                                  //执行【拉伸】命令
以交叉窗口或交叉多边形选择要拉伸的对象...
```

选择对象：指定对角点：找到 11 个	//如图 3-57 所示框选拉伸对象
选择对象：	//按 Enter 键结束选择
指定基点或 [位移(D)] <位移>：	
指定第二个点或 <使用第一个点作为位移>：25	//水平向右移动指针，输入拉伸距离

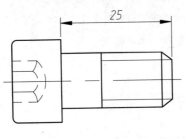

图 3-56　素材图形

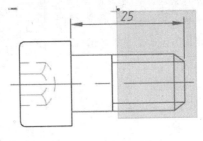

图 3-57　选择拉伸对象

03 螺钉的拉伸结果如图 3-58 所示。

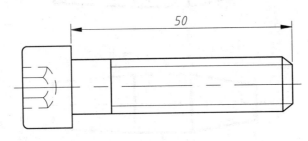

图 3-58　拉伸后的结果

3.4　辅助绘图

图形绘制完成后，有时还需要对细节部分做一定的处理，这些细节处理包括倒角、倒圆的调整等。部分图形可能还需要分解或打断进行二次编辑，如矩形、多边形等。

3.4.1　修剪对象

【修剪】命令是指将超出边界的多余部分删除。修剪操作可以修剪直线、圆、弧、多段线、样条曲线和射线等。在调用命令的过程中，需要设置的参数有修剪边界和修剪对象两类。

调用【修剪】命令有以下几种方法。

➤ 功能区：在【默认】选项卡中，单击【修改】面板中的【修剪】按钮✂。

➤ 菜单栏：执行【修改】|【修剪】命令。

➤ 命令行：TRIM 或 TR。

执行上述命令并选择要修剪的对象后，命令行提示如下。

选择要修剪的对象，或按住 Shift 键选择要延伸的对象，或[栏选(F)/窗交(C)/投影(P)/边(E)/删除(R)/放弃(U)]：

其中部分选项的含义如下。

➤ 投影（P）：可以指定执行修剪的空间。主要应用于三维空间中两个对象的修剪，可将对象投影到某一平面上执行修剪操作。

➤ 边（E）：选择该选项时，命令行显示"输入隐含边延伸模式[延伸(E)/不延伸(N)]<延伸>："提示信息。如果选择【延伸】选项，则当剪切边太短而且没有与被修剪对象相交时，可延伸修剪边，然后进行修剪；如果选择【不延伸】选项，则只有当剪切边与被修剪对象真正相交时才能进行修剪。

➢ 删除（R）：删除选定的对象。

➢ 放弃（U）：取消上一次操作。

【案例 3-11】： 补绘 6205 轴承图形

接着 3.2.3 小节的内容，绘制 6205 轴承的完整图形。

01 打开"第 3 章\3-11 绘制 6205 轴承.dwg"素材文件。

02 绘制滚珠。执行 C【圆】命令，以右侧对角线的交点为圆心，绘制 φ8.5mm 的圆，如图 3-59 所示。

03 删除右侧的对角线，然后执行 O【偏移】命令，将最右侧的轮廓线向左侧分别偏移 4mm、9.5mm，如图 3-60 所示。

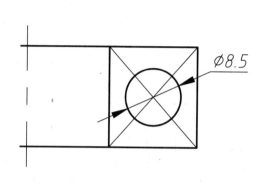

图 3-59　绘制滚珠

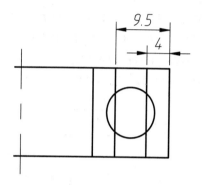

图 3-60　偏移轮廓线

04 调用 TR【修剪】命令，根据命令行提示修剪右侧图形，结果如图 3-61 所示。命令行操作如下。

命令：TR✓　　　　　TRIM	//调用【修剪】命令
当前设置：投影=UCS，边=无	
选择剪切边...	
选择对象或 <全部选择>：找到 1 个	//以 φ8.5 的圆为剪切边
选择对象：✓	//按 Enter 键结束对象选择
选择要修剪的对象，或按住 Shift 键选择要延伸的对象，或	
[栏选(F)/窗交(C)/投影(P)/边(E)/删除(R)/放弃(U)]：	//修剪偏移的轮廓线

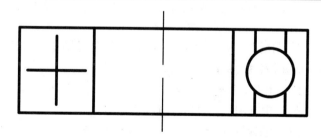

图 3-61　修剪之后的结果

05 6205 轴承绘制完成。下一步骤见 3.5.3 小节。

3.4.2　删除图形

【删除】命令是常用的命令，它的作用是将多余的线条删除。执行【删除】命令的方法有以下几种。

➢ **面板：** 单击【修改】面板中的【删除】按钮 ✎。

➢ **菜单栏：** 执行【修改】|【删除】命令。

> 命令行: ERASE 或 E。

执行该命令后，选择需要删除的图形对象，按 Enter 键即可删除该对象。

 提示 选中要删除的对象后按 Delete 键也可以将其删除。

3.4.3 延伸图形

【延伸】命令的使用方法与【修剪】命令的使用方法相似，先选择延伸的边界，然后选择要延伸的对象。在使用【延伸】命令时，如果在按住 Shift 键的同时选择对象，则执行修剪命令。执行【延伸】命令的方法有以下几种。

> 面板: 单击【修改】面板中的【延伸】按钮 →。
> 菜单栏: 执行【修改】|【延伸】命令。
> 命令行: EXTEND 或 EX。

延伸图形的效果如图 3-62 所示。

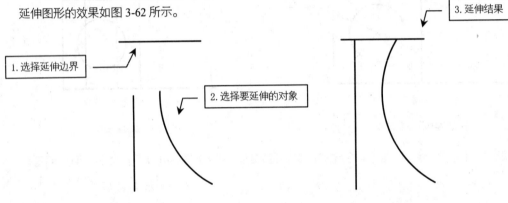

图 3-62　延伸图形

3.4.4 打断图形

打断是指将单一线条在指定点分割为两段。根据打断点数量的不同，可分为【打断】和【打断于点】两种命令。

1. 打断

打断是指在线条上创建两个打断点，从而将线条断开。执行【打断】命令的方法有以下几种。

> 面板: 单击【修改】面板中的【打断】按钮 凸。
> 菜单栏: 执行【修改】|【打断】命令。
> 命令行: 在命令行中输入"BREAK"或"BR"并按 Enter 键。

执行【打断】命令之后，命令行提示如下。

```
命令: _break
选择对象:
指定第二个打断点 或 [第一点(F)]:
```

默认情况下，系统会以选择对象时的拾取点作为第一个打断点，接着选择第二个打断点，即可在两点之间打断线段。如果不希望以拾取点作为第一个打断点，则可在命令行选择【第一点】选项，重新指定第一个打断点。如果在对象之外指定一点为第二个打断点，系统将以该点到被打断对象的垂直点作为第二个打断点，除去两点间的线段，如图 3-63 所示。

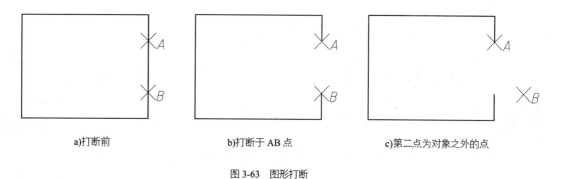

a)打断前　　　　　　　　b)打断于 AB 点　　　　　　c)第二点为对象之外的点

图 3-63　图形打断

2．打断于点

【打断于点】命令是在一个点上将对象断开，因此不产生间隙。

单击【修改】面板中的【打断于点】按钮，然后选择要打断的对象，接着指定一个打断点，即可将对象在该点断开。

【案例 3-12】：　使用打断修改活塞杆

有些机械零部件具有很大的长细比，即长度尺寸比径向尺寸大很多，在外观上表现为一细长杆形状。如液压缸的活塞杆和起重机的吊臂等都属于这类零件。在绘制这类零件时，就可以用打断的方式只保留左右两端的特征图形，而省去中间简单而重复的部分。

01 打开 "第 3 章\3-12 使用打断修改活塞杆.dwg" 素材文件，其中绘制好了一个长度为 1000mm 的活塞杆图形，并预设了打断用的 4 个点，如图 3-64 所示。

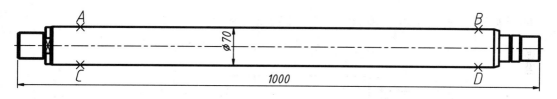

图 3-64　素材图形

02 该活塞杆可如果完全按照真实的零件形状出图打印，则会由于左右两端的重要结构相距甚远而影响观察效果，而且也超出了一般图纸的打印范围，因此可用【打断】命令对其修改。

03 在【默认】选项卡中单击【修改】面板中的【打断】按钮，选择图形 ϕ70mm 段上侧的 *A*、*B* 两点作为打断点，效果如图 3-65 所示。

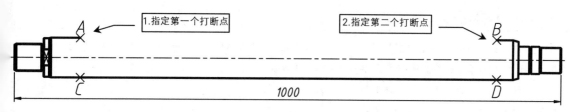

1.指定第一个打断点　　　　　2.指定第二个打断点

图 3-65　在 *A*、*B* 两点处打断

04 按相同方法打断下侧的 *C*、*D* 两点，效果如图 3-66 所示。

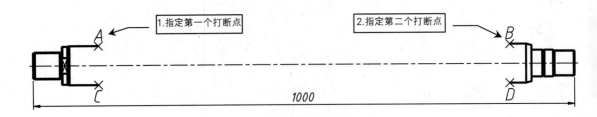

图 3-66　在 *C*、*D* 两点处打断

05 单击【修改】面板中的【拉伸】按钮，框选任意侧图形，向对侧拉伸合适距离，将长度缩短，如图 3-67 所示。

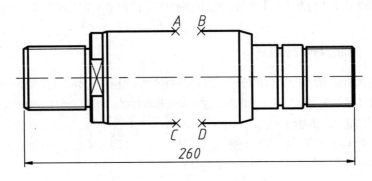

图 3-67　将图形拉伸缩短

06 再使用样条曲线连接 *AC*、*BD*，即可得到该活塞杆的打断效果，如图 3-68 所示。

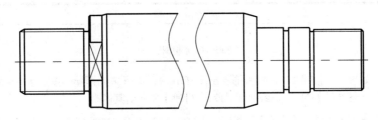

图 3-68　活塞杆打断效果

3.4.5　合并图形

【合并】命令用于将独立的图形对象合并为一个整体。它可以将多个对象进行合并，包括圆弧、椭圆弧、直线、多段线和样条曲线等。执行【合并】命令的方法有以下几种。

➢ 面板：单击【修改】面板中的【合并】按钮。
➢ 菜单栏：执行【修改】|【合并】命令。
➢ 命令行：　JOIN 或 J。

执行该命令，选择要合并的图形对象并按 Enter 键，即可完成合并对象的操作，如图 3-69 所示。

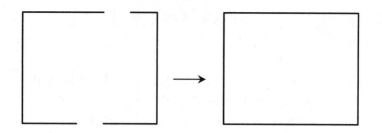

图 3-69　合并效果

【案例 3-13】：　使用合并还原活塞杆

在【案例 3-12】中，使用【打断】命令只保留了活塞杆左右两端的特征图形，而如果反过来需要恢复完整效果，则可以通过【合并】命令来完成。具体操作方法如下。

01 打开"第 3 章\3-12 使用打断修改活塞杆-OK.dwg"素材文件，或延续【案例 3-12】进行操作。

02 单击【修改】面板中的【合并】按钮 ，选择要合并的线段，分别单击打断线段的两端，如图 3-70 所示。

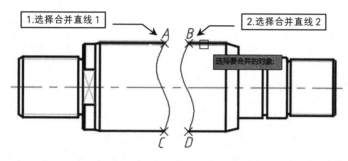

图 3-70　选择要合并的线段

03 单击 Enter 键确认，可见上侧线段被合并为一根，接着按相同方法合并下侧线段，删除样条曲线，结果如图 3-71 所示。

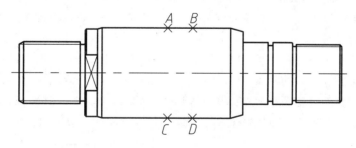

图 3-71　合并后的效果

04 再使用【拉伸】命令，将其拉伸至原来的长度即可还原。

3.4.6　倒角图形

【倒角】命令用于在两条非平行直线上生成斜线相连，常用在机械制图中。执行【倒角】命令的方法有以下几种。

➤ **面板**: 单击【修改】面板中的【倒角】按钮 。

➤ **菜单栏**: 执行【修改】|【倒角】命令。

➤ **命令行**:　CHAMFER 或 CHA。

执行该命令后，命令行显示如下。

选择第一条直线或 [放弃(U)/多段线(P)/距离(D)/角度(A)/修剪(T)/方式(E)/多个(M)]:

命令行中各选项的含义如下。

➢ 放弃（U）：放弃上一次的倒角操作。

➢ 多段线（P）：对整个多段线每个顶点处的相交直线进行倒角，并且倒角后的线段将成为多段线的新线段。

➢ 距离（D）：通过设置两个倒角边的倒角距离来进行倒角操作，如图 3-72 所示。

➢ 角度（A）：通过设置一个角度和一个距离来进行倒角操作，如图 3-73 所示。

➢ 修剪（T）：设定是否对倒角进行修剪。

➢ 方式（E）：选择倒角方式，与选择【距离(D)】或【角度(A)】的作用相同。

➢ 多个（M）：选择该项，可以对多组对象进行倒角。

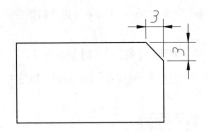

图 3-72　【距离】倒角方式

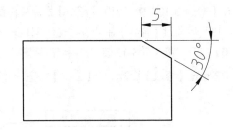

图 3-73　【角度】倒角方式

【案例 3-14】： 机械零件倒角

除了倒圆角处理之外，还可以对锐边进行倒角处理，也能起到相同的效果。

01 打开素材文件 "第 3 章\3-14 机械零件倒斜角.dwg"，素材图形如图 3-74 所示。

02 单击【修改】面板中的【倒角】按钮，在直线 *A*、*B* 之间创建倒角，如图 3-75 所示。命令行操作如下。

```
命令：_chamfer                                           //执行【倒角】命令
("修剪"模式) 当前倒角距离 1 = 0.0000, 距离 2 = 0.0000
选择第一条直线或 [放弃(U)/多段线(P)/距离(D)/角度(A)/修剪(T)/方式(E)/多个(M)]: D
                                                        //选择【距离】选项
指定 第一个 倒角距离 <0.0000>: 1
指定 第二个 倒角距离 <1.0000>: 1                           //输入两个倒角距离
选择第一条直线或 [放弃(U)/多段线(P)/距离(D)/角度(A)/修剪(T)/方式(E)/多个(M)]:     //单击直线A
选择第二条直线，或按住 Shift 键选择直线以应用角点或 [距离(D)/角度(A)/方法(M)]:      //单击直线B
```

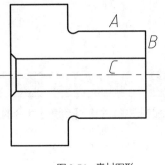

图 3-74　素材图形

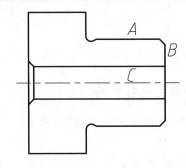

图 3-75　*A*、*B* 间倒角

03 重复【倒角】命令，在直线 *B*、*C* 之间倒角，如图 3-76 所示。命令行操作如下。

命令：_chamfer

（"修剪"模式）当前倒角距离 1 = 1.0000，距离 2 = 1.0000

选择第一条直线或 [放弃(U)/多段线(P)/距离(D)/角度(A)/修剪(T)/方式(E)/多个(M)]：T

//选择【修剪】选项

输入修剪模式选项 [修剪(T)/不修剪(N)] <修剪>：N   //选择【不修剪】

选择第一条直线或 [放弃(U)/多段线(P)/距离(D)/角度(A)/修剪(T)/方式(E)/多个(M)]：D

//选择【距离】选项

指定 第一个 倒角距离 <1.0000>：2

指定 第二个 倒角距离 <2.0000>：2   //输入两个倒角距离

选择第一条直线或 [放弃(U)/多段线(P)/距离(D)/角度(A)/修剪(T)/方式(E)/多个(M)]：   //单击直线 B

选择第二条直线，或按住 Shift 键选择直线以应用角点或 [距离(D)/角度(A)/方法(M)]：   //单击直线 C

04 以同样的方法创建其他位置的倒角，如图 3-77 所示。

05 连接倒角之后的角点并修剪图形，如图 3-78 所示。

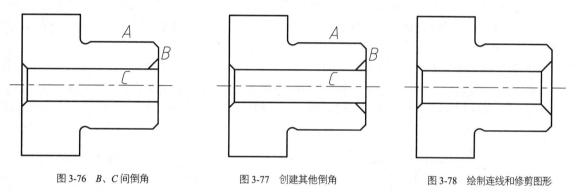

图 3-76　B、C 间倒角   图 3-77　创建其他倒角   图 3-78　绘制连线和修剪图形

3.4.7　圆角图形

圆角是将两条相交的直线通过一个圆弧连接起来。【圆角】命令的使用分为两步：第一步确定圆角大小，通过半径选项输入数值；第二步选定两条需要圆角的边。

执行【圆角】命令的方法有以下几种方法。

➤ 面板：单击【修改】面板中的【圆角】按钮 。

➤ 菜单栏：执行【修改】|【圆角】命令。

➤ 命令行：FILLET 或 F。

执行该命令后，命令行显示如下。

选择第一个对象或 [放弃(U)/多段线(P)/半径(R)/修剪(T)/多个(M)]：

命令行中各选项的含义如下。

➤ 放弃（U）：放弃上一次的圆角操作。

➤ 多段线（P）：选择该项将对多段线中每个顶点处的相交直线进行圆角，并且圆角后的圆弧线段将成为多段线的新线段。

➤ 半径（R）：选择该项，设置圆角的半径。

➤ 修剪（T）：选择该项，设置是否修剪对象。

➤ 多个（M）：选择该项，可以在依次调用命令的情况下对多个对象进行圆角。

在 AutoCAD 2020 中，两条平行直线也可进行圆角，圆角直径为两条平行线的距离，如图 3-79 所示。

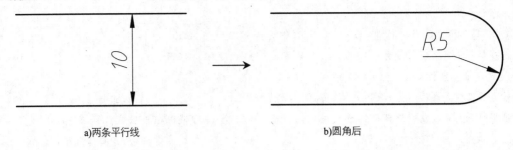

a)两条平行线   b)圆角后

图 3-79　平行线进行圆角

提示 重复【圆角】命令之后，圆角的半径和修剪选项无须重新设置，直接选择圆角对象即可，系统默认以上一次圆角的参数创建之后的圆角。

【案例 3-15】： 机械轴零件倒圆角

在机械设计中，倒圆角的作用有如下几个：去除锐边（以保证安全）、工艺圆角（铸件在尺寸发生剧变的地方，必须有圆角过渡）、防止工件的引力集中。本例将通过对一轴零件的局部图形进行倒圆操作，进一步帮助读者理解倒圆的操作及含义。

01 打开"第 3 章\3-15 机械轴零件倒圆角.dwg"素材文件，素材图形如图 3-80 所示。

02 轴零件的左侧为方便装配设计成一锥形段，因此还可对左侧进行倒圆，使其更为圆润（此处的倒圆半径可适当增大）。单击【修改】面板中的【圆角】按钮，设置圆角半径为 3mm，对轴零件最左侧进行倒圆，如图 3-81 所示。

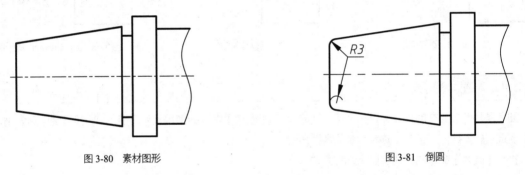

图 3-80　素材图形   图 3-81　倒圆

03 锥形段的右侧截面处较尖锐，需进行倒圆处理。重复倒圆命令，设置倒圆半径为 1mm，结果如图 3-82 所示。

04 退刀槽倒圆。为在加工时便于退刀，且在装配时与相邻零件保证靠紧，通常会在台肩处加工出退刀槽。该槽也是轴类零件的危险截面，如果轴失效发生断裂，多半是断于该处。因此为了避免退刀槽处的截面变化太大，会在此处设计有圆角，以防止应力集中，本例在退刀槽两端处进行倒圆处理，设置圆角半径为 1mm，如图 3-83 所示。

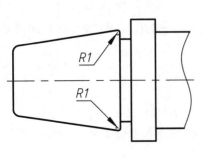 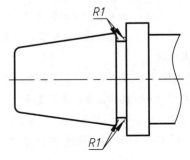

图 3-82　尖锐截面倒圆   图 3-83　退刀槽倒圆

3.4.8 分解图形

对于由多个对象组成的组合对象，如矩形、多边形、多段线、块和阵列等，如果需要对其中的单个对象进行编辑操作，就需要先利用【分解】命令将这些对象分解成单个的图形对象。

执行【分解】命令的方法有以下几种。

➤ 面板：单击【修改】面板中的【分解】按钮 🗗。

➤ 菜单栏：执行【修改】|【分解】命令。

➤ 命令行：EXPLODE 或 X。

执行该命令后，选择要分解的图形对象并按 Enter 键，即可完成分解操作。

> **提示**　【分解】命令不能分解用 MINSERT 和外部参照插入的块以及外部参照依赖的块。分解一个包含属性的块将删除属性值并重新显示属性定义。

【案例 3-16】：　绘制方形垫片

垫片是放在两零件平面之间以加强密封的物体，为防止流体泄漏设置在静密封面之间的密封元件。垫片通常由片状材料制成，如垫纸、橡胶、硅橡胶、金属、软木、毛毡、氯丁橡胶、丁腈橡胶、玻璃纤维或塑料聚合物（如聚四氟乙烯）。特定应用的垫片可能含有石棉。垫片的外形没有统一标准，属于非标件，需要根据具体的使用情况进行设计。

本案例将绘制如图 3-84 所示的方形垫片。

01 按下 Ctrl + N 快捷键，新建空白文档。

02 绘制矩形。单击【绘图】面板中的【矩形】命令，绘制如图 3-85 所示的矩形。

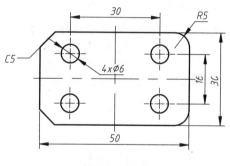

图 3-84　方形垫片

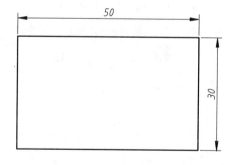

图 3-85　绘制矩形

03 分解图形。单击【修改】面板中的【分解】按钮 🗗，分解矩形，结果如图 3-86 所示。

04 倒角。单击【修改】面板中的【倒角】按钮 ⟋，输入两个倒角距离均为 5mm，结果如图 3-87 所示。

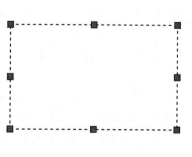

图 3-86　分解图形

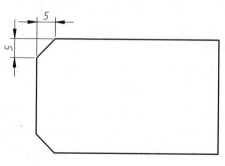

图 3-87　倒角

05 倒圆角。单击【修改】面板中的【圆角】按钮 ⟋，输入圆角半径为 5mm，结果如图 3-88 所示。

06 绘制连接孔。单击【绘图】面板中的【圆】按钮，绘制连接孔，结果如图 3-89 所示。

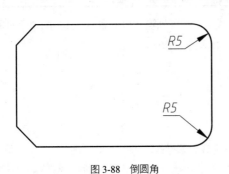

图 3-88　倒圆角

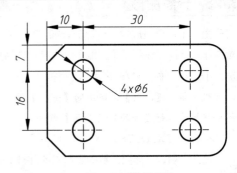

图 3-89　绘制连接孔

3.5　图案填充

使用 AutoCAD 的图案填充功能，可以方便地对图案进行填充，以区别不同形体的各个组成部分。在图案填充过程中，用户可以根据实际需求选择不同的填充样式，也可以对已填充的图案进行编辑。

3.5.1　创建图案填充

调用【图案填充】命令有以下几种方法。

> 功能区：在【默认】选项卡中，单击【绘图】面板中的【图案填充】按钮 。
> 菜单栏：执行【绘图】|【图案填充】命令。
> 命令行：　BHATCH 或 CH 或 H。

在 AutoCAD 中执行【图案填充】命令后，将显示【图案填充创建】选项卡，如图 3-90 所示。

图 3-90　【图案填充创建】选项卡

【图案填充创建】选项卡中各选项及其含义如下。

> 【边界】面板：主要包括【拾取点】按钮 和【选择】按钮 ，用来选择填充对象的工具。

> 【图案】面板：该面板显示所有预定义和自定义图案的预览图案，以供用户快速选择。

> 【特性】面板：主要包括图案按钮 、颜色按钮 （图案填充颜色）/ （背景色）、图案填充透明度按钮 图案填充透明度、角度按钮 角度以及比例按钮 。其中，图案下拉列表中包括【实体】、【图案】、【渐变色】、【用户定义】4 个选项；颜色下拉列表中包括【图案颜色】和【背景颜色】，默认状态下为无背景颜色。图案填充透明度通过拖动滑块，可以设置填充图案的透明度，但需单击状态栏中的【显示/隐藏透明度】按钮 ，透明度才能显示出来。

> 【原点】面板：该面板指定原点的位置有【左下】、【右下】、【左上】、【右上】、【中心】、【使用当前原点】6 种方式。

> 【选项】面板：主要包括关联按钮 （控制当用户修改当前图案时是否自动更新图案填充）、注释性按钮 （指定图案填充为可注释特性，单击信息图标以了解有相关注释性对象的更多信息）、特性匹配按钮 （使用选定图案填充对象的特性设置图案填充的特性，图案填充原点除外。单击下拉按钮▼，在下拉列表中包括【使用当前原点】和【使用原图案原点】）。

> 【关闭】面板：单击该面板上的【关闭图案填充创建】按钮，可退出图案填充。也可按 Esc 键代替此按

钮操作。

> **提示** 如果用户使用过旧版的 AutoCAD，可能会不习惯【图案填充】选项卡式的操作方式。习惯使用对话框操作的用户可在 AutoCAD 中执行【图案填充】命令后，命令行提示"拾取内部点或 [选择对象(S)/放弃(U)/设置(T)]:"时，激活【设置（T）】选项，直接打开如图 3-91 所示的【图案填充编辑】对话框进行操作。

3.5.2 编辑图案填充

在为图形填充了图案后，如果对填充效果不满意，还可以通过【编辑图案填充】命令对其进行编辑。可编辑内容包括填充比例、旋转角度和填充图案等。AutoCAD 2020 增强了图案填充的编辑功能，可以同时选择并编辑多个图案填充对象。

执行【编辑图案填充】命令有以下几种方法。

➤ 功能区：在【默认】选项卡中，单击【修改】面板中的【编辑图案填充】按钮。

➤ 菜单栏：执行【修改】|【对象】|【图案填充】命令。

➤ 右键快捷方式：在要编辑的对象上单击鼠标右键，在弹出的快捷菜单中选择【图案填充编辑】选项。

➤ 快捷操作：在绘图区双击要编辑的图案填充对象。

➤ 命令行：HATCHEDIT 或 HE。

调用该命令后，选择图案填充对象，系统将弹出【图案填充编辑】对话框，如图 3-91 所示。该对话框中的参数与【图案填充和渐变色】对话框中的参数一致，修改参数即可修改图案填充效果。

图 3-91 【图案填充编辑】对话框

【案例 3-17】： 填充 6205 轴承图形

接 3.4.1 小节内容进行绘制，填充 6205 轴承简化图中的剖面线。

01 打开"第 3 章\3-17 绘制 6205 轴承.dwg"素材文件。

02 填充右侧剖切图案。在命令行中输入 H【图案填充】命令并按 Enter 键，系统将弹出【图案填充创建】选项卡，在【图案】面板中设置【ANSI31】，在【特性】面板中设置【填充图案比例】为 0.5，【填充角度】为 0，如图 3-92 所示。

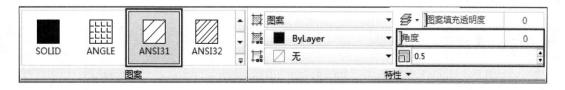

图 3-92 【图案填充创建】选项卡

03 设置完成后，拾取右侧滚珠外区域为内部拾取点填充，按空格键退出，填充效果如图 3-93 所示。至此 6205 轴承绘制完成。

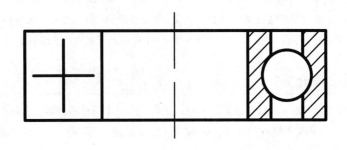

图 3-93　填充结果

3.5.3　图案填充时找不到范围的解决办法

在使用图案填充命令时，系统常会提醒"无法确定闭合的边界"，如图 3-94 所示。出现这样的情况有很多种，对话框中提到"边界对象之间可能存在间隔，或者边界对象可能位于显示区域之外"，还列举了一些解决问题的尝试性操作。除了系统提到的原因之外，还有可能是图形文件较大，图形图层、线型复杂，无法明确边界

图 3-94　【边界定义错误】对话框

默认情况下，使用"添加: 拾取点"选项来定义边界时，HATCH 将分析当前视口范围内的所有对象。通过重定义边界集，可以在定义边界时忽略某些对象，而不必隐藏或删除这些对象。对于大图形，重定义边界集也可以加快生成边界的速度，因为 HATCH 检查较少的对象。因此可以采用【layiso】（图层隔离）命令让欲填充的范围线所在的层孤立或【冻结】，或调用【region】（面域）将封闭区域的对象转换为二维面域对象，再用【HATCH】图案填充就可以快速找到所需填充范围。

3.6　通过夹点编辑图形

"夹点"是指图形对象上的一些特征点，如端点、顶点、中点、中心点等。图形的位置和形状通常是由夹点的位置决定的。在 AutoCAD 中，夹点是一种集成的编辑模式，利用夹点可以编辑图形的大小、位置、方向以及对图形进行镜像复制操作等。

3.6.1　利用夹点拉伸对象

在不执行任何命令的情况下选择对象，显示其夹点。然后单击其中一个夹点，进入编辑状态。

系统自动执行默认的【拉伸】编辑模式，将其作为拉伸的基点。命令行将显示如下提示信息。

指定拉伸点或 [基点(B)/复制(C)/放弃(U)/退出(X)]：

命令行中各选项的功能如下。

➤ 基点（B）：重新确定拉伸基点。

➤ 复制（C）：允许确定一系列的拉伸点,以实现多次拉伸。

➤ 放弃（U）：取消上一次操作。

➤ 退出（X）：退出当前操作。

通过移动夹点，可以将图形对象拉伸至新的位置，如图 3-95 所示。

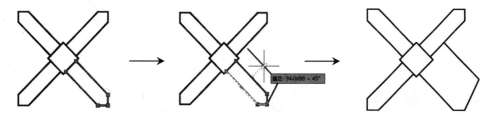

图 3-95　利用夹点拉伸对象

> **提示**　对于某些夹点，移动时只能移动对象而不能拉伸对象，如文字、块、直线中点、圆心、椭圆中心和点对象上的夹点。

3.6.2　利用夹点移动对象

在夹点编辑模式下确定基点后，在命令行提示下输入 "MO" 并按 Enter 键，进入移动模式。命令行提示如下。

```
** MOVE **
指定移动点或 [基点(B)/复制(C)/放弃(U)/退出(X)]：
```

通过输入点的坐标或拾取点的方式来确定平移对象的目标点后，即可将所选对象平移到新位置，如图 3-96 所示。

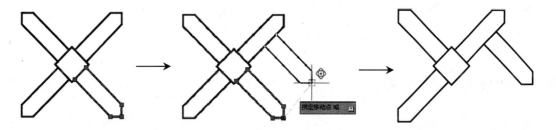

图 3-96　利用夹点移动图形

提示：对热夹点进行编辑操作时，可以在命令行输入 S、M、CO、SC、MI 等基本修改命令，也可以按 Enter 键或空格键在不同的修改命令间切换。

3.6.3　利用夹点旋转对象

在夹点编辑模式下确定基点后，在命令行提示下输入 "RO" 并按 Enter 键，进入旋转模式。命令行提示如下。

```
** 旋转 **
指定旋转角度或 [基点(B)/复制(C)/放弃(U)/参照(R)/退出(X)]：
```

默认情况下，输入旋转角度值或通过拖动方式确定旋转角度后，即可将对象绕基点旋转指定的角度。也可以选择【参照】选项，以参照方式旋转对象。

利用夹点旋转对象如图3-97所示。

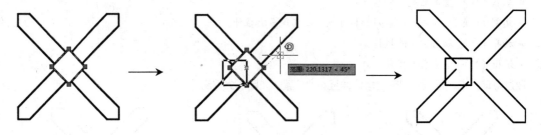

图3-97　利用夹点旋转对象

3.6.4　利用夹点缩放对象

在夹点编辑模式下确定基点后，在命令提示下输入 SC 并按 Enter 键，进入缩放模式，命令行提示如下。

** 比例缩放 **

指定比例因子或 [基点(B)/复制(C)/放弃(U)/参照(R)/退出(X)]：

默认情况下，当确定了缩放的比例因子后，AutoCAD 将相对于基点进行缩放对象操作。当比例因子大于 1 时放大对象；当比例因子大于 0 而小于 1 时缩小对象。利用夹点缩放对象如图 3-98 所示。

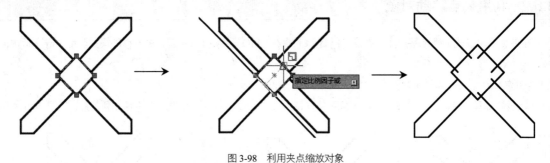

图3-98　利用夹点缩放对象

3.6.5　利用夹点镜像对象

在夹点编辑模式下确定基点后，在命令行提示下输入"MI"并按 Enter 键，进入镜像模式。命令行提示如下。

** 镜像 **

指定第二点或 [基点(B)/复制(C)/放弃(U)/退出(X)]：

指定镜像线上的第二点后，系统将以基点作为镜像线上的第一点，将对象进行镜像操作并删除源对象，如图 3-99 所示。

图3-99　利用夹点镜像对象

3.6.6 多功能夹点编辑

当直线类型是多段线的情况下，在夹点编辑模式下确定基点后，鼠标放置不动系统将弹出快捷菜单，在其中选择【转换为圆弧】命令，进入转换圆弧模式。命令行提示如下。

** 转换为圆弧 **

指定圆弧段中点：

指定圆弧段中点后，即可将对象转换为圆弧，如图 3-100 所示。

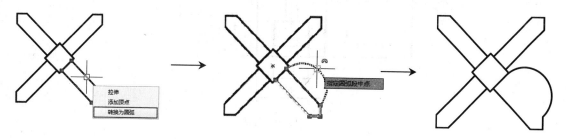

图 3-100 利用夹点将直线变为圆弧

3.7 习 题

1. 填空题

（1） 启动【缩放】命令（SCALE）的方式有＿＿＿＿＿、＿＿＿＿＿、＿＿＿＿＿。

（2） 启动【延伸】命令（EXTEND）的方式有＿＿＿＿＿＿＿、＿＿＿＿＿＿＿、＿＿＿＿＿＿＿等。

（3） 当绘制的图形对象相对于一根轴对称时，就可以使用＿＿＿＿＿＿命令来绘制图形。

（4） 旋转图形是通过图形的一个基点进行旋转，只改变图形的＿＿＿＿＿＿，不改变图形的＿＿＿＿＿＿。

（5） 启动【阵列】命令的方式有＿＿＿＿＿＿、＿＿＿＿＿＿、＿＿＿＿＿＿。

2. 操作题

绘制图 3-101 和图 3-102 所示的图形（标注不做要求）。

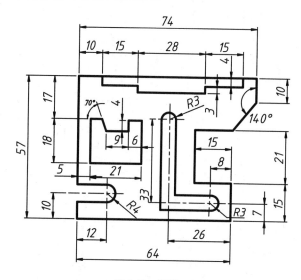

图 3-101 图形 1

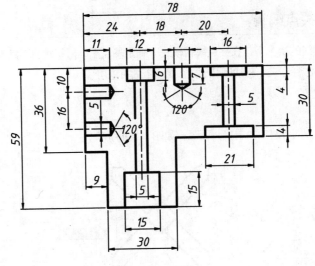

图 3-102　图形 2

第4章

文字和表格的创建

本章导读

　　本章将介绍有关文字与表格的知识，包括设置文字样式、创建单行文字与多行文字、编辑文字、创建表格和编辑表格的方法等。

本章重点

➢ 文字样式的创建、修改和设置
➢ 单行文字和多行文字的创建方法
➢ 在文字中插入特殊符号的方法
➢ 表格样式的创建方法
➢ 插入表格的方法
➢ 在表格中添加行、列的操作方法
➢ 表格和单元格的编辑方法

4.1　文字、表格在机械设计上的应用

文字和表格是机械制图和工程制图不可缺少的组成部分，广泛用于各种注释说明和零件明细等，在实际的设计工作中，很多时候就是在完善图样的注释与创建零部件的明细栏。不管图样多么复杂，所传递的信息也十分有限，因此文字说明是必需的；而大多数机械产品均由各种各样的零部件组成，有自主加工的，有外包加工的，也有外购的标准件（如螺钉等），这些都需要设计人员在设计时加以考虑。

这种考虑的结果在装配图上便是以明细栏的方式来体现，如图 4-1 所示。明细栏的重要性不亚于图形，它是公司 BOM 表（物料清单）的基础组成部分，如果没有设计人员提供产品的明细栏，公司管理部门以及采购部门就无法制作出相应的 BOM 表，也就无法向生产部门（车间）传递下料、加工等信息，也无法对外采购所需的零部件。

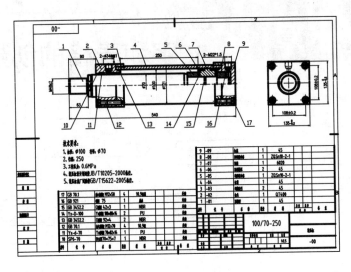

图 4-1　图样中的明细栏

4.2　创建文字

文字在机械制图中用于注释和说明，如引线注释、技术要求、尺寸标注等。本节将详细讲解文字的创建和编辑方法。

4.2.1　文字样式

文字样式是对同一类文字的格式设置的集合，包括字体、字高、显示效果等。在插入文字前，应首先定义文字样式，以指定字体、高度等参数，然后用定义好的文字样式进行标注。

在 AutoCAD 2020 中打开【文字样式】对话框有以下几种常用方法。

➢ 面板：单击【文字】面板中的【文字样式】按钮 。

➢ 菜单栏：执行【格式】|【文字样式】命令。

➢ 命令行：STYLE 或 ST。

执行上述任一命令后，系统将弹出【文字样式】对话框，如图 4-2 所示。可以在其中新建文字样式或修改已有的文字样式。

在【样式】列表框中显示了系统已有文字样式的名称，中间部分显示为文字属性，右侧则有【置为当前】、【新建】、【删除】3 个按钮。该对话框中常用选项的含义如下。

➢ 【样式】列表框：列出了当前可以使用的文字样式，默认文字样式为 Standard（标准）。

➢ 【字体】选项组：选择一种字体类型作为当前文字类型。在 AutoCAD 2020 中存在两种类型的字体文件：SHX 字体文件和 TrueType 字体文件，这两类字体文件都支持英文显示，但在显示中、日、韩等非 ASCII 码的亚洲文字时就会出现一些问题。因此一般需要勾选【使用大字体】复选框才能够显示中文字体。只有对于扩展名为.shx 的字体，才可以使用大字体。

图 4-2 【文字样式】对话框

➢ 【大小】选项组：可对文字进行注释性和高度设置，在【高度】文本框中输入数值可指定文字的高度，如果不进行设置，使用其默认值 0，则可在插入文字时再设置文字高度。

➢ 【置为当前】按钮：单击该按钮，可以将选择的文字样式设置成当前的文字样式。

➢ 【新建】按钮：单击该按钮，将弹出【新建文字样式】对话框，在【样式名】文本框中输入新建样式的名称，单击【确定】按钮，新建文字样式将显示在【样式】列表框中。

➢ 【删除】按钮：单击该按钮，可以删除所选的文字样式，但无法删除已经被使用了的文字样式和默认的 Standard 样式。

> 提示　如果要重命名文字样式，可在【样式】列表框中右击要重命名的文字样式，在弹出的快捷菜单中选择【重命名】命令即可，但无法重命名默认的 Standard 样式。

1. 新建文字样式

机械制图中所标注的文字都需要一定的文字样式，如果不希望使用系统的默认文字样式，在创建文字之前就应创建所需的文字样式。新建文字样式的步骤如下。

01 执行 【格式】▷【文字样式】命令，弹出【文字样式】对话框，如图 4-3 所示。

02 新建样式。单击【新建】按钮，弹出【新建文字样式】对话框，在【样式名】文本框中输入"机械设计文字样式"，如图 4-4 所示。

图 4-3 【文字样式】对话框

图 4-4 【新建文字样式】对话框

03 单击【确定】按钮，返回【文字样式】对话框。新建的样式出现在对话框左侧的【样式】列表框中，如图 4-5 所示。

04 设置字体样式。在【字体】下拉列表框中选择 "gbenor.shx" 样式，勾选【使用大字体】复选框，在【大字体】下拉列表框中选择 "gbcbig.shx" 样式，如图 4-6 所示。

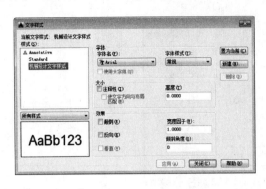
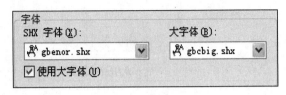

图 4-5　新建的文字样式　　　　　　　　　　　　图 4-6　设置字体样式

05 设置文字高度。在【大小】选项组的【高度】文本框中输入 2.5，如图 4-7 所示。

06 设置文字宽度和倾斜角度。在【效果】选项组的【宽度因子】文本框中输入 0.7，【倾斜角度】保持默认值，如图 4-8 所示。

图 4-7　设置文字高度　　　　　　　　　　　图 4-8　设置文字宽度与倾斜角度

07 单击【置为当前】按钮，将文字样式置为当前，关闭对话框，完成设置。

2.　应用文字样式

要应用文字样式，首先应将其设置为当前文字样式。

设置当前文字样式的方法有以下几种。

➢ 在【文字样式】对话框的【样式】列表框中选择需要的文字样式，然后单击【置为当前】按钮，如图 4-9 所示。在弹出的提示对话框中单击【是】按钮，如图 4-10 所示。返回【文字样式】对话框，单击【关闭】按钮。

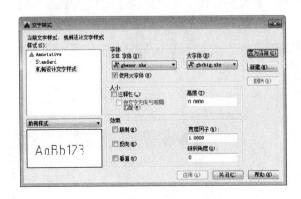

图 4-9　【文字样式】对话框　　　　　　　　　　　图 4-10　提示对话框

➢ 在【注释】面板的【文字样式】下拉列表框中选择要置为当前的文字样式，如图 4-11 所示。

➢ 在【文字样式】对话框的【样式】列表框中选择要置为当前的样式名，右击，在弹出的快捷菜单中选择【置为当前】命令，如图 4-12 所示。

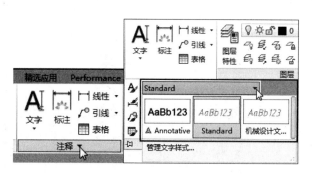

图 4-11　选择文字样式

图 4-12　在快捷菜单中选择【置为当前】命令

3. 删除文字样式

文字样式会占用一定的系统存储空间，可以将一些不需要的文字样式删除，以节约系统资源。

删除文字样式的方法有以下几种。

➢ 在【文字样式】对话框中选择要删除的文字样式名，单击【删除】按钮，如图 4-13 所示。

➢ 在【文字样式】对话框的【样式】列表框中选择要删除的样式名，右击，在弹出的快捷菜单中选择【删除】命令，如图 4-14 所示。

图 4-13　单击【删除】按钮

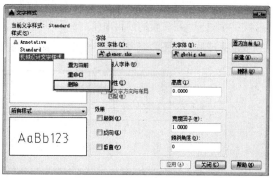

图 4-14　在快捷菜单中选择【删除】命令

> **提示**　已经包含文字对象的文字样式不能被删除，当前文字样式也不能被删除，如果要删除当前文字样式，可以先将别的文字样式设置为当前，然后再执行【删除】命令。

4.2.2　创建单行文字

"单行文字"是将输入的文字以"行"为单位作为一个对象来处理。即使在单行文字中输入若干行文字，每一行文字仍是单独的对象。单行文字的特点就是每一行均可以独立移动、复制或编辑，因此可以用来创建内容比较简短的文字对象，如图形标签、名称、时间等。

在 AutoCAD 2020 中启动【单行文字】命令的方法有以下几种。

➢ 功能区：在【默认】选项卡中，单击【注释】面板上的【单行文字】按钮 **A**，如图 4-15 所示。

➢ 菜单栏：执行【绘图】|【文字】|【单行文字】命令，如图 4-16 所示。

➤ 命令行：　DT、TEXT 或 DTEXT。

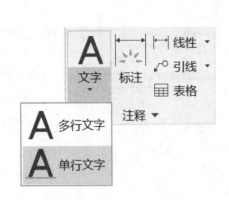

图 4-15　【注释】面板中的【单行文字】按钮　　　　　　　　　　　图 4-16　【单行文字】菜单命令

调用【单行文字】命令后，即可根据命令行的提示输入文字。命令行提示如下。

命令：_dtext	//执行【单行文字】命令
当前文字样式：　"Standard"　文字高度：2.5000　注释性：否	//显示当前文字样式
指定文字的起点或 [对正(J)/样式(S)]：	//在绘图区域合适位置任意拾取一点
指定高度 <2.5000>：3.5✓	//指定文字高度
指定文字的旋转角度 <0>：✓	//指定文字旋转角度，一般默认为 0

在调用命令的过程中，需要输入的参数有文字起点、文字高度（此提示只有在当前文字样式的字高为 0 时才显示）、文字旋转角度和文字内容。文字起点用于指定文字的插入位置，是文字对象的左下角点。文字旋转角度指文字相对于水平位置的倾斜角度。

设置完成后，绘图区域将出现一个带光标的矩形框，在其中输入相关文字即可，如图 4-17 所示。

图 4-17　输入单行文字

在输入单行文字时，按 Enter 键不会结束文字的输入，而是表示换行，且行与行之间还是互相独立存在的；在空白处单击左键则会新建另一处单行文字；只有按快捷键 "Ctrl+Enter" 才能结束单行文字的输入。

【单行文字】命令行中的各选项含义说明如下。

➤ "指定文字的起点"：默认情况下，所指定的起点位置是文字行基线的起点位置。在指定起点位置后，继续输入文字的旋转角度即可进行文字的输入。在输入完成后，按两次 Enter 键或将鼠标移至图样的其他任意位置并单击，然后按 Esc 键即可结束单行文字的输入。

➤ "对正 (J)"：该选项可以设置文字的对正方式，共有 15 种方式。

➤ "样式 (S)"：选择该选项可以在命令行中直接输入文字样式的名称，也可以输入 "？"，打开【AutoCAD文本窗口】对话框。该对话框将显示当前图形中已有的文字样式和其他信息，如图 4-18 所示。

➤ "对正 (J)" 备选项，用于设置文字的缩排和对齐方式。选择该备选项，可以设置文字的对正点。命令行提示如下。

➢ [左(L)/居中(C)/右(R)/对齐(A)/中间(M)/布满(F)/左上(TL)/中上(TC)/右上(TR)/左中(ML)/正中(MC)/右中(MR)/左下(BL)/中下(BC)/右下(BR)]:

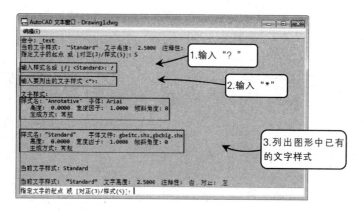

图4-18 【AutoCAD文本窗口】对话框

命令行提示中主要选项的含义如下。

➢ 左（L）：可使生成的文字以插入点为基点向左对齐。

➢ 居中（C）：可使生成的文字以插入点为中心向两边排列。

➢ 右（R）：可使生成的文字以插入点为基点向右对齐。

➢ 中间（M）：可使生成的文字以插入点为中心向两边排列。

➢ 左上（TL）：可使生成的文字以插入点为字符串的左上角。

➢ 中上（TC）：可使生成的文字以插入点为字符串顶线的中心点。

➢ 右上（TR）：可使生成的文字以插入点为字符串的右上角。

➢ 左中（ML）：可使生成的文字以插入点为字符串的左中点。

➢ 正中（MC）：可使生成的文字以插入点为字符串的正中点。

➢ 右中（MR）：可使生成的文字以插入点为字符串的右中点。

➢ 左下（BL）：可使生成的文字以插入点为字符串的左下角。

➢ 中下（BC）：可使生成的文字以插入点为字符串底线的中点。

➢ 右下（BR）：可使生成的文字以插入点为字符串的右下角。

要充分理解各对齐位置与单行文字的关系，就需要先了解文字的组成结构。

AutoCAD为单行文字的水平文本行规定了4条定位线，顶线（Top Line）、中线（Middle Line）、基线（Base Line）、底线（Bottom Line），如图4-19所示。顶线为大写字母顶部所对齐的线，基线为大写字母底部所对齐的线，中线处于顶线与基线的正中间，底线为长尾小写字母底部所在的线，汉字在顶线和基线之间。系统提供了的如图4-19所示的13个对齐点以及15种对齐方式。其中，各对齐点即为文本行的插入点，结合前文与该图，即可对单行文字的对齐有充分了解。

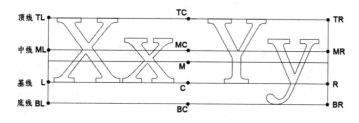

图4-19 对齐位置示意图

图4-19中还有"对齐（A）"和"布满（F）"这两种方式没有示意，分别介绍如下。

➢ 对齐（A）：指定文本行基线的两个端点确定文字的高度和方向。系统将自动调整字符高度使文字在两端点之间均匀分布，而字符的宽高比例不变，如图 4-20 所示。

➢ 布满（F）：指定文本行基线的两个端点确定文字的方向。系统将调整字符的宽高比例，以使文字在两端点之间均匀分布，而文字高度不变，如图 4-21 所示。

图 4-20　文字对齐方式效果

图 4-21　文字布满方式效果

【案例 4-1】：　用单行文字注释断面图

单行文字输入完成后，可以不退出命令，而直接在另一个要输入文字的地方单击鼠标，该处同样会出现文字输入框，因此，在需要进行多次单行文字标注的图形中使用此方法，可以大大节省时间。例如，机械制图中的断面图标识可以在最后统一使用单行文字进行标注。

01 打开"第 4 章\4-1 用单行文字注释断面图.dwg"素材文件，其中已绘制好了一个包含两个断面图的轴类零件图，如图 4-22 所示。

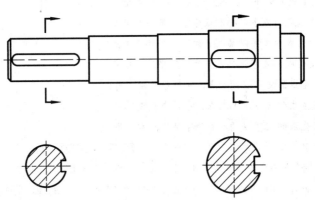

图 4-22　素材图形

02 在【默认】选项卡中单击【注释】面板中的【文字】下拉列表中的【单行文字】按钮 **A**，然后根据命令行提示输入文字"*A*"，如图 4-23 所示。命令行提示如下。

```
命令: _text
当前文字样式:  "Standard"   文字高度: 2.5000   注释性: 否  对正: 左
指定文字的起点 或 [对正(J)/样式(S)]:            //在左侧剖切符号的上半部分单击一点
指定高度 <2.5000>: 8↵                          //指定文字高度
指定文字的旋转角度 <0>:↵                        //直接按 Enter 键确认默认角度
                                               //输入文字 A
                                               //在左侧剖切符号的下半部分单击一点
                                               //输入文字 A
```

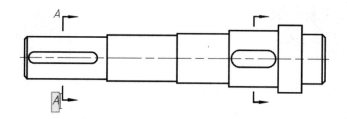

图 4-23　输入剖切标记 *A*

03 输入完成后，可以不退出命令，直接移动鼠标指针至右侧的剖切符号处，按相同方法输入剖切标记 "*B*"，如图 4-24 所示。

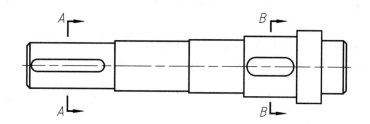

图 4-24　输入剖切标记 *B*

04 按相同方法，无需退出命令，直接移动鼠标指针至合适位置，然后输入剖切标记 "*A-A*" 和 "*B-B*"，全部完成后即可按 **Ctrl+Enter** 键结束操作，效果如图 4-25 所示。

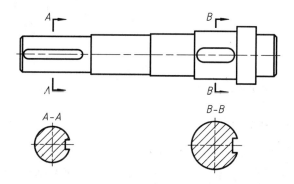

图 4-25　输入单行文字效果

4.2.3　单行文字的编辑与其他操作

同 Word、Excel 等办公软件一样，在 AutoCAD 中，也可以对文字进行编辑和修改。本节将介绍如何在 AutoCAD 中对单行文字的文字特性和内容进行编辑与修改。

1.　修改文字内容

修改文字内容的方法如下。

➢ **菜单栏**：执行【修改】|【对象】|【文字】|【编辑】命令。

➢ **命令行**：　DDEDIT 或 ED。

➢ **快捷操作**：直接在要修改的文字上双击。

调用以上任意一种操作后，文字将变成可输入状态，如图 4-26 所示。此时重新输入需要的文字内容，然后按 **Enter** 键退出即可，如图 4-27 所示。

图 4-26 可输入状态

图 4-27 编辑文字内容

2. 修改文字特性

在标注的文字出现错输、漏输及多输入的情况下，可以运用上面的方法修改文字的内容。但是它只能够修改文字的内容，而很多时候还需要修改文字的高度、大小、旋转角度、对正样式等特性。

修改单行文字特性的方法有以下 3 种。

➢ 功能区：在【注释】选项卡中，单击【文字】面板中的【缩放】按钮 A 缩放 或【对正】按钮 A，如图 4-28 所示。

➢ 菜单栏：执行【修改】|【对象】|【文字】|【比例】/【对正】命令，如图 4-29 所示。

➢ 对话框：在【文字样式】对话框中修改文字的颠倒、反向和垂直效果。

图 4-28 【文字】面板中的修改文字按钮

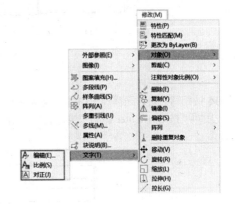

图 4-29 修改文字的菜单命令

3. 单行文字中插入特殊符号

单行文字的可编辑性较弱，只能通过输入控制符的方式插入特殊符号。

AutoCAD 的特殊符号由两个百分号（%%）和一个字母构成。常用的 AutoCAD 文字控制符见表 4-1。在文本编辑状态输入控制符时，这些控制符也临时显示在屏幕上。当结束文本编辑之后，这些控制符将从屏幕上消失，转换成相应的特殊符号。

表 4-1 AutoCAD 文字控制符

特殊符号	功　能
%%O	打开或关闭文字上划线
%%U	打开或关闭文字下划线
%%D	标注（°）符号
%%P	标注正负公差（±）符号
%%C	标注直径（φ）符号

在 AutoCAD 的文字控制符中，%%O 和%%U 分别是上划线与下划线的开关。第一次出现此符号时，可打开上划线或下划线；第二次出现此符号时，则会关掉上划线或下划线。

4.2.4 创建多行文字

多行文字常用于标注图形的技术要求和说明等。与单行文字不同的是，多行文字整体是一个文字对象，每一单行不能单独编辑。多行文字的优点是有更丰富的段落和格式编辑工具，特别适合创建大篇幅的文字注释。

执行【多行文字】命令的方法有以下几种。

➤ 面板：在【默认】选项卡中，单击【注释】面板上的【多行文字】按钮A，或在【注释】选项卡中，单击【文字】面板上的【多行文字】按钮A。

➤ 菜单栏：执行【绘图】|【文字】|【多行文字】命令。

➤ 命令行： MTEXT 或 T。

执行【多行文字】命令后，命令行提示如下。

```
命令：_mtext                      //执行【多行文字】命令
当前文字样式："Standard" 文字高度： 2.5 注释性： 否
指定第一角点：                     //指定文本范围的第一点
指定对角点或 [高度(H)/对正(J)/行距(L)/旋转(R)/样式(S)/宽度(W)/栏(C)]：
                                 //指定文本范围的对角点，如图4-30所示
```

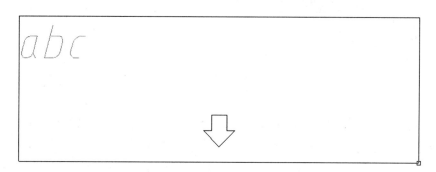

图 4-30 指定文本范围

执行以上操作后，系统进入【文字编辑器】选项卡，如图4-31所示。【文字编辑器】选项卡包含【样式】面板、【格式】面板、【段落】面板、【插入】面板、【拼写检查】面板、【工具】面板、【选项】面板和【关闭】面板。在文本框中输入文字内容，然后再在选项卡的各面板中设置字体、颜色、字高、对齐等文字格式，最后单击【文字编辑器】选项卡中的【关闭】按钮或单击编辑器之外任何区域，便可以退出编辑器窗口，多行文字即创建完成。

图 4-31 【文字编辑器】选项卡

【案例 4-2】： 用多行文字创建技术要求

技术要求是机械图样的补充，是用文字注解说明制造和检验零件时在技术指标上应达到的要求。技术要求

的内容包括零件的表面结构要求、零件的热处理和表面修饰的说明、加工材料的特性性、成品尺寸的检验方法、各种加工细节的补充等。本案例将使用多行文字创建一般性的技术要求，适用于各类机加工零件。

01 打开"第 4 章\4-2 使用多行文字创建技术要求.dwg"素材文件，其中已绘制好了一零件图，如图 4-32 所示。

02 设置文字样式。执行【格式】▢【文字样式】命令，新建名称为"文字"的文字样式。

03 在【文字样式】对话框中设置【字体为"仿宋"、【字体样式】为"常规"、【高度】为 3.5mm、【宽度因子】为 0.7，并将该字体设置为当前，如图 4-33 所示。】

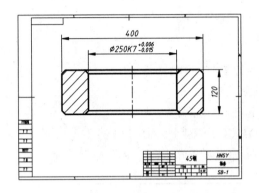

图 4-32 素材图形

图 4-33 设置文字样式

04 在命令行中输入"T"并按 Enter 键，根据命令行提示在图形左下角指定一个矩形范围作为文本区域，如图 4-34 所示。

图 4-34 指定文本框

05 在文本框中输入如图 4-35 所示的多行文字，在【文字编辑器】选项卡中设置字高为 12.5mm，输入一行文字之后按 Enter 键换行。在文本框外任意位置单击，结束输入，结果如图 4-36 所示。

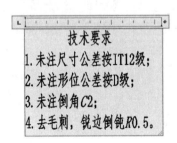

图 4-35 输入多行文字

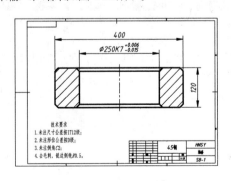

图 4-36 创建的技术要求

4.2.5　多行文字的编辑与其他操作

多行文字的编辑和单行文字的编辑操作相同，在此不再赘述，本节只介绍与多行文字有关的其他操作。

1.　添加多行文字背景

有时为了使文字更清晰地显示在复杂的图形中，用户需要为文字添加不透明的背景。

双击要添加背景的多行文字，打开【文字编辑器】选项卡，单击【样式】面板上的【遮罩】按钮 图 遮罩，系统弹出【背景遮罩】对话框，如图 4-37 所示。

勾选其中的【使用背景遮罩】选项，再设置填充背景的大小和颜色，效果如图 4-38 所示。

图 4-37　【背景遮罩】对话框

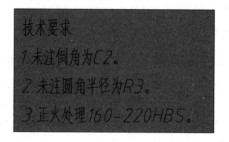

图 4-38　多行文字背景效果

2.　多行文字中插入特殊符号

与单行文字相比，在多行文字中插入特殊字符的方式更灵活。除了使用控制符的方法外，还有以下两种途径。

➢ 在【文字编辑器】选项卡中单击【插入】面板上的【符号】按钮，在弹出的下拉列表中选择所需的符号，如图 4-39 所示。

➢ 在编辑状态下右击，在弹出的快捷菜单中选择【符号】命令，如图 4-40 所示，其子菜单中包括了常用的各种特殊符号。

图 4-39　在【符号】下拉列表中选择符号

图 4-40　使用快捷菜单插入特殊符号

3. 创建堆叠文字

如果要创建堆叠文字（一种垂直对齐的文字或分数），可先输入要堆叠的文字，然后在其间使用"/""#"或"^"分隔，再选中要堆叠的字符，单击【文字编辑器】选项卡中【格式】面板中的【堆叠】按钮 ，文字即可按照要求自动堆叠。堆叠文字在机械绘图中应用很多，可以用来创建尺寸公差、分数等，如图 4-41 所示。需要注意的是，这些分隔符号必须是英文格式的符号。

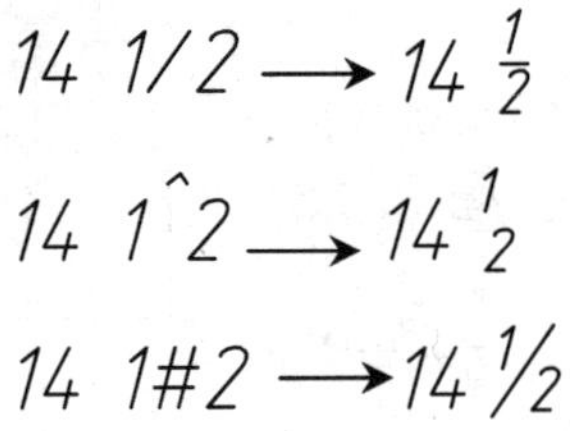

$$14 \ 1/2 \longrightarrow 14 \ \frac{1}{2}$$

$$14 \ 1\text{^}2 \longrightarrow 14 \ \frac{1}{2}$$

$$14 \ 1\#2 \longrightarrow 14 \ ^{1}\!/_{2}$$

图 4-41　文字堆叠效果

【案例 4-3】： 标注隔套的尺寸公差

在机械制图中，有很多尺寸是带公差的，这是因为在实际生产中，误差是始终存在的。因此制定公差的目的就是确定产品的几何参数，使其变动量在一定的范围之内，以便达到互换或配合的要求。

如图 4-42 所示的零件图，其内孔设计尺寸为 ϕ25mm，公差为 K7，公差范围为 -0.015～ 0.006mm，因此最终的内孔尺寸只需在 Φ24.985～Φ25.006 mm 范围内，就可以算作合格。而图 4-43 中显示实际测量值为 24.99mm，在公差范围内，因此可以算合格产品。

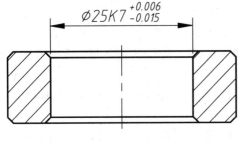

图 4-42　零件图

图 4-43　实际测量的尺寸

本案例将标注该尺寸公差，操作步骤如下。

01 打开素材文件"第 4 章\4-3 标注隔套的尺寸公差.dwg"，其中已经标注好了所需的尺寸，如图 4-44 所示。

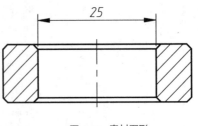

图 4-44　素材图形

02 添加直径符号。双击尺寸 25，打开【文字编辑器】选项卡，然后将鼠标移动至 25 之前，输入"%%C"为其添加直径符号，如图 4-45 所示。

03 输入公差文字。再将鼠标移动至 25 的后方，依次输入"K7 +0.006^-0.015"，如图 4-46 所示。

04 创建尺寸公差。接着按住鼠标左键，向后拖移，选中"+0.006^-0.015"文字，然后单击【文字编辑器选项卡中【格式】面板中的【堆叠】按钮 ，即可堆叠公差文字，如图 4-47 所示。

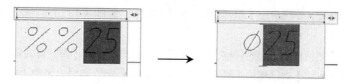

图 4-45　添加直径符号

图 4-46　输入公差文字

图 4-47　堆叠公差文字

4.3　创建表格

在机械设计过程中，表格主要用于标题栏、零件参数表、材料明细栏等内容。

4.3.1　创建表格样式

与文字类似，AutoCAD 中的表格也有一定的样式，包括表格内文字的字体、颜色、高度以及表格的行高、行距等。在插入表格之前，应先创建所需的表格样式。

创建表格样式的方法有以下几种。

➤ 面板：在【默认】选项卡中，单击【注释】面板上的【表格样式】按钮 或在【注释】选项卡中，单击【表格】面板右下角的按钮 。

➤ 菜单栏：执行【格式】|【表格样式】命令。

➤ 命令行：TABLESTYLE 或 TS。

执行上述任一命令后，系统将弹出【表格样式】对话框，如图 4-48 所示。

通过该对话框可进行将表格样式置为当前、修改、删除或新建操作。单击【新建】按钮，系统弹出【创建新的表格样式】对话框，如图 4-49 所示。

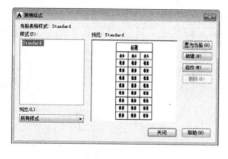

图 4-48　【表格样式】对话框

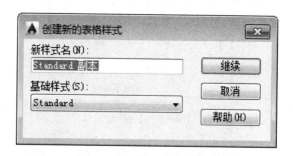

图 4-49　【创建新的表格样式】对话框

在【新样式名】文本框中输入表格样式名称，在【基础样式】下拉列表框中选择一个表格样式为新的表格样式。单击【继续】按钮，系统弹出【新建表格样式】对话框，如图 4-50 所示。在该对话框中可以对表格样式进行具体设置。

【新建表格样式】对话框由【起始表格】、【常规】、【单元样式】和【单元样式预览】4 个选项组组成。

当单击【新建表格样式】对话框中【管理单元样式】按钮 时，将弹出如图 4-51 所示的【管理单元格式】对话框。在该对话框中可以对单元格式进行添加、删除和重命名。

图 4-50　【新建表格样式】对话框　　　　　　　图 4-51　【管理单元样式】对话框

4.3.2　插入表格

表格是在行和列中包含数据的对象，在设置表格样式后便可以创建表格对象，还可以将表格链接至 Microsoft Excel 电子表格中的数据。本节将主要介绍利用【表格】工具插入表格的方法。在 AutoCAD 2020 中，面板插入表格有以下几种常用方法。

➤ 面板：单击【注释】面板中的【表格】按钮 。
➤ 菜单栏：执行【绘图】|【表格】命令。
➤ 命令行：　TABLE 或 TB。

执行上述任一命令后，系统将弹出【插入表格】对话框，如图 4-52 所示。

设置好表格样式、列数和列宽、行数和行宽后，单击【确定】按钮，并在绘图区指定插入点，将会在当前位置按照表格设置插入一个表格，然后在此表格中添加相应的文本信息即可完成表格的创建，如图 4-53 所示。

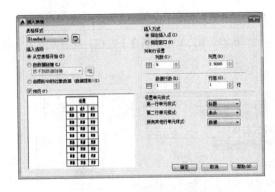

齿轮参数表	
参数项目	参数值
齿向公差	0.0120
齿形公差	0.0500
齿距极限公差	±0.011
公法线长度跳动公差	0.0250
齿圈径向跳动公差	0.0130

图 4-52　【插入表格】对话框　　　　　　　图 4-53　在绘图区插入表格

4.3.3　编辑表格

在添加完成表格后，不仅可根据需要对表格整体或表格单元执行拉伸、合并或添加等编辑操作，而且可以对表格的表指示器进行所需的编辑，其中包括编辑表格形状和添加表格颜色等设置。

1. 编辑表格

当选中整个表格后，单击鼠标右键，弹出的快捷菜单如图 4-54 所示。可以对表格进行剪切、复制、删除、移动、缩放和旋转等简单操作，还可以均匀调整表格的行、列大小，删除所有特性替代。当选择【输出】命令时，还可以打开【输出数据】对话框，以.csv 格式输出表格中的数据。

当选中表格后，也可以通过拖动夹点来编辑表格，其各夹点的含义如图 4-55 所示。

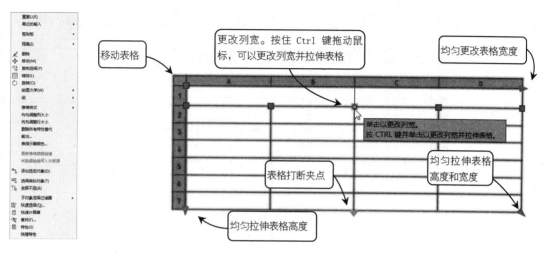

图 4-54　快捷菜单　　　　　　　　　　　　图 4-55　选中表格时各夹点的含义

2. 编辑表格单元

当选中表格单元时，其快捷菜单如图 4-56 所示。

当选中表格单元格后，在表格单元格周围出现夹点，也可以通过拖动这些夹点来编辑单元格。其各夹点的含义如图 4-57 所示。

> **提示**　要选择多个单元，可以按住鼠标左键并在欲选择的单元上拖动；也可以按住 Shift 键并在欲选择的单元内按鼠标左键，同时选中这两个单元以及它们之间的所有单元。

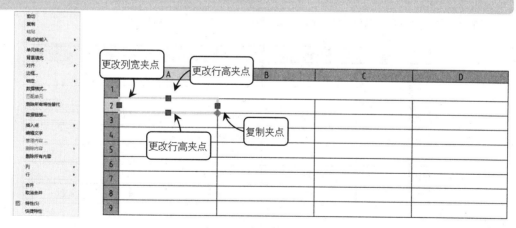

图 4-56　快捷菜单　　　　　　　　　　图 4-57　通过夹点调整单元格

【案例 4-4】：　完成装配图中的明细栏

按本节中介绍的方法，完成如图 4-58 所示的装配图明细栏。

4	加强筋	120X60X6	16	1.7500	28.0000
3	圆管	Φ168X6-1200	4	35	140
2	底板	200X270X20	4	3.6000	14.4000
1	六角头螺栓C级	M10X30	24	0.0200	0.4800
序号	名称	规格	数量	单重	总重

图 4-58　装配图中的明细栏格

01 打开素材文件“第 4 章\4-4 完成装配图中的明细栏.dwg”，其中有一创建好的表格，如图 4-59 所示。

	A	B	C	D	E
1					
2					
3					
4					
5					
6					
7	序号	名称	规格	单重	总重

图 4-59　素材表格

02 双击激活 A6 单元格，然后输入序号“1”，按 Ctrl+Enter 组合键完成文字输入，如图 4-60 所示。

	A	B	C	D	E
1					
2					
3					
4					
5					
6	1				
7	序号	名称	规格	单重	总重

图 4-60　输入文字的效果

03 用同样的方法输入其他文字，如图 4-61 所示。

	A	B	C	D	E
1					
2					
3	4	加强筋	120x60x6	1.7500	
4	3	圆管	Φ168x6-1200	35	
5	2	底板	200x270x20	3.6000	
6	1	六角头螺栓 C级	M10x30	0.0200	
7	序号	名称	规格	单重	总重

图 4-61　输入其他文字

04 选中 D 列上任意一个单元格，系统弹出【表格单元】选项卡，单击【列】面板上的【从左侧插入列】按钮，插入的新列如图 4-62 所示。

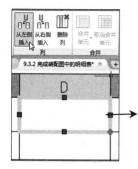

	A	B	C	D	E	F
1						
2						
3	4	加强筋	120×60×6		1.7500	
4	3	圆管	φ168×6-1200		35	
5	2	底板	200×270×20		3.6000	
6	1	六角头螺栓 C级	M10×30		0.0200	
7	序号	名称	规格		单重	总重

图 4-62　插入列的结果

05 在 D7 单元格输入表头名称"数量",然后在 D 列的其他单元格输入相应的数字,如图 4-63 所示。

	A	B	C	D	E	F
1						
2						
3	4	加强筋	120×60×6	16.0000	1.7500	
4	3	圆管	φ168×6-1200	4	35	
5	2	底板	200×270×20	4	3.6000	
6	1	六角头螺栓 C级	M10×30	24.0000	0.0200	
7	序号	名称	规格	数量	单重	总重

图 4-63　在新表格栏输入文字

06 选中 F6 单元格,系统弹出【表格单元】选项卡,单击【插入】面板上的【公式】按钮,在选项中选择【方程式】,系统激活该单元格,进入文字编辑模式,输入公式(直接在单元格中输入文本 D6*E6,注意乘号使用数字键盘上的"*"号),如图 4-64 所示。

	A	B	C	D	E	F
1						
2						
3	4	加强筋	120×60×6	16.0000	1.7500	
4	3	圆管	φ168×6-1200	4	35	
5	2	底板	200×270×20	4	3.6000	
6	1	六角头螺栓 C级	M10×30	24.0000	0.0200	=D6×E6
7	序号	名称	规格	数量	单重	总重

图 4-64　输入方程式

07 按 Ctrl+Enter 组合键完成公式输入,系统自动计算出方程结果,如图 4-65 所示。

	A	B	C	D	E	F
1						
2						
3	4	加强筋	120×60×6	16.0000	1.7500	
4	3	圆管	φ168×6-1200	4	35	
5	2	底板	200×270×20	4	3.6000	
6	1	六角头螺栓 C级	M10×30	24.0000	0.0200	0.4800
7	序号	名称	规格	数量	单重	总重

图 4-65　方程式计算结果

08 用同样的方法为 F 列的其他单元格输入公式，总重的计算结果如图 4-66 所示。

	A	B	C	D	E	F
1						
2						
3	4	加强筋	120x60x6	16.0000	1.7500	28.0000
4	3	圆管	Φ168×6-1200	4	35	140.0000
5	2	底板	200x270x20	4	3.6000	14.4000
6	1	六角头螺栓 C级	M10x30	24.0000	0.0200	0.4800
7	序号	名称	规格	数量	单重	总重

图 4-66　总重的计算结果

09 选中第一行和第二行的任意两个单元格，如图 4-67 所示。然后单击【行】面板上的【删除行】按钮，将选中的两行删除。

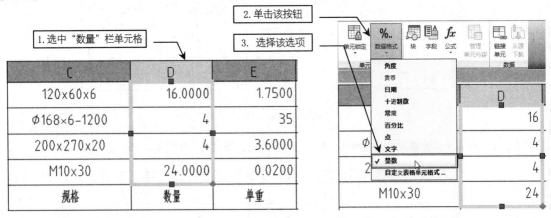

图 4-67　选中两个单元格

10 框选 "数量栏" 所有单元格，然后单击【单元格式】面板上的【数据格式】按钮，在弹出的选项中选择【整数】，将数据转换为整数显示，如图 4-68 所示。

图 4-68　将 "数量" 栏单元格格式设置为整数

11 框选第一行到第四行的所有单元格，然后单击【单元样式】面板上的【对齐】按钮，在展开选项中选择【正中】，对齐效果如图 4-69 所示。至此装配图明细栏填写完毕。

	A	B	C	D	E	F
1	4	加强筋	120x60x6	16	1.7500	28.0000
2	3	圆管	Φ168×6-1200	4	35	140.0000
3	2	底板	200x270x20	4	3.6000	14.4000
4	1	六角头螺栓 C级	M10x30	24	0.0200	0.4800
5	序号	名称	规格	数量	单重	总重

图 4-69 文字内容的对齐效果

4.4 习 题

1. 填空题

（1）机械制图中英文字体一般使用＿＿＿＿＿＿＿＿、＿＿＿＿＿＿＿＿＿两种。

（2）打开【文字样式】对话框的方式有＿＿＿＿＿＿＿、＿＿＿＿＿＿＿、＿＿＿＿＿＿＿等。

（3）启动单行文字命令的方式有＿＿＿＿＿＿＿、＿＿＿＿＿＿＿、＿＿＿＿＿＿＿等。

（4）启动【表格样式】对话框的方式有＿＿＿＿＿＿＿＿、＿＿＿＿＿＿＿＿。

2. 操作题

试绘制如图 4-70 所示的表格（字体设置为仿宋体，字高设置为 5mm，行距为 10mm，列距分别为 85mm、45mm、50mm）。

模数	m	3
齿数	z	51
压力角	z	20°
齿顶高系数		1
径向变位系数		0
全齿高	h	6.75
精度等级		6 FLGB10095-88
齿轮副中心距极限偏差	fa	±0.02
配对齿轮	图号	7010（7011）
	z	49
公差组	检验项目代号	公差值
齿圈径向跳动公差	Fr	0.025
公法线长度跳动公差	Fv	0.0250
齿形公差	Ff	0.0090
齿距极限偏差	Fpt	±0.011
齿向公差	FB	0.0120
公法线	Wk	50.895
	K	6

图 4-70 绘制表格

第**5**章

机械制图尺寸标注

本章导读

在机械设计中，图形用于表达机件的结构形状，而机件的真实大小则由尺寸确定。尺寸是工程图样中不可缺少的重要内容，是零部件加工生产的重要依据，必须满足正确、完整、清晰的基本要求。

AutoCAD 提供了一套完整、灵活、方便的尺寸标注系统，具有强大的尺寸标注和尺寸编辑功能，可以创建多种标注类型，还可以通过设置标注样式、编辑标注来控制尺寸标注的外观，创建符合标准的尺寸标注。

本章重点

➢ 机械制图尺寸标注的组成

➢ 新建机械制图尺寸标注样式的方法

➢ 线性、对齐等标注方法

➢ 直径、半径、角度、弧长等标注方法

➢ 多重引线标注的方法

➢ 标注打断、折弯、更新、关联的方法

➢ 尺寸公差和几何公差的标注方法

5.1 机械行业的尺寸标注规则

在机械设计中，尺寸标注是一项重要的内容，它可以准确、清楚地反映对象的大小及对象间的关系。在对图形进行标注前，应先了解尺寸标注的组成、类型、规则及步骤等。

5.1.1 尺寸标注的组成

如图 5-1 所示，一个完整的尺寸标注由尺寸界线、尺寸线、尺寸箭头和尺寸文字 4 个要素构成。AutoCAD 的尺寸标注命令和样式设置都是围绕着这 4 个要素进行的。

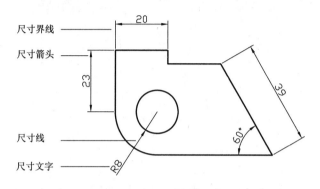

图 5-1 尺寸标注的组成要素

5.1.2 尺寸标注的基本规则

尺寸标注要求对标注对象进行完整、准确、清晰的标注，标注的尺寸数值真实地反映了标注对象的大小。国家标准对尺寸标注做了详细的规定，要求尺寸标注必须遵守以下基本原则。

➤ 物体的真实大小应以图形上所标注的尺寸数值为依据，与图形的显示大小和绘图的精确度无关。

➤ 图形中的尺寸为图形所表示的物体的最终尺寸，如果是绘制过程中的尺寸(如在涂镀前的尺寸等)，则必须另加说明。

➤ 物体的每一尺寸一般只标注一次，并应标注在最能清晰反映该结构的视图上。

5.2 机械行业的尺寸标注样式

与文字、表格类似，机械制图的标注也有一定的样式。AutoCAD 默认的标注样式与机械制图标准样式不同，因此在机械设计中进行尺寸标注前，先要创建尺寸标注的样式，然后和文字、图层一样，保存为同一模板文件，以便在新建文件时调用。

5.2.1 新建标注样式

通过【标注样式管理器】对话框，可以进行新建和修改标注样式等操作。打开【标注样式管理器】对话框的方式有以下几种。

➤ 面板：单击【默认】选项板中【注释】面板下的【标注样式】按钮 ，或在【注释】选项卡中，单击【标注】面板右下角的按钮 。

➤ 菜单栏：执行【格式】|【标注样式】命令。

➤ 命令行：DIMSTYLE 或 D。

执行上述任一操作，将弹出【标注样式管理器】对话框，如图 5-2 所示，在该对话框中可以创建新的尺寸标注样式。

该对话框内各选项的含义如下。

➢ 【样式】列表框：用来显示已创建的尺寸样式列表，其中蓝色背景显示的是当前尺寸样式。

➢ 【列出】下拉列表框：用来控制"样式"列表框显示的是"所有样式"还是"正在使用的样式"。

➢ 【预览】选项组：用来显示当前样式的预览效果。

新建标注样式的步骤简单介绍如下。

01 在图形中按上述方法操作，打开【标注样式管理器】对话框。

02 命名新建的标注样式。在该对话框中单击【新建】按钮，打开【创建新标注样式】对话框，在【新样式名】文本框中输入新标注样式的名称，如"机械标注"，如图 5-3 所示。

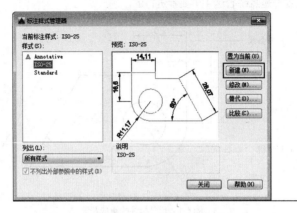

图 5-2 【标注样式管理器】对话框

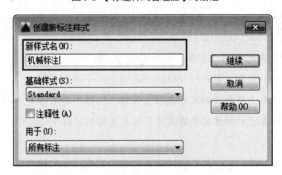

图 5-3 【创建新标注样式】对话框

03 设置标注样式的参数。在【创建新标注样式】对话框中单击【继续】按钮，弹出【新建标注样式：机械标注】对话框，如图 5-4 所示。在该对话框中可以设置标注样式的各种参数。

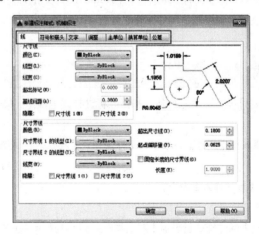

图 5-4 【新建标注样式：机械标注】对话框

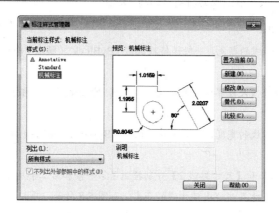

图 5-5　完成标注样式的新建

04 完成标注样式的新建。单击【确定】按钮，结束设置，新建的样式便会在【标注样式管理器】对话框的【样式】列表框中出现，单击【置为当前】按钮即可选择为当前的标注样式，如图 5-5 所示。

5.2.2　设置标注样式

在新建标注样式的过程中，设置标注样式的参数是最重要的，这也是本小节要着重讲解的。在【新建标注样式】对话框中可以设置尺寸标注的各种特性，对话框中有【线】、【符号和箭头】、【文字】、【调整】、【主单位】、【换算单位】和【公差】共 7 个选项卡，如图 5-4 所示，每个选项卡对应一种特性的设置，分别介绍如下。

1.　【线】选项卡

切换到【新建标注样式】对话框中的【线】选项卡，如图 5-4 所示，可见【线】选项卡包括【尺寸线】和【尺寸界线】两个选项组。在该选项卡中可以设置尺寸线、尺寸界线的格式和特性。

❑　【尺寸线】选项组

➢【颜色】：用于设置尺寸线的颜色，一般保持默认值 "ByBlock"（随块）即可。也可以使用变量 DIMCLRD 设置。

➢【线型】：用于设置尺寸线的线型，一般保持默认值 "ByBlock"（随块）即可。

➢【线宽】：用于设置尺寸线的线宽一般保持默认值 "ByBlock"（随块）即可。也可以使用变量 DIMLWD 设置。

➢【超出标记】：用于设置尺寸线超出量。若尺寸线两端是箭头，则此框无效；若在对话框的【符号和箭头】选项卡中设置了箭头的形式是 "倾斜" 和 "建筑标记" 时，可以设置尺寸线超过尺寸界线外的距离，如图 5-6 所示。

➢【基线间距】：用于设置基线标注中尺寸线之间的间距。

➢【隐藏】：【尺寸线 1】和【尺寸线 2】分别控制了第一条和第二条尺寸线的可见性，如图 5-7 所示。

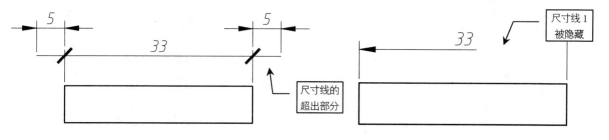

图 5-6　【超出标记】设置为 5 时的示例　　　　　　　　图 5-7　【隐藏尺寸线 1】效果图

□ 【尺寸界线】选项组

➤ 【颜色】：用于设置延伸线的颜色，一般保持默认值"ByBlock"（随块）即可。也可以使用变量 DIMCLRD 设置。

➤ 【线型】：分别用于设置【尺寸界线 1】和【尺寸界线 2】的线型，一般保持默认值"ByBlock"（随块）即可。

➤ 【线宽】：用于设置延伸线的宽度，一般保持默认值"ByBlock"（随块）即可。也可以使用变量 DIMLWD 设置。

➤ 【隐藏】：【尺寸界线 1】和【尺寸界线 2】分别控制了第一条和第二条尺寸界线的可见性。

➤ 【超出尺寸线】：控制尺寸界线超出尺寸线的距离，如图 5-8 所示。

➤ 【起点偏移量】：控制尺寸界线起点与标注对象端点的距离，如图 5-9 所示。

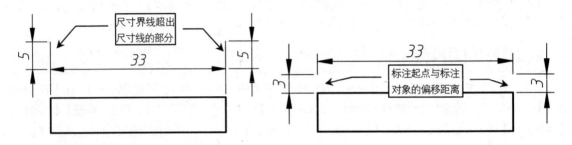

图 5-8　【超出尺寸线】设置为 5 时的示例　　　　图 5-9　【起点偏移量】设置为 3 时的示例

> **提示**
> 在机械制图的标注中，为了区分尺寸标注和被标注对象，用户应使尺寸界线与标注对象不接触，因此尺寸界线的【起点偏移量】一般设置为 2～3mm。

2. 【符号和箭头】选项卡

【符号和箭头】选项卡中包括【箭头】、【圆心标记】、【折断标注】、【弧长符号】、【半径折弯标注】和【线性折弯标注】共 6 个选项组，如图 5-10 所示。

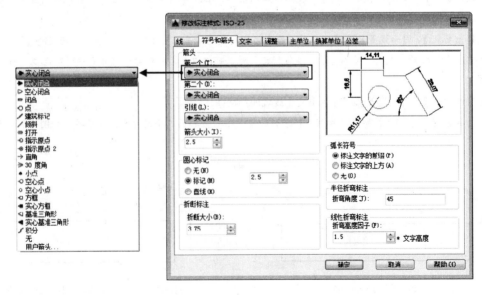

图 5-10　【符号和箭头】选项卡

❑ 【箭头】选项组

➢ 【第一个】以及【第二个】：用于选择尺寸线两端的箭头样式。在建筑绘图中通常设为"建筑标注"或"倾斜"样式，如图 5-11 所示；机械制图中通常设为"箭头"样式，如图 5-12 所示。

➢ 【引线】：用于设置快速引线标注（命令：LE）中的箭头样式，如图 5-13 所示。

➢ 【箭头大小】：用于设置箭头的大小。

图 5-11 建筑标注

图 5-12 机械标注

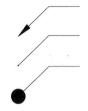
图 5-13 引线样式

AutoCAD 中提供了 19 种箭头，如果选择了第一个箭头的样式，第二个箭头会自动选择和第一个箭头一样的样式。也可以在第二个箭头下拉列表中选择不同的样式。

提示 【圆心标记】选项组
圆心标记是一种特殊的标注类型，在使用【圆心标记】（命令：DIMCENTER）时，可以在圆弧中心生成一个标注符号，【圆心标记】选项组用于设置圆心标记的样式。各选项的含义如下。

➢ 【无】：使用【圆心标记】命令时，无圆心标记，如图 5-14 所示。

➢ 【标记】：创建圆心标记。在圆心位置将会出现小十字线，如图 5-15 所示。

➢ 【直线】：创建中心线。在使用【圆心标记】命令时，十字线将会延伸到圆或圆弧外边，如图 5-16 所示。

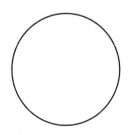
图 5-14 圆心标记为【无】

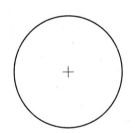
图 5-15 圆心标记为【标记】

图 5-16 圆心标记为【直线】

提示 可以取消选中【调整】选项卡中的【在尺寸界线之间绘制尺寸线】复选框，这样就能在标注直径或半径尺寸时同时创建圆心标记，如图 5-17 所示。

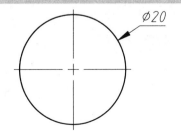
图 5-17 标注时同时创建尺寸与圆心标记

□ 【折断标注】选项组

其中的【折断大小】文本框可以设置标注折断时标注线的长度。

□ 【弧长符号】选项组

在该选项组中可以设置弧长符号的显示位置，包括【标注文字的前缀】、【标注文字的上方】和【无】3 种方式，如图 5-18 所示。

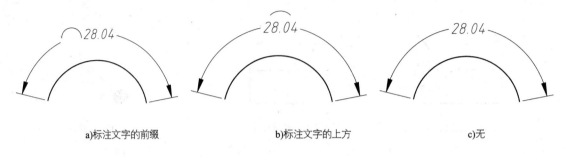

a)标注文字的前缀　　　　　b)标注文字的上方　　　　　c)无

图 5-18　弧长标注的类型

□ 【半径折弯标注】选项组

其中的【折弯角度】文本框可以确定折弯半径标注中尺寸线的横向角度，其值不能大于 90°。

□ 【线性折弯标注】选项组

其中的【折弯高度因子】文本框可以设置折弯标注打断时折弯线的高度。

3.　【文字】选项卡

【文字】选项卡包括【文字外观】、【文字位置】和【文字对齐】3 个选项组，如图 5-19 所示。

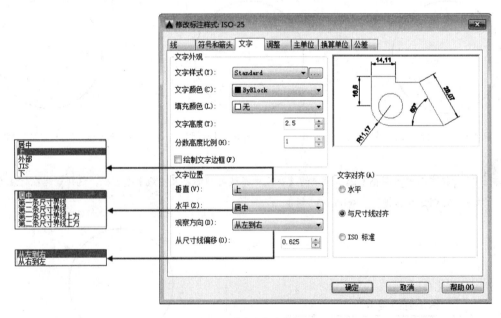

图 5-19　【文字】选项卡

□ 【文字外观】选项组

➤ 【文字样式】：用于选择标注的文字样式。也可以单击其后的 ... 按钮，在系统弹出的【文字样式】对话框中选择文字样式或新建文字样式。

➢【文字颜色】: 用于设置文字的颜色, 一般保持默认值"ByBlock"(随块)即可。也可以使用变量 DIMCLRT 设置。

➢【填充颜色】: 用于设置标注文字的背景色。默认为"无", 如果图样中尺寸标注很多, 就会出现图形轮廓线、中心线、尺寸线与标注文字相重叠的情况, 这时若将【填充颜色】设置为"背景", 即可有效改善图形, 如图 5-20 所示。

图 5-20 【填充颜色】设置为"背景"的效果

➢【文字高度】: 设置文字的高度, 也可以使用变量 DIMCTXT 设置。

➢【分数高度比例】: 设置标注文字的分数相对于其他标注文字的比例。AutoCAD 将该比例值与标注文字高度的乘积作为分数的高度。

➢【绘制文字边框】: 设置是否给标注文字加边框。

❑ 【文字位置】选项组

➢【垂直】: 用于设置标注文字相对于尺寸线在垂直方向的位置。【垂直】下拉列表中有【置中】、【上】、【外部】和【JIS】等选项。选择【置中】选项可以把标注文字放在尺寸线中间, 选择【上】选项将把标注文字放在尺寸线的上方, 选择【外部】选项可以把标注文字放在远离第一定义点的尺寸线一侧; 选择 JIS 选项则按 JIS 规则(日本工业标准)放置标注文字。各种效果如图 5-21 所示。

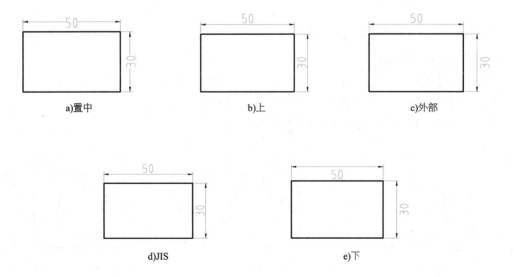

图 5-21 文字设置垂直方向的位置效果图

➤【水平】: 用于设置标注文字相对于尺寸线和延伸线在水平方向的位置。其中水平放置位置有【居中】、【第一条尺寸界限】、【第二条尺寸界线】、【第一条尺寸界线上方】、【第二条尺寸界线上方】,各种效果如图 5-22 所示。

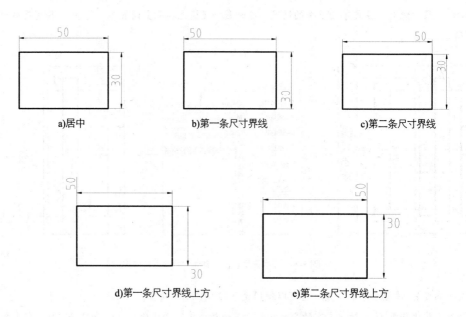

图 5-22　尺寸文字在水平方向上的放置位置

➤【从尺寸线偏移】: 设置标注文字与尺寸线之间的距离,如图 5-23 所示。

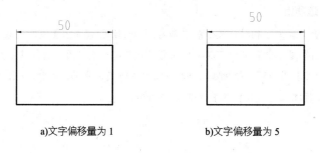

图 5-23　文字偏移量设置

❑　【文字对齐】选项组

在【文字对齐】选项组中可以设置标注文字的对齐方式,如图 5-24 所示。各选项的含义如下。

➤【水平】单选按钮: 无论尺寸线的方向如何,文字始终水平放置。

➤【与尺寸线对齐】单选按钮: 文字的方向与尺寸线平行。

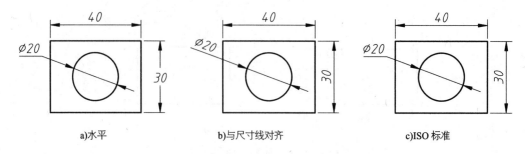

图 5-24　尺寸文字对齐方式

➢【ISO 标准】单选按钮：按照 ISO 标准对齐文字。当文字在尺寸界线内时，文字与尺寸线对齐。当文字在尺寸界线外时，文字水平排列。

4. 【调整】选项卡

【调整】选项卡包括【调整选项】、【文字位置】、【标注特征比例】和【优化】4 个选项组，可以设置标注文字、尺寸线、尺寸箭头的位置，如图 5-25 所示。

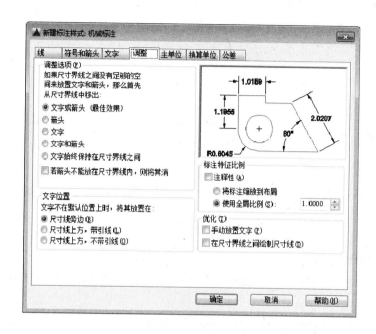

图 5-25　【调整】选项卡

❑　【调整选项】选项组

在【调整选项】选项组中，可以设置当尺寸界线之间没有足够的空间同时放置标注文字和箭头时应从尺寸界线之间移出的对象，如图 5-26 所示。各选项的含义如下。

➢【文字或箭头(最佳效果)】单选按钮：表示由系统选择一种最佳方式来安排尺寸文字和尺寸箭头的位置。

➢【箭头】单选按钮：表示将尺寸箭头放在尺寸界线外侧。

➢【文字】单选按钮：表示将标注文字放在尺寸界线外侧。

➢【文字和箭头】单选按钮：表示将标注文字和尺寸线都放在尺寸界线外侧。

➢【文字始终保持在尺寸界线之间】单选按钮：表示标注文字始终放在尺寸界线之间。

➢【若箭头不能放在尺寸界线内，则将其消除】复选框：表示当尺寸界线之间不能放置箭头时，不显示标注箭头。

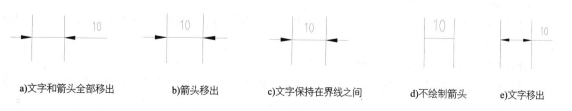

a)文字和箭头全部移出　　　b)箭头移出　　　c)文字保持在界线之间　　　d)不绘制箭头　　　e)文字移出

图 5-26　文字和箭头的调整

❑ 　【文字位置】选项组

在【文字位置】选项组中,可以设置当标注文字不在默认位置时应放置的位置,如图 5-27 所示。各选项的含义如下。

➢【尺寸线旁边】单选按钮:表示当标注文字在尺寸界线外部时,将文字放置在尺寸线旁边。

➢【尺寸线上方,带引线】单选按钮:表示当标注文字在尺寸界线外部时,将文字放置在尺寸线上方并加一条引线相连。

➢【尺寸线上方,不带引线】单选按钮:表示当标注文字在尺寸界线外部时,将文字放置在尺寸线上方,不加引线。

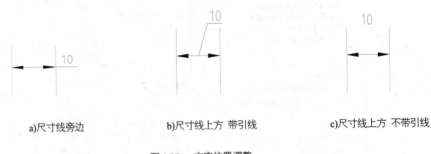

a)尺寸线旁边　　　　　　　b)尺寸线上方 带引线　　　　　　　c)尺寸线上方 不带引线

图 5-27　　文字位置调整

❑ 　【标注特征比例】选项组

在【标注特征比例】选项组中,可以设置标注尺寸的特征比例,以便通过设置全局比例来调整标注的大小。各选项的含义如下。

➢【注释性】复选框:选择该复选框,可以将标注定义成可注释性对象。

➢【将标注缩放到布局】单选按钮:选中该单选按钮,可以根据当前模型空间视口与图样之间的缩放关系设置比例。

➢【使用全局比例】单选按钮:选择该单选按钮,可以对全部尺寸标注设置缩放比例,该比例不改变尺寸的测量值。

❑ 　【优化】选项组

在【优化】选项组中,可以对标注文字和尺寸线进行细微调整。该选项组包括以下两个复选框。

➢【手动放置文字】:表示忽略所有水平对正设置,并将文字手动放置在"尺寸线位置"的相应位置。

➢【在尺寸界线之间绘制尺寸线】:表示在标注对象时,始终在尺寸界线间绘制尺寸线。

5. 【主单位】选项卡

【主单位】选项卡包括【线性标注】、【测量单位比例】、【消零】、【角度标注】和【消零】5 个选项组,如图 5-28 所示。

【主单位】选项卡可以对标注尺寸的精度进行设置,并能给标注文本加入前缀或者后缀等。

❑ 　【线性标注】选项组

➢【单位格式】:设置除角度标注之外的其余各标注类型的尺寸单位,包括【科学】、【小数】、【工程】、【建筑】、【分数】等选项。

➢【精度】:设置除角度标注之外的其他标注的尺寸精度。

➢【分数格式】:当单位格式是分数时,可以设置分数的格式,包括【水平】、【对角】和【非堆叠】3 种方式。

➢【小数分隔符】:设置小数的分隔符,包括【逗点】、【句点】和【空格】3 种方式。

➢【舍入】:用于设置除角度标注外的尺寸测量值的舍入值。

➤ 【前缀】和【后缀】：设置标注文字的前缀和后缀，在相应的文本框中输入字符即可。

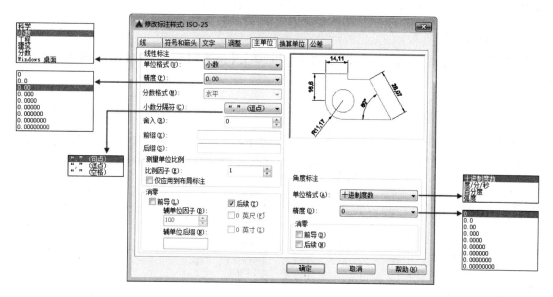

图 5-28   【主单位】选项卡

❑   【测量单位比例】选项组

使用【比例因子】文本框可以设置测量尺寸的缩放比例，AutoCAD 的实际标注值为测量值与该比例的积。选中【仅应用到布局标注】复选框，可以设置该比例关系仅适用于布局。

❑   【消零】选项组

可以设置是否显示尺寸标注中的"前导"和"后续"零。【后续】消零示例如图 5-29 所示。

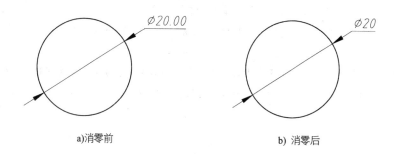

a)消零前   b) 消零后

图 5-29   【后续】消零示例

❑   【角度标注】选项组

➤ 【单位格式】：在此下拉列表框中设置标注角度时的单位。

➤ 【精度】：在此下拉列表框设置标注角度的尺寸精度。

❑   【消零】选项组

该选项组中包括【前导】和【后续】两个复选框。设置是否消除角度尺寸的前导和后续零。

6. 【换算单位】选项卡

【换算单位】选项卡包括【换算单位】、【消零】和【位置】3 个选项组，如图 5-30 所示。

【换算单位】命令可以方便地改变标注的单位，通常用的是米制单位与英制单位的互换。

只能在选中【显示换算单位】复选框后，对话框的其他选项才可用。可以在【换算单位】选项组中设置换算单位的【单位格式】、【精度】、【换算单位倍数】、【舍入精度】、【前缀】及【后缀】等，方法与设置主单位的方法相同，在此不一一讲解。

7. 【公差】选项卡

【公差】选项卡包括【公差格式】、【公差对齐】、【消零】、【换算单位公差】和【消零】5个选项组，如图5-31所示。

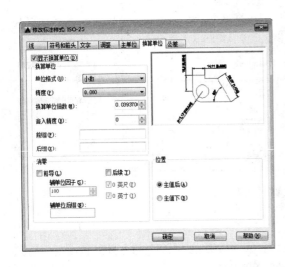

图5-30 【换算单位】选项卡

图5-31 【公差】选项卡

【公差】选项卡可以设置公差的标注格式，其中常用功能的含义如下。

➢ 【方式】：在此下拉列表框中有表示标注公差的几种方式，如图5-32所示。

➢ 【上偏差】和【下偏差】：设置尺寸上极限偏差、下极限偏差值。

➢ 【高度比例】：确定公差文字的高度比例因子。确定后，AutoCAD将该比例因子与尺寸文字高度之积作为公差文字的高度。

➢ 【垂直位置】：控制公差文字相对于尺寸文字的位置，包括【上】、【中】和【下】3种方式。

➢ 【换算单位公差】：当标注换算单位时，可以设置换算单位精度和是否消零。

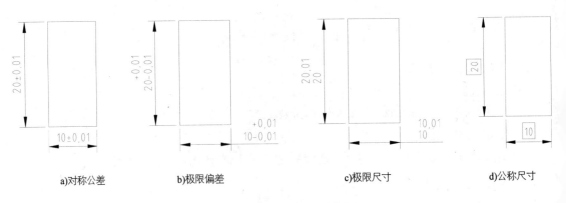

图5-32 公差的各种表示方式效果图

5.3　尺寸的标注

针对不同类型的图形对象，AutoCAD 2020 提供了智能标注、线性标注、径向标注、角度标注和多重引线标注等多种标注类型。

5.3.1　智能标注

【智能标注】命令为 AutoCAD 2020 的新增功能，可以根据选定的对象类型自动创建相应的标注。可自动创建的标注类型包括垂直标注、水平标注、对齐标注、旋转的线性标注、角度标注、半径标注、直径标注、折弯半径标注、弧长标注、基线标注和连续标注等。如果需要，可以使用命令行选项更改标注类型。

执行【智能标注】命令有以下几种方式。

➢ 面板：在【默认】选项卡中，单击【注释】面板中的【标注】按钮。

➢ 命令行：DIM。

使用上面任一种方式启动【智能标注】命令后，命令行提示如下。

选择对象或指定第一个尺寸界线原点或 [角度(A)/基线(B)/连续(C)/坐标(O)/对齐(G)/分发(D)/图层(L)/放弃(U)]：　　　　　　　//选择图形或标注对象

命令行中各选项的含义说明如下。

➢ 角度（A）：创建一个角度标注来显示三个点或两条直线之间的角度，操作方法基本同【角度标注】。

➢ 基线（B）：从上一个或选定标准的第一条界线创建线性、角度或坐标标注，操作方法基本同【基线标注】。

➢ 连续（C）：从选定标注的第二条尺寸界线创建线性、角度或坐标标注，操作方法基本同【连续标注】。

➢ 坐标（O）：创建坐标标注，提示选取部件上的点，如端点、交点或对象中心点。

➢ 对齐（G）：将多个平行、同心或同基准的标注对齐到选定的基准标注。

➢ 分发（D）：指定可用于分发一组选定的孤立线性标注或坐标标注的方法。

➢ 图层（L）：为指定的图层指定新标注，以替代当前图层。输入 Use Current 或"."以使用当前图层。

将鼠标置于对应的图形对象上，就会自动创建出相应的标注，如图 5-33 所示。

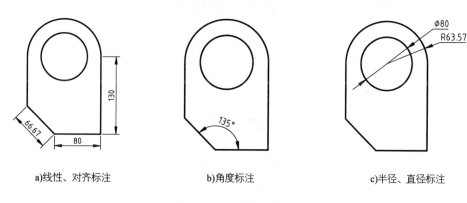

a)线性、对齐标注　　　　b)角度标注　　　　c)半径、直径标注

图 5-33　智能标注

5.3.2　线性标注与对齐标注

线性标注和对齐标注用于标注对象的正交或倾斜直线距离。

1.　线性标注

线性标注用于标注任意两点之间的水平或竖直方向的距离。执行【线性标注】命令的方法有以下几种。

➢ 面板：单击【标注】面板中的【线性】按钮。

➢ 菜单栏：执行【标注】|【线性】命令。

➢ 命令行: DIMLINEAR 或 DLI。

执行任一命令后，命令行提示如下。

指定第一个尺寸界线原点或 <选择对象>:

此时可以选择通过【指定原点】或是【选择对象】进行标注，两者的具体操作与区别如下。

❑ **指定原点**

默认情况下，在命令行提示下指定第一条尺寸界线的原点，并在"指定第二条尺寸界线原点"提示下指定第二条尺寸界线原点后，命令提示行如下。

指定尺寸线位置或[多行文字(M)/文字(T)/角度(A)/水平(H)/垂直(V)/旋转(R)]。

因为线性标注有水平和竖直方向两种可能，因此指定尺寸线的位置后，尺寸值才能够完全确定。上述命令行中其他选项的功能说明如下。

➢ 多行文字（M）: 选择该选项将进入多行文字编辑模式，可以使用【多行文字编辑器】对话框输入并设置标注文字。其中文字输入窗口中的尖括号（<>）表示系统测量值。

➢ 文字（T）: 以单行文字形式输入尺寸文字。

➢ 角度（A）: 设置标注文字的旋转角度。

➢ 水平（H）和垂直（V）: 标注水平尺寸和垂直尺寸。可以直接确定尺寸线的位置，也可以选择其他选项来指定标注文字内容或标注文字的旋转角度。

➢ 旋转（R）: 旋转标注对象的尺寸线。

该标注的操作示例如图 5-34 所示。命令行的操作过程如下。

```
命令: _dimlinear                                    //执行【线性标注】命令
指定第一个尺寸界线原点或 <选择对象>:                   //选择矩形一个顶点
指定第二条尺寸界线原点:                               //选择矩形另一侧边的顶点
指定尺寸线位置或[多行文字(M)/文字(T)/角度(A)/水平(H)/垂直(V)/旋转(R)]:
                                                    //向上拖动指针，在合适位置单击放置尺寸线
标注文字 = 50                                        //生成尺寸标注
```

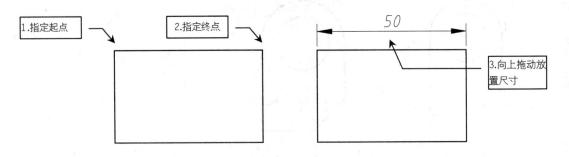

图 5-34　线性标注之【指定原点】示例

❑ **选择对象**

执行【线性标注】命令之后，直接按 Enter 键，则要求选择标注尺寸的对象。选择了对象之后，系统便以对象的两个端点作为两条尺寸界线的起点。

该标注的操作方法示例如图 5-35 所示。命令行的操作过程如下。

```
命令: _dimlinear                                    //执行【线性标注】命令
指定第一个尺寸界线原点或 <选择对象>:                   //按 Enter 键
选择标注对象:                                        //单击直线 AB
指定尺寸线位置或[多行文字(M)/文字(T)/角度(A)/水平(H)/垂直(V)/旋转(R)]:
```

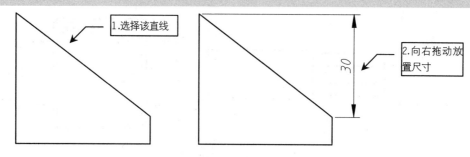

图 5-35　线性标注之【选择对象】示例

2．对齐标注

使用线性标注无法创建对象在倾斜方向上的尺寸，这时可以使用【对齐标注】命令。

执行【对齐标注】命令的方法有以下几种。

➢ 面板：单击【标注】面板中的【对齐】按钮 ![icon]。

➢ 菜单栏：执行【标注】|【对齐】命令。

➢ 命令行：DIMALIGNED 或 DAL。

执行【对齐标注】命令之后，选择要标注的两个端点，系统将以两点间的最短距离（直线距离）生成尺寸标注，如图 5-36 所示。

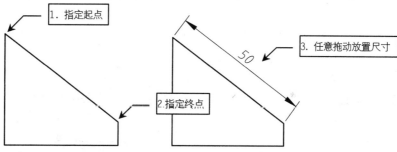

图 5-36　对齐标注

【案例 5-1】：　标注齿轮轴的轮廓尺寸

齿轮与轴除了通过键槽连接之外，还有一类加工为一体的方法，即齿轮轴，如图 5-37 所示。齿轮轴一般是小齿轮（齿数少的齿轮），外径较小，无法加工键槽，且多用于高速级，因此在减速器中，通常将高转速的输入轴设计为齿轮轴。

图 5-37　减速器中的齿轮轴

01 打开素材文件"第 5 章\5-1 标注齿轮轴的线性尺寸.dwg",其中已经绘制好了一个齿轮轴,如图 5-38 所示。

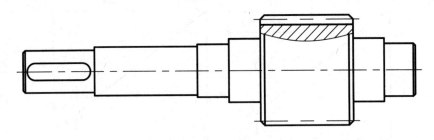

图 5-38　素材图形

02 标注轴段长度。将【尺寸线】图层设置为当前图层,单击【标注】面板中的【线性】按钮，标注各轴段的长度尺寸,如图 5-39 所示。

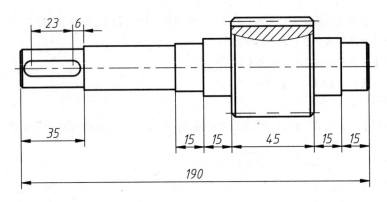

图 5-39　标注轴段长度尺寸

03 标注轴段直径。按相同方法,标注各轴段的直径尺寸,在标注时手动添加"%%C"直径符号,如图 5-40 所示。

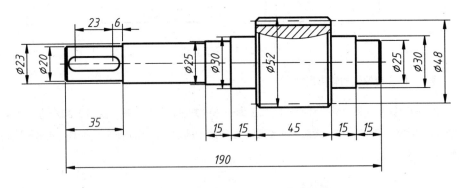

图 5-40　标注轴段直径尺寸

04 标注键槽半径。单击【标注】面板中的【半径】按钮，标注键槽的半径尺寸,如图 5-41 所示。

05 至此,齿轮轴标注初步完成,下一步骤请见"【案例 5-3】:标注齿轮轴的精度尺寸"。

5.3.3　角度标注

利用【角度标注】命令不仅可以标注两条相交直线间的角度,还可以标注 3 个点之间的夹角和圆弧的圆心角。

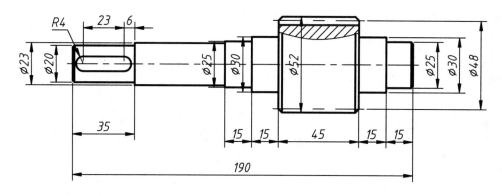

图 5-41 标注键槽半径尺寸

执行【角度标注】命令的方法有以下几种。

➢ 面板：单击【标注】面板中的【角度】按钮 。

➢ 菜单栏：执行【标注】|【角度】命令。

➢ 命令行：DIMANGULAR 或 DAN。

启用该命令之后，选择零件图上要标注角度尺寸的对象，即可进行标注。操作示例如图 5-42 所示。命令行操作过程如下。

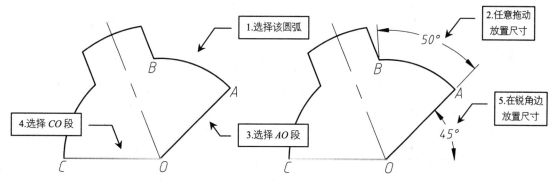

图 5-42 角度标注示例

```
命令：_dimangular                                    //执行【角度标注】命令
选择圆弧、圆、直线或 <指定顶点>：                     //选择圆弧 AB
指定标注弧线位置或 [多行文字(M)/文字(T)/角度(A)/象限点(Q)]：
                                                   //向圆弧外拖动指针，在合适位置放置圆弧线
标注文字 = 50
                                                   //重复【角度标注】命令
命令：_dimangular
选择圆弧、圆、直线或 <指定顶点>：                     //选择直线 AO
选择第二条直线：                                    //选择直线 CO
指定标注弧线位置或 [多行文字(M)/文字(T)/角度(A)/象限点(Q)]：    //向右拖动指针，在锐角内放置圆弧线
标注文字 = 45
```

5.3.4 弧长标注

弧长标注用于标注圆弧、椭圆弧或者其他弧线的长度。

执行【弧长标注】命令的方法有以下几种。

➢ 面板: 单击【标注】面板中的【弧长标注】按钮 🗺。

➢ 菜单栏: 执行【标注】|【弧长】命令。

➢ 命令行: DIMARC。

该标注的操作方法示例如图 5-43 所示。命令行的操作过程如下。

```
命令: _dimarc                                          //执行【弧长标注】命令
选择弧线段或多段线圆弧段:                                //单击选择要标注的圆弧
指定弧长标注位置或 [多行文字(M)/文字(T)/角度(A)/部分(P)/引线(L)]:
                                                       //在合适的位置放置标注

标注文字 = 67
```

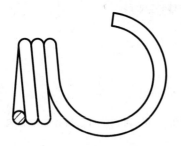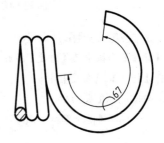

图 5-43　弧长标注示例

5.3.5　半径标注与直径标注

径向标注一般用于标注圆或圆弧的直径或半径。标注径向尺寸需要选择圆或圆弧，然后确定尺寸线的位置。默认情况下，系统自动在标注值前添加尺寸符号，包括半径 "R" 或直径 "ø"。

1. 半径标注

利用【半径标注】命令可以快速标注圆或圆弧的半径大小。

执行【半径标注】命令的方法有以下几种。

➢ 面板: 单击【标注】面板中的【半径】按钮 🖎。

➢ 菜单栏: 执行【标注】|【半径】命令。

➢ 命令行: DIMRADIUS 或 DRA。

执行上述任一命令后，命令行提示选择需要标注的对象，单击圆或圆弧即可生成半径标注，拖动指针在合适的位置放置尺寸线。该标注方法的操作示例如图 5-44 所示，命令行操作过程如下。

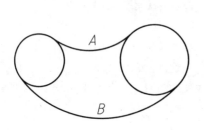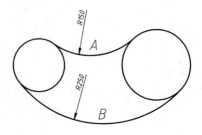

图 5-44　半径标注示例

```
命令: _dimradius                                       //执行【半径】标注命令
选择圆弧或圆:                                           //单击选择圆弧 A
```

标注文字 = 150

指定尺寸线位置或 [多行文字 (M) /文字 (T) /角度 (A)]：　　　　　//在圆弧内侧合适位置放置尺寸线

再重复【半径】标注命令，按此方法标注圆弧 *B* 的半径即可。

在系统默认的情况下，系统自动加注半径符号 *R*。但如果在命令行中选择【多行文字】和【文字】选项重新确定尺寸文字时，只有在输入的尺寸文字加前缀，才能使标注出的半径尺寸有半径符号 *R*，否则没有该符号。

2. 直径标注

利用【直径标注】命令可以标注圆或圆弧的直径大小。

执行【直径标注】命令的方法有以下几种。

➤ 面板：单击【标注】面板中的【直径】按钮◯。

➤ 菜单栏：执行【标注】|【直径】命令。

➤ 命令行：DIMDIAMETER 或 DDI。

直径标注的方法与半径标注的方法相同，执行【直径标注】命令之后，选择要标注的圆弧或圆，然后指定尺寸线的位置即可。

5.3.6 折弯标注

当圆弧半径相对于图形尺寸较大时，半径标注的尺寸线相对于图形就会显得过长，这时可以使用折弯标注。

执行【折弯标注】命令的方法有以下几种。

➤ 面板：单击【标注】面板中的【折弯】按钮。

➤ 菜单栏：执行【标注】|【折弯】命令。

➤ 命令行：DIMJOGGED。

折弯标注与半径标注的方法基本相同，但需要指定一个位置代替圆或圆弧的圆心，操作示例如图 5-45 所示。

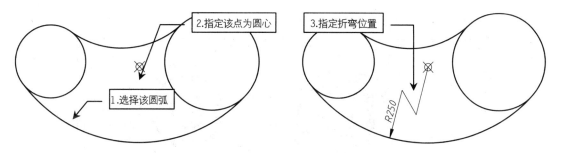

图 5-45　折弯标注示例

5.3.7 多重引线标注

使用【多重引线】命令可以引出文字注释、倒角标注、标注零件号和引出公差等。引线的标注样式由多重引线样式控制。

1. 管理多重引线样式

通过【多重引线样式管理器】对话框可以设置多重引线的箭头、引线、文字等特征。打开【多重引线样式管理器】对话框有以下几种常用方法。

➤ 面板：单击【注释】面板中的【多重引线样式】按钮。

➤ 菜单栏：执行【格式】|【多重引线样式】命令。

➤ 命令行：MLEADERSTYLE 或 MLS。

执行以上任一命令后，弹出【多重引线样式管理器】对话框，如图 5-46 所示。该对话框和【标注样式管理

器】对话框功能类似，可以设置多重引线的格式和内容。单击【新建】按钮，弹出【创建新多重引线样式】对
话框，如图 5-47 所示。

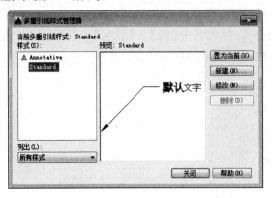

图 5-46 【多重引线样式管理器】对话框

图 5-47 【创建新多重引线样式】对话框

2. 创建多重引线标注

执行【多重引线】命令的方法有以下几种。

➢ 面板：单击【注释】面板中的【多重引线】按钮。

➢ 菜单栏：执行【标注】|【多重引线】命令。

➢ 命令行： MLEADER 或 MLD。

执行【多重引线】命令之后，依次指定引线箭头和基线的位置，然后在打开的文本窗口中输入注释内容即
可。单击【注释】面板中的【添加引线】按钮，可以为图形继续添加多个引线和注释。

【案例 5-2】： 标注装配图

利用前面所学的知识标注如图 5-48 所示的装配图。

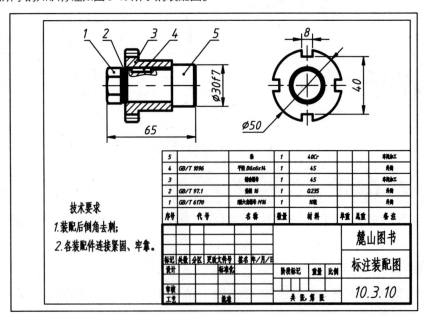

图 5-48 装配图标注

01 打开素材文件 "第 5 章\5-2 标注装配图.dwg"，如图 5-49 所示。其中已经创建好了所需表格与相应的标
注、技术要求等。读者可以先细心审阅该装配图，此即实际的设计工作中最基本的图样。

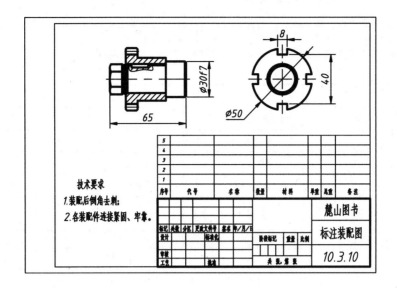

图 5-49　素材图形

02 单击【注释】面板中的【多重引线样式】按钮 ，修改当前的多重引线样式。在【引线格式】选项卡中设置箭头符号为"小点"，大小为"5"，如图 5-50 所示。

03 在【引线结构】选项卡中取消选择【自动包含基线】复选框，如图 5-51 所示。

图 5-50　【引线格式】选项卡设置

图 5-51　【引线结构】选项卡设置

04 在【内容】选项卡中设置【文字高度】为"8"，设置引线连接位置为【最后一行加下划线】，如图 5-52 所示。执行【标注】口【多重引线】命令，标注零件序号，如图 5-53 所示。

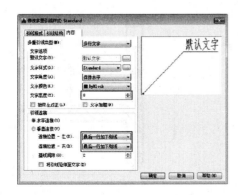

图 5-52　【内容】选项卡设置

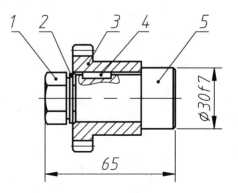

图 5-53　标注零件序号

提示 在对装配图进行引线标注时，需要注意各个序号应按顺序排列整齐。

05 输入文字。双击相关单元格，输入标题栏和明细表内容，如图 5-54 所示。

6	5		轴	1	40Cr			车间加工
5	4	GB/T 1096	平键 B6x6x14	1	45			外购
4	3		制动螺母	1	45			车间加工
3	2	GB/T 97.1	垫圈 16	1	Q235			外购
2	1	GB/T 6170	I型六角螺母 M16	1	10级			外购
1	序号	代号	名称	数量	材料	单重	总重	备注
	A	B	C	D	E	F	G	H

图 5-54　在明细表中输入文字内容

06 装配图标注完成，最后的结果如图 5-48 所示。

5.3.8　标注打断

为了使图样尺寸结构清晰，在标注线交叉的位置可以将标注打断。

执行【标注打断】命令的方法有以下几种。

➢ 面板：单击【注释】选项卡【标注】面板中的【打断】按钮 。

➢ 菜单栏：执行【标注】|【标注打断】命令。

➢ 命令行：DIMBREAK。

【标注打断】的操作示例如图 5-55 所示，命令行操作过程如下。

```
命令：_DIMBREAK                                    //执行【标注打断】命令
选择要添加/删除折断的标注或 [多个(M)]：              //选择线性尺寸标注
选择要折断标注的对象或 [自动(A)/手动(M)/删除(R)] <自动>：M    //选择【手动】选项
指定第一个打断点：                                  //在交点一侧单击指定第一个打断点
指定第二个打断点：                                  //在交点另一侧单击指定第二个打断点
1 个对象已修改
```

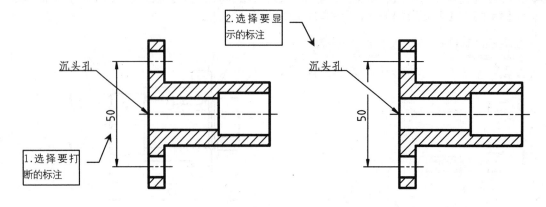

图 5-55　【标注打断】操作示例

命令行中各选项的含义如下。

➤ 自动（A）：此选项是默认选项，用于在标注相交的位置自动生成打断，打断的距离不可控制。

➤ 手动（M）：选择此项，需要用户指定两个打断点，将两点之间的标注线打断。

➤ 删除（R）：选择此项可以删除已创建的打断。

5.4　尺寸标注的编辑

在创建尺寸标注后，如果未能达到预期的效果，还可以对尺寸标注进行编辑，如修改尺寸标注文字的内容、辑标注文字的位置、更新标注和关联标注等操作，而不必删除所标注的尺寸对象再重新进行标注。

5.4.1　编辑标注

利用【编辑标注】命令可以一次修改一个或多个尺寸标注对象上的文字内容、方向、放置位置以及倾斜尺界限。

执行【编辑标注】命令的方法有以下几种。

➤ 面板：单击【注释】选项卡中【标注】面板中的相应的按钮，如【文字角度】按钮、【左对正】按钮、居中对正】按钮、【右对正】按钮。

➤ 命令行：DIMEDIT 或 DED。

在命令行中输入命令后，命令行提示如下。

输入标注编辑类型 [默认(H)/新建(N)/旋转(R)/倾斜(O)] 〈默认〉。

命令行中各选项的含义如下。

➤ 默认（H）：选择该选项并选择尺寸对象，可以按默认位置和方向放置尺寸文字。

➤ 新建（N）：选择该选项后，弹出文字编辑器，选中输入框中的所有内容，然后重新输入需要的内容。单【确定】按钮，返回绘图区，单击要修改的标注，按 Enter 键即可完成标注文字的修改。

➤ 旋转（R）：选择该项后，命令行提示"输入文字旋转角度"，此时，输入文字旋转角度后，单击要修改的字对象，即可完成文字的旋转，如图 5-56 所示。

➤ 倾斜（O）：用于修改尺寸界线的倾斜度。选择该项后，命令行会提示选择修改对象，并要求输入倾斜角。

5.4.2　编辑多重引线

使用【多重引线】命令注释对象后，可以对引线的位置和注释内容进行编辑。选中创建的多重引线后，引线象以夹点模式显示，将光标移至夹点，系统弹出快捷菜单，如图 5-57 所示，可以进行拉伸、拉长基线操作，还以添加引线。也可以单击夹点之后，拖动夹点调整转折的位置。

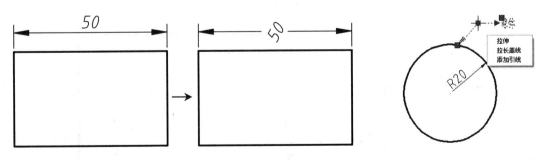

图 5-56　旋转标注文本　　　　　　　　　　图 5-57　快捷菜单

如果要编辑多重引线上的文字注释，则双击该文字，弹出【文字编辑器】选项卡，如图 5-58 所示，可对注释文字进行修改和编辑。

图 5-58　【文字编辑器】选项卡

5.4.3　翻转箭头

当尺寸界限内的空间狭窄时，可使用翻转箭头将尺寸箭头翻转到尺寸界限之外，使尺寸标注更清晰。选中需要翻转箭头的标注，则标注会以夹点形式显示，将指针移到尺寸线夹点上，弹出快捷菜单，选择其中的【翻转箭头】命令即可翻转该侧的一个箭头。使用同样的操作翻转另一端的箭头，操作示例如图 5-59 所示。

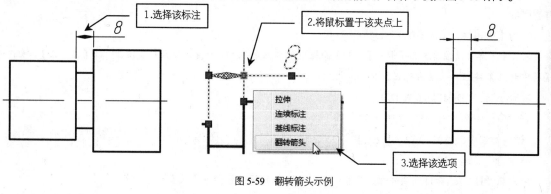

图 5-59　翻转箭头示例

5.4.4　尺寸关联性

尺寸关联是指尺寸对象及其标注的对象之间建立了联系，当图形对象的位置、形状、大小等发生改变时，其尺寸对象也会随之动态更新。

1.　尺寸关联

在模型窗口中标注尺寸时，尺寸是自动关联的，无须用户进行关联设置。但是，如果在输入尺寸文字时不使用系统的测量值，而是由用户手工输入尺寸值，那么尺寸文字将不会与图形对象关联。

例如，一个长 50mm、宽 30mm 的矩形，使用【缩放】命令将矩形等放大两倍，不仅图形对象放大了两倍，而且尺寸标注也同时放大了两倍，尺寸值变为缩放前的两倍，如图 5-60 所示。

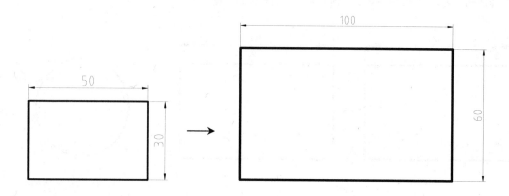

图 5-60　尺寸关联示例

2. 解除、重建关联

❑ 解除标注关联

对于已经建立了关联的尺寸对象及其图形对象，可以用【解除关联】命令解除尺寸与图形的关联性。解除标注关联后，对图形对象进行修改，尺寸对象将不会发生任何变化，因为尺寸对象已经和图形对象彼此独立，没有任何关联关系了。

在命令行中输入"**DDA**"命令并按 Enter 键，命令行提示如下。

```
命令：DDA
DIMDISASSOCIATE
选择要解除关联的标注 ...
选择对象：
```

选择要解除关联的尺寸对象，按 Enter 键即可解除关联。

❑ 重建标注关联

对于没有关联或已经解除了关联的尺寸对象和图形对象，可以执行【标注】|【重新关联标注】命令，或在命令行中输入"**DRE**"命令并按 Enter 键，重建关联。执行【重新关联标注】命令后，命令行提示如下。

```
命令：_dimreassociate              //执行【重新关联标注】命令
选择要重新关联的标注 ...
选择对象或 [解除关联(D)]：找到 1 个      //选择要建立关联的尺寸
选择对象或 [解除关联(D)]：
指定第一个尺寸界线原点或 [选择对象(S)] <下一个>：  //选择要关联的第一点
指定第二个尺寸界线原点 <下一个>：        //选择要关联的第二点
```

5.4.5 调整标注间距

在 AutoCAD 中进行基线标注时，如果没有设置合适的基线间距，可能会使尺寸线之间的间距过大或过小，如图 5-61 所示。利用【调整间距】命令，可调整互相平行的线性尺寸或角度尺寸之间的距离。

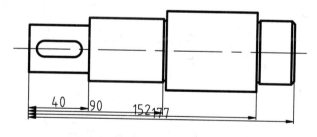

图 5-61 标注间距过小

执行【标注间距】命令的方法有以下几种。

➤ 面板：单击【注释】选项卡【标注】面板中的【调整间距】按钮 ┳．

➤ 菜单栏：执行【标注】|【调整间距】命令。

➤ 命令行： DIMSPACE。

【调整间距】命令的操作示例如图 5-62 所示，命令行操作如下。

```
命令：_DIMSPACE                    //执行【标注间距】命令
选择基准标注：                       //选择值为 29 的尺寸
选择要产生间距的标注：找到 1 个         //选择值为 49 的尺寸
选择要产生间距的标注：找到 1 个，总计 2 个   //选择值为 69 的尺寸
```

选择要产生间距的标注：	//结束选择
输入值或 [自动(A)] <自动>: 10	//输入间距值

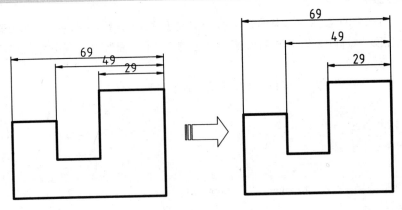

图 5-62　调整标注间距的效果

5.4.6　折弯线性标注

在标注细长杆件打断视图的长度尺寸时，可以使用【折弯线性】命令在线性标注的尺寸线上生成折弯符号。执行【折弯线性】命令有以下几种常用方法。

> ➢ 面板：单击【标注】面板中的【折弯线性标注】按钮 ⏦。
> ➢ 菜单栏：执行【标注】|【折弯线性】命令。
> ➢ 命令行：　DIMJOGLINE。

执行以上任一命令后，选择需要添加折弯的线性标注或对齐标注，然后指定折弯位置即可，完成效果如图 5-63 所示。

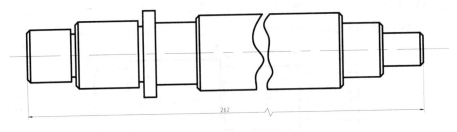

262

图 5-63　折弯线性标注

5.5　尺寸公差的标注

尺寸偏差是指实际加工出的零件与理想尺寸之间的偏差，公差即这种偏差的限定范围。在零件图上重要的尺寸均需要标明公差值。

5.5.1　机械行业中的尺寸公差

在机械设计的制图工作中，标注尺寸公差是其中很重要的一项工作内容。而要想掌握好尺寸公差的标注，就必须先了解什么是尺寸公差。

1.　公差

尺寸公差是一种对误差的控制。举个例子来说，某零件的设计尺寸是 $\phi 25mm$，要加工 8 个，由于误差的存在，最后做出来的成品尺寸见表 5-1。

表 5-1　成品尺寸　　　　　　　　　　　　　　　　　　　　（单位：mm）

设计尺寸	1 号	2 号	3 号	4 号	5 号	6 号	7 号	8 号
∅25.00	∅24.3	∅24.5	∅24.8	∅25	∅25.2	∅25.5	∅25.8	∅26.2

如果不了解尺寸公差的概念，可能就会认为只有 4 号零件符号要求，其余都属于残次品。其实不然，如果 ∅25mm 的尺寸公差为 ±0.4mm，那么尺寸在（∅25±0.4）mm 之间的零件都算合格产品（如 1、3、4、5 号）。

判断该零件是否合格，取决于零件尺寸是否在（∅25±0.4）mm 范围内。因此，（∅25±0.4）mm 这个范围就显得十分重要，那么这个范围又该怎么确定呢？这个范围通常可以根据设计人员的经验确定，但如果要与其他零件进行配合的话，则必须严格按照国家标准（GB/T 1800.1 - 2009）进行取值。

这些公差从 A 到 Z 共计 28 个基本偏差（大小写字母容易混淆的除外，大写字母表示孔，小写字母表示轴），标准公差等级从 IT01 到 IT18 共计 18 个等级。通过选择不同的基本偏差，再选用相应的精度等级，就可以确定尺寸的基本偏差合格的范围。例如，∅100H8 表示尺寸为 ∅100mm、公差带分布为 H、精度等级为 IT8，通过查表就可以知道该尺寸为 100.00~100.054mm。

2. 配合

∅100H8 表示的是孔的尺寸，与之对应的轴尺寸又该如何确定呢？这时就需要引入配合的概念。

配合是零件之间互换性的基础。而所谓互换性，就是指一个零件不用改变即可代替另一零件，并能满足同样要求的能力。例如，自行车的零件坏了，可以在任意自行车店购买相同零件更换维修。

机械设计中将配合分为 3 种：间隙配合、过渡配合、过盈配合。分别介绍如下。

➤ 间隙配合：间隙配合是指具有间隙（不包括最小间隙等于零）的配合，如图 5-64 所示。间隙配合主要用于活动连接，如滑动轴承和轴的配合。

➤ 过渡配合：过渡配合指可能具有间隙或过盈的配合，如图 5-65 所示。过渡配合用于方便拆卸和定位的连接，如滚动轴承内径和轴。

➤ 过盈配合：过盈配合指孔小于轴的配合，如图 5-66 所示。过盈配合属于紧密配合，必须采用特殊工具挤压进去，或利用热胀冷缩的方法才能进行装配。过盈配合主要用在相对位置不能移动的连接，如大齿轮和轮毂。

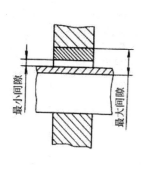

图 5-64　间隙配合

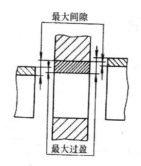

图 5-65　过渡配合

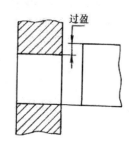

图 5-66　过盈配合

孔和轴常用的配合（基孔制）如图 5-67 所示，其中灰色显示的为优先选用配合。

基准孔	a	b	c	d	e	f	g	h	js	k	m	n	p	r	s	t	u	v	x	y	z
				间隙配合							过渡配合			过盈配合							
H6						H6/f5	H6/g5	H6/h5	H6/js5	H6/k5	H6/m5	H6/n5	H6/p5	H6/r5	H6/s5	H6/t5					
H7						H7/f6	H7/g6	H7/h6	H7/js6	H7/k6	H7/m6	H7/n6	H7/p6	H7/r6	H7/s6	H7/t6	H7/u6	H7/v6	H7/x6	H7/y6	H7/z6
H8					H8/e7	H8/f7	H8/g7	H8/h7	H8/js7	H8/k7	H8/m7	H8/n7	H8/p7	H8/r7	H8/s7	H8/t7	H8/u7	H8/v7	H8/x7	H8/y7	H8/z7
H8				H8/d8	H8/e8	H8/f8		H8/h8													
H9			H9/c9	H9/d9	H9/e9	H9/f9		H9/h9													
H10			H10/c10	H10/d10				H10/h10													
H11	H11/a11	H11/b11	H11/c11	H11/d11				H11/h11													
H12		H12/b12						H12/h12													

图 5-67　基孔制的优先与常用配合

5.5.2　标注尺寸公差

在 AutoCAD 中有两种添加尺寸公差的方法：一种是通过【标注样式管理器】对话框中的【公差】选项卡修改标注；另一种是编辑尺寸文字，在文本中添加公差值。

1. 通过【文字编辑器】选项卡标注公差

在【公差】选项卡中设置的公差将应用于整个标注样式，因此所有该样式的尺寸标注都将添加相同的公差。如果零件上不同的尺寸有不同的公差要求，可以双击某个尺寸文字，利用【格式】面板标注公差。

双击尺寸文字之后，进入【文字编辑器】选项卡，如图 5-68 所示。如果是对称公差，可在尺寸值后直接输入"±公差值"，如"200±0.5"。如果是非对称公差，则在尺寸值后面按"上偏差^下偏差"的格式输入公差值，然后选择该公差值，单击【格式】面板中的【堆叠】按钮，即可将公差变为上、下标的形式。

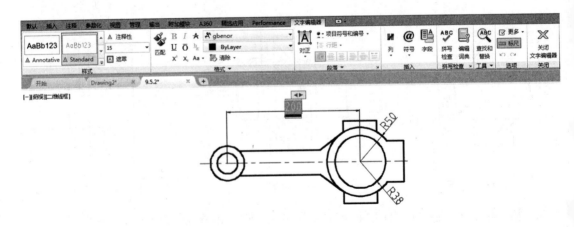

图 5-68　【格式】面板

2. 通过【标注样式管理器】对话框设置公差

执行【格式】|【标注样式】命令，弹出【标注样式管理器】对话框，选择某一个标注样式，切换到【公差】选项卡，如图 5-69 所示。

图 5-69　【公差】选项卡

在【公差格式】选项组的【方式】下拉列表框中选择一种公差样式，不同的公差样式所需要的参数也不同。

➢ 对称：选择此方式，则【下偏差】微调框将不可用，因为上下极限偏差值对称。

➢ 极限偏差：选择此方式，需要在【上偏差】和【下偏差】微调框中输入上、下极限偏差。

➢ 极限尺寸：选择此方式，同样在【上偏差】和【下偏差】微调框中输入上、下极限偏差，但尺寸上不显示公差值，而是以尺寸的上下极限表示。

➢ 基本尺寸：选择此方式，将在尺寸文字周围生成矩形方框，表示公称尺寸。

在【公差】选项卡的【公差对齐】选项组下有两个选项，通过这两个选项可以控制公差的对齐方式，各项的含义如下。

➢ 对齐小数分隔符(A)：通过值的小数分隔符来堆叠值。

➢ 对齐运算符(G)：通过值的运算符堆叠值。

图 5-70 所示为【对齐小数分隔符】与【对齐运算符】的标注区别。

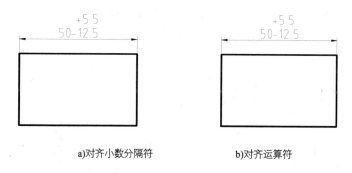

a)对齐小数分隔符　　　　　b)对齐运算符

图 5-70　公差对齐方式

【案例 5-3】：　标注齿轮轴的精度尺寸

通过【文字编辑器】选项卡标注公差的方法已经在前面介绍过，本案例将同时使用【标注样式管理器】与【文字编辑器】选项卡的方法来标注齿轮轴上的尺寸公差。

01 打开素材文件"第 5 章\5-3 标注齿轮轴的精度尺寸.dwg"。

02 执行【格式】□【标注样式】命令，在弹出的对话框中新建名为"k6 公差"的标注样式，如图 5-71 所示。

03 在【公差】选项卡中设置公差值，如图 5-72 所示。

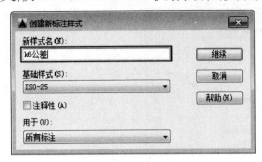

图 5-71 新建 "k6 公差"　　　　　　　　　　　　图 5-72 设置公差值

04 更新标注样式。将 "k6 公差" 标注样式置为当前，然后单击【注释】选项卡【标注面】板中的【更新】按钮，选择素材图形中的两处 ⌀25mm 尺寸标注公差，效果如图 5-73 所示。

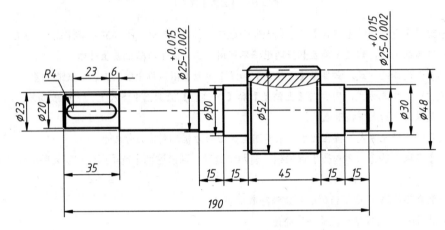

图 5-73 标注公差

05 按相同方法，创建 "r6 公差" 标注样式，设置公差值如图 5-74 所示。

06 将 "r6 公差" 标注样式应用于齿轮轴左侧的 ⌀20mm 尺寸，如图 5-75 所示。

07 齿轮轴标注完成。

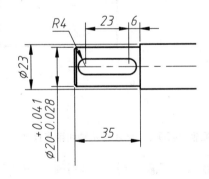

图 5-74 设置公差值　　　　　　　　　　　　图 5-75 标注公差

5.6　几何公差的标注

实际加工出的零件不仅有尺寸误差，而且还有形状上的误差和位置上的误差，如加工出的轴不是绝对理想的圆柱，平键的表面不是理想平面，这种形状或位置上的误差限值称为几何公差。AutoCAD 有标注几何公差的命令，但一般需要与引线和基准符号配合使用才能够完整地表达公差信息。

5.6.1　机械行业中的几何公差

几何公差包括形状公差和位置、方向、跳动公差。任何零件都是由点、线、面构成的，这些点、线、面称为要素。机械加工后零件的实际要素相对于理想要素总有误差，包括形状误差和位置误差。这类误差影响机械产品的功能，设计时应规定相应的公差并按规定的标准符号标注在图样上。

1.　形状公差

形状公差包括圆柱度 ⌀、平面度 ▱、圆度 ○、直线度 ⎯、面轮廓度 ⌓ 和线轮廓度 ⌒ 共 6 种。

2.　位置、方向、跳动公差

位置、方向、跳动公差包括位置度 ⌖、同轴度 ◎、对称度 ⌯、平行度 ∥、垂直度 ⊥、倾斜度 ∠、圆跳动 ↗ 和全跳动 ↗↗ 共 8 种。

3.　几何公差的组成

几何公差应按国家标准 GB/T 1182—2018 规定的方法，在图样上按要求进行正确的标注。几何公差的框格如图 5-76 所示，从框格的左边起，第一格填写几何公差特征项目的符号，第二格填写几何公差值，第三格及往后填写基准的字母。被测要素为单一要素时，框格只有两格，只标注前两项内容。

其中有以下 4 个要素。

❑　基准字母

基准字母即对应图中的基准符号。基准字母用英文大写字母表示。为不致引起误解，国家标准 GB/T1182—2008 规定基准字母禁用 E、I、J、M、O、P、L、R、F9 个字母，且基准字母一般不许与图样中任何向视图的字母相同。

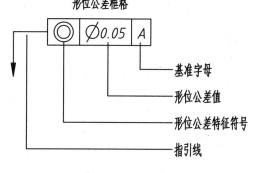

形位公差框格

基准字母
形位公差值
形位公差特征符号
指引线

图 5-76　几何公差框格

基准符号如图 5-77 所示，用一个大写字母标注在基准方格内，方框的边长为 2 倍字高，与一个涂黑的或者空白的正三角形相连表示基准，涂黑的或者空白的正三角形含义相同。

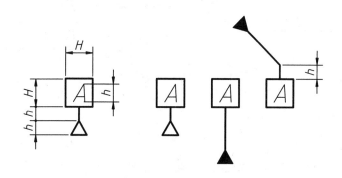

图 5-77　基准符号

当基准要素为中心要素时，基准符号的连线与尺寸线对齐，如图 5-78 所示。基准要素为轮廓要素时，基准符号的连线与尺寸线应明显错开，三角形底线应靠近基准要素的轮廓线或它的延长线，基准三角形也可放置在该轮廓面引出线的水平线上，如图 5-79 所示。

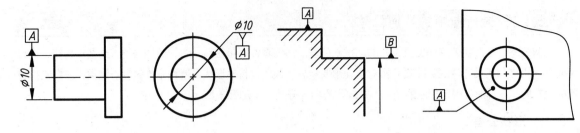

图 5-78 中心要素为基准要素的标注方法　　　　　　　图 5-79 轮廓要素为基准要素的标注方法

❑ **几何公差值**

几何公差值的表示方法有三种："t""øt""Søt"。当被测要素为轮廓要素或中心平面，或者被测要素的检测方向一定时，标注"t"，如平面度、圆度、圆柱度、圆跳动和全跳动公差值的标注；当被测要素为轴线或圆心等中心要素且检测方向为径向任意角度时，公差带的形状为圆柱或圆形，标注"øt"，如同轴度公差值的标注；当被测要素为球心且检测方向为径向任意角度时，公差带为球形，标注"Søt"，如球心位置度公差值的标注。其他视具体情况而定。

❑ **几何公差特征符号**

该符号可根据前文所述按具体情况在 AutoCAD 中选取。

❑ **指引线**

指引线的弯折点最多两个，靠近框格的那一段指引线一定要垂直于框格的一条边。指引线箭头的方向应是公差带的宽度方向或直径方向。被测要素为轮廓要素时，指引线的箭头应与尺寸线明显错开（大于 3mm），指引线的箭头置于要素的轮廓线上或轮廓线的延长线上。当指引线的箭头指向实际表面时，箭头可置于带点的参考线上，该点指在实际表面上。被测要素为中心要素时，指引线的箭头应与尺寸线对齐。

4．几何公差的标注方法

当被测要素为轮廓要素时，指引线的箭头应指在该要素的轮廓线或其引出线上，并应明显地与尺寸线错开（应与尺寸线至少错开 3mm），如图 5-80 所示。

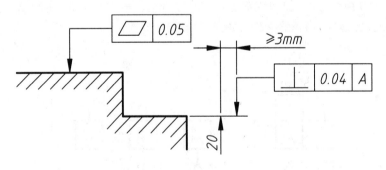

图 5-80 轮廓要素的标注

当被测要素为中心要素时，指引线的箭头应与被测要素的尺寸线对齐，当箭头与尺寸线的箭头重叠时，可代替尺寸线箭头，指引线的箭头不允许直接指向中心线，如图 5-81 所示。

当被测要素为圆锥体的轴线时，指引线的箭头应与圆锥体直径尺寸线(大端或小端)对齐，必要时也可在圆锥体内画出空白的尺寸线，并将指引线的箭头与该空白的尺寸线对齐；如果圆锥体采用角度尺寸标注，则指引线的箭头应对着该角度的尺寸线。

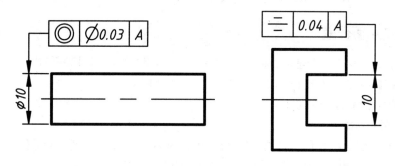

图 5-81　中心要素的标注

当多个被测要素有相同的几何公差(单项或多项)要求时，可以在从框格引出的指引线上绘制多个指示箭头，并分别与被测要素相连，如图 5-82 所示；用同一公差带控制几个被测要素时，应在公差框格上注明"共面"或"共线"，如图 5-83 所示。

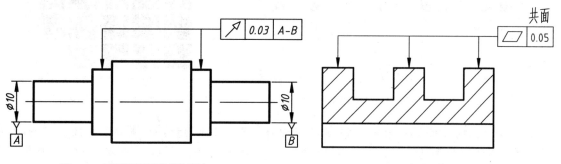

图 5-82　多要素同要求的简化标注　　　　　　　　　图 5-83　多处要素用同一公差带时的标注

当同一个被测要素有多项几何公差要求，其标注方法又一致时，可以将这些框格绘制在一起，并引用一根指引线，如图 5-84 所示。

几何公差的标注与尺寸公差的标注一样，均有相应的标准与经验可循，不能任意标注。例如，某轴零件轴上的几何公差标注要结合它与其他零部件的装配关系（轴上的零件装配如图 5-85 所示）。该轴为一阶梯轴，在不同的阶梯段上装有不同的零件，其中大齿轮的安装段上还有一凸出的部分，用来阻拦大齿轮进行定位，因此该轴上的主要几何公差即为控制同轴零件装配精度的同轴度，以及凸出部分侧壁上相对于轴线的垂直度（与大齿轮相接触的面）。

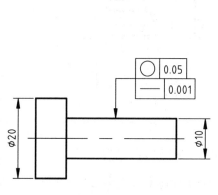

图 5-84 同一要素多项要求的简化标注

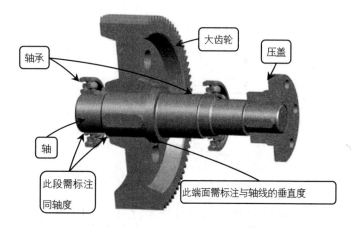

图 5-85　多处要素用同一公差带时的标注

5.6.2 标注几何公差

创建公差指引后，插入几何公差并放置到指引位置即可。调用【几何公差】命令有以下几种常用方法。

➤ 面板：单击【注释】选项卡【标注】面板中的【公差】按钮 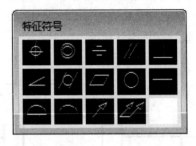。

➤ 菜单栏：执行【标注】|【公差】命令。

➤ 命令行：TOLERANCE 或 TOL。

执行以上任一命令后，弹出【几何公差】对话框，如图 5-86 所示。单击对话框中的【符号】黑色方块，弹出【特征符号】对话框，如图 5-87 所示。可在该对话框中选择公差符号。

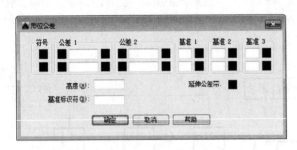

图 5-86 【几何公差】对话框

图 5-87 【特征符号】对话框

在【公差 1】选项组的文本框中输入公差值，单击色块会弹出【附加符号】对话框，在该对话框中选择所需的包容符号。其中，符号Ⓜ代表材料的一般中等情况；Ⓘ代表材料的最大状况，Ⓢ代表材料的最小状况。

在【基准 1】选项组的文本框中输入公差代号，单击【确定】按钮，然后在指引线处放置几何公差即完成公差标注。

【案例 5-4】： 标注齿轮轴的几何公差

接着 5.5.2 小节的内容进行标注，为齿轮轴添加基准与几何公差。

01 打开素材文件"第 5 章\5-4 标注齿轮轴的几何公差.dwg"。

02 单击【绘图】面板中的【矩形】、【直线】按钮，在空白处绘制基准符号并添加文字，如图 5-88 所示。

03 将基准符号移动至 ⌀20mm 尺寸处，如图 5-89 所示。

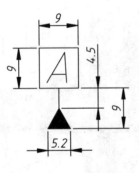

图 5-88 绘制基准符号

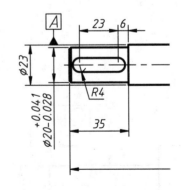

图 5-89 放置基准符号

04 标注同轴度。执行【标注】□【公差】命令，弹出【几何公差】对话框，选择公差类型为【同轴度】，然后输入公差值 ⌀0.03 和公差基准 A，如图 5-90 所示。

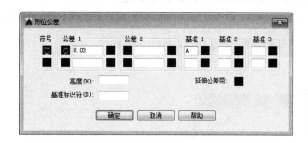

图 5-90　设置公差参数

05 单击【确定】按钮，在要标注的位置附近单击，放置几何公差，如图 5-91 所示。

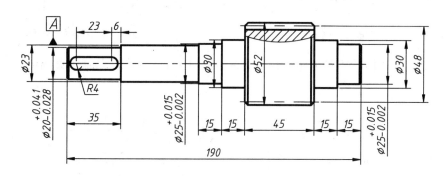

图 5-91　放置几何公差

06 单击【注释】面板中的【多重引线】按钮　，绘制多重引线指向几何公差位置，如图 5-92 所示。

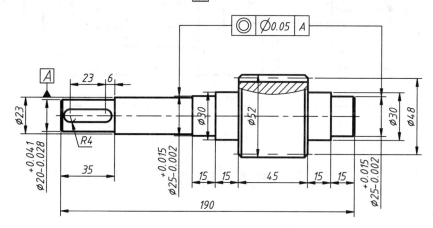

图 5-92　添加几何公差的引线

07 标注跳动度。除了放置几何公差框再绘制引线的方法之外，还可以使用【快速引线】命令来直接插入几何公差。在命令行中输入"LE"并按 Enter 键，利用快速引线标注几何公差。命令行操作如下。

命令：LE	//调用【快速引线】命令
QLEADER	
指定第一个引线点或 [设置(S)] <设置>：	//选择【设置】选项，弹出【引线设置】对话框，设置类
型为【公差】，如图 5-93 所示。单击【确定】按钮，继续执行以下命令行操作	
指定第一个引线点或 [设置(S)] <设置>：	//在要标注几何公差的位置单击，指定引线箭头位置
指定下一点：	//指定引线转折点

指定下一点：　　　　　　　　　　//指定引线端点

08 接着在需要标注几何公差的地方定义引线，如图 5-94 所示。

图 5-93　【引线设置】对话框　　　　　　　　图 5-94　【引线设置】对话框

09 定义之后，弹出【几何公差】对话框，设置跳动度公差参数，最终结果如图 5-95 所示。

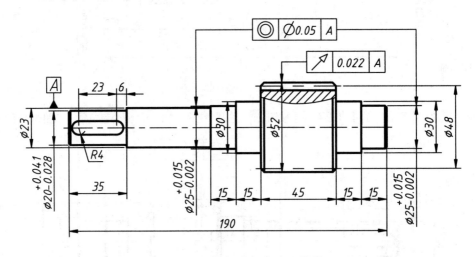

图 5-95　快速引线标注几何公差

5.7　习　题

1.　填空题

(1)　几何公差的类型主要有_____、_____、_____、_____等。

(2)　在机械制图国家标准中对尺寸标注的规定主要有_____、_____、_____简化标注法以及尺寸的公差配合标注法等。

(3)　实际生产中的尺寸不可能达到规定的那么标准，所以允许其上下浮动，这个浮动值则称为_____。

(4)　公称尺寸分为_____和_____两种。

2.　操作题

将图 5-96 所示图形标注为如图 5-97 所示的效果。

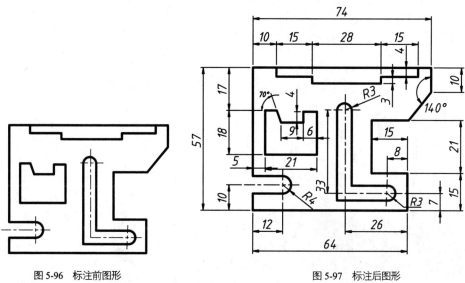

图 5-96　标注前图形　　　　　　　　　　图 5-97　标注后图形

第6章

参数化绘图

本章导读

　　参数化绘图是从 AutoCAD 2010 版本开始新增的一大功能，其大大改变了在 AutoCAD 中绘制图形的思路和方式。参数化绘图能够使设计更加方便，也是今后设计领域的发展趋势。常用的约束有几何约束和标注约束两种，其中几何约束用于控制对象的关系，标注约束用于控制对象的距离、长度、角度和半径值。

本章重点

- ➢ 重合、共线、同心等几何约束的创建方法
- ➢ 水平、竖直、对齐、半径等尺寸约束的创建方法
- ➢ 几何约束的显示、隐藏、删除等编辑方法
- ➢ 几何约束的设置方法
- ➢ 尺寸约束的编辑方法

6.1 几何约束

几何约束用来定义图形元素和确定图形元素之间的关系。几何约束类型包括重合、共线、同心、平行、垂直、水平、竖直、相切、相等和对称等。

6.1.1 重合

【重合】约束用于强制使两个点或一个点和一条直线重合。

执行【重合】约束命令有以下方法。

➤ 菜单栏：执行【参数】|【几何约束】|【重合】命令。

➤ 工具栏：单击【几何约束】工具栏上的【重合】按钮███。

➤ 功能区：单击【参数化】选项卡中【几何】面板上的【重合】按钮███。

执行该命令后，根据命令行的提示，选择不同的两个对象上的第一和第二个点，将第二个点与第一个点重合，如图 6-1 所示。

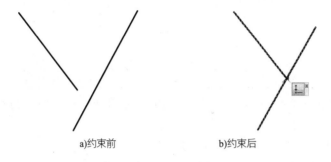

a)约束前　　　　　　　b)约束后

图 6-1　重合约束

6.1.2 共线

【共线】约束用于约束两条直线，使其位于同一直线上。

执行【共线】约束命令有以下方法。

➤ 菜单栏：执行【参数】|【几何约束】|【共线】命令

➤ 功能区：单击【参数化】选项卡中【几何】面板上的【共线】按钮

执行该命令后，根据命令行的提示，选择第一和第二个对象，将第二个对象与第一个对象共线，如图 6-2 所示。

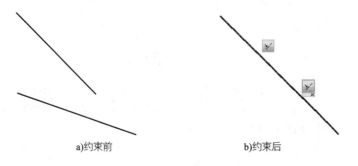

a)约束前　　　　　　　b)约束后

图 6-2　共线约束

6.1.3 同心

【同心】约束用于约束选定的圆、圆弧或者椭圆，使其具有相同的圆心点。

执行【同心】约束命令有以下方法。

➢ 菜单栏：执行【参数】|【几何约束】|【同心】命令。

➢ 功能区：单击【参数化】选项卡中【几何】面板上的【同心】按钮◎。

执行该命令后，根据命令行的提示，分别选择第一和第二个圆弧或圆对象，第二个圆弧或圆对象将会进行移动，与第一个对象具有同一个圆心，如图 6-3 所示。

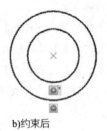

a)约束前　　　　　　　　b)约束后

图 6-3　同心约束

6.1.4 固定

【固定】约束用于约束一个点或一条曲线，使其固定在相对于世界坐标系（WCS）的特定位置和方向上。

执行【固定】约束命令有以下方法。

➢ 菜单栏：执行【参数】|【几何约束】|【固定】命令。

➢ 功能区：单击【参数化】选项卡中【几何】面板上的【固定】按钮🔒。

执行该命令后，根据命令行的提示，选择对象上的点，对对象上的点应用固定约束会将节点锁定，但仍然可以移动该对象，如图 6-4 所示。

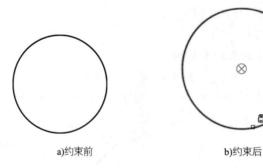

a)约束前　　　　　　　　　　b)约束后

图 6-4　固定约束

6.1.5 平行

【平行】约束用于约束两条直线，使其保持相互平行。

执行【平行】约束命令有以下方法。

➢ 菜单栏：执行【参数】|【几何约束】|【平行】命令。

➢ 功能区：单击【参数化】选项卡中【几何】面板上的【平行】按钮∥。

执行该命令后，根据命令行的提示，依次选择要进行平行约束的两个对象，第二个对象将被设为与第一个对象平行，如图 6-5 所示。

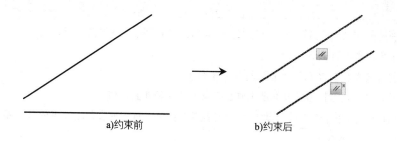

a)约束前   b)约束后

图 6-5　平行约束

6.1.6　垂直

【垂直】约束用于约束两条直线，使其夹角始终保持 90°。

执行【垂直】约束命令有以下方法。

➢ 菜单栏：执行【参数】|【几何约束】|【垂直】命令。

➢ 功能区：单击【参数化】选项卡中【几何】面板上的【垂直】按钮 ✓ 。

执行该命令后，根据命令行的提示，依次选择要进行垂直约束的两个对象，第二个对象将被设为与第一个对象垂直，如图 6-6 所示。

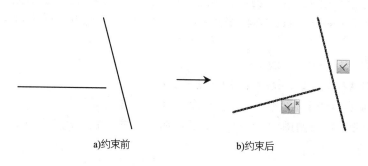

a)约束前   b)约束后

图 6-6　垂直约束

6.1.7　水平

【水平】约束用于约束一条直线或一对点，使其与当前 UCS 的 X 轴保持平行。

执行【水平】约束命令有以下方法。

➢ 菜单栏：执行【参数】|【几何约束】|【水平】命令。

➢ 功能区：单击【参数化】选项卡中【几何】面板上的【水平】按钮 ☰ 。

执行该命令后，根据命令行的提示，选择要进行水平约束的直线，直线将会自动水平放置，如图 6-7 所示。

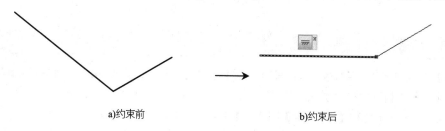

a)约束前   b)约束后

图 6-7　水平约束

6.1.8 竖直

【竖直】约束用于约束一条直线或者一对点，使其与当前 UCS 的 *Y* 轴保持平行。

执行【竖直】约束命令有以下 3 种方法

➢ 菜单栏：执行【参数】|【几何约束】|【竖直】命令。

➢ 功能区：单击【参数化】选项卡中【几何】面板上的【竖直】按钮 ▮┃。

执行该命令后，根据命令行的提示，选择要置为竖直的直线，直线将会自动竖直放置，如图 6-8 所示。

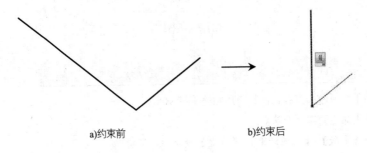

a)约束前　　　　　　　　　　b)约束后

图 6-8　竖直约束

6.1.9 相切

【相切】约束用于约束两条曲线，或是一条直线和一段曲线（圆、圆弧等），使其彼此相切或其延长线彼此相切。

执行【相切】约束命令有以下方法。

➢ 菜单栏：执行【参数】|【几何约束】|【相切】命令。

➢ 功能区：单击【参数化】选项卡中【几何】面板上的【相切】按钮 ◌。

执行该命令后，根据命令行的提示，依次选择要相切的两个对象，使第二个对象与第一个对象相切于一点，如图 6-9 所示。

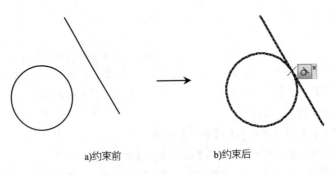

a)约束前　　　　　　　　　　b)约束后

图 6-9　相切约束

6.1.10 平滑

【平滑】约束用于约束一条样条曲线，使其与其他样条曲线、直线、圆弧或多段线彼此相连并保持平滑连续。

执行【平滑】约束命令有以下方法。

➢ 菜单栏：执行【参数】|【几何约束】|【平滑】命令。

➢ 功能区：单击【参数化】选项卡中【几何】面板上的【平滑】按钮 ⌒。

执行该命令后，根据命令行的提示，首先选择第一个曲线对象，然后选择第二个曲线对象，两个对象将转换为相互连续的曲线，如图 6-10 所示。

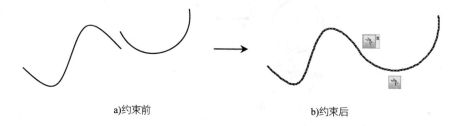

a)约束前　　　　　　　　　　　　　b)约束后

图 6-10　平滑约束

6.1.11　对称

【对称】约束用于约束两条曲线或者两个点，使其以选定直线为对称轴彼此对称。

执行【对称】约束命令有以下方法。

➤ 菜单栏：执行【参数】|【几何约束】|【对称】命令。

➤ 功能区：单击【参数化】选项卡中【几何】面板上的【对称】按钮[]。

执行该命令后，根据命令行的提示，依次选择第一和第二个图形对象，然后选择对称直线，即可将选定对象关于选定直线对称约束，如图 6-11 所示。

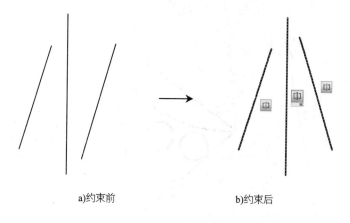

a)约束前　　　　　　　　　　　　b)约束后

图 6-11　对称约束

6.1.12　相等

【相等】约束用于约束两条直线或多段线，使其具有相同的长度，或约束圆弧和圆，使其具有相同的半径值。

执行【相等】约束命令有以下方法。

➤ 菜单栏：执行【参数】|【几何约束】|【相等】命令。

➤ 功能区：单击【参数化】选项卡中【几何】面板上的【相等】按钮 =。

执行该命令后，根据命令行的提示，依次选择第一和第二个图形对象，第二个对象即可与第一个对象相等，如图 6-12 所示。

技巧　　在某些情况下，应用约束时两个对象选择的顺序非常重要。通常所选的第二个对象会根据第一个对象调整。例如，应用水平约束时，第二个对象将调整为平行于第一个对象。

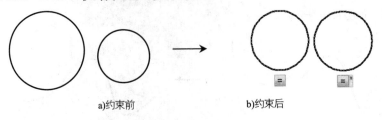

a)约束前   b)约束后

图 6-12　相等约束

【案例 6-1】：　通过几何约束修改图形

现在的设计绘图工作与十几年前相比要更为复杂，很大一部分原因便是目前的设计软件种类繁多，有些图样在数据转换过程中会遗失部分数据，这时就可以通过本节所介绍的约束命令来快速完善。

01 打开素材文件"第 6 章\6-1 通过几何约束修改图形.dwg"，如图 6-13 所示。

02 在【参数化】选项卡中单击【几何】面板中的【自动约束】按钮，对图形添加重合约束，如图 6-14 所示。

03 在【参数化】选项卡中单击【几何】面板中的【固定】按钮 🔒，选择直线上任意一点，为三角形的一边创建固定约束，如图 6-15 所示。

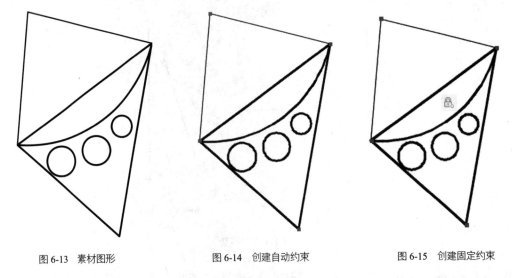

图 6-13　素材图形　　　　　　　图 6-14　创建自动约束　　　　　　图 6-15　创建固定约束

04 在【参数化】选项卡中，单击【几何】面板中的【相等】按钮 ＝，为三个圆创建相等约束，如图 6-16 所示。

命令：_GcEqual↙	//调用【相等】约束命令
选择第一个对象或 [多个(M)]：M	//激活【多个】对象选项
选择第一个对象：	//选择左侧圆为第一个对象
选择对象以使其与第一个对象相等：	//选择第二个圆
选择对象以使其与第一个对象相等：	//选择第三个圆，并按 Enter 键结束操作

05 按空格键重复命令操作，为三角形的边创建相等约束，如图 6-17 所示。

06 在【参数化】选项卡中单击【几何】面板中的【相切】按钮 ⌒，选择相切关系的圆、直线边和圆弧，为其创建相切约束，如图 6-18 所示。

07 在【参数化】选项卡中单击【标注】面板中的【对齐】按钮 和【角度】按钮，对三角形边创建对齐约束、圆弧圆心辅助线的角度约束，结果如图 6-19 所示。

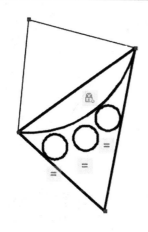

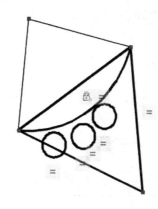

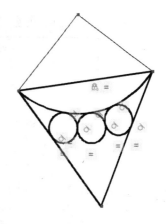

图 6-16　为圆创建相等约束　　　　图 6-17　为边创建相等约束　　　　图 6-18　创建相切约束

08 在【参数化】选项卡中单击【管理】面板中的【参数管理器】按钮 fx，在弹出的【参数管理器】选项板中修改标注约束参数，结果如图 6-20 所示。

09 关闭【参数管理器】选项板，此时可以看到绘图区中的图形也发生了相应的变化，完成约束后的图形如图 6-21 所示。

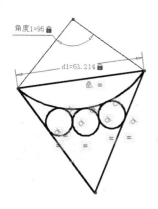

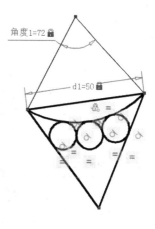

图 6-19　创建对齐和角度约束　　　　图 6-20　【参数管理器】选项板　　　　图 6-21　完成约束后的图形

6.2　尺寸约束

尺寸约束用于控制二维对象的大小、角度以及两点之间的距离，改变尺寸约束将驱动对象发生相应变化。尺寸约束类型包括水平约束、竖直约束、半径约束、对齐约束、直径约束以及角度约束等。

6.2.1　水平约束

水平约束用于约束两点之间的水平距离。

执行该命令有以下方法。

➤ 菜单栏：执行【参数】|【标注约束】|【水平】命令。

➤ 功能区：单击【参数化】选项卡中【标注】面板上的【水平】按钮。

执行该命令后，根据命令行的提示，分别指定第一个约束点和第二个约束点，然后修改尺寸值，即可完成水平尺寸约束，如图 6-22 所示。

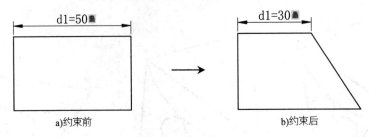

图 6-22　水平约束

6.2.2　竖直约束

竖直约束用于约束两点之间的竖直距离。

执行该命令有以下方法。

➤ 菜单栏：执行【参数】|【标注约束】|【竖直】命令。

➤ 功能区：单击【参数化】选项卡中【标注】面板上的【竖直】按钮🔒。

执行该命令后，根据命令行的提示，分别指定第一个约束点和第二个约束点，然后修改尺寸值，即可完成竖直尺寸约束，如图 6-23 所示。

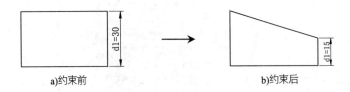

图 6-23　竖直约束

6.2.3　对齐约束

对齐约束用于约束两点之间的距离。

执行该命令有以下方法。

➤ 菜单栏：执行【参数】|【标注约束】|【对齐】命令。

➤ 功能区：单击【参数化】选项卡中【标注】面板上的【对齐】按钮🔒。

执行该命令后，根据命令行的提示，分别指定第一个约束点和第二个约束点，然后修改尺寸值，即可完成对齐尺寸约束，如图 6-24 所示。

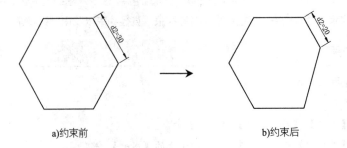

图 6-24　对齐约束

6.2.4　半径约束

半径约束用于约束圆或圆弧的半径。

执行该命令有以下方法。

➢ 菜单栏：执行【参数】|【标注约束】|【半径】命令。

➢ 功能区：单击【参数化】选项卡中【标注】面板上的【半径】按钮 🔒。

执行该命令后，根据命令行的提示，首先选择圆或圆弧，再确定尺寸线的位置，然后修改半径值，即可完成半径尺寸约束，如图 6-25 所示。

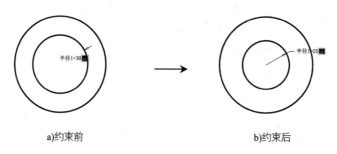

a)约束前   b)约束后

图 6-25 半径约束

6.2.5 直径约束

直径约束用于约束圆或圆弧的直径。

执行该命令有以下方法。

➢ 菜单栏：执行【参数】|【标注约束】|【直径】命令。

➢ 功能区：单击【参数化】选项卡中【标注】面板上的【直径】按钮 🔒。

执行该命令后，根据命令行的提示，首先选择圆或圆弧，接着指定尺寸线的位置，然后修改直径值，即可完成直径尺寸约束，如图 6-26 所示。

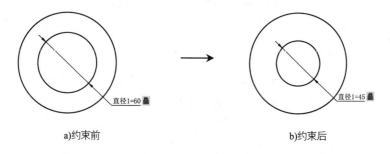

a)约束前   b)约束后

图 6-26 直径约束

6.2.6 角度约束

角度约束用于约束直线之间的角度或圆弧的包含角。

执行该命令有以下方法。

➢ 菜单栏：执行【参数】|【标注约束】|【角度】菜单命令。

➢ 功能区：单击【参数化】选项卡中【标注】面板上的【角度】按钮 🔒。

执行该命令后，根据命令行的提示，首先指定第一条直线和第二条直线，然后指定尺寸线的位置，然后修改角度值，即可完成角度尺寸约束，如图 6-27 所示。

【案例 6-2】： 通过尺寸约束修改图形

本例图形的原始素材较为凌乱，如果使用常规的编辑命令进行修改会消耗比较多的时间，而如果使用尺寸约束的方法，则可以在修改尺寸的同时调整各图形的位置，达到一举两得的效果。

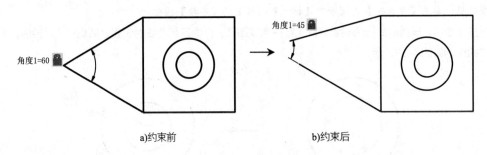

图 6-27　角度约束

01 打开素材文件"第 6 章\6-2 通过尺寸约束修改图形.dwg"，如图 6-28 所示。

02 在【参数化】选项卡中单击【标注】面板中的【水平】按钮 ，水平约束图形，结果如图 6-29 所示。

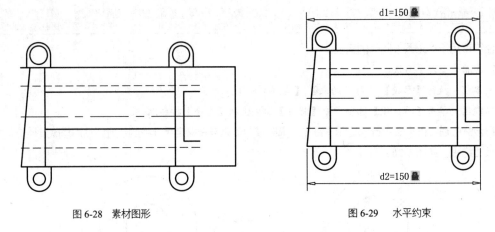

图 6-28　素材图形　　　　　　　　　　　　图 6-29　水平约束

03 在【参数化】选项卡中单击【标注】面板中的【竖直】按钮 ，竖直约束图形，结果如图 6-30 所示。

04 在【参数化】选项卡中单击【标注】面板中的【半径】按钮 ，半径约束圆孔并修改相应参数，如图 6-31 所示。

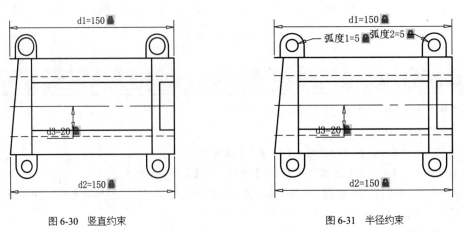

图 6-30　竖直约束　　　　　　　　　　　　图 6-31　半径约束

05 在【参数化】选项卡中单击【标注】面板中的【角度】按钮 ，为图形添加角度约束，结果如图 6-3
所示。

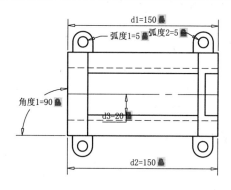

图 6-32　角度约束

6.3　编辑约束

参数化绘图中的几何约束和尺寸约束可以进行编辑，下面将对其进行讲解。

6.3.1　编辑几何约束

在参数化绘图中添加几何约束后，对象旁会出现约束图标。将光标移动到图形对象或图标上，此时相关的对象及图标将亮显，此时可以对添加到图形中的几何约束进行显示、隐藏以及删除等操作。

1.　全部显示几何约束

单击【参数化】选项卡中【几何】面板中的【全部显示】按钮　，即可将图形中所有的几何约束显示出来，如图 6-33 所示。

2.　全部隐藏几何约束

单击【参数化】选项卡中【几何】面板中的【全部隐藏】按钮　，即可将图形中所有的几何约束隐藏，如图 6-34 所示。

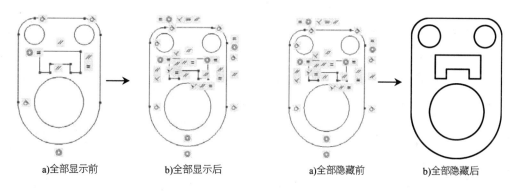

a)全部显示前　　　　b)全部显示后　　　　　　　a)全部隐藏前　　　　b)全部隐藏后

图 6-33　全部显示几何约束　　　　　　　　　图 6-34　全部隐藏几何约束

3.　隐藏几何约束

将光标放置在需要隐藏的几何约束上，该约束将亮显，单击鼠标右键，系统弹出快捷菜单。选择【隐藏】命令，如图 6-35 所示，即可将该几何约束隐藏，如图 6-36 所示。

4.　删除几何约束

将光标放置在需要删除的几何约束上，该约束将亮显，单击鼠标右键，系统弹出快捷菜单。选择【删除】命令，即可将该几何约束删除，如图 6-37 所示，如图 6-38 所示。

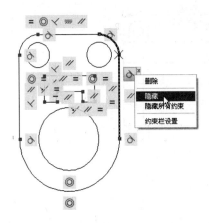

图 6-35 选择需隐藏的几何约束

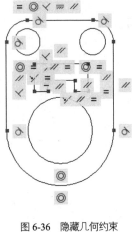

图 6-36 隐藏几何约束

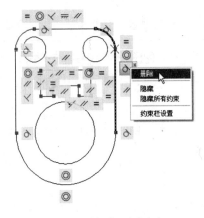

图 6-37 选择【删除】命令

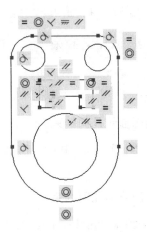

图 6-38 删除几何约束

5. 约束设置

单击【参数化】选项卡中的【几何】面板或【标注】面板右下角的小箭头,如图 6-39 所示,系统将弹出一个如图 6-40 所示的【约束设置】对话框。通过该对话框可以设置约束栏图标的显示类型以及约束栏图标的透明度。

图 6-39 【参数化】选项卡

图 6-40 【约束设置】对话框

6.3.2　编辑尺寸约束

编辑尺寸标注的方法有以下 3 种。

➢ 双击尺寸约束或利用 DDEDIT 命令编辑约束的值、变量名称或表达式。

➢ 选中约束，单击鼠标右键，利用快捷菜单中的选项编辑约束。

➢ 选中尺寸约束，拖动与其关联的三角形关键点改变约束的值，同时改变图形对象。

执行【参数】|【参数管理器】命令，系统弹出如图 6-41 所示的【参数管理器】对话框。在该对话框中列出了所有的尺寸约束，修改表达式的参数即可改变图形的大小。

执行【参数】|【约束设置】命令，系统弹出如图 6-42 所示的【约束设置】对话框。在该对话框中可以设置标注名称的格式、是否为注释性约束显示锁定图标和是否为对象显示隐藏的动态约束。图 6-43 所示为取消为注释性约束显示锁定图标的前后效果对比。

图 6-41　【参数管理器】对话框

图 6-42　【约束设置】对话框

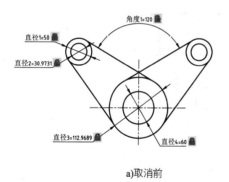

a)取消前

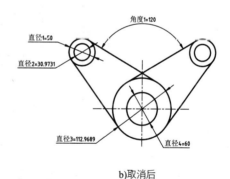

b)取消后

图 6-43　取消为注释性约束显示锁定图标的前后效果对比

【案例 6-3】：　创建参数化图形

通过常规方法绘制好的图形，在进行修改时，只能操作一步，修改一步，不能达到"一改俱改"的目的。显然，这种效率难以满足要求，因此可以考虑将大部分图形进行参数化，使得各个尺寸互相关联，从而做到"一改俱改"。

01 打开素材文件"第 6 章\6-3 创建参数化图形.dwg"，其中已经绘制好了一个螺钉示意图，如图 6-44 所示。

02 该图形即使用常规方法创建的图形，对图形中的尺寸进行编辑修改时，不会对整体图形产生影响，如调整 $d2$ 部分尺寸大小时，$d1$ 不会发生改变，即使出现 $d2 > d1$ 这种不合理的情况。而对该图形进行参数化后，即可避免这种情况。

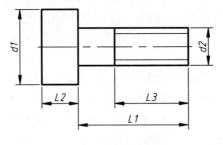

图 6-44 素材图形

03 删除素材图形中的所有尺寸标注。

04 在【参数化】选项卡中单击【几何】面板中的【自动约束】按钮 ，框选整个图形并按 Enter 键确认，即可为整个图形快速添加约束，操作结果如图 6-45 所示。

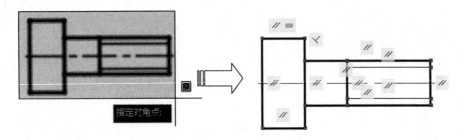

图 6-45 创建几何约束

05 在【参数化】选项卡中单击【标注】面板中的【线性】按钮 ，根据图 6-46 所示的尺寸，依次添加线性尺寸约束，并修改其参数名称。

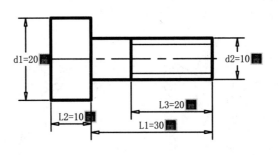

图 6-46 添加尺寸约束

06 在【参数化】选项卡中单击【管理】面板中的【参数管理权】按钮 f_x，打开【参数管理器】对话框，在 L3 栏中输入表达式 "L1*2/3"，再在 "d1" 栏中输入表达式 "2*d2"，在 "L2" 栏中输入 "d2"，如图 6-47 所示。

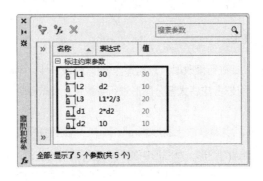

图 6-47 将尺寸参数相关联

07 这样添加的表达式，即表示 $L3$ 的长度始终为 $L1$ 的 2/3，$d1$ 的尺寸始终为 $d2$ 的两倍，同时 $L2$ 的长度数值与 $d2$ 数值相等。

08 单击【参数管理器】对话框左上角的"关闭"按钮，退出【参数管理器】对话框，此时可见图形的约束尺寸变成了"fx"开头的参数尺寸，如图 6-48 所示。

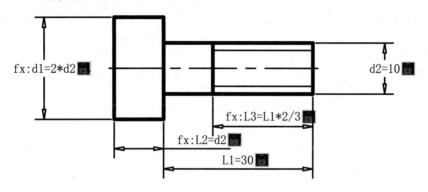

图 6-48　尺寸参数化后的图形

09 此时可以双击 L1 或 d2 处的尺寸约束，然后输入新的数值，如 d2=20、L1=90，快速得到新图形，如图 6-49 所示。

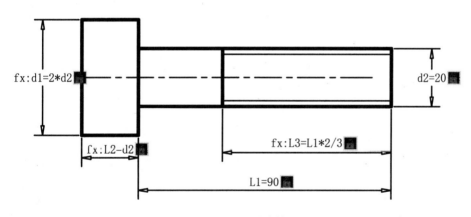

图 6-49　调整参数后的图形

上述操作只需输入不同的数值，便可以得到全新的正确图形，大大提高了绘图效率，对于标准化图纸来说尤其有效。

6.4　习　题

1．填空题

(1)　在参数化绘图中，常用的约束类型有＿＿＿＿＿＿、＿＿＿＿＿＿＿。

(2)　＿＿＿＿＿约束用于约束一个点或一条曲线，使其固定在相对于世界坐标系（WCS）的特定位置和方句上。

(3)　＿＿＿＿＿约束用于约束直线之间的角度或圆弧的包含角。

2．操作题

利用参数化绘图的方法绘制如图 6-50 所示的图形。

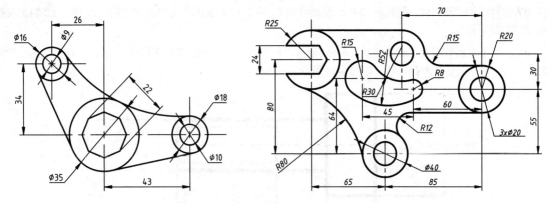

图 6-50 绘制图形

第**7**章

块与设计中心的应用

本章导读

　　在绘制图形时，如果图形中有大量相同或相似的内容，或者所绘制的图形与已有的图形文件相同（如机械图样中常见的表面粗糙度符号、基准符号以及各种标准件图形），都可以把要重复绘制的图形创建为块（也称为图块），并根据需要为块创建属性，指定块的名称、用途及设计者等信息，在需要时直接插入它们，从而提高绘图效率。

　　设计中心是 AutoCAD 提供的一个强有力的资源管理工具，方便用户在设计过程中调用图形文件、样式、图块、标注、线型等内容，以提高 AutoCAD 系统的效率。

本章重点

➤ 内部块的创建和插入方法
➤ 外部块的创建和插入方法
➤ 图块属性的创建方法
➤ 动态图块的创建方法
➤ 外部参照的使用方法
➤ 设计中心的基本操作
➤ 使用设计中心提升绘图效率的方法

7.1 块

块（Block）是由多个绘制在不同图层上的不同特性对象组成的集合，并具有块名。块创建后，用户可以将其作为单一的对象插入零件图或装配图中。块是系统提供给用户的重要绘图工具之一，具有以下主要特点。

➤ 提高绘图速度。

➤ 节省存储空间。

➤ 便于修改图形。

➤ 便于数据管理。

7.1.1　创建内部块

将一个或多个对象定义为新的单个对象，定义的新单个对象即为块。保存在图形文件中的块又称内部块。调用【块】命令的方法如下。

➤ 面板：单击【默认】选项卡【块】面板中的【创建】按钮 。

➤ 菜单栏：执行【绘图】|【块】|【创建】命令。

➤ 命令行：BLOCK 或 B。

执行上述任一命令后，系统弹出【块定义】对话框，如图 7-1 所示。在该对话框中可以将绘制的图形创建为块。

图 7-1　【块定义】对话框

【块定义】对话框中主要选项的功能如下。

➤ 【名称】文本框：用于输入块名称，还可以在下拉列表框中选择已有的块。

➤ 【基点】选项区域：设置块的插入基点位置。用户可以直接在 X、Y、Z 文本框中输入，也可以单击【拾取点】按钮，切换到绘图窗口并选择基点。一般基点选在块的对称中心、左下角或其他有特征的位置。

➤ 【对象】选项区域：选择组成块的对象。单击【选择对象】按钮，可切换到绘图窗口选择组成块的各对象；单击【快速选择】按钮，可以使用弹出的【快速选择】对话框设置所选择对象的过滤条件；选中【保留】单选按钮，创建块后仍在绘图窗口中保留组成块的各对象；选中【转换为块】单选按钮，创建块后将组成块的各对象保留并把它们转换成块；选中【删除】单选按钮，创建块后删除绘图窗口上组成块的源对象。

➤ 【方式】选项区域：设置组成块的对象显示方式。选择【注释性】复选框，可以将对象设置成注释性对象；选择【按统一比例缩放】复选框，可设置对象是否按统一的比例进行缩放；选择【允许分解】复选框，可设置对象是否允许被分解。

➤ 【设置】选项区域：设置块的基本属性。单击【超链接】按钮，将弹出【插入超链接】对话框，在该对话框中可以插入超链接文档。

➢ 【说明】文本框：用来输入当前块的说明部分。

【案例 7-1】： 创建表面粗糙度符号块

下面以创建表面粗糙度符号为例，具体讲解如何定义创建块。

01 打开素材文件"第 7 章\7-1 表面粗糙度符号.dwg"，如图 7-2 所示。

02 在命令行中输入"B"，并按 Enter 键，调用【块】命令，系统弹出【块定义】对话框。

03 在【名称】文本框中输入块的名称"表面粗糙度"。

04 在【基点】选项区域中单击【拾取点】按钮 ，然后再拾取图形中的下方端点，确定基点位置。

05 在【对象】选项区域中选中【保留】单选按钮，再单击【选择对象】按钮 ，返回绘图窗口，选择要创建块的表面粗糙度符号，然后按 Enter 键或单击鼠标右键，返回【块定义】对话框。

06 在【块单位】下拉列表中选择【毫米】选项，设置单位为毫米。

07 完成参数设置，如图 7-3 所示。单击【确定】按钮保存设置，完成图块的定义。

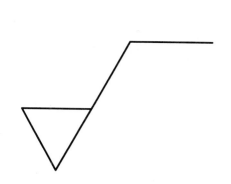

图 7-2 素材图形

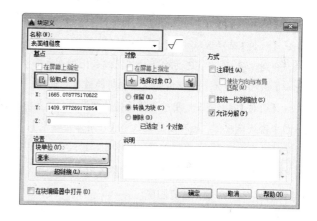

图 7-3 【块定义】对话框

> **提示**
>
> 【创建块】命令所创建的块保存在当前图形文件中，可以随时调用并插入到当前图形文件中。其他图形文件则可以通过设计中心或剪贴板调用该图块。

7.1.2 控制图块颜色和线型

尽管图块总是创建在当前图层上，但块定义中保存了图块中各个对象的原图层、颜色和线型等特性信息。为了控制插入块实例的颜色、线型和线宽特性，在定义块时有如下几种情况。

➢ 若要使块实例完全继承当前层的属性，那么在定义块时应将图形对象绘制在 0 层，将当前图层颜色、线型和线宽属性设置为"随层"（By Layer）。

➢ 若希望能为块实例单独设置属性，那么在块定义时，应将颜色、线型和线宽属性设置为"随块"（By Block）。

➢ 若要使块实例中的对象保留属性，而不从当前图层继承，那么在定义块时，应为每个对象分别设置颜色、线型和线宽属性，而不应当设置为"随块"或"随层"。

7.1.3 插入块

将需要重复绘制的图形创建成块后，可以通过【插入】命令直接调用它们。插入到图形中的块称为块参照。

调用【插入】命令的方法有以下几种。

➤ 面板：单击【默认】选项卡【块】面板中的【插入】按钮 。

➤ 菜单栏：执行【插入】|【块选项板】命令。

➤ 命令行：INSERT 或 I。

执行上述任一命令，即可调用【插入】命令，系统弹出【块】对话框，如图 7-4 所示。

该对话框中各选项的含义如下。

➤【当前图形】选项卡：选择当前图形中创建或使用的图块。

➤【最近使用】选项卡：选择最近创建或使用的图块。这些块可能来自各种图形。

➤【其他图形】选项卡：使用【浏览】按钮访问其他图形文件，以选择需要插入的图块。

➤【名称】下拉列表框：用于选择块或图形名称。可以单击其后的【浏览】按钮，在系统弹出的【打开图形文件】对话框中选择保存的块和外部图形。

➤【插入点】选项区域：设置块的插入点位置。

➤【比例】选项区域：用于设置块的缩放比例。可以选择【比例】选项，分别设置 X、Y、Z 方向上的不同缩放比例，也可以选择【统一比例】选项，为 X、Y、Z 方向设置相同的缩放比例。

图 7-4　【块】对话框

➤【旋转】选项区域：用于设置块的旋转角度。可直接在【角度】文本框中输入角度值，也可以通过选中【在屏幕上指定】复选框，在屏幕上指定旋转角度。

➤【重复放置】：选中该选项，可以连续插入多个图块。

➤【分解】复选框：可以将插入的块分解成块的各基本对象。

【案例 7-2】：　插入螺钉图块

本例将在如图 7-5 所示的通孔图形中插入定义好的"螺钉"图块。因为定义的螺钉图块公称直径为 10mm，该通孔的直径仅为 6mm，因此螺钉图块应缩小至原来的 60%。

01 打开素材文件"第 7 章\7-2 插入螺钉图块.dwg"，其中已经绘制好了一个通孔，如图 7-5 所示。

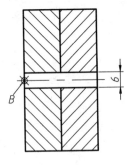

图 7-5　素材图形

02 调用 I【插入】命令，系统弹出【块】对话框。

03 选择需要插入的内部块。单击选择【当前图形】选项卡，选择【螺钉】图块。

04 确定缩放比例。勾选【统一比例】复选框，设置缩放比例为 0.6，如图 7-6 所示。

05 确定插入基点位置。捕捉 B 点作为插入基点，插入图块如图 7-7 所示，结束操作。

图 7-6　设置【插入】参数

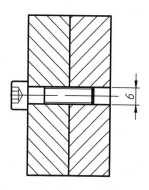

图 7-7　插入图块

7.1.4　创建外部块

外部块是以类似于块操作的方法组合对象，然后将对象输出为一个文件，输出的该文件会将图层、线型、样式和其他特性（如系统变量等）设置作为当前图形的设置。这个新图形文件可以由当前图形中定义的块创建，也可以由当前图形中被选择的对象组成，甚至可以将全部的当前图形输出为一个新的块文件。

在命令行输入"WBLOCK"或"W"命令并按 Enter 键，系统弹出【写块】对话框。在【源】选项组中选中【块】单选按钮，表示选择新图形文件由块创建。在下拉列表框中指定块，并在【目标】选项组中指定一个图形名称及其保存位置，如图 7-8 所示。

图 7-8　存储块

> **提示**　在指定文件名称时，只需输入文件名称而不用带扩展名。系统一般将扩展名定义为.dwg。此时，如果在【目标】选项组中未指定文件名，则系统将在默认保存位置保存该文件。

【案例 7-3】：创建基准外部图块

本例创建好的基准图块不仅存在于"7-3 创建基准外部图块-OK.dwg"中，还存在于所指定的路径（桌面）上。

01 单击快速访问工具栏中的【打开】按钮，打开"第 7 章\7-3 创建基准外部图块.dwg"素材文件，如图 7-9 所示。

图 7-9　素材图形

02 在命令行中输入"WB",打开【写块】对话框,在【源】选项区域选择【块】复选框,然后在其右侧的下拉列表框中选择【基准】图块,如图 7-10 所示。

03 指定保存路径。在【目标】选项区域单击【文件名和路径】文本框右侧的按钮,在弹出的对话框中选择保存路径,将其保存于桌面上,如图 7-11 所示。

04 单击【确定】按钮,完成外部块的创建。

图 7-10　选择目标块

图 7-11　指定保存路径

7.1.5　分解图块

分解图块可使其变成定义图块之前的各自独立状态。在 AutoCAD 中,分解图块可以使用【修改】面板中的【分解】按钮 来实现。它可以分解块参照、填充图案和标注等对象。

1.　分解特殊的块对象

特殊的块对象包括带有宽度特性的多段线和带有属性的块两种类型。带有宽度特性的多段线被分解后,将转换为宽度为 0 的直线和圆弧,并且分解后相应的信息也将丢失。分解带有宽度和相切信息的多段线时,还会提示信息丢失。图 7-12、图 7-13 所示就是带有宽度的多段线被分解前后的效果。

图 7-12　分解多段线 1

图 7-13　分解多段线 2

当块定义中包含属性定义时，属性（如名称和数据）作为一种特殊的文本对象也将被一同插入。此时包含属性的块被分解，块中的属性将转换为原来的属性定义状态，即在屏幕上显示属性标记，同时丢失了在块插入时指定的属性值。

2. 分解块参照中的嵌套元素

在分解包含嵌套块和多段线的块参照时，只能分解一层。这是因为最高一层的块参照被分解，而嵌套块或者多段线仍保留其块特性或多段线特性。只有在它们已处于最高层时，才能被分解。

7.1.6 图块属性

图块属性是属于图块的非图形信息，是图块的组成部分。图块属性是用来描述图块的特性，包括标记、提示、值的信息、文字格式、位置等。当插入图块时，其属性也将一起插入到图中；当对图块进行编辑时，其属性也将改变。

1. 创建块属性

调用定义【块属性】的方法有以下几种。

➢ 面板：单击【默认】选项卡【块】面板中的【定义属性】按钮 。

➢ 菜单栏：执行【绘图】|【块】|【定义属性】命令。

➢ 命令行：ATTDEF 或 ATT。

执行上述任一操作后，系统弹出【属性定义】对话框，如图 7-14 所示。

该对话框中各选项的含义如下。

➢ 模式：用于设置属性模式，包括【不可见】、【固定】、【验证】、【预设】、【锁定位置】和【多行】6 个复选框，勾选相应的复选框可设置相应的属性值。

➢ 属性：用于设置属性数据，包括【标记】、【提示】、【默认】3 个文本框。

➢ 插入点：该选项组用于指定图块属性的位置.若选中【在屏幕上指定】复选框，则可以在绘图区中指定插入点，用户可以直接在 X、Y、Z 文本框中输入坐标值确定插入点。

➢ 文字设置：该选项组用于设置属性文字的对正、样式、高度和旋转角度，包括【对正】、【文字样式】、【文字高度】、【旋转】和【边界宽度】5 个选项。

➢ 在上一个属性定义下对齐：选择该复选框后，将属性标记直接置于定义的上一个属性的下面。若之前没有创建属性定义，则此项不可用。

2. 修改属性定义

直接双击块属性，系统弹出【增强属性编辑器】对话框。在【属性】选项卡的列表中选择要修改的文字属性，然后在下面的【值】文本框中设置相应的参数，如图 7-15 所示。

图 7-14 【属性定义】对话框

图 7-15 【增强属性编辑器】对话框

【增强属性编辑器】对话框中各选项卡的含义如下。

➤ 【属性】选项卡：用于显示块中每个属性的标记、提示和值。在列表框中选择某一属性后，在【值】文本框中将显示出该属性对应的属性值，并可以通过它来修改属性值。

➤ 【文字选项】选项卡：用于修改属性文字的格式。该选项卡如图 7-16 所示。在该选项卡中可以设置【文字样式】、【对正】、【高度】、【旋转】、【宽度因子】、【倾斜角度】等参数。

➤ 【特性】选项卡：用于修改属性文字的【图层】以及【线宽】、【线型】、【颜色】、【打印样式】等。该选项卡如图 7-17 所示。

图 7-16　【文字选项】选项卡　　　　　　　　图 7-17　【特性】选项卡

【案例 7-4】：　创建表面粗糙度属性块

表面粗糙度符号在图形中形状相似，仅数值不同，因此可以创建为属性块。该属性块在绘图时直接调用，然后输入具体数值即可，方便快捷。具体方法如下。

01 打开"第 7 章\7-4 创建粗糙度属性块.dwg"素材文件，其中已绘制好了一表面粗糙度符号，如图 7-18 所示。

02 在【默认】选项卡中单击【块】面板中的【定义属性】按钮，系统弹出【属性定义】对话框，定义属性参数如图 7-19 所示。

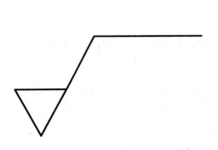

图 7-18　素材图形

图 7-19　【属性定义】对话框

03 单击【确定】按钮，在水平线上的合适位置插入属性定义，如图 7-20 所示。

04 在【默认】选项卡中单击【块】面板中的【创建】按钮，系统弹出【块定义】对话框，如图 7-21 所示。在【名称】下拉列表框中输入"粗糙度"；单击【拾取点】按钮，拾取三角形的下角点作为基点；单击【选择对象】按钮，选择符号图形和属性定义。

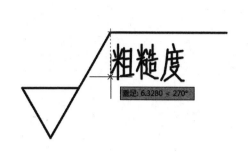

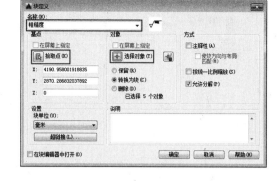

图 7-20 插入属性定义　　　　　　　　　　图 7-21 【块定义】对话框

05 单击【确定】按钮，弹出【编辑属性】对话框，在其中可以灵活输入所需的表面粗糙度数值，如图 7-22 所示。

06 单击【确定】按钮，完成表面粗糙度属性块的创建，如图 7-23 所示。

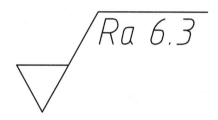

图 7-22 【编辑属性】对话框　　　　　　　图 7-23 表面粗糙度属性块

7.1.7 创建动态图块

动态图块就是将一系列内容相同或相近的图形通过块编辑创建为块，并设置该块具有参数化的动态特性，在操作时通过自定义夹点或自定义特性来操作动态块。设置该类图块相对于常规图块来说具有极大的灵活性和智能性，在提高绘图效率的同时还能减少图块库中的块数量。

1. 块编辑器

块编辑器是专门用于创建块定义并添加动态行为的编写区域。

调用【块编辑器】的方法有以下几种。

➢ **面板**：单击【默认】选项卡中【块】面板中的【编辑】按钮 ⃞。

➢ **菜单栏**：执行【工具】|【块编辑器】命令。

➢ **命令行**：BEDIT 或 BE。

执行上述任一操作后，系统弹出【编辑块定义】对话框，如图 7-24 所示。

在该对话框中提供了多种编辑和创建动态块的块定义，选择一个图块名称，则可在右侧预览块效果。单击【确定】按钮，系统进入默认为灰色背景的绘图区域（一般称该区域为块编辑窗口），并弹出【块编辑器】选项卡和【块编写选项板】，如图 7-25 所示。

通过右侧的【块编写选项板】中所包含的【参数】【动作】【参数集】和【约束】4 个选项卡，可创建动态块的所有特征。

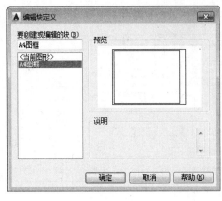

图 7-24 【编辑块定义】对话框

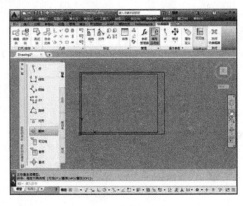

图 7-25 块编辑窗口

【块编辑器】选项卡位于标签栏的上方，其各选项的功能见表 7-1。

表 7-1 各选项的功能

图标	名 称	功 能
	编辑块按钮	单击该按钮，系统弹出【编辑块定义】对话框，用户可重新选择需要创建的动态块
	保存块按钮	单击该按钮，保存当前块定义
	将块另存为	单击此按钮，系统弹出【将块另存为】对话框，用户可以重新输入块名称后保存此块
	测试块	测试此块能否被加载到图形中
	自动约束对象	对选择的块对象进行自动约束
	显示/隐藏约束栏	显示或者隐藏约束符号
	参数约束	对块对象进行参数约束
	块表	单击此按钮，系统弹出【块特性表】对话框，通过此对话框可对参数约束进行函数设置
	属性定义	单击此按钮，系统弹出【属性定义】对话框，从中可定义模式属性标记、提示、值等的文字选项
	编写选项板	显示或隐藏编写选项板
fx	参数管理器	打开或者关闭参数管理器

在该绘图区域，UCS 命令是被禁用的，绘图区域显示一个 UCS 图标，该图标的原点定义了块的基点。用户可以通过相对 UCS 图标原点移动几何体图形或者添加基点参数来更改块的基点。这样在完成参数设置的基础上添加相关动作，然后通过【保存块】按钮保存块定义，可以立即关闭编辑器并在图形中测试块。

如果在块编辑窗口中执行【文件】|【保存】命令，则保存的是图形而不是块定义，因此处于块编辑窗口时，必须专门对块定义进行保存。

2. 块编写选项板

该选项板中一共有 4 个选项卡，即【参数】、【动作】、【参数集】和【约束】选项卡。

➤【参数】选项卡：如图 7-26 所示，用于向块编辑器中的动态块添加参数.动态块的参数包括点参数、线型参数、极轴参数等。

➤【动作】选项卡：如图 7-27 所示，用于向块编辑器中的动态块添加动作，包括移动动作、缩放动作、拉伸动作、极轴拉伸动作等。

➢【参数集】选项卡：如图 7-28 所示，用于在块编辑器中向动态块定义中添加有一个参数和至少一个动作的工具时，创建动态块的一种快捷方式。

➢【约束】选项卡：如图 7-29 所示，用于在块编辑器中向动态块进行几何或参数约束。

图 7-26 【参数】选项卡

图 7-27 【动作】选项卡

图 7-28 【参数集】选项卡

图 7-29 【约束】选项卡

【案例 7-5】： 创建基准动态图块

在【案例 7-3】中已经介绍了如何创建普通的基准图块，但是，在一些复杂的图样中，可能存在多个基准，而且要求基准能够被适当拉长或旋转一定角度，以满足不同的标注需要，这时就可以通过创建基准的动态图块来完成。

01 可延续【案例 7-3】进行操作，也可以打开"第 7 章\7-3 创建基准外部图块-OK.dwg"素材文件，如图 7-30 所示。

02 选中该图块，然后右击，在弹出的快捷菜单中选择【块编辑器】命令，如图 7-31 所示，进入块编辑模式。此时绘图窗口变为浅灰色。

03 在【块编写选项板】右侧单击【参数】选项卡，再单击【旋转】按钮，如图 7-32 所示。

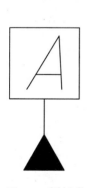
图 7-30 素材文件

图 7-31 【块编辑器】面板

图 7-32 单击【旋转】按钮

04 为图块添加一个旋转参数，命令行操作如下。

```
命令：_BParameter 旋转                                    //执行【旋转参数】命令
指定基点或 [名称(N)/标签(L)/链(C)/说明(D)/选项板(P)/值集(V)]：
                                    //选择底边中点为基点，如图 7-33 所示
```

指定参数半径： //拖动指针，指定任意长度为半径，如图 7-34 所示

指定默认旋转角度或 [基准角度(B)] <0>： //使用默认旋转角度0°，即360°，如图 7-35 所示

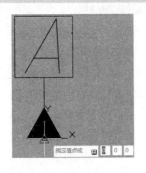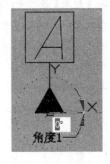

图 7-33　指定旋转基点　　　　　图 7-34　指定旋转的参数半径　　　　图 7-35　指定所需的旋转角度

05 接着在【块编写选项板】中单击【动作】选项卡中的【旋转】按钮，如图 7-36 所示，根据提示为旋转参数添加一个旋转动作。命令行操作如下。

命令：_BActionTool 旋转

选择参数： //选择上一步创建的旋转参数，如图 7-37 所示

指定动作的选择集

选择对象：找到 0 个

选择对象：找到 8 个，总计 8 个 //选择基准符号的所有线条作为动作对象，如图 7-38 所示

选择对象： //按 Enter 键完成操作，得到的旋转动作效果如图 7-39 所示

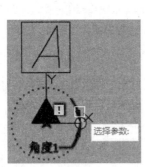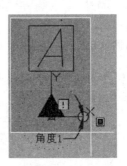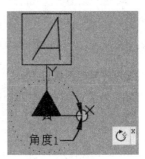

图 7-36　单击【旋转】按钮　　图 7-37　选择旋转参数　　图 7-38　选择整个基准符号图形　　图 7-39　得到的旋转动作效果

06 按相同的方法，单击【参数】选项卡中的【线性】按钮，为图块添加一个线性参数。命令行操作如下。

命令：_BParameter 线性 //执行【线性参数】命令

指定起点或[名称(N)/标签(L)/链(C)/说明(D)/基点(B)/选项板(P)/值集(V)]：

//选择如图 7-40 所示的端点

指定端点： //选择如图 7-41 所示的端点

指定标签位置： //拖动标签，在合适位置单击放置线性标签，得到的线性参数如图 7-42 所示

07 在【块编写选项板】中单击【动作】选项卡中的【拉伸】按钮，为线性参数添加一个拉伸动作。命令行操作如下。

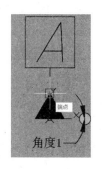

图 7-40 指定下侧端点

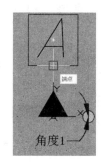

图 7-41 指定上侧端点

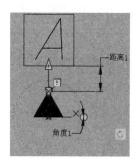

图 7-42 得到的线性参数

```
命令: _BActionTool 拉伸                          //执行【拉伸动作】命令
选择参数:                                        //选择上一步创建的线性参数
指定要与动作关联的参数点或输入 [起点(T)/第二点(S)] <第二点>:
                                                //选择线性标签的端点, 如图 7-43 所示
指定拉伸框架的第一个角点或 [圈交(CP)]:
指定对角点:                                      //由两对角点指定拉伸框架, 如图 7-44 所示
指定要拉伸的对象
选择对象: 找到 1 个
……
选择对象: 找到 1 个, 总计 4 个                   //选择除底部黑三角之外的所有线条作为拉伸对象
选择对象:                                        //按 Enter 键结束选择, 得到的拉伸动作效果如图 7-45 所示
```

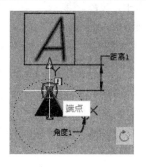

图 7-43 选择线性标签的端点

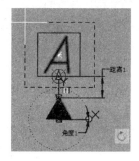

图 7-44 指定拉伸框架

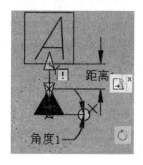

图 7-45 得到的拉伸动作效果

08 单击绘图区上方的【关闭块编辑器】按钮, 弹出【块-是否保存参数更改?】对话框。单击【保存更改】按钮, 完成动态块的创建, 如图 7-46 所示。

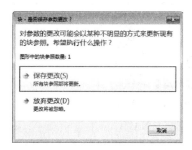

图 7-46 保存动态块的创建

09 选中创建的块，块上显示一个三角形拉伸夹点和一个圆形旋转夹点，如图 7-47 所示。拖动三角形拉伸夹点可以修改引线长度，如图 7-48 所示；拖动圆形的旋转夹点可以修改基准符号的角度，如图 7-49 所示。

图 7-47　显示块的夹点

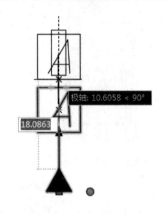

图 7-48　拖动三角形夹点改变长度

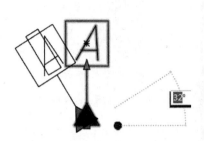

图 7-49　拖动圆形夹点基准符号的角度

7.2　外部参照

AutoCAD 将外部参照作为一种图块类型定义，它也可以提高绘图效率。但外部参照与图块有一些重要的区别，将图形作为图块插入时，它存储在图形中，不随原始图形的改变而更新；将图形作为外部参照时，会将该参照图形链接到当前图形，对参照图形所做的任何修改都会显示在当前图形中。一个图形可以作为外部参照同时附着插入到多个图形中，同样也可以将多个图形作为外部参照附着到单个图形中。

7.2.1　了解外部参照

外部参照通常称为 XREF。用户可以将整个图形作为参照图形附着到当前图形中，而不是插入它，这样可以通过在图形中参照其他用户的图形协调用户之间的工作，查看当前图形是否与其他图形相匹配。

当前图形记录外部参照的位置和名称，以便总能很容易地参考，但它并不是当前图形的一部分。和块一样，用户同样可以捕捉外部参照中的对象，从而使用它作为图形处理的参考。此外，还可以改变外部参照图层的可见性设置。

使用外部参照要注意以下几点。

➢ 确保显示的是参照图形的最新版本。打开图形时，将自动重载每个参照图形，从而反映参照图形文件的最新状态。

➢ 请勿在图形中使用参照图形中已存在的图层名、标注样式、文字样式和其他命名元素。

➢ 当工程完成并准备归档时，将附着的参照图形和当前图形永久合并（绑定）到一起。

7.2.2　附着外部参照

用户可以将其他文件的图形作为参照图形附着到当前图形中，这样可以通过在图形中参照其他用户的图形来协调各用户之间的工作，查看当前图形是否与其他图形相匹配。

下面介绍 4 种附着外部参照的方法。

➢ 菜单栏：执行【插入】|【DWG 参照】命令。

➢ 工具栏：单击【插入】工具栏中的【附着】按钮 。

➢ 命令行：在命令行中输入 "XATTACH/XA"。

➢ 功能区：在【插入】选项卡中，单击【参照】面板中的【附着】按钮 。

执行附着命令，选择一个 DWG 文件打开后，弹出【附着外部参照】对话框，如图 7-50 所示。

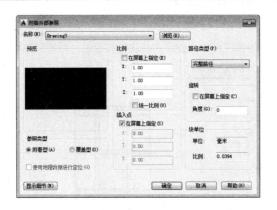

图 7-50 【附着外部参照】对话框

【附着外部参照】对话框中各选项的含义如下。

➢ 【参照类型】选项组：选择【附着型】单选按钮表示显示出嵌套参照中的嵌套内容，选择【覆盖型】单选按钮表示不显示嵌套参照中的嵌套内容。

➢ 【路径类型】选项组：包括三个选项。【完整路径】，使用此选项附着外部参照时，外部参照的精确位置将保存到主图形中，此选项的精确度最高，但灵活性最小，如果移动工程文件，AutoCAD 将无法融入任何使用完整路径附着的外部参照；【相对路径】，使用此选项附着外部参照时，将保存外部参照相对于主图形的位置，此选项的灵活性最大，如果移动工程文件夹，AutoCAD 仍可以融入使用相对路径附着的外部参照，只要此外部参照相对主图形的位置未发生变化；【无路径】，即在不使用路径附着外部参照时，AutoCAD 首先在主图形的文件夹中查找外部参照，当外部参照文件与主图形位于同一个文件夹中时，此选项非常有用。

【案例 7-6】： 附着外部参照

外部参照图形非常适合用作参考插入。据统计，如果要参考某一现成的 dwg 图样来进行绘制，绝大多数设计师都会采取打开该 dwg 文件，然后使用 Ctrl+C、Ctrl+V 快捷键直接将图形复制到新创建的图样上。这种方法使用方便、快捷，但是新建的图样与原来的 dwg 文件没有关联性，如果参考的 dwg 文件有所更改，则新建的图样不会有所提升。而如果采用外部参照的方式插入参考用的 dwg 文件夹，则可以实时更新。下面通过一个例子来进行介绍。

01 单击快速访问工具栏中的【打开】按钮，打开"第 7 章\7-6【附着】外部参照.dwg"文件，如图 7-51 所示。

02 在【插入】选项卡中单击【参照】面板中的【附着】按钮，系统弹出【选择参照文件】对话框。在【文件类型】下拉列表中选择"图形（*.dwg）"，并找到同文件内的"参照素材.dwg"文件，如图 7-52 所示。

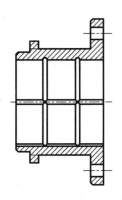

图 7-51 素材图形

图 7-52 【选择参照文件】对话框

03 单击【打开】按钮，系统弹出【附着外部参照】对话框，如图 7-53 所示。设置所有选项保持默认。

04 单击【确定】按钮，在绘图区域中指定端点并调整其位置，即可附着外部参照，如图 7-54 所示。

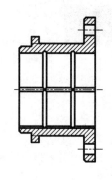
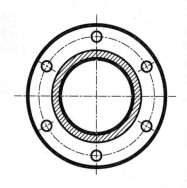

图 7-53　【附着外部参照】对话框　　　　　　　　　　　图 7-54　附着外部参照

05 插入的参照图形为该零件的右视图，此时就可以结合现有图形与参照图形绘制零件的其他视图，或者进行标注。

06 读者可以先按 Ctrl+S 键进行保存，然后退出该文件；接着打开同文件夹内的"参照素材.dwg"文件，并删除其中的 4 个小孔，如图 7-55 所示，再按 Ctrl+S 键进行保存，然后退出。

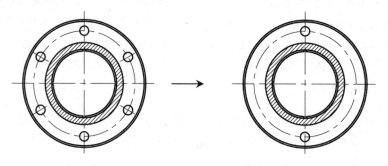

图 7-55　删除其中的 4 个小孔

07 此时，再重新打开"第 7 章/7-6【附着】外部参照.dwg"文件，则会出现如图 7-56 所示的提示信息。单击"重载 参照素材"链接，则图形变为如图 7-57 所示的效果。这样，参照的图形得到了实时更新，可以保证设计的准确性。

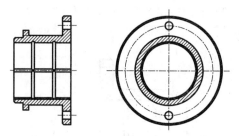

图 7-56　提示信息　　　　　　　　　　　图 7-57　更改参照对象后的附着效果

7.2.3　拆离外部参照

要从图形中完全删除外部参照，需要拆离而不是删除。例如，删除外部参照不会删除与其关联的图层定义，使用【拆离】命令才能删除外部参照和所有关联信息。

拆离外部参照的一般步骤如下。

01 打开【外部参照】对话框。

02 在对话框中选择需要删除的外部参照，并在该参照上右击。

03 在弹出的快捷菜单中选择【拆离】，如图 7-58 所示，即可拆离选定的外部参考。

图 7-58　选择【拆离】

7.2.4 管理外部参照

在 AutoCAD 中，可以在【外部参照】对话框中对外部参照进行编辑和管理。调用【外部参照】对话框的方法如下。

➢ 命令行：在命令行中输入"XREF/XR"。

➢ 功能区：在【插入】选项卡中，单击【注释】面板的右下角箭头按钮 ↘。

➢ 菜单栏：执行【插入】|【外部参照】命令。

【外部参照】对话框中各选项的功能如下。

➢ 按钮区域：此区域有【附着】、【刷新】、【帮助】3 个按钮。【附着】按钮可以用于添加不同格式的外部参照文件；【刷新】按钮用于刷新当前选项卡显示；【帮助】按钮可以打开系统的帮助页面，从而可以快速了解相关的知识。

➢ 【文件参照】列表框：此列表框中显示了当前图形中的各个外部参照文件名称。单击其右上方的【列表图】或【树状图】按钮，可以设置文件列表框的显示形式。【列表图】表示以列表形式显示，如图 7-59 所示；【树状图】表示以树形显示，如图 7-60 所示。

➢ 【详细信息】选项区域：用于显示外部参照文件的各种信息。选择任意一个外部参照文件后，将在此处显示该外部参照文件的名称、加载状态、文件大小、参照类型、参照日期以及参照文件的存储路径等内容，如图 7-61 所示。

图 7-59　【列表图】形式

图 7-60　【树状图】形式

图 7-61　外部参照文件详细信息

当附着多个外部参照后，在文件参照列表框中的文件上右击，将弹出快捷菜单，选择不同的命令可以对外部参照进行相关操作。

快捷菜单中各命令的含义如下。

➢ 【打开】：选择该选项可在新建窗口中打开选定的外部参照进行编辑。在【外部参照管理器】对话框关闭后，显示新建窗口。

➢ 【附着】：选择该选项可打开【选择参照文件】对话框。在该对话框中可以选择需要插入到当前图形中的外部参照文件。

➢ 【卸载】：选择该选项可从当前图形中移走不需要的外部参照文件。但移走后仍保留该文件的路径，当希望再次参照该图形时，单击对话框中的【重载】选项即可。

➢ 【重载】：选择该选项可在不退出当前图形的情况下更新外部参照文件。

➢ 【拆离】：选择该选项可从当前图形中移去不再需要的外部参照文件。

7.3 设计中心

AutoCAD 设计中心为用户提供了一个与 Windows 资源管理器类似的直观且高效的工具。通过设计中心，用户可以浏览、查找、预览、管理、利用和共享 AutoCAD 图形，还可以使用其他图形文件中的图层定义、块、文字样式、尺寸标注样式、布局等信息，从而提高图形管理和图形设计的效率。

7.3.1 打开设计中心

利用设计中心，可以对图形设计资源实现以下管理功能。

➢ 浏览、查找和打开指定的图形资源，如国标中的螺钉、螺母等标准件。

➢ 能够将图形文件、图块、外部参照、命名样式迅速插入到当前文件中。

➢ 为经常访问的本地计算机或网络上的设计资源创建快捷方式，并添加到收藏夹中。

打开【设计中心】窗体的方式有以下几种。

➢ 面板：单击【视图】选项卡【选项板】面板中的【设计中心】按钮 。

➢ 菜单栏：执行 【工具】|【选项板】|【设计中心】命令。

➢ 命令行： ADCENTER 或 ADC。

➢ 组合键：Ctrl+2。

执行上述任一操作后，系统弹出【设计中心】窗体。

7.3.2 设计中心窗体

【设计中心】窗体的外观与 Windows 资源管理器相似，如图 7-62 所示。双击左侧的标题条，可以将窗体固定放置在绘图区一侧，或者浮动放置在绘图区上。拖动标题条或窗体边界，可以调整窗体的位置和大小。

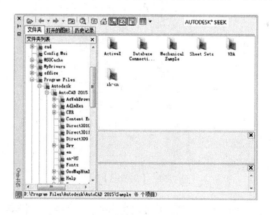

图 7-62 【设计中心】窗体

【设计中心】窗体中包含了一组工具按钮和 3 个选项卡。这些按钮和选项卡的含义及设置方法如下。

1．选项卡操作

在设计中心中，用鼠标单击可以在 3 个选项卡之间进行切换。

➢ 文件夹：该选项卡显示设计中心的资源，包括显示计算机或网络驱动器中文件和文件夹的层次结构。可将设计中心内容设置为本计算机、本地计算机或网络信息。要使用该选项卡调出图形文件，可指定文件夹列表框中的文件路径（包括网络路径），右侧将显示图形信息。

➤ 打开的图形：该选项卡显示当前已打开的所有图形，并在右侧的列表框中显示图形中的块、图层、线型、文字样式、标注样式和打印样式。单击某个图形文件，然后单击列表中的一个定义表，可以将图形文件的内容加载到内容区域中。

➤ 历史记录：该选项卡中显示最近在设计中心打开的文件列表。双击列表中的某个图形文件，可以在【文件夹】选项卡的树状视图中定位此图形文件，并将其内容加载到内容预览区域。

2. 按钮操作

在【设计中心】窗体中，要设置对应选项卡中树状视图与控制板中显示的内容，可以单击选项卡上方的按钮执行相应的操作。各按钮的含义如下。

➤ 【加载】按钮：使用该按钮通过桌面、收藏夹等路径加载图形文件。单击该按钮，弹出【加载】对话框，在该对话框中按照指定路径选择图形，将其载入当前图形中。

➤ 【搜索】按钮：用于快速查找图形对象。

➤ 【收藏夹】按钮：通过收藏夹来标记存放在本地硬盘和网页中常用的文件。

➤ 【主页】按钮：将设计中心返回到默认文件夹，选择专用设计中心图形文件加载到当前图形中。

➤ 【树状图切换】按钮：使用该工具打开/关闭树状视图窗口。

➤ 【预览】按钮：使用该工具打开/关闭选项卡右下侧窗格。

➤ 【说明】按钮：打开或关闭说明窗格，以确定是否显示说明窗格内容。

➤ 【视图】按钮：用于确定控制板显示内容的格式。单击该按钮将弹出一个快捷菜单，可在该菜单中选择内容的显示格式。

7.3.3 设计中心查找功能

使用设计中心的查找功能，可在弹出的【搜索】对话框中快速查找图形、块特征、图层特征和尺寸样式等内容。将这些资源插入当前图形，可辅助当前设计。

单击【设计中心】窗体中的【搜索】按钮，系统弹出【搜索】对话框，如图7-63所示。

在该对话框指定搜索对象所在的盘符，然后在【搜索文字】列表框中输入搜索对象名称，在【位于字段】列表框中选择搜索类型，单击【立即搜索】按钮，即可执行搜索操作。

另外，还可以选择其他选项卡设置不同的搜索条件。

将【图形】选项卡切换到【修改日期】选项卡，可指定图形文件创建或修改的日期范围。默认情况下不指定日期，需要在此之前指定图形修改日期。

切换到【高级】选项卡可指定其他搜索参数。

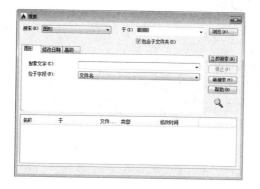

图7-63 【搜索】对话框

7.3.4 设计中心管理资源

使用 AutoCAD 设计中心的最终目的是在当前图形中调入块、引用图像和外部参照，并且在图形之间复制块、图层、线型、文字样式、标注样式以及用户定义的内容等。也就是说根据插入内容类型的不同，对应插入设计中心图形的方法也不相同。

1. 插入块

在进行插入块操作时，用户可根据设计需要确定插入方式。

➢ 自动换算比例插入块：选择该方法插入块时，可从【设计中心】窗体中选择要插入的块，并拖动到绘图窗口，移到插入位置时释放鼠标，即可实现块的插入操作。

➢ 常规插入块：采用插入时确定插入点、插入比例和旋转角度的方法插入块特征。可在【设计中心】窗体中选择要插入的块，然后用鼠标右键将该块拖动到窗口后释放鼠标，此时将弹出一个快捷菜单，选择【插入块】选项，即可弹出【插入块】对话框，可按照插入块的方法确定插入点、插入比例和旋转角度，将该块插入到当前图形中。

2. 复制对象

在控制板中展开相应的块、图层、标注样式列表，然后选中某个块、图层或标注样式并将其拖入到当前图形，即可获得复制对象效果。

如果按住右键将其拖入当前图形，此时系统将弹出一个快捷菜单，通过此菜单可以进行相应的操作。

3. 以动态块形式插入图形文件

要以动态块形式在当前图形中插入外部图形文件，只需要通过快捷菜单，执行【块编辑器】命令即可。此时系统将打开【块编辑器】窗口，用户可以通过该窗口将选中的图形创建为动态图块。

4. 引入外部参照

从【设计中心】窗体中选择外部参照，用鼠标右键将其拖动到绘图窗口后释放，在弹出的快捷菜单中选择【附加为外部参照】选项，弹出【外部参照】对话框，即可在其中确定插入点、插入比例和旋转角度。

7.4 习 题

1. 填空题

(1) 对块属性的修改主要包括_____和_____。

(2) 【块编写选项板】中包括选项组_____、_____、_____和_____。

(3) 【属性定义】对话框中包括_____、_____、_____、和_____ 4 个选项组。

2. 操作题

使用本章所学的块知识，创建如图 7-64 所示的 A4 图框属性块。

A4 规格的图样是机械设计中最常见的图样，因此一个完整、合适的 A4 图框对于设计工作来说意义重大。可以利用本章所学的块知识，创建 A4 图框属性块，以便日后在需要使用时直接调用。

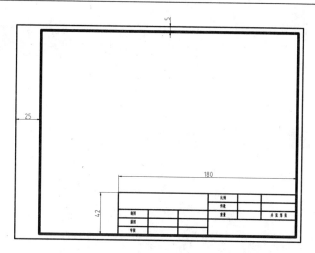

图 7-64   A4 图框属性块

第8章　机械设计概述

本章导读

　　机械设计（Machine design）是根据使用要求对机械的工作原理、结构、运动方式、力和能量的传递方式、各个零件的材料和形状尺寸、润滑方法等进行构思，分析和计算并将其转化为具体的描述以作为制造依据的工作过程。

　　本章概括介绍机械设计的流程，简单介绍机械制图的规范、标准，使读者能够快速掌握机械设计的基本知识。

本章重点

➢ 机械设计的一般流程

➢ 机械设计的表达方式

➢ 机械设计图的绘制步骤

➢ 车、铣、镗、钻等基本机械加工工艺

➢ 碳素钢、铸铁等常用机械加工材料基本知识

8.1 机械设计的流程

机械设计的流程总的来说可以分为如下 5 个阶段。

1. 市场调研阶段

机械设计是一项与现实生活紧密联系的工作，因此也要受到市场行为的影响。经济学中的经典理论是"需求和供给"，而对于机械设计来说，可以说是"有需求才有设计"。

2. 初步设计阶段

包括确定机械的工作原理和基本结构型式，进行运动设计、结构设计并绘制初步总图以及初步审查。机械设计不是一项简单的工作，但是它的目的却很单一，那就是解决某一现实问题，因此本阶段的工作重点便是从原理上解释设计方案"如何解决问题"，一般来说在本阶段要绘制出机械原理图，如图 8-1 所示。

3. 技术设计阶段

包括修改设计（根据初步评审意见）、绘制全部零部件和新的总图以及第二次审查。当第二阶段的机械原理图通过评审之后，就可以绘制总的装配图和部分主要的零件图，如图 8-2 所示。

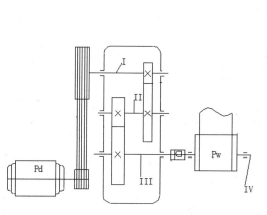

图 8-1 机械原理图

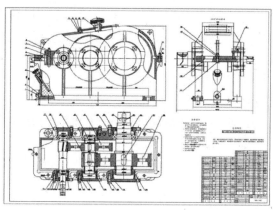

图 8-2 装配图

> **提示**
>
> 机械原理图是由各种机械零部件的简略图组合而成的，主要用来表达机械的运行原理。其中液压系统原理图的应用最为广泛。

4. 绘制工作图

包括最后的修改（根据二次评审意见）、绘制全部工作图（零件图、部件装配图和总装配图等，如图 8-3 所示）、制定全部技术文件（零件表、易损件清单、使用说明等，如图 8-4 所示）。简而言之，这个阶段的工作就是将设计图转化为生产用图，然后编制工艺，下发车间进行生产的过程。

5. 定型设计

对于某些设计任务比较简单（如简单机械的新型设计、一般机械的继承设计或变型设计等）的机械设计可省去初步设计程序，直接进入第 4 阶段绘制工作图。对于一般的机械制造企业来说，大部分设计工作都属于定型设计，因为其产品（如液压缸、减速器等机械）均有成熟的标准和设计经验。

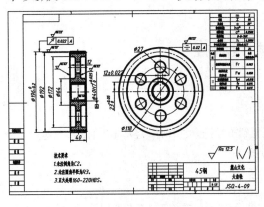

图 8-3 零件图 图 8-4 明细栏

8.2 机械设计的表达方式

前文说过，机械设计是一项复杂的工作，设计的内容和形式也有很多种，但无论是哪一种，机械设计体现在图纸上的结果都只有两个，即装配图和零件图。

8.2.1 装配图

装配图是表达机器或部件的图样，主要表达了机构的工作原理和装配关系。在机械设计过程中，装配图的绘制通常在零件图之前，主要用于机器或部件的装配、调试、安装、维修等场合，是生产中一种重要的技术文件。

在产品或部件的设计过程中，一般是先画出装配图，然后再根据装配图进行零件设计，画出零件图；在产品或部件的制造过程中，需先根据零件图进行零件加工和检验，再依据装配图所制定的装配工艺规程将零件装配成机器或部件。在产品或部件的使用、维护及维修过程中，也经常要通过装配图来了解产品或部件的工作原理及构造。

一般情况下设计或制作一个产品都需要使用到装配图。一张完整的装配图应包括以下内容。

1. 一组视图

一组视图应能正确、完整、清晰地表达产品或部件的工作原理、各组成零件间的相互位置和装配关系及主要零件的结构形状。

画装配图时，部件大多按工作位置放置。主视图应选择反映部件主要装配关系及工作原理的方位，主视图的表达方法多采用剖视图的方法；其他视图的选择以进一步准确、完整、简便地表达各零件间的结构形状及装配关系为原则，因此多采用局部剖、拆去某些零件后的视图、断面图等表达方法。

装配图的视图表达方法和零件图基本相同，在装配图中也可以使用各种视图、剖视图、断面图等表达方法，但装配图的侧重点是将装配图的结构、工作原理和零件图的装配关系正确、清晰地表达清楚。由于表达的侧重点不同，国家标准对装配图的画法又做了一些规定。

❑ 装配图的规定画法

国家标准对装配图的绘制方法进行了一些总结性的规定。

➤ 相邻两零件的接触表面和配合表面只画出一条轮廓线，不接触的表面和非配合表面应画两条轮廓线，如图 8-5 所示。如果距离太近，可以按比例放大并画出。

➤ 相邻两零件的剖面线，倾斜方向应尽量相反，当不能使其相反时，则剖面线的间距不应该相等，或者使剖面线相互错开。图 8-6 通过机座与轴承、机座与端盖、轴承与端盖的画法。

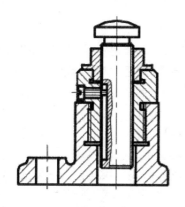

图 8-5 接触表面和不接触表面的画法

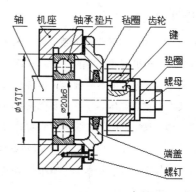

图 8-6 相邻零件的剖切画法

➤ 同一装配图中的同一零件的剖面方向、间隔都应一致。

➤ 在装配图中，对于紧固件及轴、球、手柄、键、连杆等实心零件，若沿纵向剖切且剖切平面通过对其对称平面或轴线时，这些零件均按不剖切绘制，如果需表明零件的凹槽、键槽、销孔等结构，可用局部剖表示。

➤ 在装配图中，宽度小于或等于 2mm 的窄剖面区域可全部涂黑表示，如图 8-7 所示。

❑ 装配图的特殊画法

➤ 拆卸画法：在装配图的某一视图中，为表达一些重要零件的内、外部形状，可假想拆去一个或几个零件后绘制该视图，如在图 8-8 所示的轴承装配图中，俯视图的右半部为拆去轴承盖、螺栓等零件后画出的。

➤ 假想画法：在装配图中，当需要表达与本部件存在装配关系但又不属于本部件的相邻零部件时，可用双点画线画出相邻零部件的部分轮廓；当需要表达运动零件的运动范围或极限位置时，也可用双点画线画出该零件在极限位置处的轮廓。

➤ 单独表达某个零件的画法：在装配图中，当某个零件的主要结构在其他视图中未能表示清楚，而该零件的形

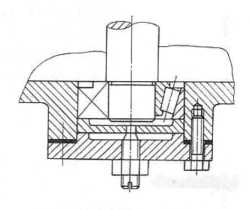

图 8-7 宽度小于或等于 2mm 的剖切画法

状对部件的工作原理和装配关系的理解起着十分重要的作用时，可单独画出该零件的某一视图。如图 8-9 所示的转子油泵的 B 向视图即为单独表示零件的画法。

➤ 简化画法：在装配图中，对于若干相同的零部件组，可详细地画出一组，其余只需用点画线表示其位置即可；零件的工艺结构，如倒角、圆角、退刀槽、拔模斜度、滚花等均可不必画出。

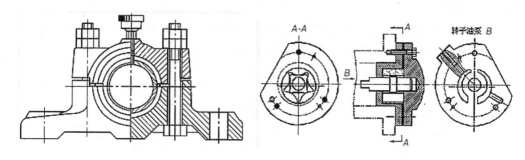

图 8-8 拆卸画法

图 8-9 单独表示零件的画法

2. 必要的尺寸

装配图的尺寸标注和零件图不同，零件图要清楚地标注所有尺寸，确保能准确无误地绘制出零件图，而装配图上只需标注出与机械或部件的性能、安装、运输、装配有关的尺寸，包括以下尺寸类型。

➤ 特性尺寸：表示装配体的性能、规格或特征的尺寸。它常常是设计或选择使用装配体的依据。

➤ 装配尺寸：指装配体各零件间装配关系的尺寸，包括配合尺寸和相对位置尺寸。

➤ 安装尺寸：表示装配体安装时所需要的尺寸。

➤ 外形尺寸：装配体的外形轮廓尺寸(如总长、总宽、总高等)是装配体在包装、运输、安装时所需的尺寸。

➤ 其他重要尺寸：经计算或选定的不能包括在上述几类尺寸中的重要尺寸，如运动零件的极限位置尺寸。

3. 技术要求

装配图中的技术要求就是采用文字或符号来说明机器或部件的性能、装配、检验、使用、外观等方面的要求。技术要求一般注写在明细栏的上方或图纸下部空白处，如果内容很多，也可另外编写成技术文件作为图纸的附件，如图 8-10 所示。

技术要求

1.采用螺母及开口垫圈手动夹紧工件。

2.非加工内表面涂红防锈漆，外表面喷漆应光滑平整，不应有脱皮凸起等缺陷。

3.对刃块工作平面对定位键工作平面平行度 □ 0.05/100mm。

4.对刃块工作平面对夹具底面垂直度 □ 0.05/100mm。

5.定位轴中心线对夹具底面垂直度 □ 0.05/100mm。

图 8-10　技术要求

技术要求的内容应简明扼要、通俗易懂。技术要求的条文应编写顺序号，仅一条时不写顺序号。装配图技术要求的内容如下。

➤ 装配体装配后所达到的性能要求。

➤ 装配图装配过程中应注意的事项及特殊加工要求。

➤ 检验、试验方面的要求。

➤ 使用要求。

4. 零部件序号、标题栏和明细栏

按国家标准规定的格式绘制标题栏和明细栏，并按一定格式将零部件进行编号，填写标题栏和明细栏。

❑ 零部件序号

零部件序号由圆点、指引线、水平线或圆(细实线)、数字组成，序号写在水平线上侧或小圆内，如图 8-11 所示。

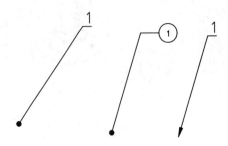

图 8-11　零件序号的标注类型

在机械制图中，序号的标注形式有多种，序号的排列也需要遵循一定的原则，这些原则总结如下。

- 在装配图中所有的部件都必须编写序号。
- 装配图中的一个部件可以只编写一个序号，同一装配图中相同的零部件只编写一次。
- 装配图中零部件序号，要与明细栏中的序号一致。
- 序号字体应与尺寸标注一致，字高一般比尺寸标注的字高大 1~2 号。
- 同一装配图中的零件序号类型应一致。
- 装配图中的每个零件都必须编写序号，相同零件只编写一个序号。
- 指引线应由零件可见轮廓内引出，零件太薄或太小时建议用箭头指向，如图 8-12 所示。
- 如果是一组紧固件或装配关系清晰的零件组，可采用公共指引线，如图 8-13 所示。
- 指引线应避免彼此相交，也不宜过长。若指引线必须经过剖面线，应避免引出线与剖面线平行。必要时可以画成折线，但是只能折一次。
- 序号应按水平或垂直方向排列整齐，并按顺时针或逆时针方向顺序编号。

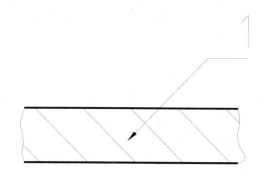

1

图 8-12　箭头标注序号

3
2
1
1 2 3
3
2
1

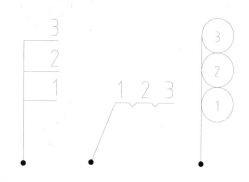

图 8-13　公共指引线标注序号

❑ 标题栏和明细栏

为了方便装配时零件的查找和图样的管理，必须对零件编号，列出零件的明细栏。明细栏是装配体中所有零件的目录，一般绘制在标题栏上方，可以和标题栏相连在一起，也可以单独画出。明细栏序号按零件编号从下到上列出，以方便修改。明细栏中的竖直轮廓线用粗实线绘出，水平轮廓线用细实线。图 8-14 所示为常见的装配图明细栏形式和尺寸。

(180)
11
37
33
11
35
11
12
30
8
8
8
8
12
4 -04 缸筒 1 45
3 -03 连接法兰 2 45
2 -02 缸头 1 QT400
1 -01 活塞杆 1 45
序号 代号 名称 数量 材料 单件 总计 重量 备注
零件图标题栏
标记 处数 更改文件号 签字 日期

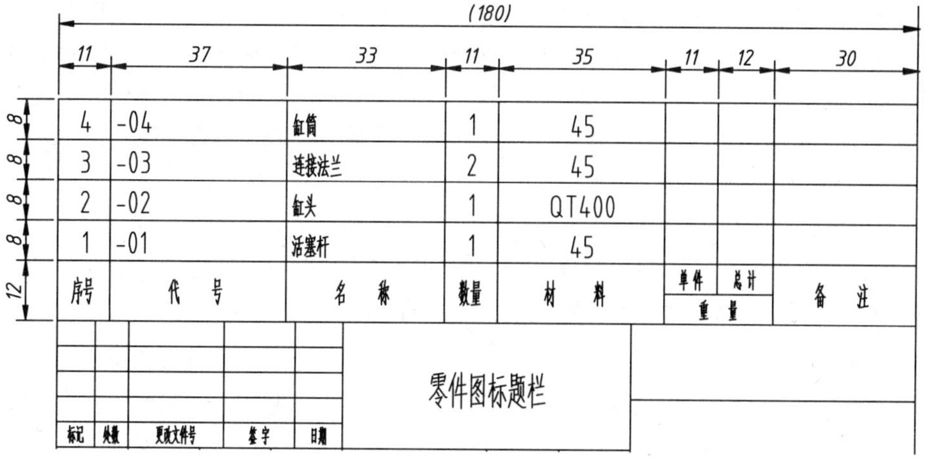

图 8-14　常见的装配图明细栏形式和尺寸

总的来说，装配图是表达设计思想及技术交流的工具，是指导生产的基本技术文件，因此无论是在设计机器还是测绘机器时都必须画出装配图。

8.2.2 零件图

零件图即装配图中各个零部件的详细图样。零件图是制造和检验零件的主要依据，是设计部门提交给生产部门的重要技术文件，也是进行技术交流的重要资料。

零件图是生产中指导制造和检验该零件的主要图样，它不仅仅要把零件的内、外结构形状和大小表达清楚，还需要对零件的材料、加工、检验、测量提出必要的技术要求。零件图必须包含制造和检验零件的全部技术资料，因此一张完整的零件图一般应包括图形、尺寸、技术要求和标题栏等内容，如图 8-15 所示。

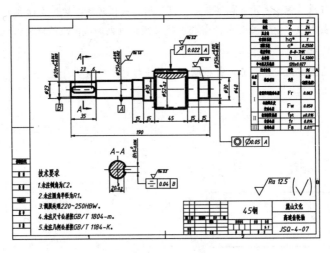

图 8-15　齿轮轴零件图

1．完善的图形

零件图中的图形要求能正确、完整、清晰和简便地表达出零件内、外的形状，其中包括机件的各种表达方法，如三视图、剖视图、断面图、局部放大图和简化画法等。

2．详细的尺寸

零件图中应正确、完整、清晰、合理地标注出制造零件所需的全部尺寸。与装配图只需添加若干必要的尺寸不同，零件图中的尺寸必须非常详细，而且毫无遗漏，因为零件图是直接用于加工生产的，任何尺寸的缺失都将导致无法正常加工。因此，在一般的机械设计过程中，设计师出具零件图之后，还需要由其他 1~2 位人员进行检查，目的就是防止出现少尺寸的现象。

零件图中的尺寸可以分为定位尺寸和定形尺寸两大类，只要在绘图或者审图的过程中按这两类尺寸去进行标注或者检查，就可以做到万无一失。

❑　定位尺寸

定位尺寸即表示"在哪"，用来标记该零件或结构特征处于大结构中的具体位置，如在长方体上挖一个圆柱孔时，该孔中心轴与长方体边界的距离就是定位尺寸，如图 8-16 所示。

❑　定形尺寸

定形尺寸即表示"多大"，用来说明该零件中某一结构特征形状的具体大小，如前文中那个圆柱孔的直径尺寸就是定形尺寸，如图 8-17 所示。

3．技术要求

零件图中必须用规定的代号、数字、字母和文字注解说明制造和检验零件时在技术指标上应达到的要求，如表面粗糙度、尺寸公差、几何公差、材料和热处理、检验方法以及其他特殊要求等。技术要求的文字一般注写在零件图中的图纸空白处。

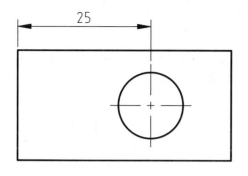

图 8-16　定位尺寸

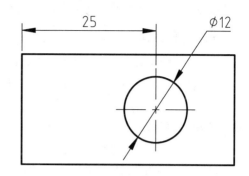

图 8-17　定形尺寸

4．标题栏

零件图中的标题栏应配置在图框的右下角。它一般由更改区、签字区、其他区、名称以及代号区组成。填写的内容主要有零件的名称、材料、数量、比例、图样代号以及设计、审核、批准者的姓名、日期等。标题栏的尺寸和格式已经标准化，可参见有关标准，如图 8-18 所示为常见的零件图标题栏形式和尺寸。

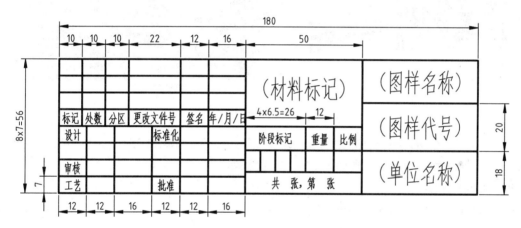

图 8-18　常见的零件图标题栏形式和尺寸

8.3　机械设计图的绘制步骤

在机械制图中，不同的零件，其绘制的方法不尽相同，但是它们的绘制步骤却是一致的，基本上可以分为绘制零部件的图形、标注尺寸、标注表面粗糙度、标注几何公差、填写技术要求这 5 步。

8.3.1　绘制零部件的图形

绘制零部件的图形就是选择机械设计的表达方案，而表达方案的选择应首先考虑看图方便，并根据零件的结构特点，选用适当的表示方法。由于零件的结构形状是多种多样的，所以在画图前应对零件进行结构形状分析，结合零件的工作位置和加工位置，选择最能反映零件形状特征的视图作为主视图，并选好其他视图，以确定最佳的表达方案。

选择表达方案的原则是在完整、清晰地表示零件形状的前提下力求制图简便。

1．零件分析

零件分析是认识零件的过程，也是确定零件表达方案的前提。零件因其工作位置或加工位置不同，视图选择也就不同。因此，在选择视图之前，应首先对零件进行形状分析和结构分析，并了解零件的制作和加工情况，以便确切地表达零件的结构形状，满足零件的设计和工艺要求。

2. 主视图的选择

主视图是表达零件形状最重要的视图，其选择是否合理将直接影响其他视图的选择和看图是否方便，甚至影响到画图时图幅的合理利用。一般来说，零件主视图的选择应满足"合理位置"和"形状特征"两个基本原则。

❑ **合理位置原则**

所谓"合理位置"通常是指零件的加工位置和工作位置。

加工位置是零件在加工时所处的位置。主视图应尽量表示零件在机床上加工时所处的位置。这样在加工时才可以直接进行图物对照，便于识图和测量尺寸，以减少差错。例如，轴套类零件的加工，大部分工序是在车床或磨床上进行，因此通常要按加工位置（即轴线水平放置）画其主视图，如图 8-19 所示。

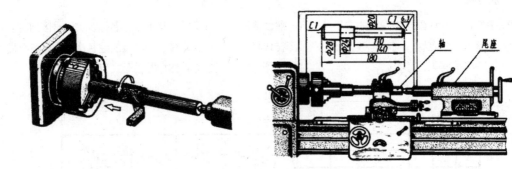

图 8-19　轴类零件的加工位置

工作位置是零件在装配体中所处的位置。零件主视图的放置应尽量与零件在机器或部件中的工作位置一致，这样便于根据装配关系来考虑零件的形状及有关尺寸，便于校对。

❑ **形状特征原则**

确定了零件的安放位置后，还要确定主视图的投影方向。形状特征原则就是将最能反映零件形状特征的方向作为主视图的投影方向，即主视图要较多地反映零件各部分的形状及它们之间的相对位置，以满足表达零件清晰的要求。图 8-20 所示为机床尾座主视图投影方向的比较，显然图 8-20a 的表达效果比图 8-20b 的表达效果要好得多。

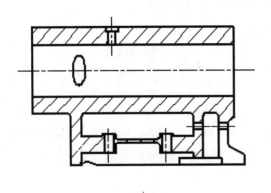
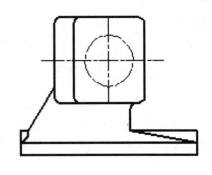

a）
b）

图 8-20　机床尾座主视图投影方向的比较

3. 选择其他视图

一般来讲，仅用一个主视图是不能完整反映零件的结构形状的，还必须选择其他视图，包括剖视图、断面图、局部放大图和简化画法等各种表达方法。主视图确定后，对其表达不完善的部分，可选择其他视图予以完善表达。具体选用时，应注意以下几点。

➤ 根据零件的复杂程度及内、外结构形状，全面地考虑还需要的其他视图，使每个所选视图应具有独立存在的意义及明确的表达重点，还应注意避免不必要的细节重复，从而在明确表达零件的前提下，使视图数量为最少。

➤ 优先考虑采用基本视图，当有内部结构时应尽量在基本视图上做剖视；对尚未表达清楚的局部结构和倾斜的部分结构，可增加必要的局部（剖）视图和局部放大图；有关的视图应尽量保持直接投影关系，配置在相关视图附近。

➤ 按照视图表达零件形状要正确、完整、清晰、简便的要求，进一步综合、比较、调整、完善，选出最佳的表达方案。

8.3.2 尺寸标注

图形绘制完毕后，就可以进行尺寸标注了。尺寸标注是一项极为重要、严肃的工作，必须严格遵守国家标准和规范，了解尺寸标注的规则、组成元素以及标注方法。

1. 尺寸标注的组成

一个完整的尺寸一般由标注文字、尺寸线、箭头（尺寸线的终端）和尺寸界线等部分组成，对于圆的标注还有圆心标记和中心线，如图 8-21 所示。

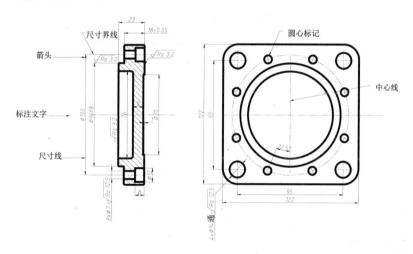

图 8-21 尺寸标注的组成

下面介绍尺寸标注的几个组成部分。

➤ 标注文字：用于表达测量值的字符。文字可以包含前缀、后缀和公差。

➤ 尺寸线：用于指示标注的方向和范围。标注角度时，尺寸线是一段圆弧。

➤ 箭头：显示在尺寸线的两端，也称为终止符号。

➤ 尺寸界线：也称为投影线，从部件延伸到尺寸线。

➤ 中心标记：标记圆或圆弧中心的小十字。

➤ 中心线：用来标记圆或圆弧中心的点画线。

在 AutoCAD 中，标注线通常独立设置为标注层，这样可以使所有标注线统一在一个图层里面。

2．尺寸标注的基本规则

在进行尺寸标注时应遵循以下基本规则。

➤ 零件的真实大小应以图样上所标注的尺寸数值为依据，与图样的大小以及绘图的准确度无关。

➤ 图样中的尺寸以毫米（mm）为单位时，不需要标注计量单位的代号或名称；如果采用其他单位，必须标明相应的计量单位的代号或名称。

➤ 图样中所标注的尺寸为该图样所示机件的最后完工尺寸，否则应该另行说明。

➤ 零件的每个尺寸一般只标注一次，并使其反映在该特征最清晰的位置上。

3．极限与配合尺寸

零件的实际加工尺寸是不可能与设计尺寸绝对一致的，因此设计时应允许零件尺寸有一个变动范围，尺寸在该范围内变动时，相互结合的零件之间能形成一定的关系，并能满足使用要求，这就是极限与配合。

要了解极限与配合，就必须先了解极限与配合的含义及一些术语。在机械制图中，孔和轴的极限配合术语如图 8-22 和图 8-23 所示。

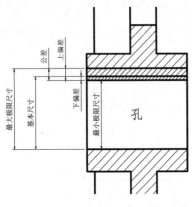 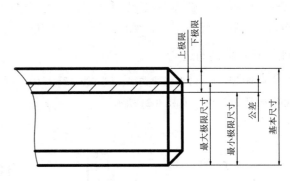

图 8-22　孔的极限配合术语　　　　　　　图 8-23　轴的极限配合术语

➤ 公称尺寸：设计时所确定的尺寸。

➤ 实际尺寸：成品零件通过测量所得到的尺寸。

➤ 极限尺寸：允许零件实际尺寸变化的极限值，极限尺寸包括最小极限尺寸和最大极限尺寸。

➤ 极限偏差：极限尺寸与公称尺寸的差值，它包括上极限偏差和下极限偏差，极限偏差可以为正也可以为负，还可以为零。

➤ 尺寸公差：允许尺寸的变动量。尺寸公差等于最大极限尺寸减去最小极限尺寸的绝对值。

8.3.3　添加注释

机械图形的注释主要包括几何公差与表面粗糙度。前面已经详细介绍了几何公差的标注方法，下面仅介绍表面粗糙度注释。

在加工零件时，由于零件表面的塑形变形以及机床精度等因素的影响，加工表面不可能绝对平整，零件表面总会存在较小间距和峰谷组成的微观几何形状特征，该特征即称为表面粗糙度，如图 8-24 所示。

表面粗糙度是由设计人员根据具体的设计要求进行标注的，因此零件上各个面的表面粗糙度也可能不同。例如，对液压缸缸筒内壁和外壁的表面粗糙度要求就显著不同，因为内壁与活塞密封件之间有运动副，所以表面要求很高，因此内壁要求精加工；而外壁不与任何零部件接触，没有任何表面要求，甚至不需要加工。其图样与实物如图 8-25 所示。

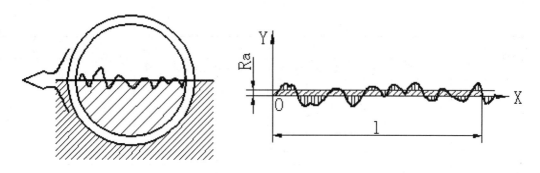

图 8-24 液压缸缸筒图样与实物

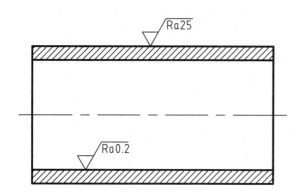 

图 8-25 不同表面粗糙度的表面情况

1. 表面粗糙度值的确定

对于设计人员来说，需要考虑零件与其他零件的配合关系，因此各个配合面的表面粗糙度需要着重留意。与各种配合精度相适应的表面粗糙度值可参考表 8-1 与表 8-2。

表 8-1 与配合精度相适应的最低表面粗糙度值（轴类） （单位：mm）

配合类别	轴 径											
	1~3	3~6	6~10	10~18	18~30	30~50	50~80	80~120	120~180	180~260	260~360	360~500
h5、n5、m5、k5、j5、g5	0.1	0.2	0.2	0.2	0.2	0.4	0.4	0.4	0.4	0.4	0.8	0.8
s7	0.4	0.4	0.4	0.8	0.8	0.8	0.8	1.6	1.6	1.6	1.6	1.6
h6、r6、n6、m6、k6	0.2	0.2	0.2	0.4	0.4	0.4	0.4	0.8	0.8	0.8	1.6	1.6
f7	0.4	0.4	0.4	0.8	0.8	0.8	0.8	1.6	1.6	1.6	1.6	1.6
e8	0.4	0.8	0.8	0.8	0.8	0.8	0.8	1.6	1.6	1.6	1.6	1.6
d8	0.8	0.8	0.8	0.8	0.8	1.6	1.6	1.6	1.6	1.6	1.6	1.6

（续）

配合类别	轴 径											
	1~3	3~6	6~10	10~18	18~30	30~50	50~80	80~120	120~180	180~260	260~360	360~500
h7、n7、m7、k7、j7	0.2	0.4	0.4	0.4	0.8	0.8	0.8	0.8	1.6	1.6	1.6	1.6
h8、h9	0.8	0.8	0.8	1.6	1.6	1.6	1.6	3.2	3.2	3.2	6.3	6.3
d9、d10	0.8	1.6	1.6	1.6	1.6	3.2	3.2	3.2	3.2	3.2	6.3	6.3
h10	1.6	1.6	1.6	1.6	3.2	3.2	3.2	3.2	6.3	6.3	6.3	6.3
h11	1.6	1.6	1.6	1.6	3.2	3.2	3.2	3.2	6.3	6.3	6.3	6.3

表 8-2 与配合精度相适应的最低表面粗糙度值（孔类）　（单位：mm）

配合类别	孔 径											
	1~3	3~6	6~10	10~18	18~30	30~50	50~80	80~120	120~180	180~260	260~360	360~500
H6、N6、M6、K6、J6、G6	0.2	0.2	0.2	0.4	0.4	0.4	0.4	0.4	0.8	0.8	0.8	0.8
H7、N7、M7、K7、J7、G7	0.4	0.4	0.4	0.8	0.8	0.8	0.8	1.6	1.6	1.6	1.6	1.6
F8	0.4	0.8	0.8	0.8	0.8	0.8	1.6	1.6	1.6	1.6	1.6	3.2
E8	0.8	0.8	0.8	0.8	1.6	1.6	1.6	1.6	1.6	3.2	3.2	3.2
D8	0.8	0.8	1.6	1.6	1.6	1.6	1.6	1.6	3.2	3.2	3.2	3.2
H8、N8、M8、K8、J8	0.4	0.8	0.8	0.8	0.8	1.6	1.6	1.6	3.2	3.2	3.2	3.2
H9	0.8	0.8	0.8	0.8	1.6	1.6	1.6	1.6	3.2	3.2	3.2	3.2
F9	0.8	1.6	1.6	1.6	1.6	1.3	3.2	3.2	3.2	3.2	6.3	6.3
D9、D10	0.8	1.6	1.6	1.6	1.6	1.6	3.2	3.2	3.2	6.3	6.3	6.3
H10	1.6	1.6	1.6	1.6	3.2	3.2	3.2	3.2	6.3	6.3	6.3	6.3
H11	1.6	1.6	1.6	3.2	3.2	3.2	3.2	3.2	6.3	6.3	6.3	6.3

　　而对于工艺编制人员来说，由于不同的加工方法所能达到的表面粗糙度也不一样，因此工艺人员需要仔细审图，查看所标明的各个表面粗糙度数值，然后再安排合理的加工工序，编制相应的工艺文件。不同的表面粗糙度数值与加工方法的选择可参考表 8-3。

表 8-3　表面粗糙度数值与相应的加工方法

级别与代号 Ra/μm	表面状况	加工方法	适用范围
100	除净毛口	铸造、锻、热轧、冷轧、冲压切断	不加工的平滑表面，如砂型铸造、冷铸、压力铸造、轧材、锻压、热压及各种型锻的表面
50、25	明显可见刀痕	粗车、镗、刨、钻	工序间加工时所得到的粗糙表面，即预先经过机械加工，如粗车、粗铣等的零件表面
12.5	微见刀痕	粗车、刨、铣、钻	
6.3	可见加工痕迹	车、镗、刨、钻、铣、锉、磨、粗铰、铣齿	不重要零件的非配合表面，如支柱、轴、外壳、衬套、盖等表面 紧固零件的自由表面，不要求定心及配合特性的表面，如用钻头钻的螺栓孔等的表面 固定支撑表面，如与螺栓头相接触的表面，键的非结合表面
3.2	微见加工痕迹	车、镗、刨、铣、刮1~2点/cm²、拉、磨、锉、滚压、铣齿	和其他零件连接而不是配合的表面，如外壳凸耳、扳手的支支撑表面 要求有定心及配合特性的固定支支撑表面，如定心的轴肩、槽等的表面 不重要的紧固螺纹表面
1.6	看不清加工痕迹	车、镗、刨、铣、铰、拉、磨、滚压、刮1~2点/cm²、铣齿	要求不精确的定心及配合特性的固定支承表面，如衬套、轴承和定位销的压入孔 不要求定心及配合特性的活动支撑面，如活动关节、花键连接、传动螺纹工作面等 重要零部件的配合表面，如导向件等
0.8	可辨加工痕迹的方向	车、镗、拉、磨、立铣、刮3~10点/cm²、滚压	要求保证定心及配合特性的表面，如锥形销和圆柱销表面，安装滚动轴承的孔，滚动轴承的轴颈等 不要求保证定心及配合特性的活动支撑表面，如高精度的活动球状接头的表面、支承垫圈、磨削的轮齿
0.4	微辨加工痕迹的方向	铰、磨、镗、拉、刮3~10点/cm²、滚压	要求能长期保持所规定的配合特性的轴和孔的配合表面，如导柱、导套的工作表面 要求保证定心及配合特性的表面，如精密球轴承的压入座、轴瓦的工作表面、机床顶尖表面等 工作时承受反复应力的重要零件表面，在不破坏配合特性下工作要保证耐久性和疲劳强度所要求的表面，如曲轴和凸轮轴的工作表面
0.2	不可辨加工痕迹的方向	布轮磨、研磨、珩磨、超级加工	工作时承受反复应力的重要零件表面，保证零件的疲劳强度、防腐性和耐久性并在工作时不破坏配合特性的表面，如轴颈表面、活塞和柱塞表面 IT5、IT6公差等级配合的表面 圆锥定心表面、、摩擦表面
0.1	暗光泽面	超级加工	工作时承受较大反复应力的重要零件表面，保证零件的疲劳强度、耐蚀性及在活动接头工作中的耐久性表面，如活塞销表面、液压传动用的孔的表面 保证精确定心的圆锥表面
0.05	亮光泽面	超级加工	精密仪器及附件的摩擦面、量具工作面
0.025	镜状光泽面		
0.012	雾状镜面		

2．图形符号及其含义

我国的机械制图国家标准中规定了9种表面粗糙度符号，见表8-4。绘制表面粗糙度一般使用带有属性的块的方法来创建。

表8-4　9种表面粗糙度符号及其含义

符　号	含　义
√	基本符号，表示用任何方法获得表面粗糙度
▽	表示用去除材料的方法获得参数规定的表面粗糙度
◇	表示用不去除材料的方法获得表面粗糙度
√ ▽ ◇	可在横线上标注有关参数或指定获得表面粗糙度的方法说明
√ ▽ ◇	表示所有表面具有相同的表面粗糙度要求

3．图形符号的画法及尺寸

图形符号的画法如图8-26所示，表8-5列出了图形符号的尺寸。

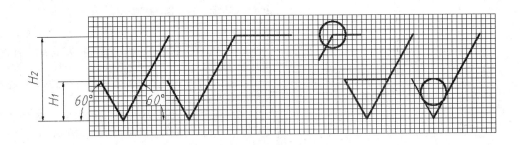

图8-26　图形符号的画法

表8-5　图形符号的尺寸　　　　　　　　　　　　　　　　（单位：mm）

数字与字母的高度 h	2.5	3.5	5	7	10	14	20
高度 H_1	3.5	5	7	10	14	20	28
高度 H_2（最小值）	7.5	10.5	15	21	30	42	60

注：高度 H_2 取决于标注内容。

4．图形符号在图样上的标注方法

表面结构要求对每一表面一般只标注一次，并尽可能标注在相应的尺寸及其公差的同一视图上。除非另有说明，所标注的表面结构要求是对完工零件表面的要求。

为了表示表面结构的要求，除了标注表面结构参数和数值外，必要时应标注补充要求，包括传输带、取样长度、加工工艺、表面纹理及方向、加工余量等。这些要求在图形符号中的注写位置如图 8-27 所示。

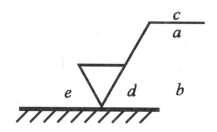

图 8-27　各要求在表面粗糙度符号中的位置

➢ 位置 *a*: 注写第一表面位置要求，为默认位置，必填。
➢ 位置 *b*: 注写第二表面位置要求，可省略。
➢ 位置 *c*: 注写加工方法，如"车""铣""磨"等，可省略。
➢ 位置 *d*: 注写纹理方向，如"="、"x"、"m"等，可省略。
➢ 位置 *e*: 注写加工余量，可省略。

当在图样某个视图上构成封闭轮廓的各表面有相同的表面结构要求时，可在完整图形符号上加一圆圈，标注在图样中工件的封闭轮廓线上，如图 8-28 所示。

表面结构的注写和读取方向与尺寸的注写和读取方向一致。表面结构要求可标注在轮廓线上，其符号应从材料外指向并接触表面，如图 8-29 所示。

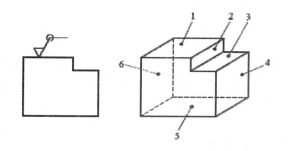

图 8-28　封闭轮廓的标注

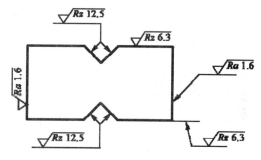

图 8-29　常规图形标注

必要时，表面结构也可用带箭头或黑点的指引线引出标注，如图 8-30 所示。在不至于引起误解时，表面结构要求可以标注在给定的尺寸线上，如图 8-31 所示。

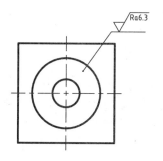

图 8-30　引出线标注表面粗糙度

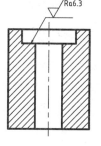

图 8-31　标注在尺寸线上

另外，还可以根据情况标注在几何公差框的上方，如图 8-32 和图 8-33 所示。

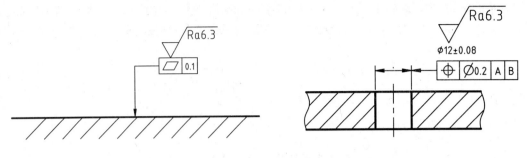

图 8-32 标注在几何公差框上方（一）　　　　图 8-33 标注在几何公差框上方（二）

　　如果标注的是棱柱，而且每个棱柱表面有不同的表面要求，则应分别标注，如图 8-34 所示。

　　如果在工件的多数（包括全部）表面有相同的表面结构要求时，则其表面结构要求可统一标注在图样的标题栏附近。此时，表面结构要求的符号后面应有在圆括号内给出无任何其他标注的基本符号，如图 8-35 所示。该方法即相当于以前的"其余"标注。

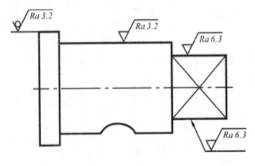

图 8-34 不同棱柱表面的标注方法

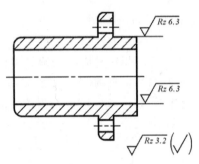

图 8-35 "其余"标注方法

8.3.4 填写技术要求

　　尺寸、表面粗糙度与几何公差标注完毕后，就可以在图纸的空白处填写技术要求。技术要求一般包括以下内容。

> 零件的表面结构要求。
> 零件热处理和表面修饰的说明，如热处理的温度范围，表面是否渗氮或者镀铬等。
> 如果零件的材料特殊，也可以在技术要求中详细写明。
> 关于特殊加工的检验、试验的说明，如果是装配图，则可以写明装配顺序和装配后的使用方法。
> 各种细节的补充，如倒角、倒圆等。
> 各种在图样上不能表达出来的设计意图，均可在技术要求中提及。

8.4 基本的机械加工工艺介绍

　　机械设计的最终目的就是要制作出能满足设计要求的机器，而机械的加工工艺无疑是制造环节中重要的组成部分。机械加工是指通过一种机械设备对工件的外形尺寸或性能进行改变的过程，目前最常见的机械加工手段有车、铣、刨、磨、钻、加工中心等。作为一个设计人员无需了解各种加工手段的工作原理，但是却必须掌握各种加工手段的加工范围，以及它们所能达到的加工精度。

8.4.1 车

　　车即车削加工，主要是在车床上用车刀对旋转的工件进行切削加工，如图 8-36 所示。在车床上还可用钻头、扩孔钻、铰刀、丝锥、板牙和滚花工具等进行相应的加工。车削加工是机械制造和修配工厂中使用最广的一类机床加工。

图 8-36 车削加工示例

1. 加工范围

车床主要用于加工轴、杆、盘、套和其他具有回转表面的工件，如图 8-37 所示。车削加工是主要的回转表面加工方法，也能进行一定的水平表面加工，如端面车削，如图 8-38 所示。

车削加工的成形范围要根据具体的车床型号而定，既有加工范围 ϕ200mm×750mm 的小型车床，也有 ϕ1000mm×5000mm 的大型车床，因此在进行设计工作时，一定要熟悉车间内各车床的加工范围。

图 8-37 车削加工件

图 8-38 端面车削

2. 加工精度

车削加工精度一般为 IT8~IT7，表面粗糙度 Ra 为 12.5~1.6μm。数控精车的加工精度可达 IT6~IT5，表面粗糙度 Ra 可达 0.4~0.1μm。总的来说，车削的生产率较高，切削过程比较平稳，刀具较简单。

8.4.2 铣

铣即铣削加工，是一种在铣床上使用旋转的多刃刀具切削工件的加工方法，属于高精度的加工，如图 8-39 所示。与车床"刀具固定、工件运转"的情况不同，铣床是"刀具运转、工件固定"。

1. 加工范围

铣床主要用于加工定位块、箱体等具有水平表面的工件，如图 8-40 所示。普通铣削一般能加工平面或槽面等，用成形铣刀也可以加工出特定的曲面，如铣齿轮等，如图 8-41 所示。

铣削加工的成形范围与车床类似，也要根据具体的铣床型号而定。

图 8-39　铣削加工

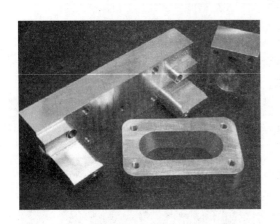

图 8-40　铣削加工件

图 8-41　铣齿轮

2. 加工精度

铣削的加工精度一般可达 IT8~IT7，表面粗糙度 Ra 为 6.3~0.8μm，数控铣床能达到更高的精度。

8.4.3　镗

镗即镗削加工，是一种用刀具扩大孔或其他圆形轮廓的内径切削工艺，如图 8-42 所示。镗削加工所用刀具通常为单刃镗刀（称为镗杆），某些情况下可以与铣刀、钻头混用。

图 8-42　镗削加工

1. 加工范围

镗削一般应用在零件从半粗加工到精加工的阶段，可以用来加工大直径的孔与深尺寸的内孔，而且加工精度也一般比车床与钻床的要高。典型的深孔镗加工零件如工程机械上的液压缸缸筒与军事国防上的枪筒、炮筒等，如图 8-43 所示。

图 8-43 镗削加工件

2. 加工精度

镗削加工的精度范围与车削类似。但使用新型刀具的深孔镗集镗削、滚压加工于一体，可以使加工精度达到 IT6 以上，工件表面粗糙度 Ra 达 0.4~0.8μm。

8.4.4 磨

磨即磨削加工，是指用磨料、磨石磨除工件上多余材料的加工方法，如图 8-44 所示。磨削加工是应用较为广泛的切削加工方法之一。

图 8-44 磨削加工

1. 加工范围

磨削用于加工各种工件的内外圆柱面、圆锥面和平面，以及螺纹、齿轮和花键等特殊、复杂的成形表面。磨削加工与车、铣等常规加工不同的是，磨削不能大范围地去除零件的材料，只能加工掉 0.1～1mm 或更小尺寸的材料，因此属于精加工的一种。

2．加工精度

磨削通常用于半精加工和精加工，精度可达 IT8～IT5 甚至更高，一般磨削的工件表面粗糙度为 1.25～0.16μm，精密磨削为 0.16～0.04μm，超精密磨削为 0.04～0.01μm，镜面磨削可达 0.01μm 以下，属于超级加工。

8.4.5　钻

钻即钻孔加工，是指用钻头在实体材料上加工出孔的操作，如图 8-45 所示。钻孔是机加工中很常见也是最容易掌握的一种。

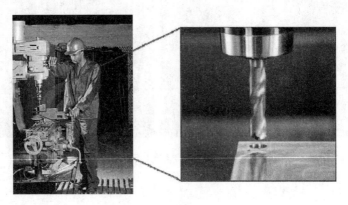

图 8-45　钻孔加工示例

1．加工范围

各种零件的孔加工，除去一部分由车、镗、铣等机床完成外，还有相当一部分是由钳工利用钻床和钻孔工具（钻头、扩孔钻、铰刀等）完成的，如沉头孔、螺纹孔、销钉孔等。钻孔加工总的来说形式较单一。

2．加工精度

钻孔加工时，由于钻头结构上存在的缺陷会影响到加工质量，因此加工精度一般在 IT10 级以下，表面粗糙度 Ra 为 12.5μm 左右，属粗加工。

8.4.6　加工中心加工

加工中心（见图 8-46）是在普通机床（一般是铣床）的基础上发展起来的一种自动加工设备，两者的加工工艺基本相同，结构也有些相似。加工中心与普通机床的最大区别就是自带刀库，可以运行各种加工方式，如车、铣、钻等。

图 8-46　加工中心

1. 加工范围

加工中心是机加工中的一大突破，零件加工的适应性强、灵活性好，能加工轮廓形状特别复杂或难以控制尺寸的零件，如模具类零件、壳体类零件等；也可以加工普通机床无法加工或很难加工的零件，如用数学模型描述的复杂曲线零件以及三维空间曲面类零件等。图 8-47 所示为用德国 Hyper 五轴加工中心制作出来的全金属头盔。

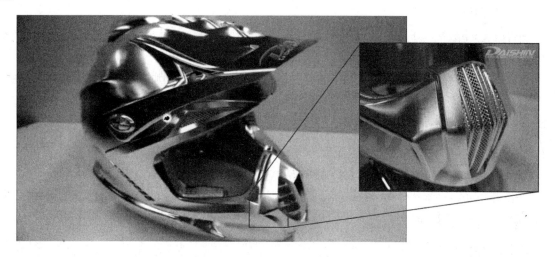

图 8-47 数控中心加工的全金属头盔

2. 加工精度

加工中心的精度很高，而且加工质量稳定可靠。一般数控装置的加工精度为 0.001mm，高精度的数控系统可达 0.1μm。此外，由于是计算机控制的数控系统，从本质上避免了人员的操作失误，因此在理论上精度是所有加工方式中最高的。

8.5 常用的机械加工材料介绍

对于机械设计人员来说，除了要了解加工工艺之外，还有必要了解制造机械零部件用的各种材料。不同的材料在加工、力学性能、外观、稳定性方面均有不同的表现，简单介绍如下。

8.5.1 碳素钢

钢是对碳的质量分数为 0.02%~2.11%的铁碳合金的统称。钢是机械行业中应用最多的一种材料。一般只含碳元素的钢称为碳素钢。两种具有代表性的碳素钢介绍如下。

1. 45 钢

45 钢即碳的质量分数在 0.45%左右的钢材，属于优质碳素结构钢，是最常用的中碳调质钢。45 钢的综合力学性能良好，但淬透性低，水淬时易产生裂纹。小型件宜采用调质处理，大型件宜采用正火处理。

该钢种性能中庸，但价格便宜，因此是最常见的机械设计用材料，被广泛用于制造轴、杆、活塞、齿轮、齿条、蜗轮、蜗杆等受复杂应力，但总的来说要求不高的主要运动件。

2. Q235

Q235 即屈服强度为 235MPa 的钢材，是用途很广泛的钢材。Q235 的含碳量适中，综合性能较好，强度、塑性和焊接性等性能配合较好。

在生活中随处可见 Q235 的身影，如建筑工地上的螺纹钢、步行天桥的铁板及常见的铁丝铁索等均是由 Q235

钢制作的。

8.5.2 铸铁

铸铁是指碳的质量分数在 2.11%以上的铁碳合金。工业用铸铁一般碳的质量分数为 **2.5%～3.5%**，其中还含有质量分数为 1%～3%的硅，以及锰、磷、硫等元素。常用的两种铸铁介绍如下。

1. HT150

HT150 是灰铸铁的一种，HT 即 "灰铁" 两字汉语拼音的开头字母，150 是指该材料在 ø30mm 试样时的最小抗拉强度值为 150MPa。

HT150 具有良好的铸造性、良好的减振性、良好的耐磨性、良好的切削加工性、低的缺口敏感性。在机械设计工作中广泛用于制作各种外形结构铸件，如机座、支架、箱体、刀架、床身、轴承座、工作台、带轮、端盖、泵体、阀体、管路、飞轮、电机座等。

2. QT450 - 10

QT450-10 是球墨铸铁的一种。QT 即 "球铁" 两字汉语拼音的开头字母。

球墨铸铁中的碳以球状石墨的形态存在，其力学性能远胜于灰铸铁而接近于钢，具有优良的铸造性、切削加工性和耐磨性，有一定的弹性，广泛用于制造曲轴、齿轮、活塞等高级铸件以及多种机械零件。

8.5.3 合金钢

除铁、碳外，加入其他合金元素的钢称为合金钢。合金钢的种类很多，与碳素钢相比，**基本上有着高强度、高韧性、耐磨、耐腐蚀、耐低温、耐高温、无磁性等特殊性能。**

1. 40Cr

40Cr 是机械行业中使用最广泛的合金钢之一，调质处理后具有良好的综合力学性能、良好的低温冲击韧性和低的缺口敏感性。该钢的淬透性良好，油冷时可得到较高的疲劳强度，水冷时复杂形状的零件易产生裂纹，冷弯塑性中等；回火或调质后切削加工性好；但焊接性不好，易产生裂纹。

40Cr 的价格相对便宜，应用广泛，调质处理后可用于制造中速、中载的零件，如机床齿轮、轴、蜗杆、花键轴、顶针套等；调质并高频感应淬火后用于制造表面高硬度、耐磨的零件，如齿轮、轴、主轴、曲轴、心轴、套筒、销子、连杆、螺钉、螺母、进气阀等；经淬火及中温回火后可用于制造重载、中速冲击的零件，如油泵转子、滑块、齿轮、主轴、套环等；经淬火及低温回火后用于制造重载、低冲击、耐磨的零件，如蜗杆、主轴、轴、套环等；碳氮共渗处理后可制造尺寸较大、低温冲击韧性较高的传动零件，如轴、齿轮等。

2. 65Mn

65Mn 是一种常见的弹簧钢，热处理及冷作硬化后，强度较高，具有一定的韧性和塑性，但淬透性差，主要用于较小尺寸的弹簧，如调压调速弹簧，测力弹簧，一般机械上的圆、方螺旋弹簧或拉成钢丝作为小型机械上的弹簧。

8.5.4 有色金属

有色金属通常指除去铁（有时也除去锰和铬）和铁基合金以外的所有金属。有色金属可分为重金属（如铜、铅、锌）、轻金属（如铝、镁）、贵金属（如金、银、铂）及稀有金属（如钨、钼、锗、锂、镧、铀）等。这里只介绍两种在机械设计中常用的有色金属。

1. 铜

铜具有很好的延展性与切削加工性能，而且具有不俗的耐磨性，因此在机械工业中经常被制成铜套等耐磨件。但是很少用到纯铜，一般都是采用铜合金，如黄铜、青铜、白铜等。铜的牌号有很多种，用途也不一样，请自行查阅有关标准。

2. 铝

与铜一样，铝也具有很好的延展性，在潮湿空气中还能形成一层防止金属腐蚀的氧化膜，因此稳定性也不错。除此之外，铝还有一个最大优点就是质地轻。因此铝常用于飞机、汽车、火车、船舶等制造工业。例如，一架超音速飞机约由 70%的铝及其合金构成，一艘大型客船的用铝量常达几千吨。

第 9 章　机件的常用表达方法

本章导读

在生产实际中，机件的形状往往是多种多样的，为了将机件的内、外形状和结构表达清楚，国家标准《技术制图》和《机械制图》规定了表达机件的各种方法。本章将主要介绍视图、剖视图和断面图等常用的表达方法。

本章重点

➤ 了解机械制图的投影方法

➤ 基本视图、向视图、局部视图的基本知识

➤ 基本视图的绘制方法

➤ 剖视图的基本知识

➤ 剖视图的绘制方法

➤ 断面图的基本知识

➤ 局部放大图的基本知识

➤ 简化画法

9.1 视 图

机械工程图样是采用适当的表达方法表示机械零件的内外结构形状的一组视图。视图是按正投影法，即机件向投影面投影得到的图形。视图的绘制必须符合投影规律。

机件向投影面投影时，观察者、机件与投影面三者间有两种相对位置。机件位于投影面与观察者之间时称为第一角投影法。投影面位于机件与观察者之间时称为第三角投影法。两种投影法都能完善地表达机件的形状。我国国家标准规定采用第一角投影法。

9.1.1 基本视图

三视图是机械图样中最基本的图形，它是将物体放在三投影面体系中，分别向 3 个投影面做投射所得到的图形，即主视图、俯视图、左视图，如图 9-1 所示。

将三投影面体系展开在一个平面内，三视图之间满足三等关系，即"主俯视图长对正、主左视图高平齐、俯左视图宽相等"，如图 9-2 所示。三等关系这个重要的特性是绘图和读图的依据。

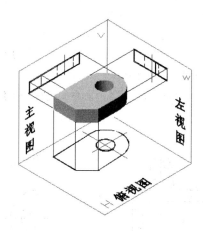

图 9-1 三视图的形成原理

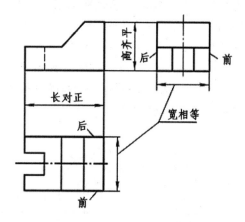

图 9-2 三视图之间的投影规律

当机件的结构十分复杂时，使用三视图来表达机件就十分困难。国标规定，在原有的三个投影面上增加三个投影面，使得全部六个投影面形成一个正六面体，它们分别是右视图、主视图、左视图、后视图、仰视图、俯视图，如图 9-3 所示。

➢ **主视图**：由前向后投影的是主视图。
➢ **俯视图**：由上向下投影的是俯视图。
➢ **左视图**：由左向右投影的是左视图。
➢ **右视图**：由右向左投影的是右视图。
➢ **仰视图**：由下向上投影的是仰视图。
➢ **后视图**：由后向前投影的是后视图。

各视图展开后都要遵循"长对正、高平齐、宽相等"的投影原则。

9.1.2 向视图

有时为了便于合理地布置基本视图，可以采用向视图。

向视图是可自由配置的视图，它的标注方法为：在向视图的上方注写"*X*"（*X* 为大写的英文字母，如"*A*""*B*""*C*"等），在相应视图的附近用箭头指明投影方向，并注写相同的字母，如图 9-4 所示。

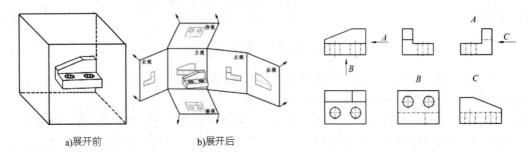

a)展开前   b)展开后

图 9-3 六个投影面及展开示意图   图 9-4 向视图示意图

9.1.3 局部视图

如果采用一定数量的基本视图后，机件上仍有部分结构形状尚未表达清楚，而又没有必要再画出完整的其他的基本视图时，可采用局部视图来表达。

局部视图是将机件的某一部分向基本投影面投影得到的视图。局部视图是不完整的基本视图，利用局部视图可以减少基本视图的数量，使表达简洁，重点突出。

局部视图一般用于以下两种情况。

➢ 用于表达机件的局部形状。如图 9-5 所示，画局部视图时，一般可按向视图（指定某个方向对机件进行投影）的配置形式配置。当局部视图按基本视图的配置形式配置时，可省略标注。

➢ 用于节省绘图时间和图幅，对称的零件视图可只画一半或四分之一，并在对称中心线画出两条与其垂直的平行细直线，如图 9-6 所示。

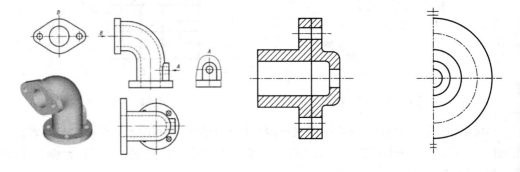

图 9-5 向视图配置的局部视图   图 9-6 对称零件的局部视图

画局部视图时应注意以下几点。

➢ 在相应的视图上用带字母的箭头指明所表示的投影部位和投影方向，并在局部视图上方用相同的字母标明 "X"。

➢ 局部视图尽量画在有关视图的附近，并直接保持投影联系。也可以画在图纸内的其他地方。当表示投影方向的箭头标在不同的视图上时，同一部位的局部视图方向可能不同。

➢ 局部视图的范围用波浪线表示。当所表示的图形结构完整且外轮廓线封闭时，则波浪线可省略。

9.1.4 斜视图

将机件向不平行于任何基本投影面的投影面进行投影，所得到的视图称为斜视图。斜视图适用于表达机件上的斜表面的实形。图 9-7 所示为一个弯板形机件，它的倾斜部分在俯视图和左视图上的投影都不是实形，此时就可以另外加一个平行于该倾斜部分的投影面，在该投影面上则可以画出倾斜部分的实形投影，如 "A" 向所示。

斜视图的标注方法与局部视图相似，并且应尽可能配置在与基本视图直接保持投影联系的位置，也可以平移到图纸内的适当地方。为了画图方便，也可以旋转。此时应在该斜视图上方画出旋转符号，表示该斜视图名称的大写拉丁字面靠近旋转符号的箭头端，如图9-7所示。也允许将旋转角度标注在字母之后。旋转符号为带有箭头的半圆，半圆的线宽等于字体笔画的宽度，半圆的半径等于字体高度，箭头表示旋转方向。

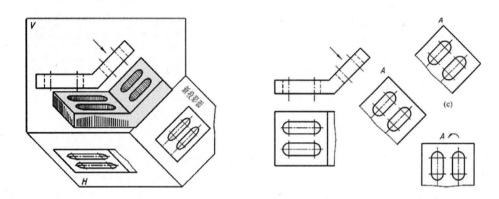

图9-7　斜视图

画斜视图时增设的投影面只垂直于一个基本投影面，因此，机件上原来平行于基本投影面的一些结构，在斜视图中最好以波浪线为界而省略不画，以避免出现失真的投影。

9.1.5　基本视图绘制实例

根据视图"长对正、高平齐、宽相等"的投影原则，绘制如图9-8所示的实体三视图。

01 启动 AutoCAD 2018，新建【中心线】、【轮廓线】、【辅助线】以及【虚线】图层，【中心线】线型设置为 CENTER2 线型、颜色为红色，【轮廓线】线宽设置为 0.3mm，设置【虚线】线形为 HIDDEN2，颜色为洋红色，其余参数默认。

02 将【中心线】图层置为当前，在绘图区绘制竖直和水平交叉的中心线，如图9-9所示。

03 切换到轮廓线层，按 F8 键，启用正交模式，调用 L【直线】命令，根据给出的实体图形，绘制主视图外轮廓，如图9-10所示。

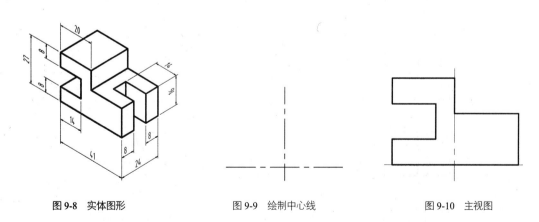

图9-8　实体图形　　　　　图9-9　绘制中心线　　　　　图9-10　主视图

04 将图层切换为【辅助线】图层，调用 XL【构造线】命令，绘制辅助线，如图9-11所示。

05 调用 O【偏移】命令，将水平中心线分别向下偏移 20mm 和 47mm，偏移后的图形如图9-12所示。

06 调用 TR【修剪】命令，对图形进行修剪操作，并将修剪得到的线段的图层转换为【轮廓线】图层，结果如图9-13所示。

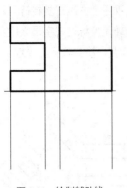 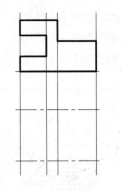

图 9-11 绘制辅助线　　　　　　　　　　　　　　图 9-12 偏移中心线

07 调用 O【偏移】命令，将俯视图中最上方和最下方水平轮廓线分别向下和向上偏移 8mm，并进行修剪，结果如图 9-14 所示。

08 重复调用 O【偏移】命令，将俯视图中最右边竖直轮廓线向左偏移 14mm，并进行修剪，修剪后如图 9-15 所示。

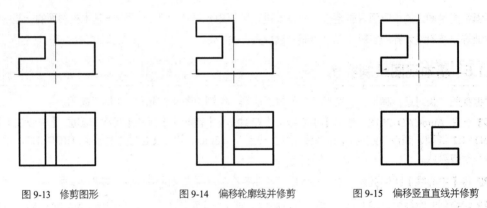

图 9-13 修剪图形　　　　　　　图 9-14 偏移轮廓线并修剪　　　　　　图 9-15 偏移竖直线并修剪

09 调用 XL【构造线】命令，在主视图上绘制角度为 45° 的构造线，如图 9-16 所示。

10 根据 "高平齐" 原则，重复调用 XL【构造线】命令，绘制主视图对应左视图的水平辅助线，如图 9-17 所示。

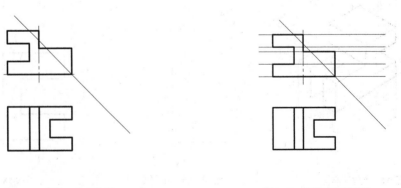

图 9-16 绘制 45° 构造线　　　　　　　　　　图 9-17 绘制水平辅助线

11 根据 "宽相等" 原则，绘制俯视图对应辅助线，如图 9-18 所示。

12 调用 TR【修剪】命令，对图形进行修剪操作，再将修剪得到的部分线段转换为轮廓线，结果如图 9-1？所示。

13 将视图中不能直接看到的直线转换到【虚线】层，转换后效果如图 9-20 所示。

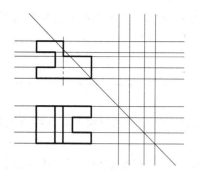

图 9-18　绘制俯视图对应辅助线

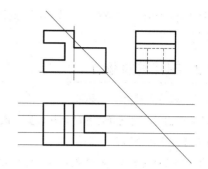

图 9-19　修剪图形

14 调用 E【删除】命令，删除多余的直线，绘制结果如图 9-21 所示。

15 完成三视图的绘制后，按 Ctrl+S 快捷键，保存图形。

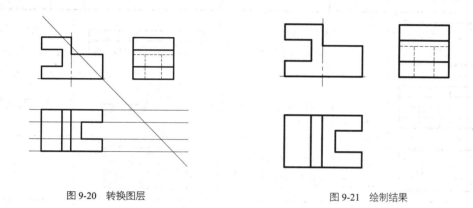

图 9-20　转换图层

图 9-21　绘制结果

9.2　剖视图

　　上面介绍的六个基本视图基本解决了机件外形的表达问题，但如果零件的内部结构比较复杂，视图中的虚线也将增多，如图 9-22 所示，要清晰地表达机件的内部形状和结构，必须采用剖视图的画法。

9.2.1　剖视图的概念

　　假想用剖切面剖开机件，将处在观察者和剖切面之间的部分移去，并将其余部分向投影面投射所得到的图形称为剖视图，简称剖视，如图 9-23 所示。

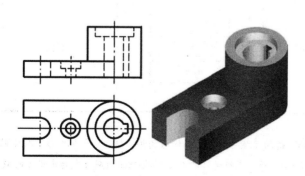

图 9-22　内部结构较复杂的视图

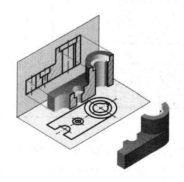

图 9-23　剖视图的形成示意图

剖视图将机件剖开，使得内部原本不可见的孔、槽显示出来，虚线变成可见线。由此解决了内部结构不容易表达的问题。

9.2.2 剖视图的画法

剖视图的画法应遵循以下原则。

➢ 画剖视图时，要选择适当的剖切位置，使剖切面尽量通过较多的内部结构（孔、槽等）的轴线或对称平面，并平行于选定的投影面。

➢ 内、外轮廓要画齐。机件剖开后，处在剖切面之后的所有可见轮廓线都应画齐，不得遗漏。

➢ 在剖面上画剖面线。在剖视图中，凡是被剖切的部分应画上剖面线，表示剖切面。表 9-1 列出了国家标准《机械制图》规定的剖面符号。

表 9-1 部分常用剖面符号

剖面符号	材料名称	剖面符号	材料名称
	金属材料通用剖面线 （已有规定剖面符号者除外）		木质胶合板 （不分层数）
	线圈、绕组元件		基础周围的泥土
	转子、电枢、变压器 和电抗器等的叠钢片		混凝土
	非金属材料 （已有规定剖面符号者除外）		钢筋混凝土
	型砂、填砂、粉末冶金、 砂轮、硬质合金刀片等		砖
	玻璃及供观察用的 其他透明材料		格网 （筛网、过滤网等）
	木材	纵剖面	液体
		横剖面	

➢ 金属材料的剖面线应画成与水平方向成 45° 角的互相平行、间隔均匀的细实线。同一机件各个视图的剖面符号应相同。但是当图形的主要轮廓线与水平方向成 45° 或接近 45° 时，该图剖面线应画成与水平方向成 30° 或 60° 角，其倾斜方向仍应与其他视图的剖面线一致，如图 9-24 所示。

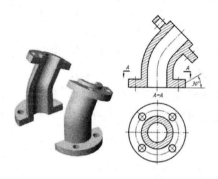

图 9-24　特殊情况剖面线的画法

9.2.3　剖视图的标注

为了能更清晰地表达出剖视图与剖切位置及投影方向的对应关系，便于看图，画剖视图时应将剖切线、剖切符号和剖视图名称标注在相应的视图上。

剖视图的标注一般包括以下内容。

➢ 剖切线：指示剖切面的位置，采用细单点长画线，一般情况下可省略。

➢ 剖切符号：指示剖切面起、止和转折位置及投射方向的符号。指示剖切面起、止和转折位置使用粗短直线表示，投射方向在机械制图中使用箭头表示，有时可以省略。

➢ 视图名称：一般标注剖视图使用 "$X-X$" 表示，X 为大写拉丁字母或阿拉伯数字。

剖切符号、剖切线字母的表示方法如图 9-25 所示。

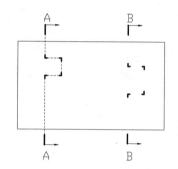

图 9-25　剖切符号、剖切线字母的表示方法

9.2.4　剖视图的分类

为了用较少的视图把机件的形状完整清晰地表达出来，就必须使每个视图能较多地表达机件的形状。这样，就产生了各种剖视图。按剖切范围的大小，剖视图可分为全剖视图、半剖视图、局部剖视图。按剖切面的种类和数量，剖视图可分为阶梯剖视图、旋转剖视图、斜剖视图和复合剖视图。

1.　全剖视图的绘制

用剖切面将机件全部剖开后进行投影所得到的剖视图称为全剖视图（简称全剖视），如图 9-26 所示。全剖视图一般用于表达外部形状比较简单、内部结构比较复杂的机件。

当剖切面通过机件的对称（或基本对称）平面，且全剖视图按投影关系配置，中间又无其他视图隔开时，可以省略标注，否则必须按规定方法标注。

2. 半剖视图的绘制

当物体具有对称平面时，向垂直于对称平面的面上投影所得的图形，可以以对称中心线为界，一半画成剖视图，另一半画成基本视图的形式。这种剖视图称为半剖视图，如图 9-27 所示。

半剖视图既充分地表达了机件的内部结构，又保留了机件的外部形状，因此它具有内外兼顾的特点。但半剖视图只适用于表达对称的或基本对称的机件。若机件的俯视图前后对称，也可以使用半剖视图表示。

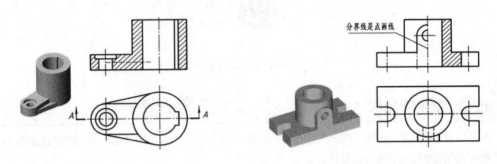

图 9-26　全剖视图　　　　　　　　　　　　　　　　图 9-27　半剖视图

当机件形状接近对称，并且不对称部分已另有图形表达清楚时，也允许采用半剖视图，如图 9-28 所示。

3. 局部剖视图的绘制

用剖切面局部地剖开机件所得的剖视图称为局部剖视图，如图 9-29 所示。局部剖视图一般使用波浪线或双折线分界来表示剖切的范围。

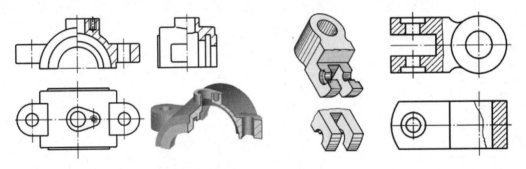

图 9-28　不对称图形的半剖视图　　　　　　　　　　图 9-29　局部剖视图

局部剖视是一种比较灵活的表达方法，剖切范围可根据实际需要决定。但使用时要考虑到看图方便，剖切不要过于零碎。它常用于下列两种情况。

➢ 机件只有局部内形要表达，而又不必或不宜采用全剖视图时，如图 9-30 所示。

➢ 不对称机件需要同时表达其内、外形状时，宜采用局部剖视图。

9.2.5　剖切面的种类

剖视图是假想将机件剖开而得到的视图，因为机件内部形状的多样性，剖开机件的方法也不尽相同。国家标准《机械制图》规定的剖切面的种类有单一剖切面、几个互相平行的剖切面、两个相交的剖切面、不平行于任何基本投影面的剖切面、组合的剖切面等。

1. 单一剖切面

用一个剖切面剖开机件的方法称为单一剖，所画出的剖视图称为单一剖视图。单一剖切面一般为平行于基本投影面的剖切面。前面介绍的全剖视图、半剖视图、局部剖视图均为用单一剖切面剖切而得到的，如图 9-31 所示。

图 9-30 局部剖视图 　　　　　图 9-31 平行于基本投影面的单一剖切面

用一个不平行于任何基本投影面的单一剖切面剖开机件得到的剖视图称为斜剖视图，如图 9-32 所示。

斜剖视图一般用来表达机件上倾斜部分的内部形状机构，其原理与斜视图相似。使用斜剖视图时应注意以下几点。

➢ 用斜剖视图画图时，必须用剖切符号、箭头和字母标明剖切位置及投射方向，并在剖视图上方标明 "X—X"，同时字母一律水平书写。

➢ 斜剖视图最好按照投影关系配置在箭头所指的方向上。

➢ 当斜剖视图的主要轮廓线与水平线成 45° 或接近 45° 角时，应将图形中的剖面线画成与水平线成 60° 或 30° 角的倾斜线，倾斜方向要与该机件的其他剖视图中的剖面线一致。

2．几个相互平行的剖切面

用两个或多个互相平行的剖切面把机件剖开的方法称为阶梯剖，所画出的剖视图称为阶梯剖视图，如图 9-33 所示。它适于表达机件内部结构的中心线排列在两个或多个互相平行的平面内的情况。

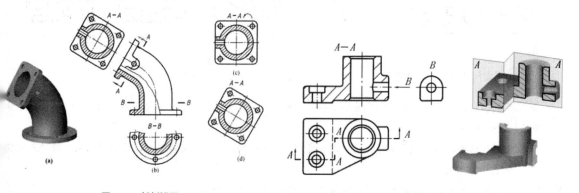

图 9-32 斜剖视图 　　　　　图 9-33 阶梯剖视图

采用这种方法画剖视图时，应注意以下几点。

➢ 两剖切面的转折处不应与图上的轮廓线重合。

➢ 剖切面不能相互重叠。

➢ 在剖视图上不应在转折处画线。

➢ 当两个要素在图形上有公共对称中心线或轴线时，可以对称中心线或轴线为界各画一半。

➢ 画阶梯剖视图时必须标注，在剖切面的起始、转折处画出剖切符号，标注相同字母，并在剖视图上方标主相应名称 "X—X"。

➢ 在剖视图内不能出现不完整要素，如图 9-34 所示。

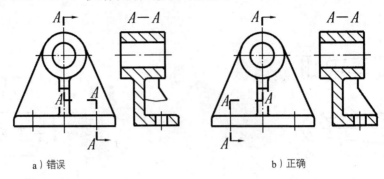

a）错误   b）正确

图 9-34 　阶梯剖视图的画法

3. 两个相交的剖切面

用两个相交的剖切面（交线垂直于某一基本投影面）剖开机件的方法称为旋转剖，所画出的剖视图称为旋转剖视图。

当机件的内部结构形状用一个剖切面剖切不能表达完全，且机件又具有回转轴时，适合使用旋转剖视图画法，如图 9-35 所示。

使用这种方法画剖视图时，应注意以下问题。

➢ 两剖切面的交线一般应与机件的轴线重合，如图 9-35 所示。

➢ 应按"先剖切后旋转"的方法绘制剖视图，如图 9-36 所示。

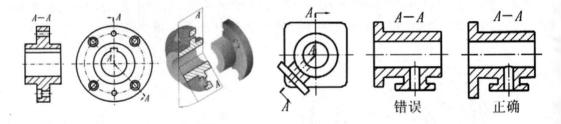

图 9-35 　旋转剖视图   图 9-36 　先剖切后旋转

➢ 位于剖切面后且与所表达的结构关系不甚密切的结构，或一起旋转容易引起误解的结构，一般仍按原来的位置投射，如图 9-37 所示。

➢ 位于剖切面后，与被切结构有直接联系且密切相关的结构，或不一起旋转难以表达的结构，应"先旋转后投射"，如图 9-38 所示。

➢ 当剖切后产生不完整要素时，该部分按不剖绘制，如图 9-39 所示。

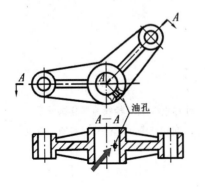

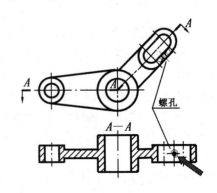

图 9-37 　按原来位置投射   图 9-38 　先旋转后投射

4. 复合剖

当机件的内部结构比较复杂，用阶梯剖或旋转剖仍不能完全表达清楚时，可以采用以上几种剖切面的组合来剖开机件，这种剖切方法称为复合剖，所画出的剖视图称为复合剖视图，如图 9-40 所示。

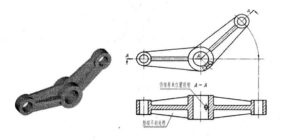

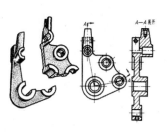

图 9-39　避免产生不完整的要素　　　　　　　　图 9-40　复合剖视图

在绘制复合剖视图时，有以下几点需要注意。

➢ 剖切面的交线应与机件上的某孔中心线重合。

➢ 倾斜剖切面转平后，转平位置上原有结构不再画出，剖切面后边的其他结构仍按原来的位置投射。

➢ 当剖切后产生不完整要素时，应将该部分按照不剖绘制。

➢ 画旋转剖视图和复合剖视图时，必须加以标注。

➢ 当转折处地方有限又不至于引起误解时，允许省略字母。当剖视图按投影关系配置，中间又无其他图形隔开时，可省略箭头。

9.2.6　剖视图的注意事项

剖切面应通过机件的对称平面或孔、槽的轴线(在图上应沿对称线、轴线、对称中心线)，以便反映结构的真形，应避免剖切出不完整要素或不反映真形的剖面区域。

剖切是假想的，实际上并没有把机件切去一部分，因此，当机件的某一个视图画成剖视图以后，其他视图仍应按机件完整时的情形画出，如图 9-41 中的俯视图只画一半是错误的。

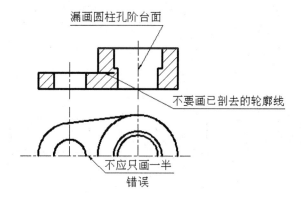

图 9-41　剖视图绘制常见错误（一）

剖切面后方的可见轮廓线应全部画出，不能遗漏，如图 9-42a 所示 的直观图上漏画了圆柱孔的台阶面是错误的。剖切面前方在已剖去部分上的可见轮廓线不应画出。

剖视图中一般不画不可见轮廓线。只有当需要在剖视图上表达这些结构，否则会增加视图数量时，才画出必要的虚线，如图 9-42b 中相互垂直的两条虚线应画出。

根据需要可同时将几个视图画成剖视图，它们之间相互独立，各有所用，互不影响。

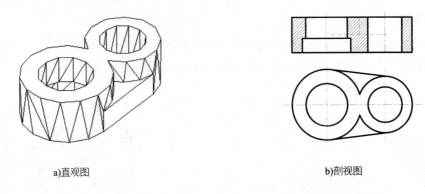

a)直观图　　　　　　　　　b)剖视图

图 9-42　剖视图绘制常见错误（二）

9.2.7　剖视图绘制实例

绘制如图 9-43 所示的两个键槽部分的剖视图。

01 启动 AutoCAD 2018，打开 "第 09 章\9.2.7 剖视图绘制实例.dwg" 文件，轴主视图如图 9-43 所示。

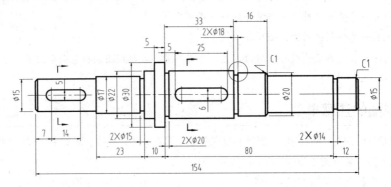

图 9-43　轴主视图

02 将【中心线】图层置为当前层，打开 "极轴追踪" 和 "对象捕捉" 功能，调用 L【直线】命令，捕捉第一处键槽剖切面符号，在其正上方绘制一条长为 20mm 的竖直中心线，如图 9-44 所示。

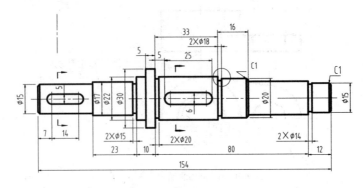

图 9-44　绘制竖直中心线

03 重复调用 L【直线】命令，绘制水平中心线，如图 9-45 所示。

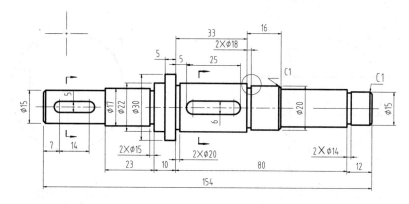

图 9-45   绘制水平中心线

04 用同样的方法，调用 L【直线】命令，绘制另一个剖切位置中心线，如图 9-46 所示。

05 将【object】图层置为当前后，调用 C【圆】命令，捕捉左侧中心线交点，绘制直径为 15mm 的圆，如图 9-47 所示。

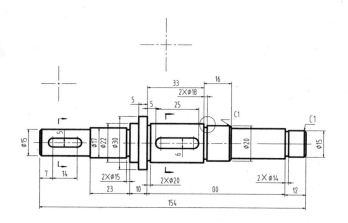

图 9-46   绘制另一个剖切位置中心线

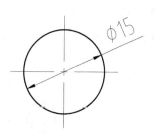

图 9-47   绘制第一个圆

06 使用同样的方法，在另一个中心线的交点上绘制直径为 22mm 的圆，如图 9-48 所示。

07 调用 O【偏移】命令，将左侧圆的水平中心线分别向两侧偏移 2.5mm，并将偏移线转换至【object】图层，如图 9-49 所示。

图 9-48   绘制第二个圆

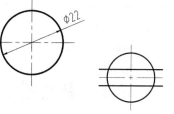

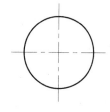

图 9-49   偏移中心线

08 用同样的方法，再将竖直中心线向右偏移 5mm，并转换至【object】图层，如图 9-50 所示。调用 TR【修剪】命令，修剪多余直线，如图 9-51 所示，得到第一个轴断面图。

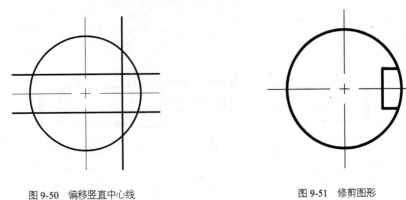

图 9-50　偏移竖直中心线　　　　　　　图 9-51　修剪图形

09 在命令行中输入"ANSI31"并按 Enter 键，根据命令行的提示对图形进行图案填充，如图 9-52 所示。

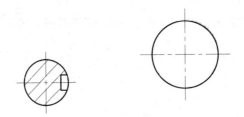

图 9-52　图案填充后的图形

10 使用同样的方法绘制另一个轴断面图，如图 9-53 所示。

11 至此，轴断面图全部绘制完成。

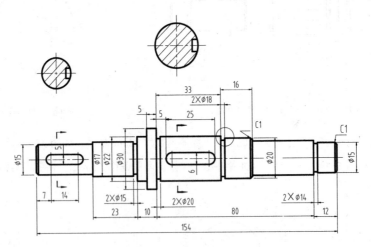

图 9-53　绘制完成的断面图

9.3　断面图

　　假想用剖切面将机件在某处切断，只画出切断面形状的投影并画上规定的剖面符号的图形称为断面图，简称为断面。为了得到断面结构的实体图形，剖切面一般应垂直于机件的轴线或该处的轮廓线。断面图一般用于表达机件的某部分的断面形状，如轴、孔、槽等结构。断面图分为移出断面图和重合断面图两种。

　　读者要注意区分断面图与剖视图，断面图仅画出机件断面的图形，而剖视图则要画出剖切面以后的所有部分的投影，如图 9-54 所示。

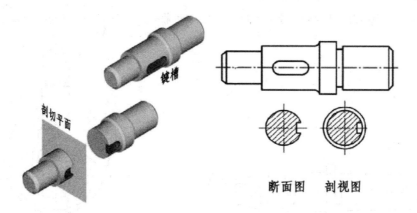

图 9-54　断面图和剖视图

9.3.1　移出断面图

画在轮廓线外的断面图称为移出断面图，如图 9-55 所示。

关于移出断面图，应注意以下几点。

➤ 移出断面的轮廓线用粗实线绘制，通常配置在剖切线的延长线上，如图 9-56 所示。

➤ 必要时可将移出断面配置在其他适当位置，在不引起误解的情况下，可以将断面图进行旋转。

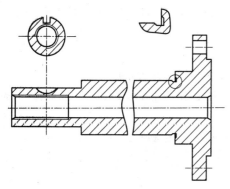

图 9-55　移出断面图

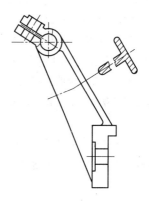

图 9-56　轮廓线画在剖切线的延长线上

➤ 当移出断面的图形对称时，也可画在视图的中断处，如图 9-57 所示。

➤ 由两个或多个相交剖切面剖得的移出剖面，中间一般应断开。

➤ 移出断面的其他画法和剖视图相同。

➤ 移出断面的标注和剖视图相同。

9.3.2　重合断面图

画在视图之内的剖面图称为重合断面图，如图 9-58 所示。

重合断面图绘制应注意以下两点。

➤ 重合断面图的轮廓线用细实线绘制，当视图中的轮廓线与重合断面的图形重叠时，视图中的轮廓线仍应连续画出，不可间断。

➤ 不对称的重合断面图可省略标注。

重合断面图的标注和剖视图基本一致，但还需要注意以下两点。

➤ 对称的重合断面图不必标注。

➢ 不对称的重合断面图，用剖切符号表示剖切面位置，用箭头表示投影方向，但不必标注字母。

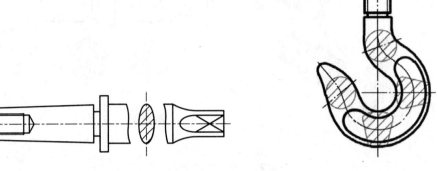

图 9-57　移出断面画在中断处　　　　　　图 9-58　重合断面图

9.4　其他视图

　　除了全剖视图、局部剖视图以及断面视图之外，还有一些其他的视图表达方法，如局部放大图、简化视图画法等，这里主要介绍局部放大图和视图的一些简化画法。

9.4.1　局部放大图

　　机件上某些细小结构在视图中表达得还不够清楚，或不便于标注尺寸时，可将这些部分用大于原图形所采用的比例画出，这种图形称为局部放大图。

　　绘制局部放大图应注意以下几点。

　　➢ 局部放大图可画成视图、剖视、剖面，它与被放大部分的表达方式无关。

　　➢ 局部放大图应尽量配置在被放大部位的附近，在局部放大视图中应标注放大所采用的比例，如图 9-59 所示。

　　➢ 同一机件上不同部位的放大视图，当图形相同或对称时，只需要画出一个，如图 9-59 所示。

　　➢ 必要时可用多个图形来表达同一被放大部分的结构。

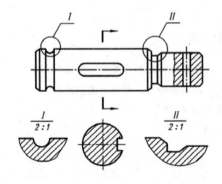

图 9-59　局部放大图

9.4.2　简化画法

　　在机械制图中用到的简化画法很多，下面对常用的几种简化画法进行介绍。

　　➢ 对于机件的肋、轮辐及薄壁等，如纵向剖切，这些结构都不画剖面符号，而用粗实线与其邻接部分分开如图 9-60 所示。

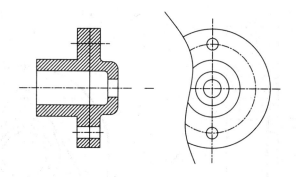

图 9-60　简化画法

➤ 在剖视图中的剖面区域中再做一次剖视图，两者剖面线应同方向、同间隔，但要相互错开，并用引出线标注局部视图的名称，如图 9-61 所示。

➤ 零件的工艺结构（如小圆角、倒角、退刀槽）可不画出。

➤ 若干相同零件组，如螺栓连接等，可仅画一组或几组，其余各组标明其装配位置即可。

➤ 用细实线表示带传动中的带，用点画线表示传动链中的链条，如图 9-62 所示。

此外，在 GB/T16675.1-2012《技术制图　简化表示法　第 1 部分：图样画法》中还规定了多种机件的简化画法。读者可以在实际应用中进行参考，本中不再一一详述。

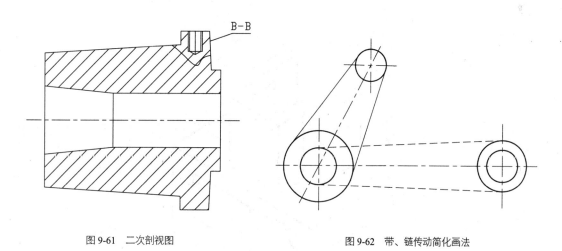

图 9-61　二次剖视图　　　　　　　　　　　图 9-62　带、链传动简化画法

9.5　习　题

1．填空题

(1) 国标规定，在原有的三个投影面基础上增加三个投影面，使得整个六个投影面形成一个正六面体，它们分别是_____、_____、_____、_____、仰视图、俯视图。

(2) 斜视图是指物体不平行于_____所得的视图，用于表达机件上倾斜结构的真实形状。

(3) 用一个不平行于任何基本投影面的单一剖切面剖开机件得到的剖视图称为_____。

(4) 除了全剖视图、局部剖视图以及断面图之外，还有一些其他的视图表达方法，如_____、_____等。

(5) 用几个平行的剖切面剖开机件的方法称为_____。

(6) 剖视图的分类主要包括_____、_____和_____。

2．操作题

(1) 绘制如图 9-63 所示的剖视图。

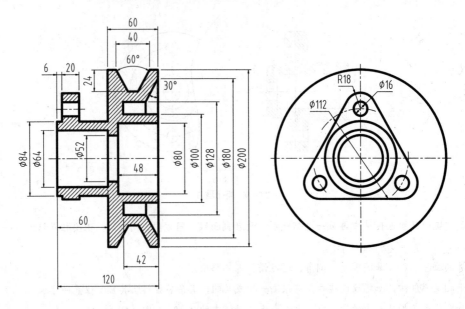

图 9-63 剖视图

(2) 将如图 9-64 所示的三维实体转化为三视图。

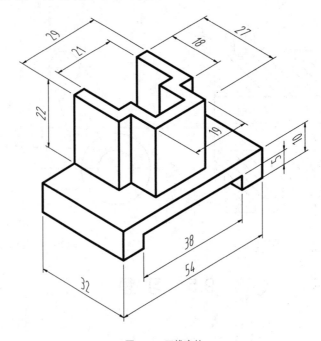

图 9-64 三维实体

第10章

创建图幅和机械样板文件

本章导读

如果将 AutoCAD 中的绘图工具比作设计师手中的铅笔，那么样板文件就可以看成是供铅笔涂写的图纸。选择合适格式的图纸可以让绘图事半功倍，选择合适的样板文件也可以让 AutoCAD 变得更为轻松。

样板文件存储图形的设置包含预定义的图层、标注样式、文字样式、表格样式\视图布局、图形界限等设置及绘制的图框和标题栏。样板文件通过扩展名.dwt 区别于其他图形文件。它们通常保存在 AutoCAD 安装目录下的 Template 文件夹中。

本章重点

➢ 了解机械制图的文字、线条、标注等基本规范
➢ 图幅的绘制方法
➢ 明细栏的创建方法
➢ 机械制图样板文件的创建和调用方法

10.1　机械制图国家标准规定

对于机械图样的图形画法、尺寸标准等，《机械制图》国家标准中都做了明确的规定，在绘制机械图样的过程中，应了解和遵循这些绘图标准和规范。

10.1.1　图幅图框的规定

图幅是指图纸的大小，分为横式幅面和立式幅面两种，图幅大小主要有 A0、A1、A2、A3、A4，如图 10-1 所示。图幅大小和图框有严格的规定。图纸以短边作为垂直边的为横式，以短边作为水平边的为立式。一般 A0~A3 图纸宜横式使用，必要时也可以立式使用。

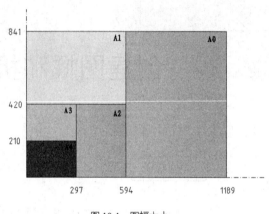

图 10-1　图幅大小

1.　图幅大小

机械制图国家标准中，对图幅的大小做了统一规定，各图幅的规格见表 10-1。

表 10-1　图幅国家标准　　　　　　　　　　　　　　　　　（单位：mm）

幅面代号		A0	A1	A2	A3	A4
图纸大小 $B×L$		1189×841	841×594	594×420	420×297	297×210
周边尺寸	a	25				
	c	10			5	
	e	20		10		

提示：a 表示留给装订的一边的空余宽度，c 表示其他 3 条边的空余宽度，如图 10-2 所示；e 表示无装订边的各边空余宽度，如图 10-3 所示。

绘制图样时，优先采用表 10-1 中规定的图幅尺寸，必要时可以按规定加长图纸的幅面。幅面的尺寸由基本幅面的短边成整数倍增加后得出。

2.　图框格式

机械制图的图框格式分为不留装订边和留装订边两种类型，分别如图 10-2 和图 10-3 所示。同一产品的图样只能采用同一种样式，并均应画出图框线和标题栏。图框线用粗实线绘制。

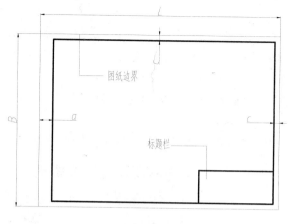

图 10-2　留装订边横图框

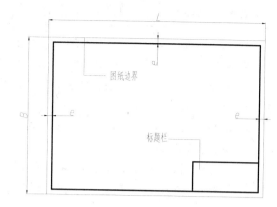

图 10-3　不留装订边横图框

当图样需要装订时，一般采用 A3 幅面横式，或 A4 幅面立式。

3．标题栏

国家标准规定机械图样中必须附带标题栏。标题栏相当于电器设备的铭牌，是用来标注图样内容的栏目，一般放在图纸的右下角，主要内容包括图样名称、图样代号、材料标记、比例、设计单位、制图人、设计人、校审人、审定人和完成日期等。标题栏的外框为粗实线，右边线应与图框线重合。

标题栏中的文字方向为看图方向，故图中的说明、符号均以标题栏文字为准。除了通用的标题栏之外，在装配图中还有罗列零件清单的明细栏，相关知识详见本章的 10.3 节。

10.1.2　比例

比例是指机械制图中图形与实物相应要素的尺寸之比。例如，比例为 1∶1 表示实物与图样相应的尺寸相等；比例大于 1 则实物比图样要小，称为放大比例；比例小于 1 则实物比图样要大，称为缩小比例。

表 10-2 所示为国家标准（GB/T 14690—1993）规定的制图比例种类和系列。

表 10-2　制图比例的种类和系列

比例种类	优先选取的比例	允许选取的比例
原比例	1∶1	1∶1
放大比例	5∶1　　　　2∶1 $5×10^n∶1$　$2×10^n∶1$　$1×10^n∶1$	4∶1　　　2.5∶1 $4×10^n∶1$　$2.5×10^n∶1$
缩小比例	1∶2　　　1∶5　　　1∶10 $1∶2×10^n$　$1∶5×10^n$　$1∶1×10^n$	1∶1.5　1∶2.5　　　1∶3 1∶4　　$1∶1.5×10^n$　$1∶2.5×10^n$ $1∶3×10^n$　　$1∶4×10^n$

机械制图中常用的 3 种比例为 2∶1、1∶1 和 1∶2。比例的标注符号应以"∶"表示，标注方法如 1∶1、1∶100 等。比例一般应标注在标题栏中的比例栏内，局部视图或者剖视图也需要在视图名称的下方或者右侧标注比列，如图 10-4 所示。

图 10-4　比例的另行标注

10.1.3 字体

文字是机械制图中必不可少的要素，因此国家标准对字体也做了相应的规定，详见 GB/T 14691。对机械图样中书写的汉字、字母、数字的字体及号（字高）规定如下。

➤ 图样中书写的字体必须做到：字体端正、笔画清楚、排列整齐、间隔均匀。汉字应写成长仿宋体，并应采用国家正式公布推行的简化字。

➤ 字体的号数即字体的高度，分为 20mm、14mm、10mm、7mm、5mm、3.5mm、2.5mm 这 7 种，字体的宽度约等于字体高度的 2/3。

➤ 斜体字字头向右倾斜，与水平线约成 75° 角。

➤ 用作指数、分数、极限偏差、注脚等的数字及字母一般采用小一号字体。

 数字及字母的笔画宽度约为字体高度的 1/10，汉字字高不宜采用 2.5mm。

图 10-5 所示为机械制图的字体应用示例。

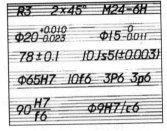

图 10-5 字体的应用示例

10.1.4 图线标准

在机械制图中，不同线型和线宽的图形表示不同的含义，因此需要设置不同的图层分别绘制各种图形的不同部分。

在 GB/T 4457.4—2002《机制制图—图样画法—图线》中，对机械图形中使用的各种图形的名称、线型、线宽及在图形中的应用都做了相关规定，见表 10-3。

表 10-3 图线的形式和应用

图线名称	图线型式	图线宽度	一般应用
粗实线	——	b	可见轮廓线、可见过渡线
细实线		约 $b/3$	剖面线、尺寸线、尺寸界线、引出线、弯折线、牙底线、齿根线、辅助线等
细点画线	– · – · –	约 $b/3$	中心线、轴线、齿轮节线等
虚线	– – – –	约 $b/3$	不可见轮廓线、不可见过渡线
波浪线	∿	约 $b/3$	断裂处的边界线、剖视和视图的分界线
双折线	∿	约 $b/3$	断裂处的边界线
粗点画线	▬▬▬	b	有特殊要求的线或者表面的表示线
双点画线		约 $b/3$	相邻辅助零件的轮廓线、极限位置的轮廓线、假想投影轮廓线

10.1.5 尺寸标注格式

在机械制图国家标准（GB/T 4458.4—2003）中，对尺寸标注的基本规则、尺寸线、尺寸界线、标注尺寸的符号、简化标注以及尺寸的公差与配合标注等都有详细的规定。尺寸标注要素的规定如下。

❑ 尺寸线和尺寸界线

➢ 尺寸线和尺寸界线均以细实线画出。

➢ 线性尺寸的尺寸线应平行于表示其长度或距离的线段。

➢ 图形的轮廓线、中心线或它们的延长线可以用作尺寸界线，但是不能用作尺寸线，如图 10-6 所示。

➢ 尺寸界线一般应与尺寸线垂直。当尺寸界线过于贴近轮廓线时，允许将其倾斜画出，在光滑过渡处，需用细实线将其轮廓线延长，从其交点引出尺寸界线。

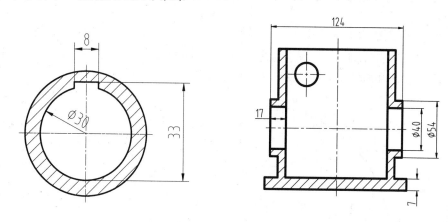

图 10-6　尺寸线和尺寸界线

❑ 尺寸线终端

尺寸线终端有箭头或细斜线、点等多种形式。机械制图中使用较多的是箭头和斜线，如图 10-7 所示。箭头适用于各类图形的标注，斜线一般只是用于建筑或者室内尺寸标注，箭头尖端与尺寸界线接触，不得超出或者离开。当然，图形也可以使用其他尺寸终端形式，但是同一图样中只能采用一种尺寸终端形式。

图 10-7　尺寸终端的几种形式

❑ 尺寸数字的规定

线性尺寸的数字一般标注在尺寸线的上方或者尺寸线中断处。同一图样内尺寸数字的字号大小应一致，位置不够可引出标注。当尺寸线呈竖直方向时，尺寸数字标注在尺寸的左侧，字头朝左，其余方向时，字头需朝上，如图 10-8 所示。尺寸数字不可被任何线通过。当尺寸数字不可避免地被图线通过时，必须把图线断开，如图 10-9 所示的中心线。

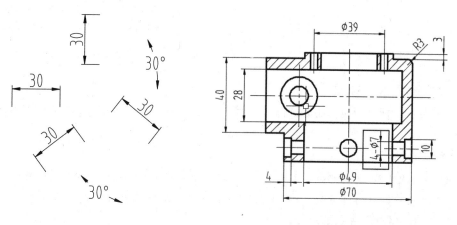

图 10-8　线性尺寸标注　　　　　　　　　　　　　　图 10-9　尺寸数字

尺寸数字前的符号用来区分不同类型的尺寸，见表 10-4。

表 10-4　尺寸标注常见前缀符号的含义

φ	R	S	t	□	±	×	<	-
直径	半径	球面	板状零件厚度	正方形	正负偏差	参数分隔符	斜度	连字符

❑　**直径及半径尺寸的标注**

直径尺寸的数字前应加前缀"∅"，半径尺寸的数字前加前缀"R"，其尺寸线应通过圆弧的圆心。当圆弧的半径过大时，可以使用如图 10-10 所示的两种圆弧标注方法。

图 10-10　圆弧半径过大的标注方法

❑　**弦长及弧长尺寸的标注**

➤ 弦长和弧长的尺寸界线应平行于该弦或者弧的垂直平分线，当弧度较大时，可沿径向引出尺寸界线。

➤ 弦长的尺寸线为直线，弧长的尺寸线为圆弧，在弧长的尺寸线上方须用细实线画出"⌒"弧度符号，如图 10-11 所示。

❑　**球面尺寸的标注**

标注球面的直径和半径时，应在符号"∅"和"R"前再加前缀"S"，如图 10-12 所示。

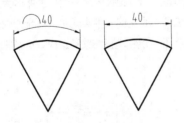

图 10-11　弧长和弦长的标注

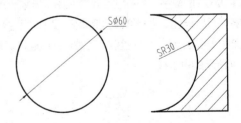

图 10-12　球面标注方法

❑　**正方形结构尺寸的标注**

对于正截面为正方形的结构，可在正方形边长尺寸之前加前缀"□"或以"边长×边长"的形式进行标注，如图 10-13 所示。

❑　**角度尺寸的标注**

➤ 角度尺寸的尺寸界线应沿径向引出，尺寸线为圆弧，圆心是该角的顶点，尺寸线的终端为箭头。

➤ 角度尺寸值一律写成水平方向，一般注在尺寸线的中断处，角度尺寸标注如图 10-14 所示。

其他结构的标注请参考相关国家标准。

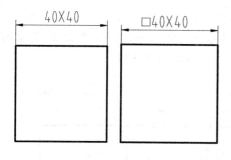

图 10-13　正方形的标注方法

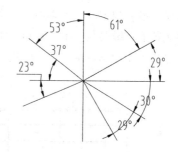

图 10-14　角度尺寸的标注

10.2　图幅的绘制

机械制图的图幅包括图框和标题栏两个部分，而标题栏又分为零件图的标题栏和装配图的明细栏。本节介绍图幅的具体绘制方法。

【案例 10-1】：　绘制 A3 图框

图框由简单的水平直线和竖直直线组成，在绘制时可以使用【直线】或【矩形】配合【偏移】命令来绘制。

01 单击快速访问工具栏中的【新建】按钮▢，新建空白图形文件。

02 在【常用】选项卡中单击【绘图】面板中的【矩形】按钮▢，在任意位置绘制一个 420mm×297mm 的矩形，如图 10-15 所示。

03 在命令行输入 X，执行【分解】命令，分解已绘制的矩形，如图 10-16 所示。

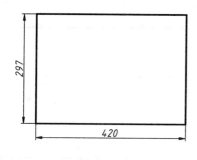

图 10-15　绘制矩形

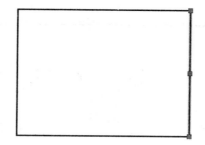

图 10-16　分解矩形

04 单击【修改】面板中的【偏移】按钮，将左端的竖直直线向右偏移 25mm，其余三条直线向矩形内偏移 5mm，如图 10-17 所示。调用【修剪】命令，修剪多余的线段，如图 10-18 所示，完成 A3 图框的绘制。

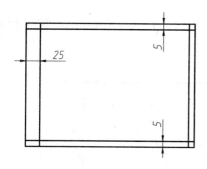

图 10-17　偏移直线

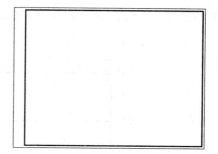

图 10-18　修剪图形

【案例 10-2】：　绘制标题栏

机械制图中的标题栏应配置在图框的右下角。它一般由更改区、签字区、其他区、名称以及代号区组成。填写的内容主要有零件的名称、材料、数量、比例、图样代号以及设计、审核、批准者的姓名、日期等。标题栏的尺寸和格式已经标准化，可参见有关标准。图 10-19 所示为常见的标题栏形式与尺寸。

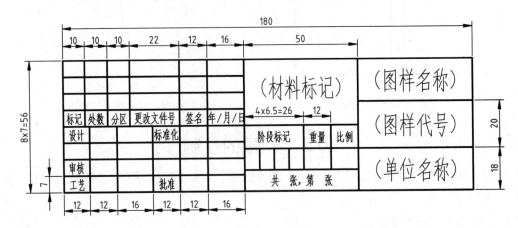

图 10-19　标题栏

　　在实际工作中，标题栏的形式与内容会因各个企业的标准不同而不同，因此本例只介绍其中较常见的一种。

01 打开素材文件 "第 10 章\10-1 绘制 A3 图框-O‐K.dwg"，在【案例 10-1】的基础上继续绘制，如图 10-20 所示。

02 调用 L【直线】命令，在 A3 图框的右下角绘制长度分别为 180mm、56mm 的标题栏边线，如图 10-21 所示。

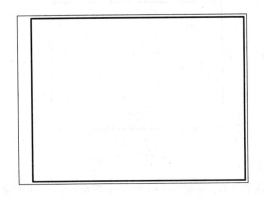

图 10-20　素材图形

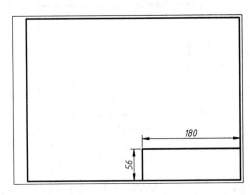

图 10-21　绘制标题栏

03 绘制标题栏左下方区域。将标题栏左侧边线向右偏移 80mm，然后从中点处连接这两条竖直线，如图 10-22 所示。

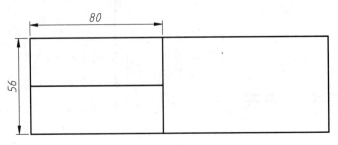

图 10-22　偏移边线并连接中点

04 将从中点连接的水平直线向下进行偏移，偏移距离为 7mm，偏移 3 次，效果如图 10-23 所示。

05 按相同方法偏移左侧的竖直直线，偏移距离分别为 12mm、12mm、16mm、12mm、12mm、16mm，如图 10-24 所示。

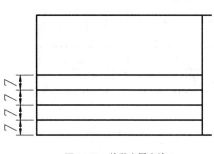

图 10-23 偏移水平直线

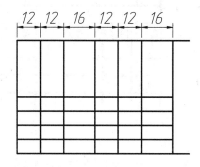

图 10-24 偏移竖直直线

06 使用 TR【修剪】命令，将伸出的竖直直线裁剪，即可得到标题栏左下角区域的图形，如图 10-25 所示。

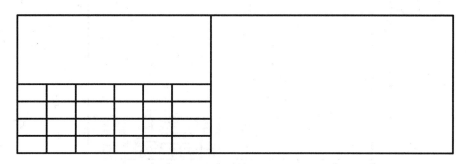

图 10-25 标题栏左下角区域效果

07 使用相同方法，绘制标题栏的其他区域，效果如图 10-26 所示。

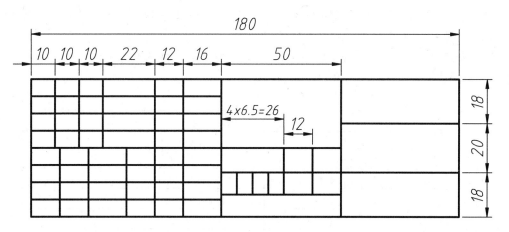

图 10-26 绘制标题栏的其他区域

08 输入说明文字。执行 MT【多行文字】命令，在标题栏的空白处输入说明文字，效果如图 10-27 所示（括号中的文本为输入提示）。

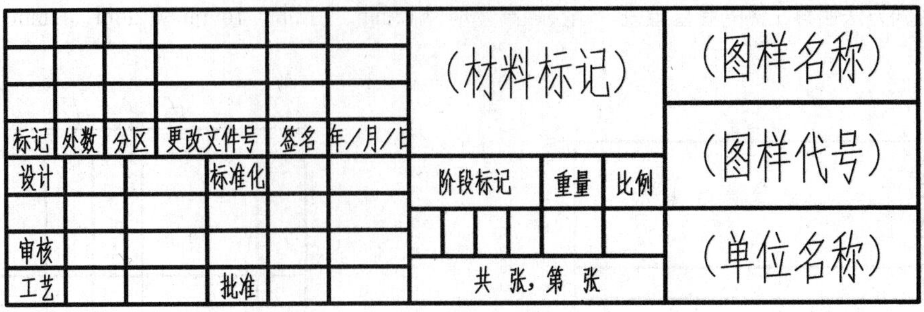

(材料标记)
(图样名称)
(图样代号)
(单位名称)
标记
处数
分区
更改文件号
签名
年/月/日
设计
标准化
阶段标记
重量
比例
审核
工艺
批准
共 张，第 张

图 10-27　输入说明文字

09 绘制完成的标题栏与图幅效果如图 10-28 所示。

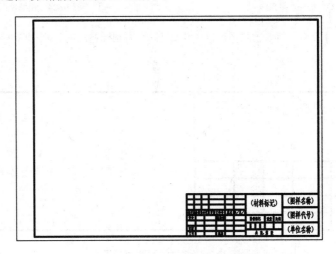

图 10-28　绘制完成的标题栏与图幅效果

10.3　明细栏

为了方便装配时零件的查找和图样的管理，必须对零件编号，列出零件的明细栏。明细栏是装配图中所有零件的目录，一般绘制在标题栏上方，可以和标题栏相连在一起，也可以单独画出。明细栏序号按零件编号从下到上列出，以方便修改。明细栏中的竖直轮廓线用粗实线绘出，水平轮廓线用细实线。

图 10-29 所示为装配图明细栏的常用形式和尺寸。

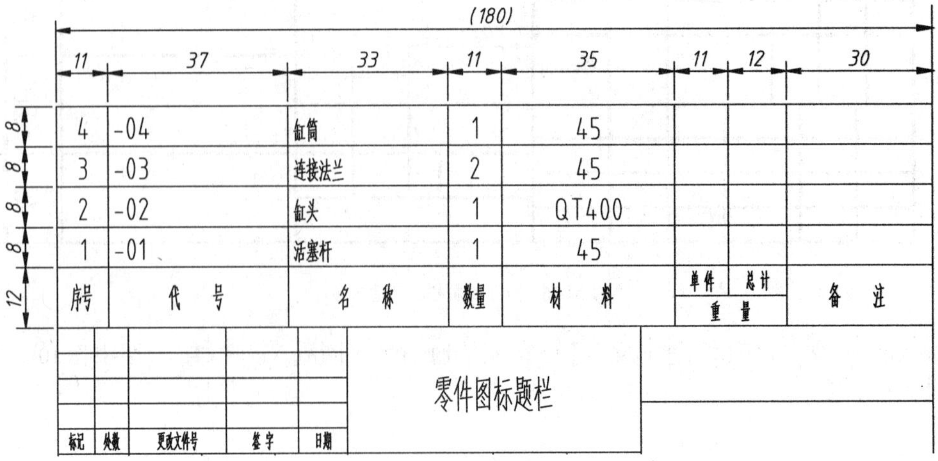

(180)
11
37
33
11
35
11
12
30
8
8
8
8
12
4 -04 缸筒 1 45
3 -03 连接法兰 2 45
2 -02 缸头 1 QT400
1 -01 活塞杆 1 45
序号
代 号
名 称
数量
材 料
单件
总计
重 量
备 注
零件图标题栏
标记
处数
更改文件号
签字
日期

图 10-29　装配图明细栏

明细栏的格数应根据需要而定。当由下而上的位置不够时，可以在紧靠标题栏的位置由下而上延续。

当装配图中不能在标题栏的上方配置明细栏时，可以将明细栏作为装配图的续页，按 A4 幅面单独给出，且顺序应变为由上而下延伸，可以连续加页，但是应在明细栏的下方配置标题栏，并且在标题栏中填写与装配图相一致的名称和代号。明细栏中的字体和线型应按照国家标准规定进行绘制。当同一图样代号的装配图有多张图纸时，明细栏应放在第一张装配图上。

1. 明细栏的内容和格式

明细栏的内容和格式要求如下。

➤ 机械制图中的明细栏一般由代号、序号、名称、数量、材料、重量、备注等内容组成。可根据实际需要增加或减少。

➤ 明细栏放置在装配图中时，格式应遵循图样的要求。

2. 明细栏中项目的填写

明细栏在填写内容时，应注意以下规则。

➤ 序号一栏中应填写图样中相应组成部分的序号。

➤ 代号一栏中应填写图样中相应组成部分的图样代号和标准号。

➤ 名称一栏中应填写图样中相应组成部分的名称。

➤ 数量一栏中应填写图样中相应部分在装配中所需要的数量。

➤ 材料一栏中应填写各零部件的材料或组成部分。

➤ 重量一栏中应填写各零部件的具体重量。一般由三维建模时计算得出，如果没有建模环节则省略不写。

➤ 备注一栏中应填写各项的附加说明或其他有关的内容。若需要，分区代号可按有关规定填写在备注栏中。

【案例 10-3】： 绘制装配图明细栏

明细栏的画法与标题栏相同。可以使用表格创建，也可以使用直线和偏移命令创建。如果事先零件明细都已经确定了，可以直接使用表格的方法绘制；如果还没有确定，建议采用本例的方法用直线、偏移等命令绘制单独的一行，然后根据情况复制即可。

01 单击快速访问工具栏中的【新建】按钮🗅，新建空白图形文件。

02 绘制表头。在【常用】选项卡中单击【绘图】面板中的【矩形】按钮🗖，在任意位置绘制一个 180mm×12mm 的矩形，如图 10-30 所示。

图 10-30 绘制矩形

03 在命令行输入 X，执行【分解】命令，分解已绘制的矩形，然后执行 O【偏移】命令，将最左侧的竖直边线向右偏移 11mm、37mm、33mm、11mm、35mm、11mm、12mm、30mm，如图 10-31 所示。

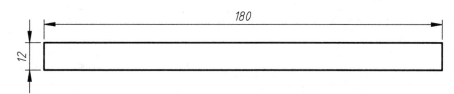

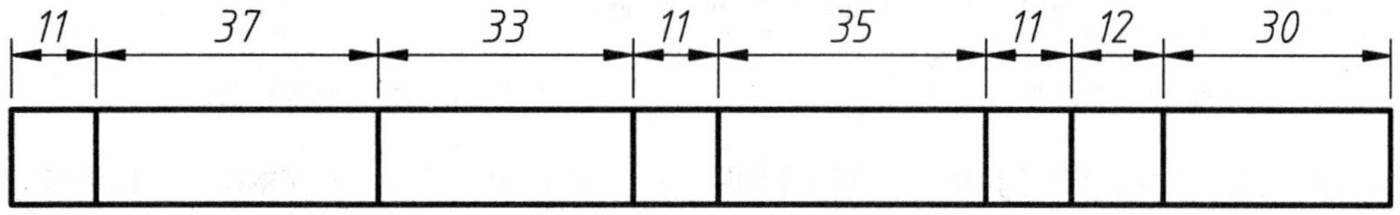

图 10-31 偏移竖直边线

04 绘制明细行。按相同方法，在表头行的上方绘制高度为 8mm 的明细行，如图 10-32 所示。

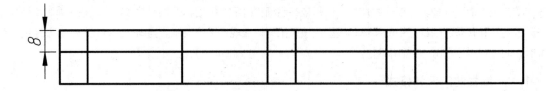

图 10-32 绘制明细行

05 执行 MT【多行文字】命令，在表头行的空白处输入说明文字，效果如图 10-33 所示。

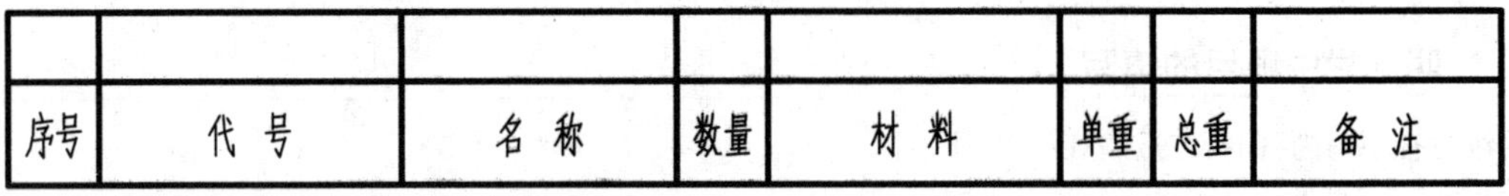

序 号	代 号	名 称	数量	材 料	单重	总重	备 注

图 10-33 输入表头文字

10.4 创建机械制图样板文件

用户可根据需要创建自定义的样板文件，以后绘制新图，可以直接调用样板文件，在基于该文件各项设置的基础上开始绘图，提高绘图的效率。

【案例 10-4】：设置绘图环境

绘图环境包括图形单位和图层。在设置图层时要按照 GB/T 4457.4—2002《机制制图 图样画法 图线》的标准进行设置。

01 打开素材文件"第 10 章\10-3 绘制标题栏-OK.dwg"，在【案例 10-3】的基础上继续绘制。

02 在命令行输入"UN"命令，系统将弹出【图形单位】对话框，设置好绘图单位，如图 10-34 所示。

03 单击【图层】面板中的【图层特性】按钮，打开如图 10-35 所示的【图层特性管理器】对话框。

图 10-34 【图形单位】对话框

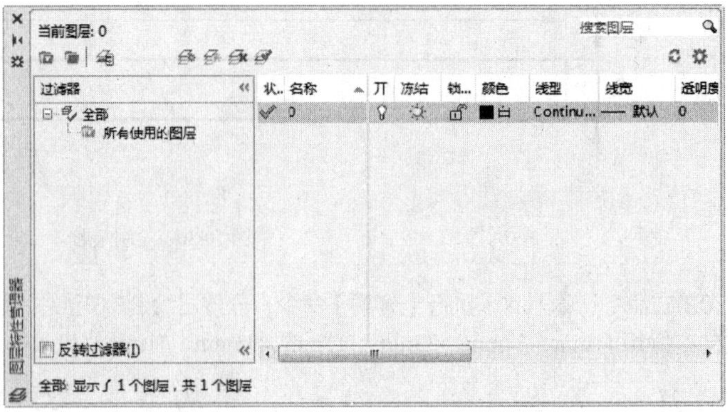

图 10-35 【图层特性管理器】对话框

04 新建图层。单击【新建】按钮，新建【图层 1】，如图 10-36 所示。此时文本框呈可编辑状态，在其中输入文字"中心线"并按 Enter 键，重命名图层，如图 10-37 所示。

图 10-36　新建图层

图 10-37　重命名图层

05 设置图层特性。单击中心线图层对应的【颜色】项目，弹出【选择颜色】对话框，选择红色作为该图层的颜色，如图 10-38 所示。单击【确定】按钮，返回【图层特性管理器】对话框。

06 单击中心线图层对应的【线型】项目，弹出【选择线型】对话框，如图 10-39 所示。

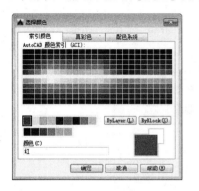

图 10-38　选择图层颜色

图 10-39　【选择线型】对话框

07 加载线型。对话框中若没有需要的线型，可单击【加载】按钮，弹出【加载或重载线型】对话框，如图 10-40 所示，选择"CENTER"线型，单击【确定】按钮，将其加载到【选择线型】对话框中，如图 10-41 所示。

图 10-40　【加载或重载线型】对话框

图 10-41　加载"CENTER"线型

08 选择"CENTER"线型，单击【确定】按钮即为中心线图层指定了线型。

09 单击中心线图层对应的【线宽】项目，弹出【线宽】对话框，选择线宽为 0.18 mm，如图 10-42 所示。单击【确定】按钮，即为中心线图层指定了线宽。

10 创建的中心线图层如图 10-43 所示。

 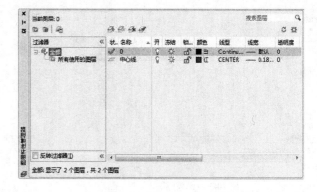

图 10-42 选择线宽　　　　　　　　　　图 10-43 创建的中心线图层

11 重复上述步骤，分别创建【轮廓线】、【标注线】、【剖面线】、【符号线】和【虚线】图层，为各图层选择合适的颜色、线型和线宽特性，结果如图 10-44 所示。

图 10-44 创建其他图层

【案例 10-5】： 设置文字样式

机械制图中所标注的文字都需要一定的文字样式，如果不希望使用系统默认的文字样式，在创建文字之前就应创建所需的文字样式。新建文字样式的步骤如下。

01 沿用前面的素材文件进行操作。

02 新建文字样式。执行【格式】□【文字样式】命令，弹出【文字样式】对话框，如图 10-45 所示。

03 新建样式。单击【新建】按钮，弹出【新建文字样式】对话框，在【样式名】文本框中输入"机械设计文字样式"，如图 10-46 所示。

图 10-45 【文字样式】对话框　　　　　　图 10-46 【新建文字样式】对话框

04 单击【确定】按钮，返回【文字样式】对话框。新建的文字样式出现在对话框左侧的【样式】列表框中，如图 10-47 所示。

05 设置字体样式。在【SHX 字体】下拉列表框中选择 "gbenor.shx" 样式，勾选【使用大字体】复选框，在【大字体】下拉列表框中选择 "gbcbig.shx" 样式，如图 10-48 所示。

图 10-47　新建的文字样式　　　　　　　　　　图 10-48　设置字体样式

06 设置文字高度。在【大小】选项组的【高度】文本框中输入 2.5，如图 10-49 所示。

07 设置宽度和倾斜角度。在【效果】选项组的【宽度因子】文本框中输入 0.7，【倾斜角度】保持默认值，如图 10-50 所示。

图 10-49　设置文字高度　　　　　　　　　　图 10-50　设置文字宽度与倾斜角度

08 单击【置为当前】按钮，将文字样式置为当前层，关闭对话框，完成设置。

【案例 10-6】：　设置尺寸标注样式

机械制图有其特有的标注规范，本案例将运用前面介绍的知识来创建用于机械制图的标注样式，步骤如下。

01 沿用前面的素材文件进行操作。

02 执行【格式】|【标注样式】命令，弹出【标注样式管理器】对话框，如图 10-51 所示。

03 单击【新建】按钮，系统弹出【创建新标注样式】对话框，在【新样式名】文本框中输入 "机械图标注样式"，如图 10-52 所示。

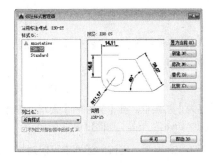

图 10-51　【标注样式管理器】对话框　　　　图 10-52　【创建新标注样式】对话框

04 单击【继续】按钮，弹出【新建标注样式：机械图标注样式】对话框。选择【线】选项卡，设置【基线间距】为 8mm，设置【超出尺寸线】为 2.5mm，设置【起点偏移量】为 2mm，如图 10-53 所示。

05 选择【符号和箭头】选项卡，设置【引线】为【无】，设置【箭头大小】为 2.5mm，设置【圆心标记】为 2.5mm，设置【弧长符号】为【标注文字的上方】，设置【半径折弯角度】为 90°，如图 10-54 所示。

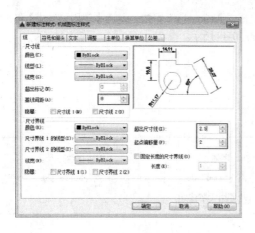

图 10-53 【线】选项卡   图 10-54 【符号和箭头】选项卡

06 选择【文字】选项卡，单击【文字样式】中的 … 按钮，设置文字为 "gbenor.shx"，设置【文字高度】为 2.5mm，设置【文字对齐】为【ISO 标准】，如图 10-55 所示。

07 选择【主单位】选项卡，设置【线性标注】中的【精度】为 0.00，设置【角度标注】中的【精度】为 0.0，【消零】都设置为【后续】，如图 10-56 所示。然后单击【确定】按钮，选择【置为当前】，单击【关闭】按钮，完成设置。

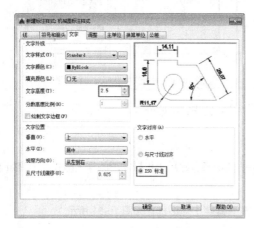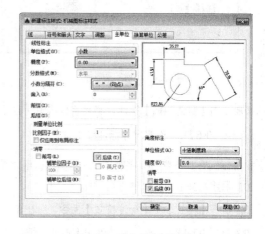

图 10-55 【文字】选项卡   图 10-56 【主单位】选项卡

【案例 10-7】： 保存为样板文件

将创建好的图框保存为样板文件后，在新建文件时选择该样板，将其打开，其中就有设置好的图层、文字与各种图块等。本书后续的章节在未声明的情况下，均默认为采用该图形样板。

01 沿用前面的素材文件进行操作。

02 单击快速访问工具栏中的【保存】按钮，打开【图形另存为】对话框，在【文件名】文本框中输入 "机械制图"，在【文件类型】下拉列表中选择 "AutoCAD 图形样板（*.dwt）" 类型，如图 10-57 所示。

03 单击【保存】按钮，系统弹出【样板选项】对话框，如图 10-58 所示。在该对话框中可以对样板文件进行说明。

04 单击【确定】按钮，保存样板文件。至此，样板文件创建完成，执行【文件】|【新建】菜单命令，打开【选择样板】对话框，就可看到创建好的样板文件，如图 10-59 所示。

图 10-57　选择保存类型

图 10-58　【样板选项】对话框

图 10-59　【选择样板】对话框

第11章 绘制机械零件图

本章导读

应零件图的基本要求应遵循 GB/T 17451—1998《技术制图 图样画法 视图》的规定。该标准明确指出：绘制技术图样时，应首先考虑看图方便。根据物体的结构特点选用适当的表达方法，在完整、清晰地表达物体形状的前提下，力求制图简便。

本章先介绍了零件图的具体知识，然后通过实例讲解了各类型零件图的绘制与审阅方法。

本章重点

➤ 轴套类零件图的特点

➤ 轴套类零件图的绘制思路和方法

➤ 轮盘类零件图的特点

➤ 轮盘类零件图的绘制思路和方法

➤ 叉架类零件图的特点

➤ 叉架类零件图的绘制方法

➤ 箱体类零件图的特点

➤ 箱体类零件图的绘制方法

11.1 典型零件图的表达与审阅方法

虽然机械零件的形状、用途多种多样，加工方法也各不相同，但有许多共同之处。根据零件在结构形状、表达方法上的某些共同特点，常将其分为轴套类零件、轮盘类零件、叉架类零件和箱体类零件四类。由于零件的形状各不相同，所以不同的零件选择视图的方法也不同。

11.1.1 轴套类零件

轴套类零件的基本形状是同轴回转体。在轴上通常有键槽、销孔、螺纹退刀槽、倒圆等结构。此类零件主要是在车床或磨床上加工。

这类零件的主视图按其加工位置选择，一般按水平位置放置。这样既可把各段形体的相对位置表示清楚，同时又能反映出轴上轴肩、退刀槽等结构。

轴套类零件的主要结构形状是回转体，一般只画一个主视图。确定了主视图后，由于轴上的各段形体的直径尺寸在其数字前加注符号"φ"表示，因此不必画出其左（或右）视图。对于零件上的键槽、孔等结构，一般可采用局部视图、局部剖视图、移出断面和局部放大图来表示，如图11-1所示。

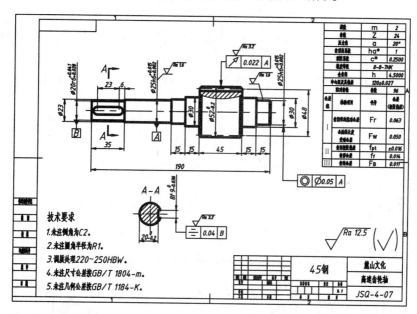

图 11-1　轴类零件图

轴类零件图在进行审阅时，要重点注意各轴段的直径尺寸与表面粗糙度。这些部位与其他零部件（如轴承）有配合，因此要看配合公差是不是符合要求。此外，还要结合机加工知识来判断设计的合理性。

11.1.2 轮盘类零件

轮盘类零件包括端盖、阀盖、齿轮等，这类零件的基本形体一般为回转体或其他几何形状的扁平的盘状体，通常还带有各种形状的凸缘、均布的圆孔和肋等局部结构。轮盘类零件的作用主要是轴向定位、防尘和密封。轮盘类零件的毛坯有铸件或锻件，机械加工以车削为主，主视图一般按加工位置水平放置，但有些较复杂的盘盖因加工工序较多，主视图也可按工作位置画出。为了表达零件内部的结构，主视图常取全剖视。

轮盘类零件一般需要两个以上的基本视图表达，除主视图外，为了表示零件上均布的孔、槽、肋、轮辐等结构，还需选用一个端面视图（左视图或右视图），如图11-2中就是增加了一个左视图，以表达凸缘和均布的通孔。此外，为了表达细小结构，有时还常采用局部放大图。

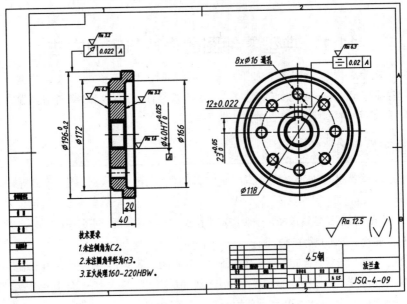

图 11-2　轮盘类零件图

轮盘类零件往往具有许多的圆孔，因此在审阅时要留意各孔的定位尺寸与定形尺寸，不得遗漏尺寸。如果是螺纹孔，最好用文字标明螺纹深度、底孔深度。

11.1.3　叉架类零件

叉架类零件一般有拨叉、连杆、支座等。此类零件常用倾斜或弯曲的结构联接零件的工作部分与安装部分。叉架类零件多为铸件或锻件，因而具有铸造圆角、凸台、凹坑等常见结构。

叉架类零件结构形状比较复杂，加工位置多变，有的零件工作位置也不固定，所以这类零件的主视图一般按工作位置原则和形状特征原则确定。

对其他视图的选择，常需要两个或两个以上的基本视图，并且还要用适当的局部视图、断面图等表达方法来表达零件的局部结构。

图 11-3 所示为叉架类零件图的示例。

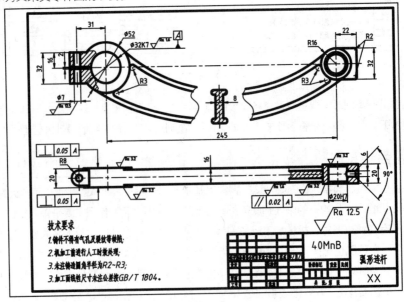

图 11-3　叉架类零件图

11.1.4　箱体类零件

箱体类零件主要有阀体、泵体、减速器箱体等零件，其作用是支持或包容其他零件，如图 11-4 所示。这类零件有复杂的内腔和外形结构，并带有轴承孔、凸台、肋板，此外还有安装孔、螺孔等结构。

由于箱体类零件加工工序较多，加工位置多变，所以在选择主视图时，主要根据工作位置原则和形状特征原则来考虑，并采用剖视，以重点反映其内部结构。

为了表达箱体类零件的内外结构，一般要用三个或三个以上的基本视图，并根据结构特点在基本视图上取剖视，还可采用局部视图、斜视图及规定画法等表达外形。

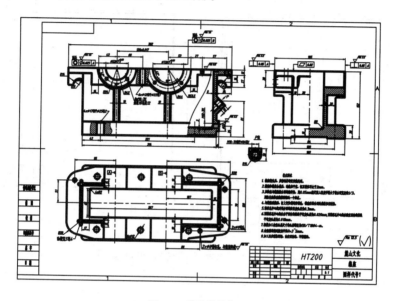

图 11-4　箱体类零件图

11.2　绘制传动轴零件图

如图 11-5 所示的零件是减速器中的传动轴。它属于阶梯轴类零件，由圆柱面、轴肩、螺纹、螺尾退刀槽、砂轮越程槽和键槽等组成。轴肩一般用来确定安装在轴上零件的轴向位置，各环槽的作用是使零件装配时有一个正确的位置，并使加工中磨削外圆或车螺纹时退刀方便；键槽用于安装键，以传递转矩。

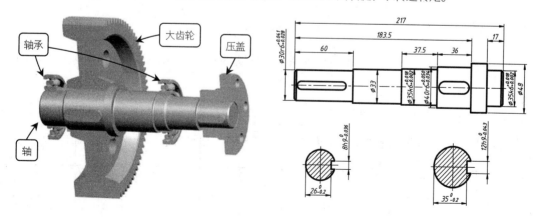

图 11-5　减速器中的传动轴

根据工作要求与条件，该传动轴规定了主要轴颈、外圆以及轴肩有较高的尺寸、位置精度和较小的表面粗糙度值，并有热处理要求。这些技术要求必须在加工中给予保证。因此，该传动轴的关键工序是轴颈和外圆的加工。下面绘制该减速器传动轴，具体步骤如下。

11.2.1 绘制主视图

根据 11.1.1 节的知识，从主视图开始绘制阶梯轴图形。

01 以第 10 章创建好的"机械制图.dwt"为样板文件，新建一空白文档，如图 11-6 所示。

02 将【中心线】图层设置为当前图层，执行 XL【构造线】命令，在合适的地方绘制水平的中心线，以及一条垂直的定位中心线，如图 11-7 所示。

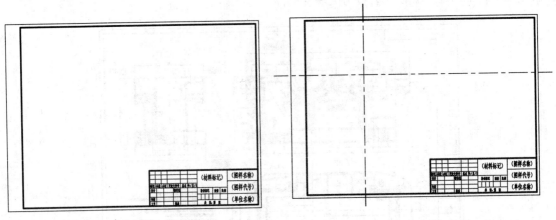

图 11-6 以"机械制图.dwt"为样板文件新建图形   图 11-7 绘制中心线

03 使用 O【偏移】命令，将垂直的中心线向右偏移 60mm、50mm、37.5mm、36mm、16.5mm、17mm，如图 11-8 所示。

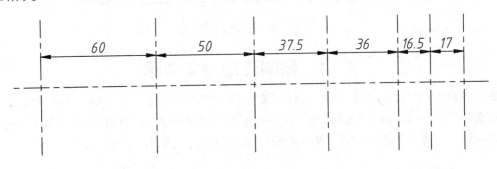

图 11-8 偏移垂直中心线

04 同样使用 O【偏移】命令，将水平的中心线向上偏移 15mm、16.5 mm、17.5 mm、20 mm、24 mm，如图 11-9 所示。

图 11-9 偏移水平中心线

05 切换到【轮廓线】图层，执行 L【直线】命令，绘制轴体的半边轮廓，再执行 TR【修剪】、E【删除】命令，修剪多余的辅助线，结果如图 11-10 所示。

图 11-10　绘制轴体

06 单击【修改】面板中的按钮，激活 CHA【倒角】命令，对轮廓线进行倒角，倒角尺寸为 *C*2 mm，然后使用 L【直线】命令，配合捕捉与追踪功能，绘制倒角的连接线，结果如图 11-11 所示。

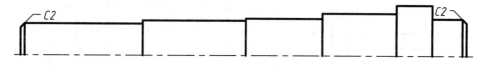

图 11-11　倒角并绘制连接线

07 使用快捷键 MI 激活【镜像】命令，对轮廓线进行镜像复制，结果如图 11-12 所示。

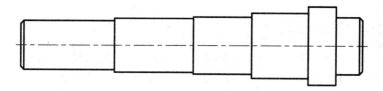

图 11-12　镜像图形

08 绘制键槽。使用快捷键 O 激活【偏移】命令，创建如图 11-13 所示的垂直辅助线。

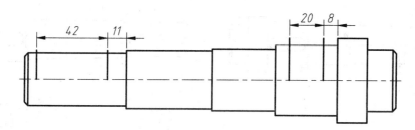

图 11-13　创建辅助线

09 将【轮廓线】图层设置为当前图层，使用 C【圆】命令，以刚创建的垂直辅助线与水平中心线的交点为圆心，绘制直径为 12 mm 和 8 mm 的圆，如图 11-14 所示。

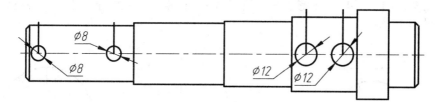

图 11-14　绘制圆

10 使用 L【直线】命令，配合【捕捉切点】功能，绘制键槽轮廓，如图 11-15 所示。

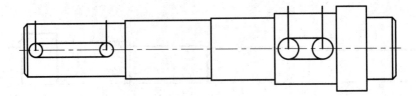

图 11-15　绘制键槽轮廓线

11 使用 TR【修剪】命令，对键槽轮廓进行修剪，并删除多余的辅助线，结果如图 11-16 所示。

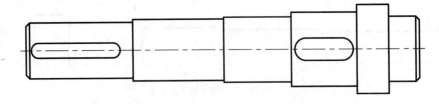

图 11-16　绘制完成

11.2.2　绘制移出断面图

主视图绘制完成后，就可以开始绘制键槽部位的移出断面图，以表示键槽的尺寸。

01 绘制断面图。将【中心线】图层设置为当前层，使用 XL【构造线】命令，绘制如图 11-17 所示的水平和垂直构造线，作为移出断面图的定位辅助线。

02 将【轮廓线】图层设置为当前图层，使用 C【圆】命令，以构造线的交点为圆心，分别绘制直径为 30 mm 和 40 mm 的圆，结果如图 11-18 所示。

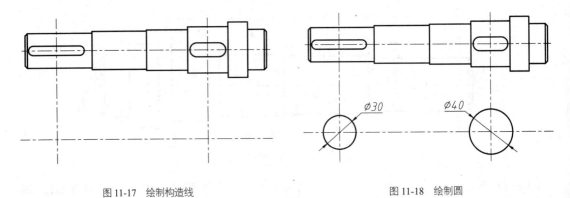

图 11-17　绘制构造线

图 11-18　绘制圆

03 单击【修改】面板中的【偏移】按钮 ⊑，对 φ30 mm 圆的水平和垂直中心线进行偏移，得到键槽辅助线，结果如图 11-19 所示。

图 11-19　偏移中心线得到键槽辅助线

04 将【轮廓线】图层设置为当前图层，使用 L【直线】命令绘制键槽深度，结果如图 11-20 所示。

05 综合使用 E【删除】和 TR【修剪】命令去掉不需要的构造线和轮廓线，结果如图 11-21 所示。

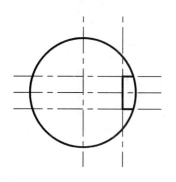

图 11-20　绘制键槽轮廓

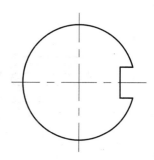

图 11-21　修剪键槽

06 按相同方法绘制 φ40 mm 圆的键槽，如图 11-22 所示。

07 将【剖面线】图层设置为当前图层，单击【绘图】面板中的【图案填充】按钮，为此剖面图填充【ANSI31】图案，填充比例为 1，角度为 0，填充结果如图 11-23 所示。

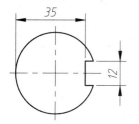

图 11-22　绘制 φ40 mm 圆的键槽轮廓

图 11-23　修剪键槽

08 绘制好的低速轴的轮廓图形如图 11-24 所示。

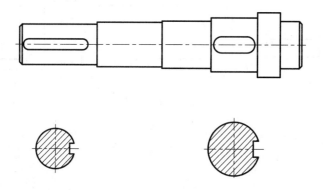

图 11-24　低速轴的轮廓图形

11.2.3　标注图形

图形绘制完毕后，就要对其进行标注，包括尺寸、几何公差、表面粗糙度等，还要填写有关的技术要求。

1. 标注尺寸

01 标注轴向尺寸。切换到【标注线】图层，执行 DLI【线性标注】命令，标注轴的轴向尺寸，如图 11-25 所示。

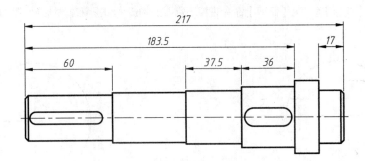

图 11-25　标注轴的轴向尺寸

提示 标注轴的轴向尺寸时，应根据设计及工艺要求确定尺寸基准，通常有轴孔配合端面基准面及轴端基准面。应使尺寸标注反映加工工艺要求，同时满足装配尺寸链的精度要求，不允许出现封闭的尺寸链。如图 11-25 所示，基准面 1 是齿轮与轴的定位面，为主要基准，轴段长度 36mm、183.5mm 都以基准面 1 作为基准尺寸；基准面 2 为辅助基准面，最右端的轴段长度 17mm 为轴承安装要求所确定；基准面 3 同基准面 2，轴段长度 60mm 为联轴器安装要求所确定；而未特别标明长度的轴段，其加工误差不影响装配精度，因而取为闭环，加工误差可积累至该轴段上，以保证主要尺寸的加工误差。

02 标注径向尺寸。同样执行 DLI【线性标注】命令，标注轴的各段直径长度（尺寸文字前注意添加"φ"），如图 11-26 所示。

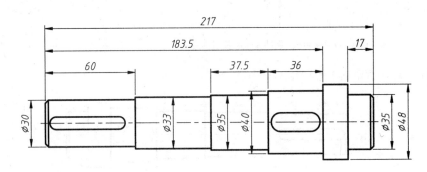

图 11-26　标注轴的径向尺寸

03 标注键槽尺寸。同样使用 DLI【线性标注】命令来标注键槽的移出断面图，如图 11-27 所示。

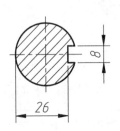 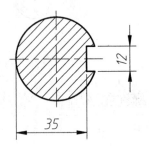

图 11-27　标注键槽的移出断面图

2. 添加尺寸精度

经过前面的分析可知，低速轴的精度尺寸主要集中在各径向尺寸上，与其他零部件的配合有关。

01 添加轴段 1 的精度。轴段 1 上需安装 HL3 型弹性柱销联轴器，因此尺寸精度可按对应的配合公差选取。此处由于轴径较小，因此可选用 r6 精度。查得 φ30mm 对应的 r6 公差为+0.028~+0.041mm。双击 φ30mm 标注，然后在文字后输入该公差文字，如图 11-28 所示。

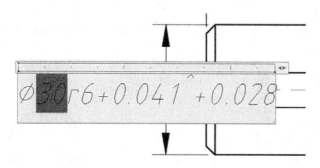

图 11-28 输入轴段 1 的尺寸公差

02 创建尺寸公差。按住鼠标左键，向后拖移，选中 "+0.041^+0.028" 文字，然后单击【文字编辑器】选项卡中【格式】面板中的【堆叠】按钮 ，即可创建尺寸公差，如图 11-29 所示。

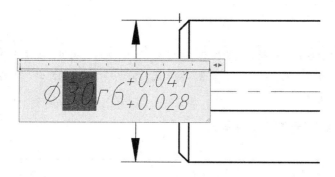

图 11-29 创建轴段 1 的尺寸公差

03 添加轴段 2 的精度。轴段 2 上需要安装端盖以及一些防尘的密封件（如毡圈），总的来说精度要求不高，因此可以不添加精度。

04 添加轴段 3 的精度。轴段 3 上需安装 6207 深沟球轴承，因此该段的径向尺寸公差可按该轴承的推荐安装参数进行取值，即 k6。查得 φ35mm 对应的 k6 公差为+0.002~+0.018mm，再按相同标注方法标注即可，如图 11-30 所示。

图 11-30 标注轴段 3 的尺寸公差

05 添加轴段 4 的精度。轴段 4 上需安装大齿轮，而轴、齿轮的推荐配合为 H7/r6，因此该段的径向尺寸公差即 r6。查得 φ40mm 对应的 r6 公差为+0.034~+0.050mm，再按相同标注方法标注即可，如图 11-31 所示。

06 添加轴段 5 的精度。轴段 5 为闭环，无尺寸，无需添加精度。

07 添加轴段 6 的精度。轴段 6 的精度同轴段 3，按轴段 3 进行添加，如图 11-32 所示。

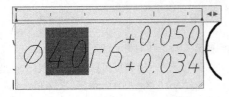

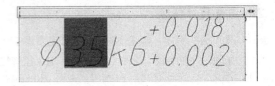

图 11-31　标注轴段 4 的尺寸公差　　　　　　　　图 11-32　标注轴段 6 的尺寸公差

08 添加键槽公差。取轴上的键槽的宽度公差为 h9，长度均向下取值-0.2mm，如图 11-33 所示。

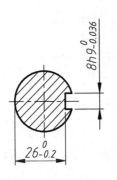

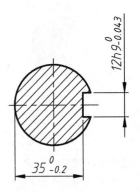

图 11-33　标注键槽的尺寸公差

> **提示**　由于在装配减速器时，一般是先将键敲入轴上的键槽，然后再将齿轮安装在轴上，因此轴上的键槽需要稍紧密，所以取负公差；而齿轮轮毂上键槽与键之间，需要轴向移动的距离，要超过键本身的长度，因此间隙应大一点，易于装配。

09 标注完尺寸精度的图形如图 11-34 所示。

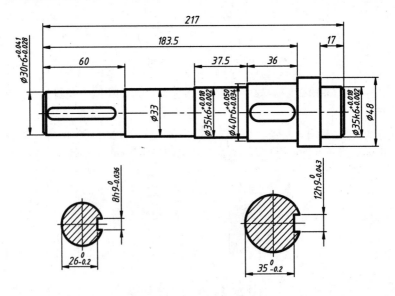

图 11-34　标注尺寸精度后的图形

> **提示**　不添加精度的尺寸均按 GB/T 1804—2000、GB/T 1184—1996 处理，需在技术要求中说明。

3.　标注几何公差

01 放置基准符号。调用样板文件中创建好的基准图块，分别以各重要的轴段为基准，即标明尺寸公差的轴段上放置基准符号，如图 11-35 所示。

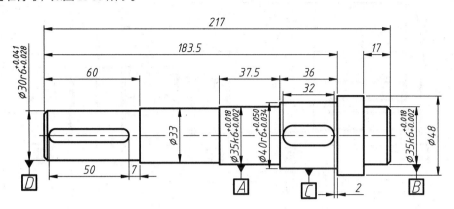

图 11-35　放置基准符号

02 添加轴上的几何公差。轴上的几何公差主要为轴承段、齿轮段的圆跳动，具体标注如图 11-36 所示。

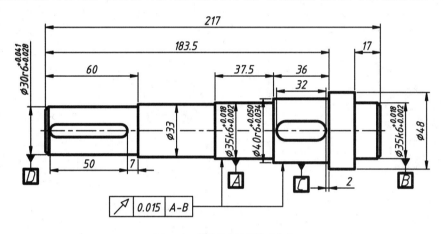

图 11-36　标注轴上的圆跳动公差

03 添加键槽上的几何公差。键槽上主要为相对于轴线的对称度，具体标注如图 11-37 所示。

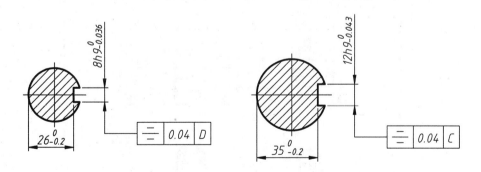

图 11-37　标注键槽上的对称度公差

4．标注表面粗糙度

01 标注轴上的表面粗糙度。调用样板文件中创建好的表面粗糙度图块，在齿轮与轴相互配合的表面上标注相应表面粗糙度，具体标注如图 11-38 所示。

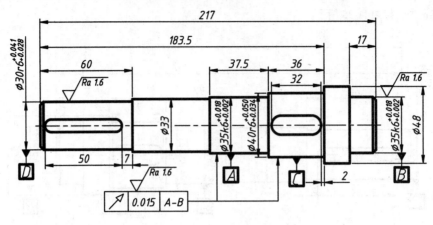

图 11-38 标注轴上的表面粗糙度

02 标注断面图上的表面粗糙度。键槽部分的表面粗糙度可按相应键的安装要求进行标注，本例中的标注如图 11-39 所示。

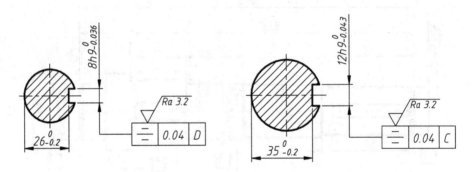

图 11-39 标注断面图上的表面粗糙度

03 标注其余表面粗糙度，然后对图形的一些细节进行修正，再将图形放置在 A4 图框中的合适位置，如图 11-40 所示。

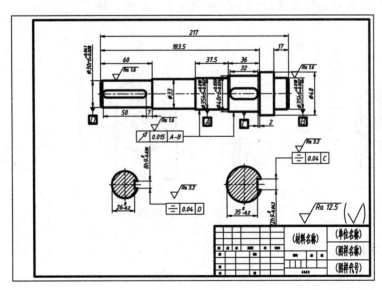

图 11-40 添加标注后的图形

11.2.4 填写技术要求与标题栏

01 单击【默认】选项卡中【注释】面板上的【多行文字】按钮，在图形的左下方空白部分插入多行文字，输入技术要求，如图 11-41 所示。

技术要求

1.未注倒角为C2.

2.未注圆角半径为R1.

3.调质处理45-50HRC.

4.未注尺寸公差按GB/T 1804.

5.未注几何公差按GB/T 1184.

图 11-41 输入技术要求

02 根据企业或个人要求填写标题栏，效果如图 11-42 所示。

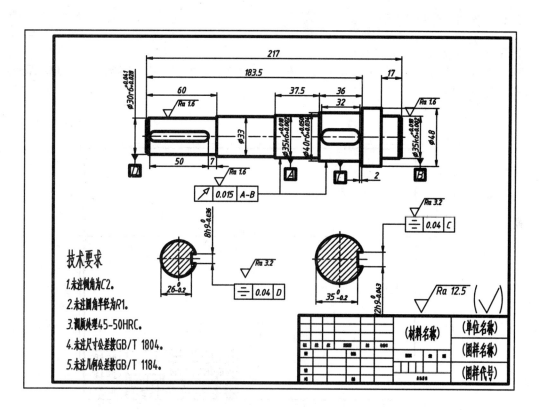

图 11-42 填写标题栏

11.3 绘制大齿轮零件图

在 11.2 节的传动轴基础上，绘制与之相配合的大齿轮零件图，图形效果如图 11-43 所示。从图中可见，大齿轮上开有环形槽与 6 个贯通的幅孔，用以减小大齿轮本身的质量，降低大齿轮在运转时的转动惯量，提高齿轮副在工作减速时的平稳性，降低运转惯性的影响。设计幅孔时要注意的是，其直径大小不能影响到齿轮的强度，且孔一定要均匀布置，否则会出现运转不平稳的问题。

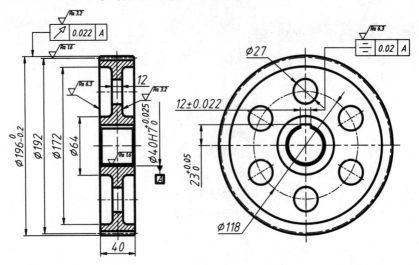

图 11-43　大齿轮零件图

11.3.1　绘制主视图

先按常规方法绘制出齿轮的轮廓图形。

01 以第 10 章创建好的 "机械制图.dwt" 为样板文件，新建一空白文档，并将图幅放大 1.5 倍，即比例为 1:1.5，如图 11-44 所示。

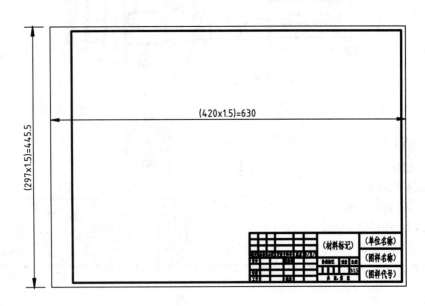

图 11-44　异步文件

02 将【中心线】图层设置为当前图层，执行 XL【构造线】命令，在合适的地方绘制水平的中心线，如图 11-45 所示。

03 重复 XL【构造线】命令，在合适的地方绘制 2 条垂直的中心线，如图 11-46 所示。

04 绘制齿轮轮廓。将【轮廓线】图层设置为当前图层，执行 C【圆】命令，以右边的垂直与水平中心线的交点为圆心，绘制直径为 40mm、44mm、64mm、118mm、172mm、192mm、196mm 的圆，绘制完成后将 ϕ118 mm 和 ϕ192 mm 的圆图层转换为【中心线】图层，如图 11-47 所示。

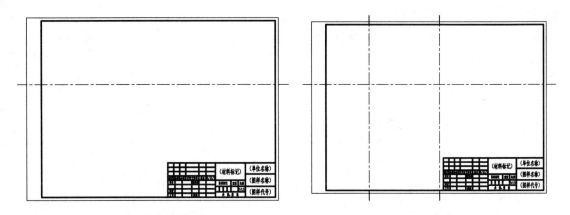

图 11-45　绘制水平中心线　　　　　　　　　图 11-46　绘制垂直中心线

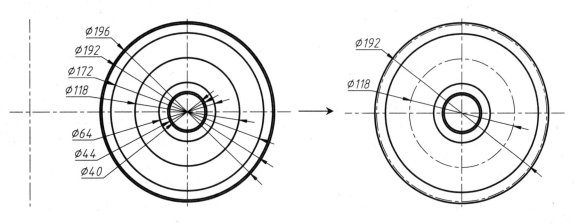

图 11-47　绘制圆

05 绘制键槽。执行 O【偏移】命令，将水平中心线向上偏移 23mm，将该图中的垂直中心线分别向左和向右偏移 6mm，结果如图 11-48 所示。

06 切换到【轮廓线】图层，执行 L【直线】命令，绘制键槽的轮廓，再执行 TR【修剪】命令，修剪多余的辅助线，结果如图 11-49 所示。

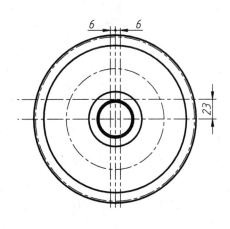

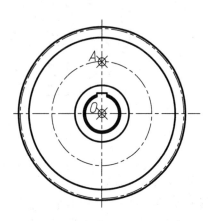

图 11-48　偏移中心线　　　　　　　　　　图 11-49　绘制键槽

07 绘制辐板孔。将【轮廓线】图层设置为当前图层，执行 C【圆】命令，以 Φ118mm 中心线与垂直中心线的交点（即图 11-49 中的 *A* 点）为圆心，绘制一 ϕ27mm 的圆，如图 11-50 所示。

08 选中绘制好的 ϕ27mm 的圆，然后单击【修改】面板中的【环形阵列】按钮 ，设置阵列总数为 6、填充角度为 360°，选择同心圆的圆心（即图 11-49 中中心线的交点 *O* 点）为中心点，进行阵列，阵列效果如图 11-51 所示。

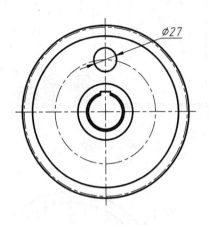

图 11-50　绘制辐板孔

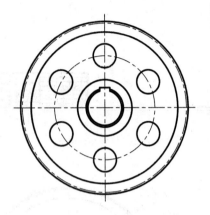

图 11-51　阵列辐板孔

11.3.2　绘制剖视图

轮盘类零件在除主视图之外，还需选用一个视图表达内部特征和一些细小的结构，本例中采用剖视图的方法来表示。

01 执行 O【偏移】命令，将主视图位置的垂直中心线对称偏移 6mm、20mm，结果如图 11-52 所示。

02 切换到【虚线】图层，执行 L【直线】命令，按 "长对正，高平齐，宽相等" 的原则，由左视图向主视图绘制水平的投影线，如图 11-53 所示。

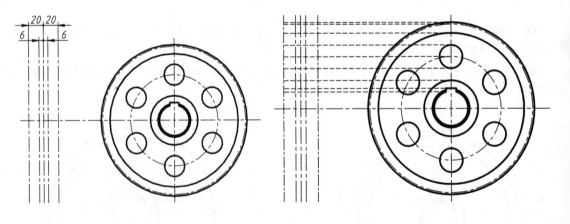

图 11-52　偏移中心线

图 11-53　绘制主视图投影线

03 切换到【轮廓线】图层，执行 L【直线】命令，绘制主视图的轮廓，再执行 TR【修剪】命令，修剪多余的辅助线，结果如图 11-54 所示。

04 执行 E【删除】、TR【修剪】、S【延伸】等命令整理图形，将中心线对应的投影线同样改为中心线，并修剪至合适的长度。分度圆线按同样的方法操作，结果如图 11-55 所示。

05 执行 CHA【倒角】命令，对齿轮的齿顶倒角 *C*1.5mm，对齿轮的轮毂部位倒角 *C*2mm；再执行 F【倒圆角】命令，对辐板圆处倒圆角 *R*5mm，如图 11-56 所示。

06 执行 L【直线】命令，在倒角处绘制连接线，并删除多余的线条，图形效果如图 11-57 所示。

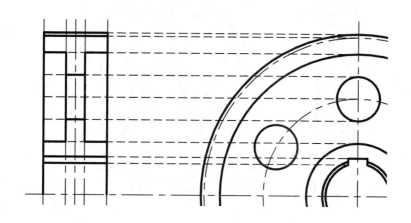

图 11-54　绘制主视图轮廓

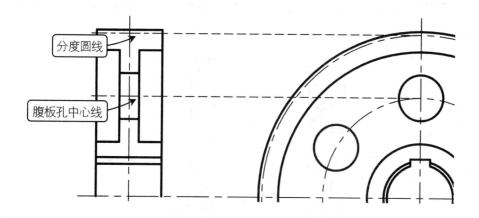

分度圆线

腹板孔中心线

图 11-55　整理图形

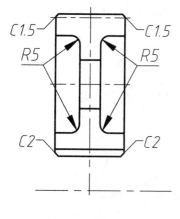

图 11-56　倒角图形

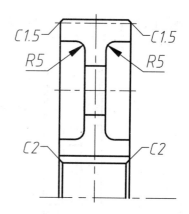

图 11-57　绘制倒角连接线

07 选择绘制好的半边主视图，然后单击【修改】面板中的【镜像】按钮 ⚏ 镜像，以水平中心线为镜像线镜像图形，结果如图 11-58 所示。

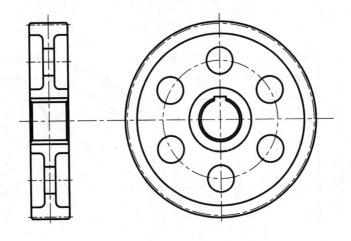

图 11-58 镜像图形

08 将镜像部分的键槽线段全部删除，如图 11-59 所示。轮毂的下半部分不含键槽，因此该部分不符合投影规则，需要删除。

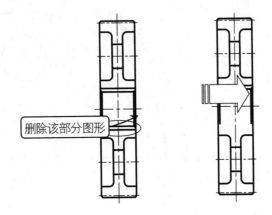

图 11-59 删除多余图形

09 切换到【虚线】图层，按 "长对正、高平齐、宽相等" 的原则，执行 L【直线】命令，由左视图向主视图绘制水平的投影线，如图 11-60 所示。

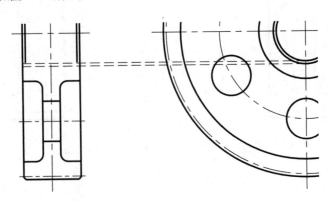

图 11-60 绘制投影线

10 切换到【轮廓线】图层，执行 L【直线】、S【延伸】等命令，整理下半部分的轮毂部分，如图 11-61 所示。

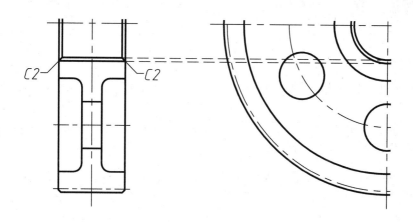

图 11-61 整理下半部分的轮毂

11 在主视图中补画齿根圆的轮廓线，如图 11-62 所示。

12 切换到【剖切线】图层，执行 H【图案填充】命令，选择图案为"ANSI31"，设置比例为 1、角度为 0°，填充图形，结果如图 11-63 所示。

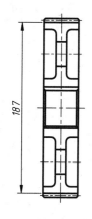

187

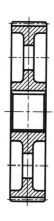

图 11-62 补画齿根圆轮廓线

图 11-63 填充剖面线

13 在左视图中补画辐板孔的中心线，然后调整各中心线的长度，最终的图形效果如图 11-64 所示。

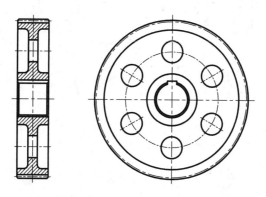

图 11-64 图形效果

11.3.3 标注图形

图形绘制完毕后，就要对其进行标注，包括尺寸、几何公差、表面粗糙度等，还要填写有关的技术要求。

1. 标注尺寸

01 确定标注样式为【机械图标注样式】，勾选【使用全局比例】单选按钮，如图 11-65 所示，用以控制标注文字的显示大小。

02 标注线性尺寸。切换到【标注线】图层，执行 DLI【线性标注】命令，在主视图上捕捉最下方的两个倒角端点，标注齿宽的尺寸，如图 11-66 所示。

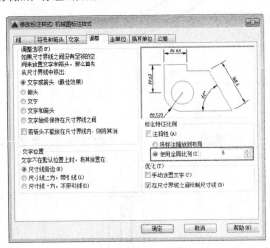

图 11-65 勾选【使用全局比例】

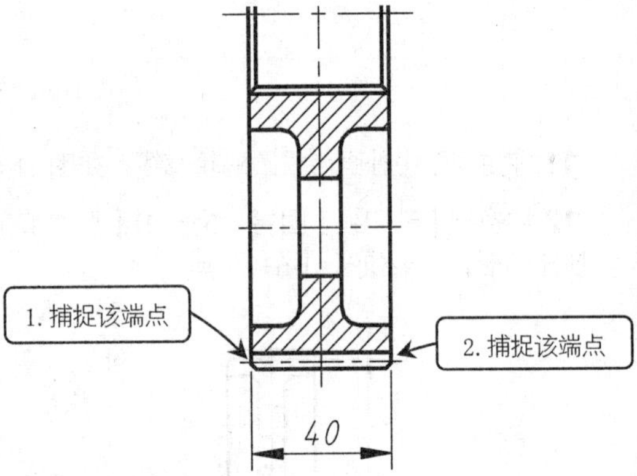

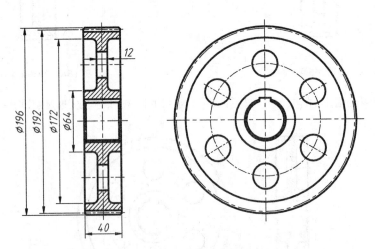

图 11-66 标注线性尺寸

03 使用相同方法，对其他的线性尺寸进行标注，主要包括剖视图中的齿顶圆、分度圆、齿根圆（可以不标）、辐板圆等尺寸。线性标注后的图形如图 11-67 所示。注意按之前学过的方法添加直径符号（标注文字前方添加"%%C"）。

图 11-67 标注其余的线性尺寸

提示 可以先标注出一个直径尺寸，然后复制该尺寸并将其粘贴，控制夹点将其移动至需要另外标注的图元夹点上。该方法可以快速创建同类型的线性尺寸。

04 标注直径尺寸。在【注释】面板中单击【直径】按钮，执行直径标注命令，选择左视图上的辐板圆孔进行标注，如图 11-68 所示。

05 使用相同的方法，对其他的直径尺寸进行标注，主要包括左视图中的辐板圆以及辐板圆的中心圆线，如图 11-69 所示。

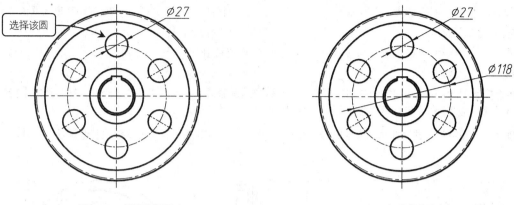

图 11-68 标注直径尺寸   图 11-69 标注其余的直径尺寸

06 标注键槽部分。在左视图中执行 DLI【线性标注】命令，标注键槽的宽度与高度，如图 11-70 所示。

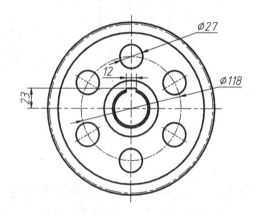

图 11-70 标注左视图键槽尺寸

07 同样使用 DLI【线性标注】命令来标注主视图中的键槽部分。由于键槽的存在，主视图的图形并不对称，因此无法捕捉到合适的标注点，这时可以先捕捉主视图上的端点，然后手动在命令行中输入尺寸 40，进行标注，如图 11-71 所示。命令行操作如下。

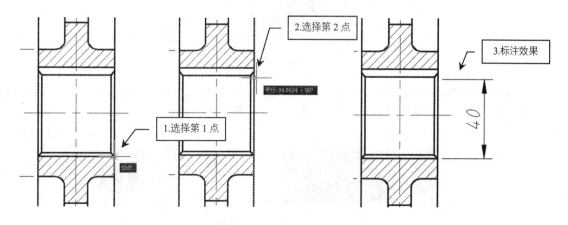

图 11-71 标注主视图键槽尺寸

```
命令：_dimlinear
指定第一个尺寸界线原点或 <选择对象>：          //指定第一个点
指定第二条尺寸界线原点：40                      //光标向上移动，引出垂直追踪线，输入数值40
指定尺寸线位置或                                //放置标注尺寸
[多行文字(M)/文字(T)/角度(A)/水平(H)/垂直(V)/旋转(R)]：
标注文字 = 40
```

08 选中新创建 ϕ40mm 尺寸，单击鼠标右键，在弹出的快捷菜单中选择【特性】选项，在打开的【特性】面板中将【尺寸线2】和【尺寸界线2】设置为"关"，如图 11-72 所示。

09 为主视图中的线性尺寸添加直径符号，此时的图形如图 11-73 所示，然后确认没有遗漏任何尺寸。

图 11-72　关闭尺寸线与尺寸界线

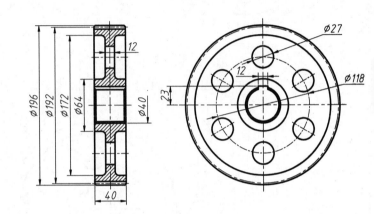

图 11-73　标注主视图键槽尺寸

2.　添加尺寸精度

齿轮上的精度尺寸主要集中在齿顶圆尺寸、键槽孔尺寸上，因此需要对该部分尺寸添加合适的精度。

01 添加齿顶圆精度。齿顶圆很难保证加工精度，而对于减速器来说，也不是非常重要的尺寸，因此精度可以适当放宽，但尺寸宜小勿大，以免啮合时受到影响。双击主视图中的齿顶圆尺寸 ϕ196mm，打开【文字编辑器】选项卡，然后将鼠标移动至 ϕ196mm 之后，依次输入" 0^-0.2"，如图 11-74 所示。

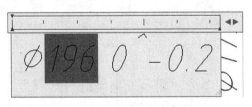

图 11-74　输入尺寸公差

02 创建尺寸公差。接着按住鼠标左键，向后拖移，选中"0^-0.2"文字，然后单击【文字编辑器】选项卡【格式】面板中的【堆叠】按钮，即可创建尺寸公差，如图 11-75 所示。

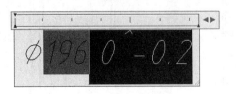
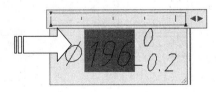

图 11-75　创建尺寸公差

03 按相同的方法，对其他部分添加尺寸精度，添加后的图形如图 11-76 所示。

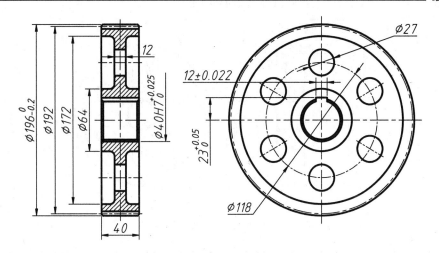

图 11-76　添加其他尺寸精度

3. 标注几何公差

01 创建基准符号。切换至【细实线】图层，在图形的空白区域绘制一基准符号，如图 11-77 所示。

02 放置基准符号。齿轮零件一般以键槽的安装孔为基准，因此选中绘制好的基准符号，然后执行 M【移动】命令，将其放置在键槽孔 ϕ40mm 尺寸上，如图 11-78 所示。

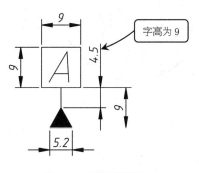

图 11-77　绘制基准符号

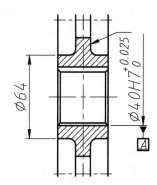

图 11-78　放置基准符号

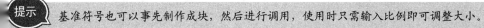

提示　基准符号也可以事先制作成块，然后进行调用，使用时只需输入比例即可调整大小。

03 选择【标注】□【公差】命令，弹出【形位公差】对话框，选择公差类型为【圆跳动】，然后输入公差直 0.022 和公差基准 A，如图 11-79 所示。

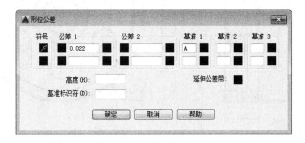

图 11-79　设置公差参数

04 单击【确定】按钮，在要标注的位置附近单击，放置该几何公差，如图 11-80 所示。

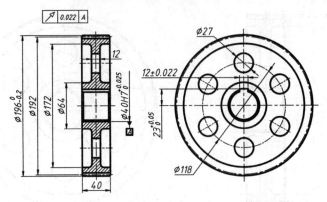

图 11-80　创建并放置公差

05 单击【注释】面板中的【多重引线】按钮，绘制多重引线指向公差位置，完成齿顶圆的圆跳动的标注，如图 11-81 所示。

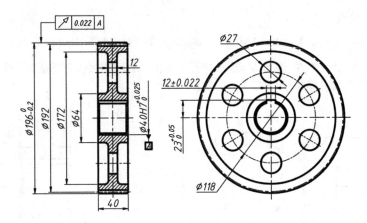

图 11-81　标注齿顶圆的圆跳动

06 按相同方法，对键槽部分标注对称度，标注后的图形如图 11-82 所示。

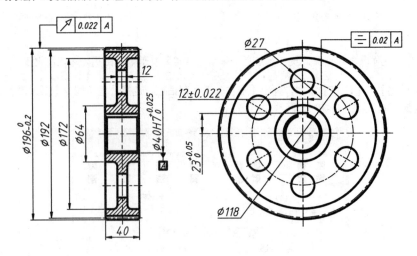

图 11-82　标注键槽的对称度

4. 标注表面粗糙度

01 在命令行中输入 "INSERT"，执行【插入】命令，打开【插入】对话框，在【名称】下拉列表中选择【粗糙度】，如图 11-83 所示。

02 在【插入】对话框中单击【确定】按钮，光标变为表面粗糙度符号的放置形式，在图形的合适位置放置即可，如图 11-84 所示。

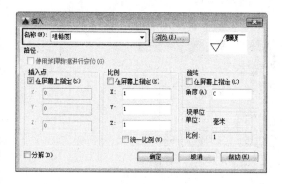

图 11-83　【插入】对话框

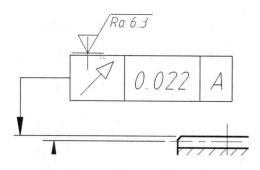

图 11-84　放置表面粗糙度符号

03 放置之后系统自动打开【编辑属性】对话框，在对应的文本框中输入所需的数值"*Ra* 3.2"，如图 11-85 所示，然后单击【确定】按钮，即可标注粗糙度，如图 11-86 所示。

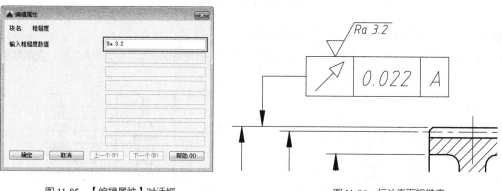

图 11-85　【编辑属性】对话框

图 11-86　标注表面粗糙度

04 按相同方法，对图形的其他部分标注表面粗糙度，然后将图形放置在 A3 图框的合适位置，如图 11-87 所示。

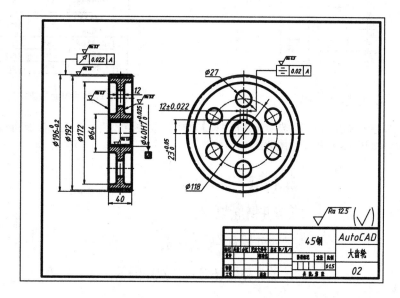

图 11-87　标注其他表面粗糙度并放入图框

11.3.4 填写齿轮参数表与技术要求

01 单击【默认】选项卡中【注释】面板上的【表格】按钮 ![表格]，打开【插入表格】对话框，按图 11-88 所示进行设置。

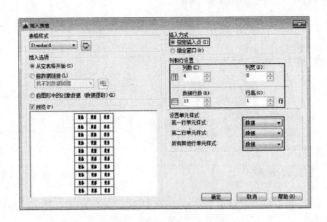

图 11-88 设置表格参数

02 将创建的表格放置在图框的右上角，如图 11-89 所示。

03 编辑表格并输入文字。将表格调整至合适大小，然后双击表格中的单元格，输入文字，结果如图 11-90 所示。

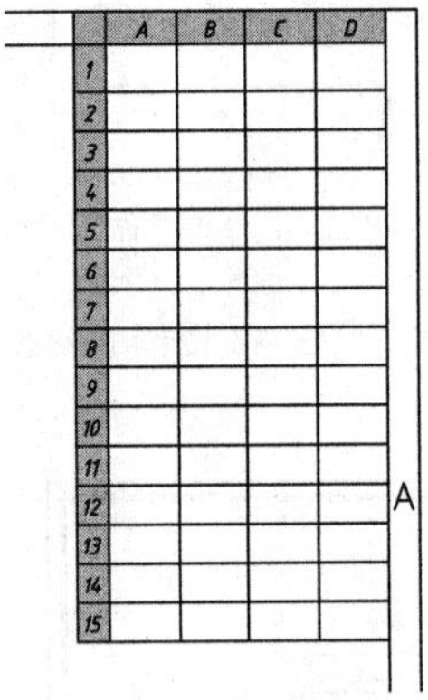

图 11-89 放置表格

模数	m	2
齿数	Z	96
压力角	α	20°
齿顶高系数	ha*	1
顶隙系数	c*	0.2500
精度等级	8-8-7HK	
全齿高	h	4.5000
中心距及其偏差	120±0.027	
配对齿轮	齿数	24

公差组	检验项目		代号	公差(极限偏差)
I	齿圆径向跳动公差		Fr	0.063
	公法线长度变动公差		Fw	0.050
II	齿距极限偏差		fpt	±0.016
	齿形公差		ff	0.014
III	齿向公差		FB	0.011

图 11-90 编辑齿轮参数表

04 填写技术要求。单击【默认】选项卡中【注释】面板上的【多行文字】按钮，在图形的左下方空白部分插入多行文字，输入如图 11-91 所示的技术要求。

技术要求

1.未注倒角为C2。

2.未注圆角半径为R3。

3.正火处理160～220HBS。

图 11-91 输入技术要求

05 大齿轮零件图绘制完成，最终的图形效果如图 11-92 所示（详见素材文件"第 11 章\11.4 大齿轮零件图
-OK"）。

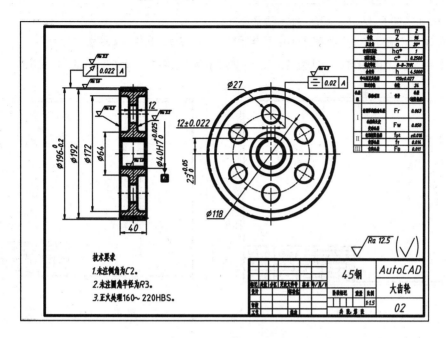

图 11-92　大齿轮零件图

11.4　绘制弧形连杆零件图

弧形连杆如图 11-93 所示。该连杆由弧形杆、轴孔座、夹紧座组成。夹紧座设有开口的轴孔和螺孔，可用螺
栓将其中的轴或连接杆夹紧。轴孔座上有埋头螺纹孔，可用紧定螺钉将其中的轴或连杆压紧。

该弧形连杆零件图可以通过主视图和俯视图这两个基本视图来进行表达，中间的连杆结构则通过断面图的
形式绘制，然后添加水平、竖直、圆弧半径、直径等的尺寸以及几何公差和表面粗糙度，再添加技术要求，即
可完成该弧形连杆零件图的绘制。

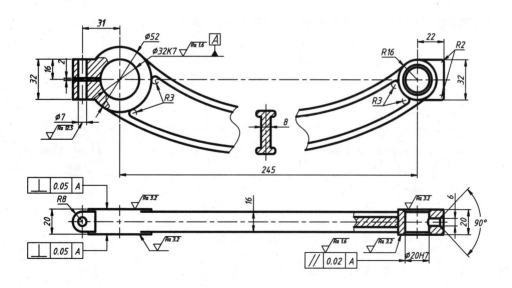

图 11-93　弧形连杆

11.4.1 绘制主视图

根据 11.1.3 节的知识，从主视图开始绘制弧形连杆。

01 以第 10 章创建好的"机械制图.dwt"为样板文件，新建空白文档，如图 11-94 所示。

02 将【中心线】图层设置为当前图层，调用【直线】命令绘制中心辅助线，如图 11-95 所示。

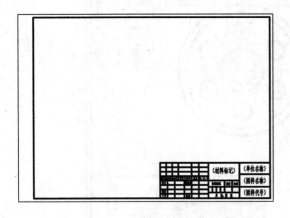

图 11-94　样板文件

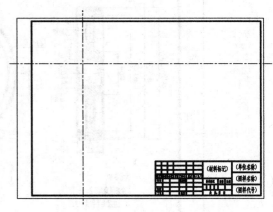

图 11-95　绘制中心辅助线

03 执行 O【偏移】命令，偏移中心辅助线，如图 11-96 所示。

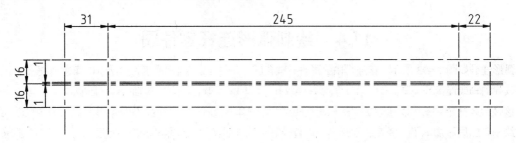

图 11-96　偏移中心辅助线

04 将【轮廓线】图层设置为当前图层。执行 C【圆】命令，绘制圆，如图 11-97 所示。

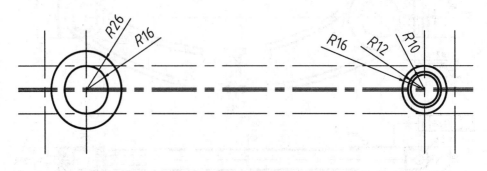

图 11-97　绘制圆

05 调用【相切、相切、半径】命令，绘制相切圆，如图 11-98 所示。

06 调用【直线】命令，根据辅助线位置绘制轮廓线并删除多余辅助线，如图 11-99 所示。

280

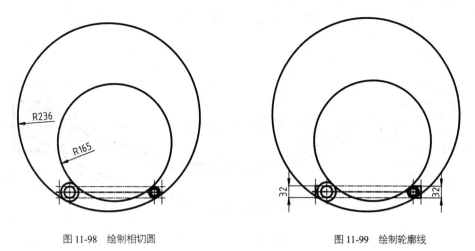

图 11-98　绘制相切圆　　　　　　　　　　　　图 11-99　绘制轮廓线

07 调用【修剪】命令，对图形进行修剪，结果如图 11-100 所示。

图 11-100　修剪图形

08 调用【偏移】命令，将圆弧向内偏移 5mm，如图 11-101 所示。

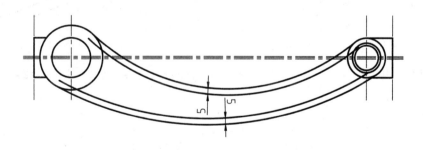

图 11-101　偏移弧线

09 调用【修剪】命令，对图形进行修剪，结果如图 11-102 所示。

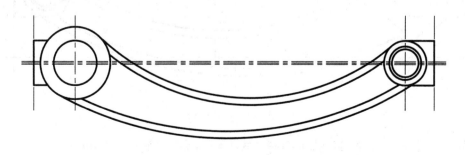

图 11-102　修剪图形

10 调用【圆角】命令，设置圆角半径为 3mm，对图形进行圆角，如图 11-103 所示。

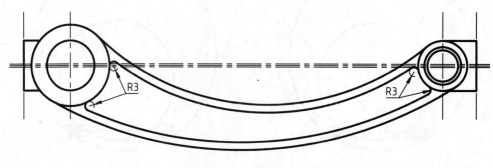

图 11-103　对图形进行圆角

11 调用【直线】命令，根据辅助线位置绘制左侧轴孔处锯口的轮廓线，并删除多余的辅助线，结果如图 11-104 所示。

12 调用【修剪】命令，对图形进行修剪，如图 11-105 所示。

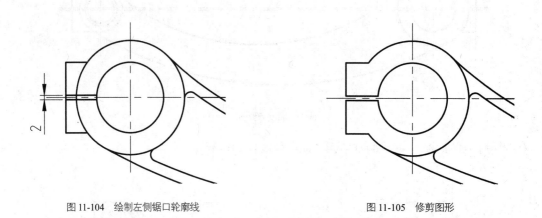

图 11-104　绘制左侧锯口轮廓线　　　　　　　　　图 11-105　修剪图形

13 调用【偏移】命令，将左侧轴孔的中心线向右偏移 120mm、水平中心线向下偏移 42mm，如图 11-106 所示。

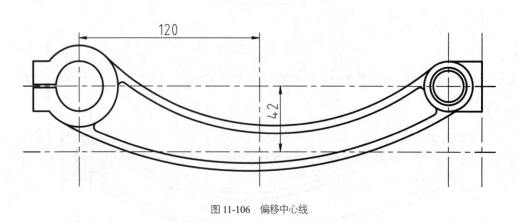

图 11-106　偏移中心线

14 再次执行【偏移】命令，偏移上步偏移中心线创建的辅助线，结果如图 11-107 所示。

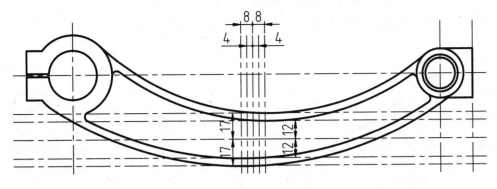

图 11-107　偏移辅助线

15 调用【直线】命令，根据辅助线绘制断面图轮廓线，并删除多余的辅助线，如图 11-108 所示。

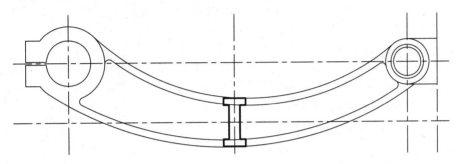

图 11-108　绘制断面图轮廓线

16 调用【样条曲线】与【修剪】命令，绘制断面图，如图 11-109 所示。

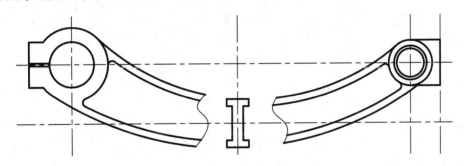

图 11-109　绘制断面图

17 删除多余辅助线。调用【圆角】命令，对图形进行圆角，结果如图 11-110 所示。

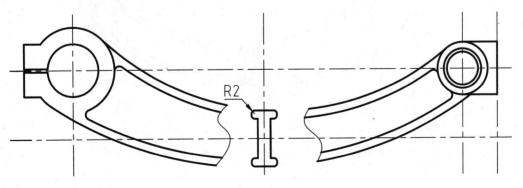

图 11-110　对图形进行圆角

18 切换至【剖面线】图层，填充剖面线，将中心线调整至合适长度，如图 11-111 所示。至此，主视图绘制完成。

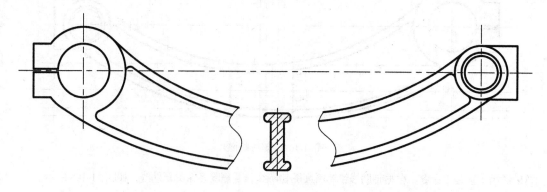

图 11-111　填充剖面线

11.4.2　绘制俯视图

主视图的断面图中能细致地表现出弧形连杆的截面部分，但是还不足以表现其他的细节，如轴承安装孔的宽度。这时可以使用俯视图来进行表达。

01 切换至【中心线】图层，根据主视图绘制辅助线，如图 11-112 所示。

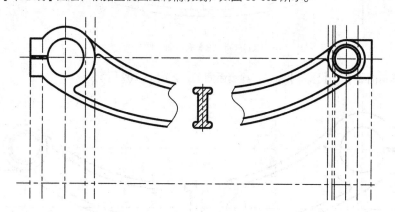

图 11-112　绘制辅助线

02 调用【偏移】命令，对辅助线进行偏移，结果如图 11-113 所示。

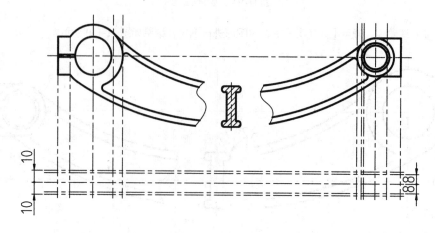

图 11-113　偏移辅助线

03 切换至【轮廓线】图层，在俯视图最左侧竖直中心线与水平中心线的交点处绘制 $R8mm$ 和 $R3.5mm$ 的圆，如图 11-114 所示。

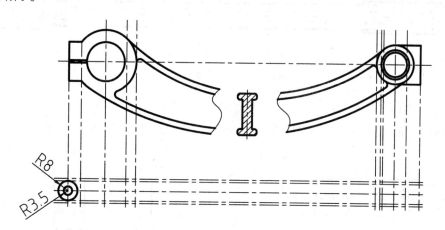

图 11-114　绘制圆

04 根据辅助线的位置，绘制轮廓线，如图 11-115 所示。

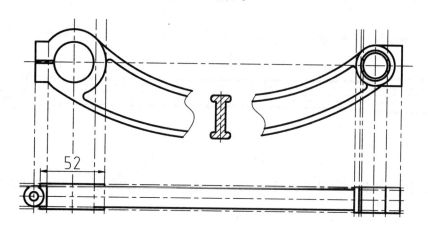

图 11-115　绘制轮廓线

05 调用【删除】命令，删除多余的图形，如图 11-116 所示。

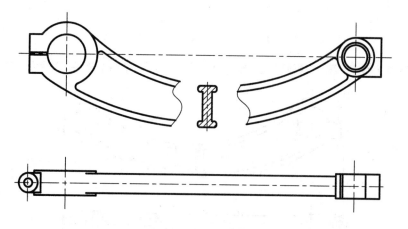

图 11-116　删除多余图形

06 调用【偏移】命令，偏移俯视图的水平中心线，如图 11-117 所示。

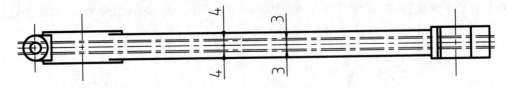

图 11-117　偏移俯视图的水平中心线

07 调用【直线】命令，绘制俯视图右侧的螺纹孔轮廓线，如图 11-118 所示。

08 再次调用【直线】命令，绘制该处的倒角线，并删除相应的辅助线，如图 11-119 所示

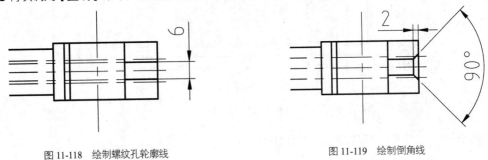

图 11-118　绘制螺纹孔轮廓线　　　　　　　　　　　图 11-119　绘制倒角线

09 切换至【细实线】图层，执行 SPL【样条曲线】命令，在俯视图右侧绘制样条曲线，如图 11-120 所示。

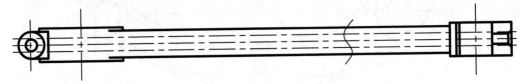

图 11-120　绘制样条曲线

10 切换回【轮廓线】图层，继续调用【直线】命令，绘制右侧断面的轮廓线，然后删除相应的辅助线，如图 11-121 所示。

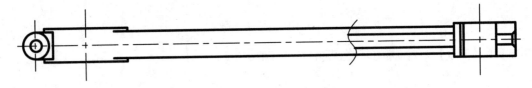

图 11-121　绘制俯视图断面的轮廓线

11 切换至【中心线】图层，根据俯视图，执行 RAY【射线】命令向主视图绘制投影线，如图 11-122 所示。

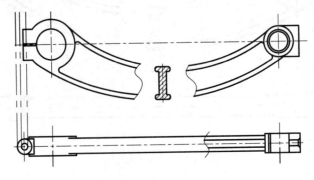

图 11-122　绘制投影线

12 将【轮廓线】图层置为当前图层，根据辅助线的位置，补画主视图左端的轮廓线，如图 11-123 所示。

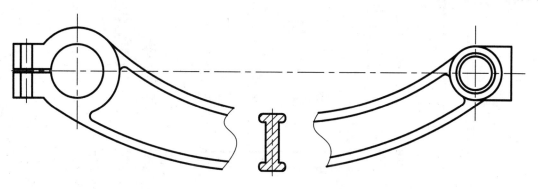

图 11-123　补画主视图左端轮廓线

13 切换至【细实线】图层，调用【样条曲线】命令，绘制剖切边线，如图 11-124 所示。

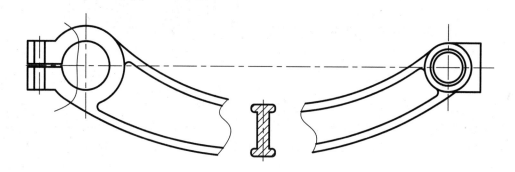

图 11-124　绘制剖切边线

14 切换至【剖面线】图层，调用 H【图案填充】命令，填充主视图与俯视图两处的剖面线，并修剪剖切边线，如图 11-125 所示。

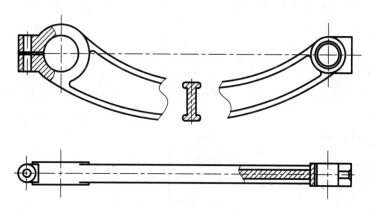

图 11-125　填充主视图与俯视图剖面线

11.4.3　标注图形

按前文介绍的方法对图形进行标注，填写技术要求，结果如图 11-126 所示。至此，弧形连杆零件图绘制完成。

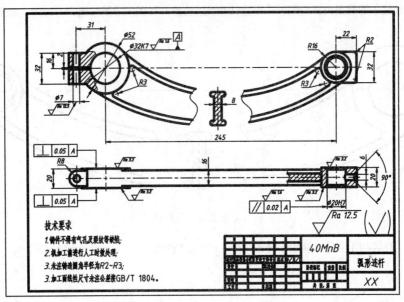

图 11-126　标注图形

11.5　绘制减速器箱座零件图

箱座是减速器的基本零件，也是典型的箱体类零件。其主要作用就是为其他的功能零件提供支承和固定作用，同时盛装润滑散热的油液。在所有零件中，其结构最复杂，绘制也最困难。该减速器箱座与 11.3 节的传动轴、11.4 节的大齿轮等素材文件相配套，如图 11-127 所示。

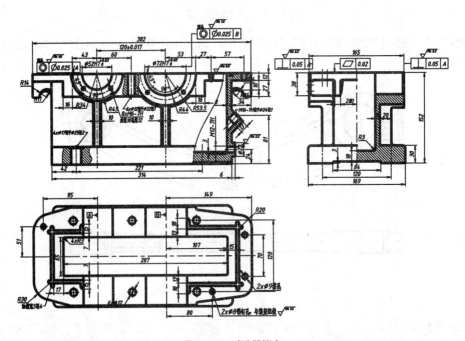

图 11-127　减速器箱座

下面介绍箱座零件图的绘制方法。

11.5.1　绘制主视图

由于箱体类零件加工工序较多，加工位置多变，所以在选择主视图时，主要根据工作位置原则和形状特征原则来考虑，并采用剖视，以重点反映其内部结构。本例中的减速器箱体内部结构并不复杂，相反外观细节较多，因此无需进行剖切，主视图仍选择为工作位置，内部结构用俯视图配合左视图表达即可。

01 打开素材文件 "第 11 章\11.5 绘制减箱座零件图.dwg"，素材图形中已经绘制好了一个 1:1 大小的 A1 图框，如图 11-128 所示。

02 将【中心线】图层设置为当前图层，执行 XL【构造线】命令，在合适的地方绘制水平的中心线，以及一条垂直的定位中心线，如图 11-129 所示。

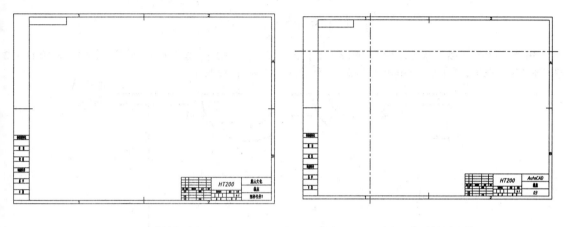

图 11-128　素材图形　　　　　　　　　　　图 11-129　绘制中心线

03 绘制轴承安装孔。执行 O【偏移】命令，将垂直的中心线向右偏移 120mm，然后将图层切换为【轮廓线】图层，在中心线的交点处绘制如图 11-130 所示的半圆。

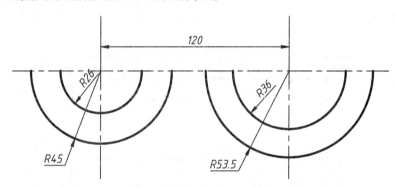

图 11-130　绘制轴承安装孔轮廓

04 绘制端面平台。再次输入 O 执行【偏移】命令，将水平中心线向下偏移 12mm、37mm；两根竖直中心线分别向两侧偏移 59mm、113mm 以及 69mm、149mm，如图 11-131 所示。

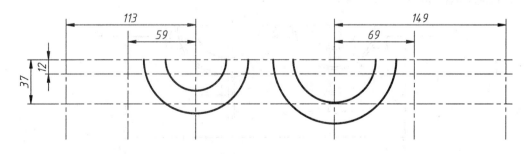

图 11-131　偏移中心线

05 执行 L【直线】命令，根据辅助线位置绘制端面平台轮廓，如图 11-132 所示。

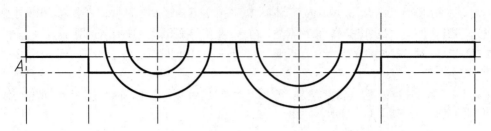

图 11-132　绘制端面平台轮廓

06 绘制箱体。删除多余的辅助线，按 F8 开启【正交】模式，然后再次输入 L 执行【直线】命令，从图 11-132 中的 *A* 点处向右侧水平偏移 34mm 作为起点，绘制如图 11-133 所示的图形。

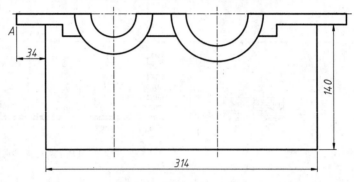

图 11-133　绘制箱体

07 绘制底座。关闭【正交】模式，执行 O【偏移】命令，将最下方的轮廓线向上偏移 30mm，如图 11-134 所示。

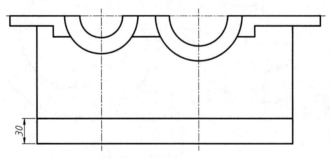

图 11-134　绘制底座

08 绘制箱体肋板。同样执行 O【偏移】命令，将轴孔处的竖直中心线各向两侧偏移 5 mm、7 mm，轴孔最外侧的半圆向外偏移 3 mm，如图 11-135 所示。

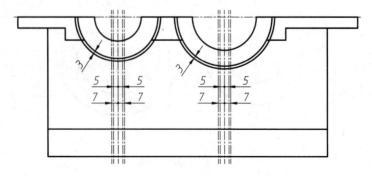

图 11-135　偏移肋板中心线及半圆线

09 执行 L【直线】命令，根据辅助线位置绘制轮廓线并删除多余辅助线，在首尾两端倒 R3mm 的圆角，效果如图 11-136 所示。

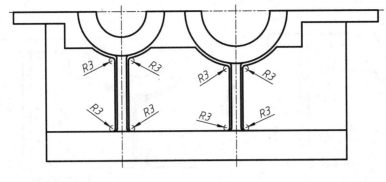

图 11-136　绘制肋板

10 绘制底座安装孔。按之前的绘图方法，执行 O【偏移】、L【直线】命令绘制底座上的螺栓安装孔，如图 1-137 所示。

11 绘制右侧剖切线。切换至【细实线】图层，在主视图右侧任意起点处绘制一样条曲线，用作主视图中的局部剖切，如图 11-138 所示。

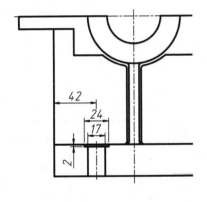

图 11-137　绘制底座安装孔

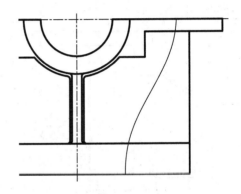

图 11-138　绘制剖切线

12 绘制放油孔。执行 O【偏移】命令，将最下方的水平轮廓线向上偏移 13mm、18mm、24mm、30mm、35mm，最右侧的轮廓线向右偏移 6mm，如图 11-139 所示。

13 切换回【轮廓线】图层，调用【直线】命令，根据辅助线位置绘制轮廓线并删除多余辅助线，绘制的放油孔如图 11-140 所示。

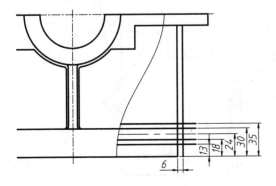

图 11-139　偏移放油孔中心线

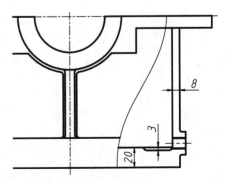

图 11-140　绘制放油孔

14 绘制油标孔。将【中心线】图层设置为当前图层，执行 XL【构造线】命令，在右下角端点处绘制一条

45° 角的辅助线，如图 11-141 所示。

15 执行 O【偏移】命令，将该辅助线线向上偏移 50mm，然后在此基础之上对称偏移 8mm、14mm，结果如图 11-142 所示。

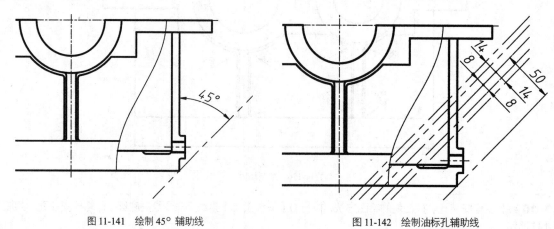

图 11-141　绘制 45° 辅助线　　　　　　　　　图 11-142　绘制油标孔辅助线

16 执行 L【偏移】命令，根据辅助线位置绘制油标孔轮廓，并删除多余辅助线，如图 11-143 所示。

17 绘制油槽截面。在主视图的局部剖视图中，可以表现端面平台上的油槽截面，直接执行 L【直线】命令，绘制图形如图 11-144 所示。

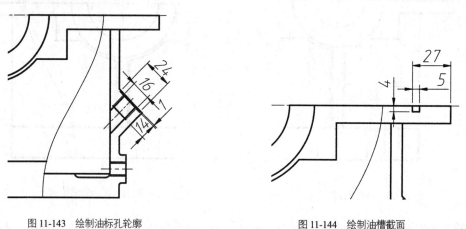

图 11-143　绘制油标孔轮廓　　　　　　　　　图 11-144　绘制油槽截面

18 绘制吊耳。执行 L【直线】、C【圆】命令，并结合 TR【修剪】工具，绘制主视图上的吊耳，如图 11-145 所示。

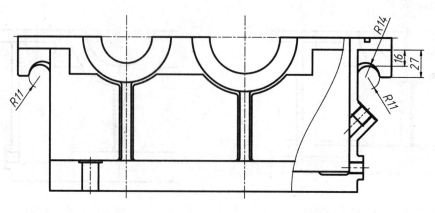

图 11-145　绘制吊耳

19 绘制螺钉安装通孔。螺钉安装通孔用于连接箱座与箱盖，对称均布在端面平台上。执行 O【偏移】命令，将左侧轴承安装孔的中心线向右偏移 60mm，如图 11-146 所示。

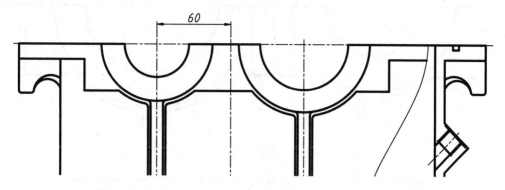

图 11-146　偏移轴孔中心线

20 以端面平台与该辅助线的交点为圆心，绘制直径为 ϕ12mm 和 ϕ22mm 的圆，如图 11-147 所示。

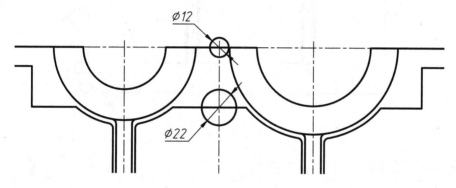

图 11-147　绘制辅助圆

21 以圆的左右象限点为起点，执行 L【直线】命令，绘制螺钉安装通孔，如图 11-148 所示。

22 将【细实线】图层置为当前图层，在通孔左右两侧绘制剖切边线，并使用 TR【修剪】命令进行修剪，如图 11-149 所示。

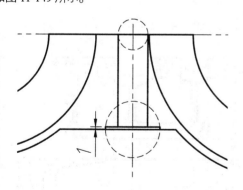

图 11-148　绘制螺钉安装通孔

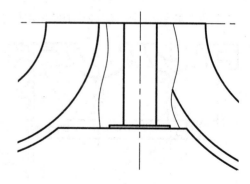

图 11-149　绘制剖切边线

23 输入 O 执行【偏移】命令，将螺钉孔的中心线向左右两侧分别偏移 103mm 与 113mm，如图 11-150 所示，即以简化画法标明另外几处螺钉安装孔。

24 将【剖面线】图层设置为当前图层，对主视图中的三处剖切位置进行剖面线填充，效果如图 11-151 所示。

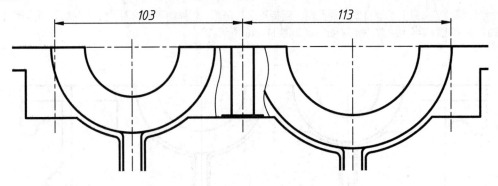

图 11-150　绘制其余螺钉孔处中心线

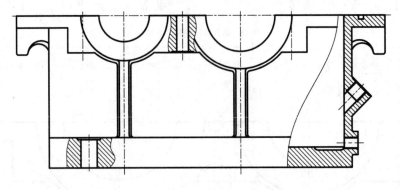

图 11-151　填充剖面线

11.5.2　绘制俯视图

　　主视图的大致图形绘制完成后，就可以根据"长对正、宽相等、高平齐"的投影原则绘制箱座零件的俯视图和左视图。而根据箱座零件的具体特性，宜先绘制表达内部特征的俯视图，这样在绘制左视图时就不会出现较大的修改。

　　01 切换至【中心线】图层，首先执行 XL【构造线】命令，在主视图下方绘制一条水平的中心线，然后执行 RAY【射线】命令，根据主视图绘制投影线，如图 11-152 所示。

　　02 调用【偏移】命令，偏移俯视图中的水平中心线，如图 11-153 所示。

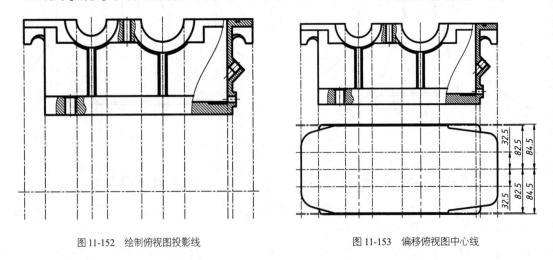

图 11-152　绘制俯视图投影线　　　　　　　　　图 11-153　偏移俯视图中心线

　　03 绘制箱体内壁。箱座的俯视图绘制方法依照"先主后次"的原则，先绘制主要的尺寸部位。切换至【轮廓线】图层，执行 L【直线】命令，在俯视图中绘制如图 11-154 所示的箱体内壁。

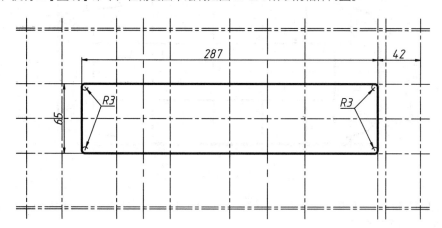

图 11-154　绘制箱体内壁

04 根据偏移出来的中心线，绘制俯视图中的轴承安装孔，效果如图 11-155 所示。

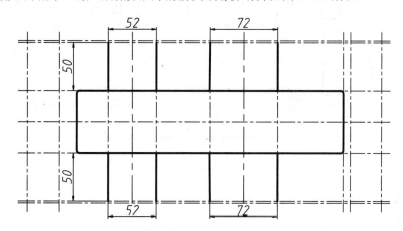

图 11-155　绘制俯视图中的轴承安装孔

05 绘制俯视图外侧轮廓。内壁与轴承安装孔绘制完成后，就可以绘制俯视图的外侧轮廓。俯视图的外侧轮廓也是除主视图之外，箱座的主要外观表达。执行 L【直线】命令，连接各中心线的交点，绘制效果如图 11-156 所示。

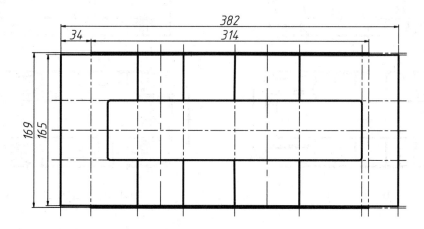

图 11-156　绘制俯视图的外侧轮廓

06 执行 L【直线】、CHA【倒角】、F【圆角】命令，对外侧轮廓进行修剪，效果如图 11-157 所示。

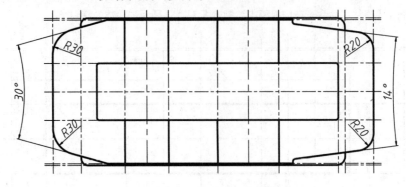

图 11-157　修剪俯视图的外侧轮廓

07 绘制油槽。根据主视图中的油槽截面与位置，执行 ML【多线】与 TR【修剪】命令，在俯视图中绘制如图 11-158 所示的油槽图形。

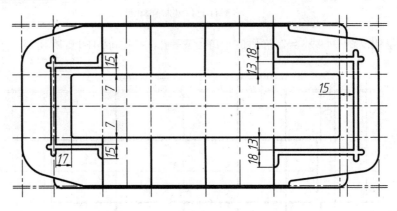

图 11-158　绘制油槽

08 绘制螺钉孔。删除俯视图中多余的辅助线，然后将图层切换至【中心线】图层，接着执行 RAY【射线】命令，根据主视图中的螺钉孔中心线向俯视图绘制三条投影线，如图 11-159 所示。

09 执行 O【偏移】命令，将俯视图中的水平中心线向上、下两侧对称偏移 60mm，如图 11-160 所示。

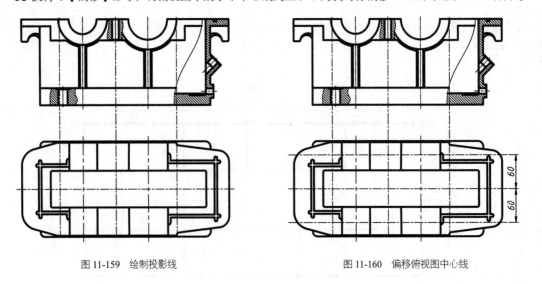

图 11-159　绘制投影线　　　　　　图 11-160　偏移俯视图中心线

10 将【轮廓线】图层置为当前，执行 C【圆】命令，在中心线的交点处绘制 ϕ12mm 的圆，如图 11-161 所示。

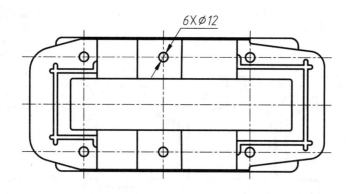

图 11-161　绘制螺钉孔

11 绘制销钉孔等其他孔。按相同方法，通过 O【偏移】命令得到辅助线，然后在交点处绘制销钉孔、起盖螺钉孔等其他孔，如图 11-162 所示，完成俯视图的绘制。

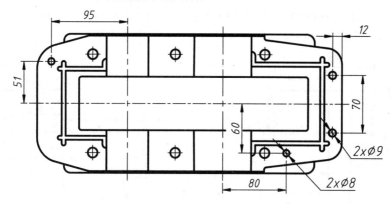

图 11-162　绘制销钉孔等其他孔

11.5.3　绘制左视图

主视图、俯视图绘制完成后，箱座零件的尺寸就基本确定下来了，左视图的作用就是在此基础之上对箱座的外形以及内部构造进行一定的补充，因此在绘制左视图时，采用半剖的形式来表达，其中一侧表现外形，另一侧表现内部。

01 切换至【中心线】图层，首先执行 XL【构造线】命令，在左视图的位置绘制一竖直的中心线，然后执行 RAY【射线】命令，根据主视图绘制左视图的投影线，如图 11-163 所示。

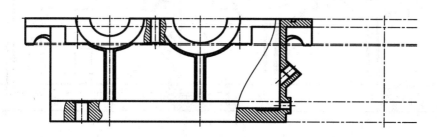

图 11-163　绘制左视图投影线

02 调用【偏移】命令，将左视图中的竖直中心线向左偏移 40.5mm、60mm、80mm、82.5mm、84.5mm，如图 11-164 所示。

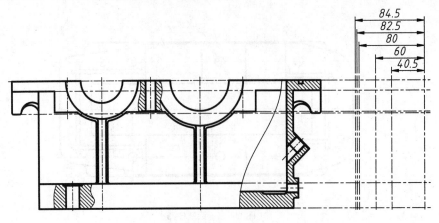

图 11-164　偏移左视图中心线

03 绘制外形图。将【轮廓线】图层置为当前，根据左侧偏移的辅助线，绘制外形轮廓，如图 11-165 所示。

04 偏移中心线。删除多余辅助线，再次执行 O【偏移】命令，将左视图的竖直中心线向右偏移 32.5mm、40.5mm、60.5mm、82.5mm、84.5mm，如图 11-166 所示。

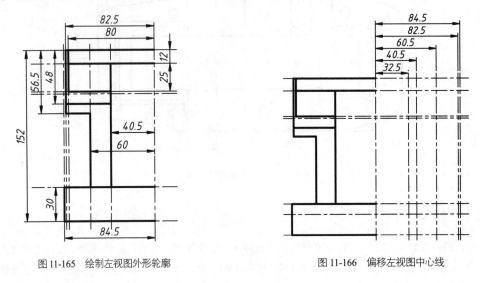

图 11-165　绘制左视图外形轮廓　　　　　　　　图 11-166　偏移左视图中心线

05 绘制内部结构。结合主视图，执行 L【直线】命令，绘制左视图中的内部结构，如图 11-167 所示。

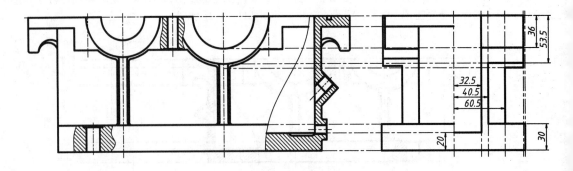

图 11-167　绘制左视图中的内部结构

06 绘制底座阶梯面。一般的箱体底座都会设计有阶梯面，以减少与地面的接触，增加稳定性，还可减小加工面。执行 L【直线】命令，在左视图中绘制底座的阶梯面，并修剪主视图和左视图的对应图形，如图 11-168 所示。

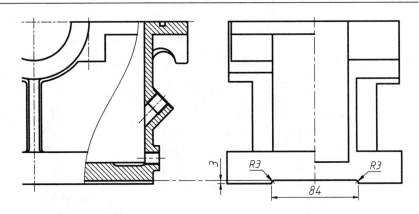

图 11-168　绘制底座阶梯面

07 按相同的投影方法，使用 L【直线】、F【圆角】命令绘制左视图的吊耳部分，如图 11-169 所示。

08 修剪左视图。使用 F【圆角】命令对左视图进行编辑，然后执行 H【图案填充】命令，填充左视图右侧的半剖部分，如图 11-170 所示。左视图就此绘制完成。

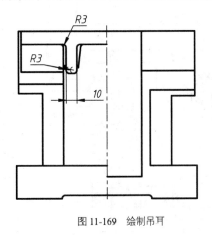

图 11-169　绘制吊耳

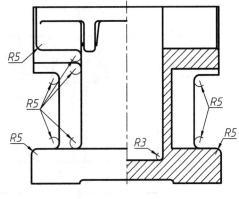

图 11-170　填充左视图半剖部分

11.5.4　标注图形

主视图、俯视图、左视图绘制完成后，就可以对图形进行标注了。在标注像箱座这类比较复杂的箱体类零件时，要注意避免重复标注，也不要遗漏标注。在标注时尽量以特征为参考，一个特征一个特征地进行标注，这样可以减少出错率。

1．标注尺寸

01 在进行标注前要先检查图形，补画其中遗漏或缺失的细节，如主视图中轴承安装孔处的螺钉孔，补画结果如图 11-171 所示。

02 标注主视图尺寸。切换到【标注线】图层，执行 DLI【线性标注】、DDI【直径标注】等命令，按之前介绍的方法标注主视图尺寸，如图 11-172 所示。

03 标注主视图的精度尺寸。主视图中仅轴承安装孔孔径（52mm、72mm）、中心距（120mm）等三处重要尺寸需要添加精度，而轴承的安装孔公差为 H7，中心距可以取双向公差。对这些尺寸添加精度，如图 11-173 所示。

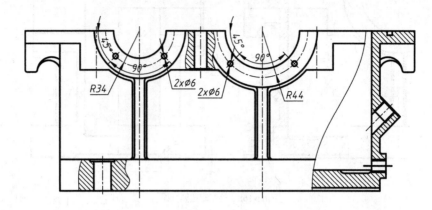

图 11-171　补画主视图

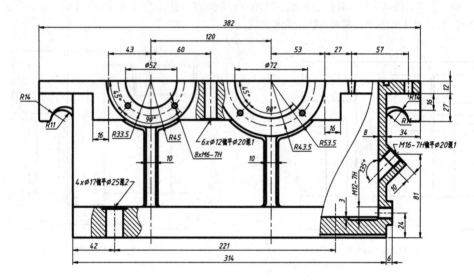

图 11-172　标注主视图尺寸

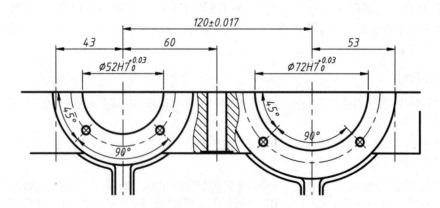

图 11-173　标注主视图的精度尺寸

　　04 标注俯视图尺寸。俯视图的标注相对于主视图来说比较简单，没有很多重要尺寸，主要需标注一些在主视图上不好表示的轴、孔中心距尺寸。最后的标注结果如图 11-174 所示。

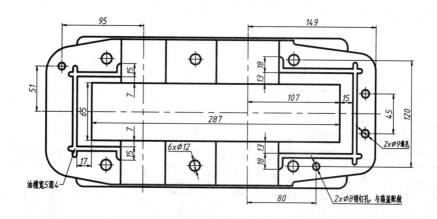

图 11-174　标注俯视图尺寸

05 标注左视图尺寸。左视图主要标注箱座零件的高度尺寸，如零件总高、底座高度等，具体标注结果如图 11-175 所示。

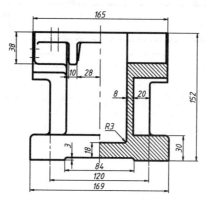

图 11-175　标注左视图尺寸

2.　标注几何公差与表面粗糙度

01 标注俯视图几何公差与表面粗糙度。由于主视图上尺寸较多，因此此处选择俯视图作为放置基准符号的视图。具体标注结果如图 11-176 所示。

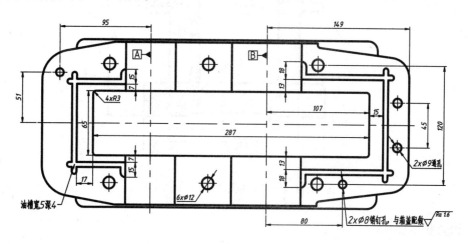

图 11-176　为俯视图标注几何公差与表面粗糙度

02 标注主视图几何公差与表面粗糙度。按相同方法，标注箱座零件主视图上的几何公差与表面粗糙度，结果如图 11-177 所示。

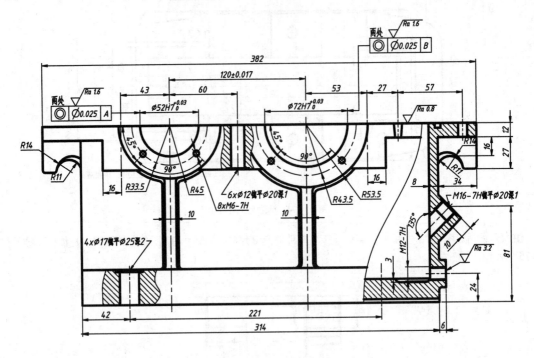

图 11-177　标注主视图的几何公差与表面粗糙度

03 标注左视图几何公差与表面粗糙度。按相同方法，标注箱座零件左视图上的几何公差与表面粗糙度，结果如图 11-178 所示。

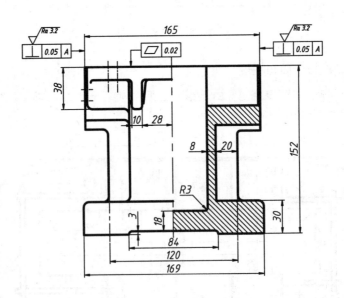

图 11-178　标注左视图的几何公差与表面粗糙度

3. 添加技术要求

01 单击【默认】选项卡中【注释】面板上的【多行文字】按钮，在标题栏上方的空白部分插入多行文字，输入技术要求，如图 11-179 所示。

02 箱座零件图绘制完成，最终的图形效果如图 11-180 所示（详见素材文件 "11.5 绘制箱座零件图-OK"）。

技术要求

1. 箱座铸成后，应清理并进行实效处理。

2. 箱盖和箱座合箱后，边缘应平齐，相互错位不大于2mm。

3. 应检查与箱盖接合面的密封性，用0.05mm塞尺塞入深度不得大于接合面宽度的1/3。用涂色法检查接触面积达一个班点。

4. 与箱盖联接后，打上定位销进行镗孔，镗孔时结合面处禁放任何衬垫。

5. 轴承孔中心线对剖分面的位置度公差为0.3mm。

6. 两轴承孔中心线在水平面内的轴线平行度公差为0.020mm,两轴承孔中心线在垂直面内的轴线平行度公差为0.010mm。

7. 机械加工未注公差尺寸的公差等级为GB/T1804-m。

8. 未注明的铸造圆角半径R=3~5mm。

9. 加工后应清除污垢，内表面涂漆，不得漏油。

图 11-179　输入技术要求

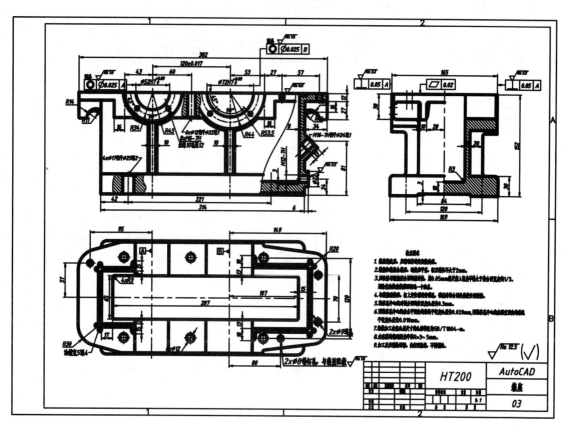

图 11-180　箱座零件图

第12章 绘制机械装配图

本章导读

　　装配图是表达机器或部件的图样,主要表达其工作原理和装配关系。在机器设计过程中,装配图的绘制位于零件图之前,并且装配图与零件图的表达内容不同,它主要用于机器或部件的装配、调试、安装、维修等场合,也是生产中的一种重要的技术文件,具有非常重要的作用。

本章重点

➤ 机械装配图的基本知识
➤ 装配俯视图的绘制方法
➤ 装配主视图的绘制方法
➤ 装配左视图的绘制方法
➤ 装配图的标注方法和技巧

12.1　装配图概述

装配图是表示产品及其组成部分的连接、装配关系的图样，如图 12-1 所示。装配图是表达设计思想及技术交流的工具，是指导生产的基本技术文件。

在设计过程中，一般应先根据要求画出用以表达机器或者零部件工作原理、传动路线和零件间装配关系的装配图，然后通过装配图表达各组零件在机器或部件上的作用和结构，以及零件之间的相对位置和连接方式。

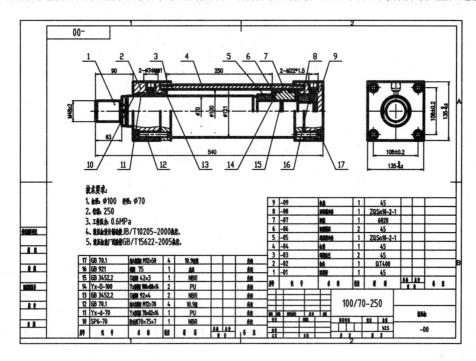

图 12-1　液压缸装配图

➢ 在新设计或测绘机件时，要画出装配图表示该机件的构造和装配关系，并确定各零件的结构形状和协调各零件的尺寸等。装配图是绘制零件图的依据。

➢ 在生产中装配机件时，要根据装配图制订装配工艺规程。装配图是机器装配、检验、调试和安装工作的依据。

➢ 使用和维修中，装配图是了解机件工作原理、结构性能，从而决定操作、保养、拆装和维修方法的依据。

➢ 在进行技术交流、引进先进技术或更新改造原有设备时，装配图也是不可缺少的资料。

12.2　绘制单级减速器装配图

首先设计轴的结构尺寸，确定轴承的位置。传动零件、轴和轴承是减速器的主要零件，其他零件的结构和尺寸根据这些零件来定。绘制装配图时，要先画主要零件，后画次要零件；由箱内零件画起，逐步向外画；先由中心线绘制大致轮廓线，结构细节可先不画；以一个视图为主，过程中兼顾其他视图。

12.2.1　绘图分析

可按表 12-1 中的数值估算减速器的视图范围，视图布置可参考图 12-2。

 提示　　a 为传动中心距，对于二级传动来说，a 为低速级的中心距。

表 12-1　视图范围估算

	A	B	C
一级圆柱齿轮减速器	3a	2a	2a
二级圆柱齿轮减速器	4a	2a	2a
圆锥-圆柱齿轮减速器	4a	2a	2a
一级蜗杆减速器	2a	3a	2a

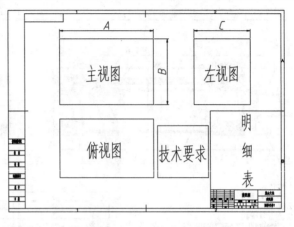

图 12-2　视图布置参考图

12.2.2　绘制俯视图

对于本例的单级减速器来说，其主要零件就是齿轮传动，因此在绘制装配图时，宜先绘制表达传动的俯视图，再根据投影关系绘制主视图与左视图。在绘制时可以直接使用第 11 章中绘制过的图形，以复制、粘贴的方式绘制该装配图。

01 打开素材文件"第 12 章\12.2 绘制单级减速器装配图.dwg"，素材图形中已经绘制好了一 1:1 大小的 AC 图纸框，如图 12-3 所示。

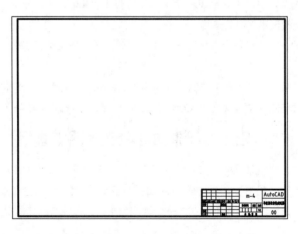

图 12-3　素材图形

02 导入箱座俯视图。打开素材文件"第 11 章\11.5 绘制箱座零件图-OK.dwg"，使用 Ctrl+C（复制）、Ctrl+V（粘贴）命令，将箱座的俯视图粘贴至装配图中的适当位置，如图 12-4 所示。

03 使用 E【删除】、TR【修剪】等编辑命令，将箱座俯视图的尺寸标注全部删除，只保留轮廓图形与中心线，如图 12-5 所示。

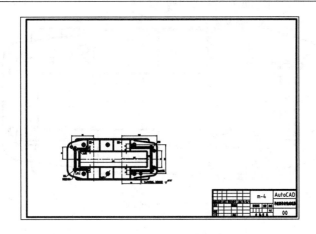

图 12-4　导入箱座俯视图

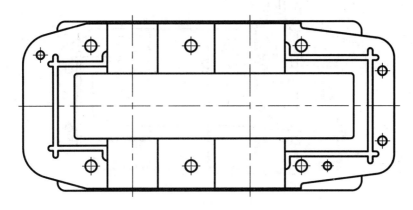

图 12-5　删去俯视图尺寸标注

04 放置轴承端盖。打开素材文件"第 12 章\附件\轴承端盖.dwg",使用 Ctrl+C(复制)、Ctrl+V(粘贴)命令,将该轴承端盖的俯视图粘贴至绘图区,然后移动至对应的轴承安装孔处,执行 TR【修剪】命令删除被遮挡的图线,如图 12-6 所示。

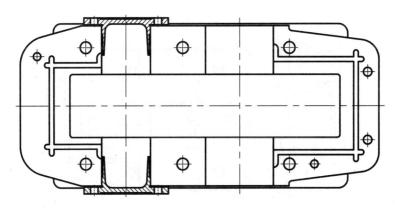

图 12-6　放置轴承端盖

05 放置 6205 轴承。打开素材文件"第 12 章\附件\6205 轴承.dwg",按相同方法将轴承图形粘贴至绘图区,然后移动至俯视图上相应的轴承安装孔处,如图 12-7 所示。

06 导入齿轮轴。打开素材文件"第 12 章\附件\齿轮轴.dwg",同样使用 Ctrl+C(复制)、Ctrl+V(粘贴)命令,将齿轮轴零件导入进来,按中心线进行对齐,并靠紧轴肩,接着使用 TR【修剪】、E【删除】命令删除多余图形,如图 12-8 所示。

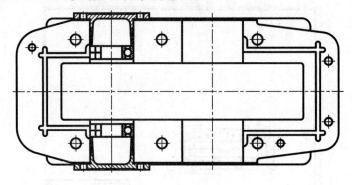

图 12-7　放置 6205 轴承

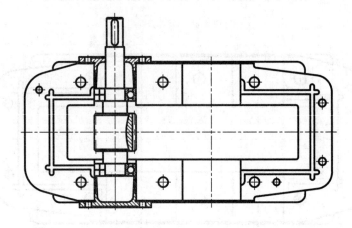

图 12-8　导入齿轮轴

07 导入大齿轮。齿轮轴导入之后，就可以根据啮合方法导入大齿轮了。打开素材文件"第 11 章\11.3 绘制大齿轮零件图-OK.dwg"，按相同方法将其中的剖视图插入至绘图区中，再根据齿轮的啮合特征对齐，结果如图 12-9 所示。

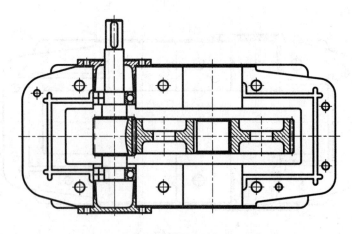

图 12-9　导入大齿轮

08 导入低速轴。将"第 12 章\附件\阶梯轴.dwg"素材文件导入绘图区，然后执行 M【移动】命令，按大齿轮上的键槽位置进行对齐，修剪被遮挡的线条，结果如图 12-10 所示。

09 插入低速轴齿轮侧端盖与轴承。按相同方法插入低速轴一侧的轴承端盖和轴承，素材见"第 12 章\附件\轴承端盖.dwg"、"第 12 章\附件\6207 轴承.dwg"。插入后的效果如图 12-11 所示。

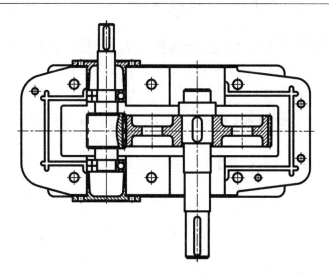

图 12-10　导入低速轴

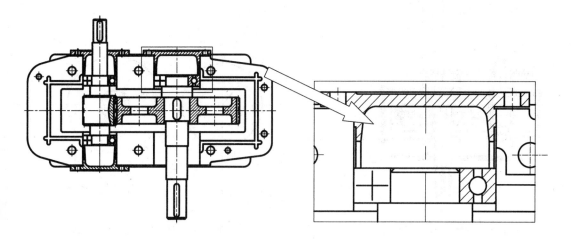

图 12-11　导入低速轴齿轮侧轴承与端盖

10 插入低速轴输出侧端盖与轴承。该侧由于定位轴段较长，仅靠端盖无法压紧轴承，所以要在轴上添加一隔套进行固定（轴套图形见素材文件"第 12 章\附件\标注隔套的尺寸公差-OK.dwg"）。插入后结果如图 12-12 所示。

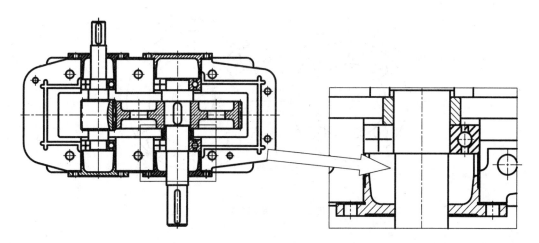

图 12-12　插入低速轴输出侧的轴承与端盖

12.2.3 绘制主视图

俯视图先绘制到此，接下来利用现有的俯视图，通过投影的方法来绘制主视图的大致图形。

1. 绘制端盖部分

01 绘制轴与轴承端盖。切换到【虚线】图层，执行 L【直线】命令，从俯视图中向主视图绘制投影线，如图 12-13 所示。

02 切换到【轮廓线】图层，执行 C【圆】命令，按投影关系，在主视图中绘制端盖与轴的轮廓，如图 12-14 所示。

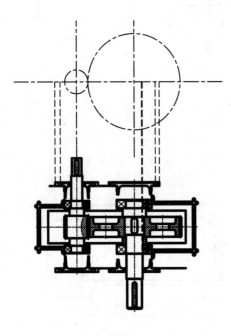

图 12-13 绘制主视图投影线

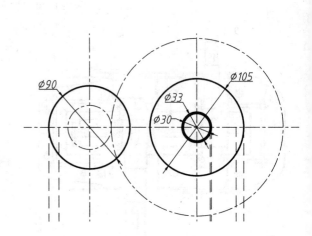

图 12-14 绘制主视图端盖与轴轮廓

03 绘制端盖螺钉。选用的螺钉为 GB/T 5783—2016 中的外六角螺钉，查相关手册即可得螺钉的外形形状，然后切换到【中心线】图层，绘制出螺钉的布置圆，再切换回【轮廓线】图层，执行相关命令绘制螺钉，如图 12-15 所示。

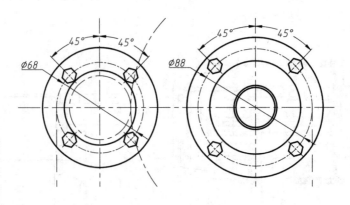

图 12-15 绘制端盖螺钉

2. 绘制凸台部分

01 确定轴承安装孔两侧的螺栓位置。单击【修改】面板中的【偏移】按钮，执行 O【偏移】命令，将主视图中左侧的垂直中心线向左、右偏移 43mm、60mm，右侧的中心线向右偏移 53mm，作为凸台连接螺栓的位置，如图 12-16 所示。

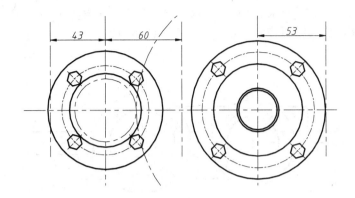

图 12-16　确定螺栓位置

提示　轴承安装孔两侧螺栓的距离不宜过大，也不宜过小，一般取凸缘式轴承盖外圆直径的大小。距离过大，则凸台刚度差；距离过小，螺栓孔可能会与轴承端盖的螺栓孔干涉，还可能与油槽干涉，为保证扳手空间，将会不必要地加大凸台高度。

02 绘制箱盖凸台。同样执行 O【偏移】命令，将主视图的水平中心线向上偏移 38mm，此即凸台的高度；然后偏移左侧的螺钉中心线，向左偏移 16mm，再将右侧的螺钉中心线向右偏移 16mm，此即凸台的边线；最后切换到【轮廓线】图层，执行 L【直线】命令将其连接，如图 12-17 所示。

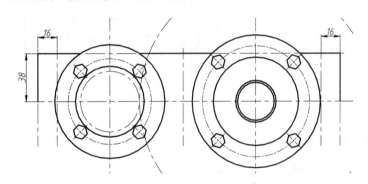

图 12-17　绘制箱盖凸台

03 绘制箱座凸台。按相同的方法，绘制下方的箱座凸台，如图 12-18 所示。

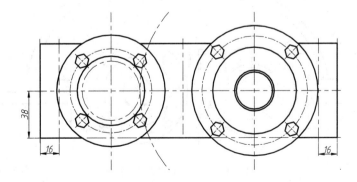

图 12-18　绘制箱座凸台

04 绘制凸台的连接凸缘。为了保证箱盖与箱座的连接刚度，要在凸台上增加一凸缘，且凸缘应比箱体的壁厚，约为 1.5 倍箱体壁厚。执行 O【偏移】命令，将水平中心线向上、下各偏移 12mm，然后绘制该凸缘，如图 12-19 所示。

05 绘制连接螺栓。连接螺栓的画法在前面章节中已有介绍。为了节省空间，在此只需绘制出其中一个连接螺栓（M10×90）的剖视图，其余用中心线表示即可，如图 12-20 所示。

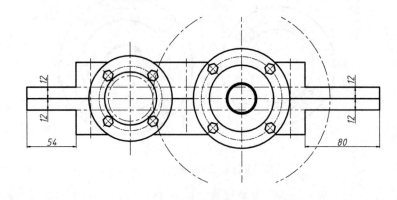

图 12-19　绘制凸台凸缘

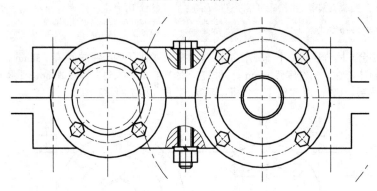

图 12-20　绘制连接螺栓

3. 绘制观察孔与吊环

01 绘制主视图中的箱盖轮廓。切换到【轮廓线】图层，执行 L【直线】、C【圆】等绘图命令，绘制主视图中的箱盖轮廓，如图 12-21 所示。

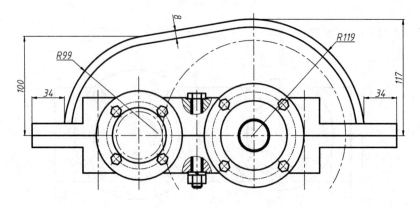

图 12-21　绘制主视图中的箱盖轮廓

02 绘制观察孔。执行 L【直线】、F【倒圆角】等绘图命令，绘制主视图中的观察孔，如图 12-22 所示。

03 绘制箱盖吊环。执行 L【直线】、C【圆】等绘图命令，绘制箱盖上的吊钩，效果如图 12-23 所示。

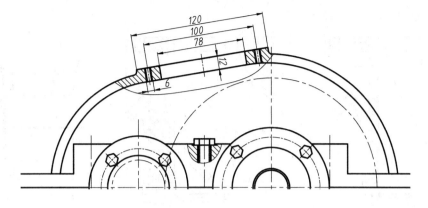

图 12-22　绘制主视图中的观察孔

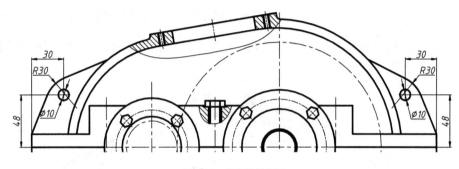

图 12-23　绘制箱盖吊环

4．绘制箱座部分

01 箱座零件图在第 11 章已经绘制好，因此可以直接打开"第 11 章\11.5 绘制箱座零件图-OK.dwg"素材文件，使用 Ctrl+C（复制）、Ctrl+V（粘贴）命令，将箱座的主视图粘贴至装配图中的适当位置，再使用 M【移动】、TR【修剪】命令进行修改，得到的箱座轮廓如图 12-24 所示。

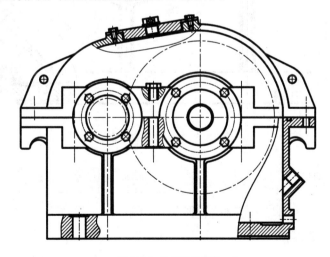

图 12-24　绘制箱座轮廓

02 插入油标。打开素材文件"第 12 章\附件\油标.dwg"，复制油标图形并放置在箱座的油标孔处，如图 12-25 所示。

03 插入油塞。打开素材文件"第 12 章\附件\油塞.dwg"，复制油塞图形并放置在箱座的放油孔处，如图 12-26 所示。

04 绘制箱座右侧的连接螺栓。箱座右侧的连接螺栓为 M8×35，型号为 GB/T 5782—2016 中的外六角螺栓，按前面所介绍的方法绘制，如图 12-27 所示。

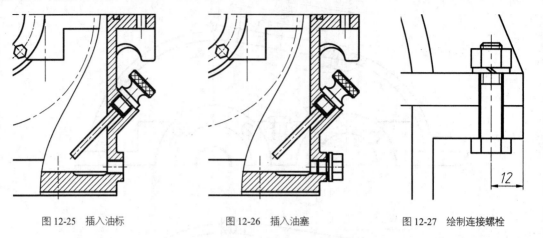

图 12-25　插入油标　　　　　图 12-26　插入油塞　　　　　图 12-27　绘制连接螺栓

05 补全主视图。调用相应命令，绘制主视图中的其他图形，如起盖螺钉和圆柱销等，再补上剖面线。绘制完成的主视图如图 12-28 所示。

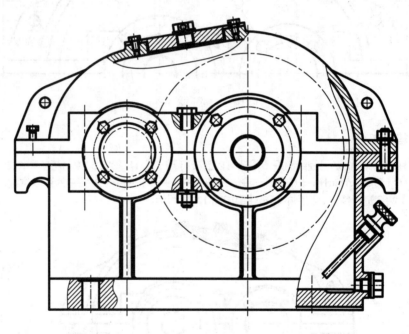

图 12-28　绘制完成的主视图

12.2.4　绘制左视图

主视图绘制完成后，就可以利用投影关系来绘制左视图了。

1．绘制左视图外形轮廓

01 将【中心线】图层设置为当前图层，执行 L【直线】命令，在左视图位置绘制中心线，中心线长度任意。

02 切换到【虚线】图层，执行 L【直线】命令，从主视图向左视图绘制投影线，如图 12-29 所示。

03 执行 O【偏移】命令，将左视图的垂直中心线向左、右对称偏移 40.5mm、60.5mm、80mm、82.5mm、84.5mm，如图 12-30 所示。

04 修剪左视图。切换到【轮廓线】图层，执行 L【直线】命令，绘制左视图的轮廓，再执行 TR【修剪】命令，修剪多余的辅助线，结果如图 12-31 所示。

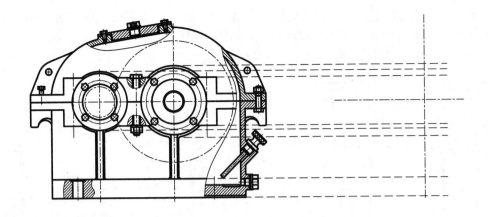

图 12-29　绘制投影线

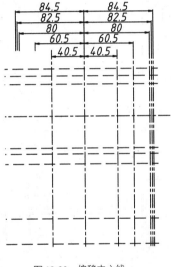

图 12-30　偏移中心线

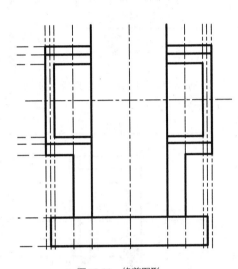

图 12-31　修剪图形

05 绘制凸台与吊钩。切换到【轮廓线】图层，执行 L【直线】、C【圆】等绘图命令，绘制左视图中的凸台
与吊钩轮廓，然后执行 TR【修剪】命令删除多余的线段，如图 12-32 所示。

06 绘制定位销、起盖螺钉中心线。执行 O【偏移】命令，将左视图的垂直中心线向左、右分别偏移 51mm 、
31mm，作为定位销、起盖螺钉中心线，如图 12-33 所示。

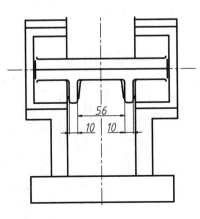

图 12-32　绘制凸台与吊钩

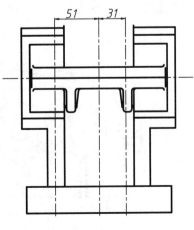

图 12-33　偏移中心线

07 绘制定位销与起盖螺钉。执行 L【直线】、C【圆】等绘图命令，在左视图中绘制定位销（6×35，GB/T 117—2000）与起盖螺钉（M6×15，GB/T 5783—2016），如图 12-34 所示。

08 绘制端盖。执行 L【直线】命令，绘制轴承端盖在左视图中的可见部分，如图 12-35 所示。

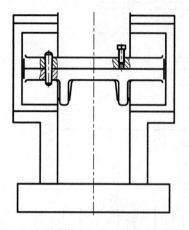

图 12-34　绘制定位销与起盖螺钉

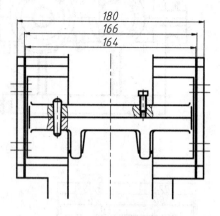

图 12-35　绘制端盖

09 绘制左视图中的轴。执行 L【直线】命令，绘制高速轴与低速轴在左视图中的可见部分，伸出长度参考俯视图，如图 12-36 所示。

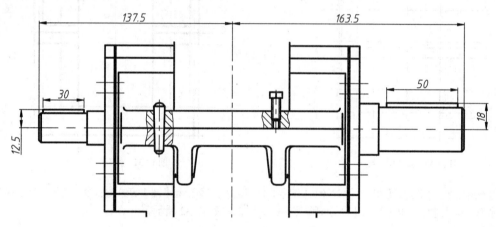

图 12-36　绘制左视图中的轴

10 补全左视图。按投影关系，绘制左视图上方的观察孔以及封顶、螺钉等，结果如图 12-37 所示。

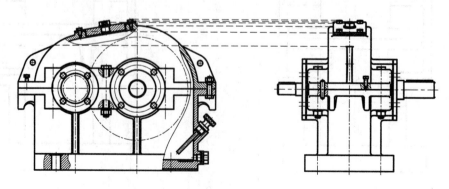

图 12-37　补全左视图

2. 补全俯视图

01 补全俯视图。主视图、左视图的图形都已经绘制完毕，这时可以根据投影关系，完整地补全俯视图，结果如图 12-38 所示。

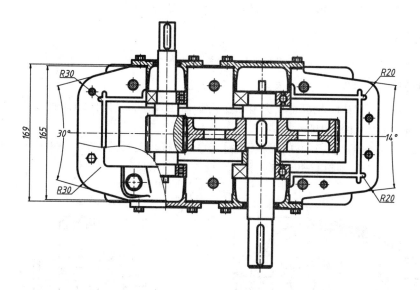

图 12-38　补全俯视图

02 至此，装配图的三视图全部绘制完成，效果如图 12-39 所示。

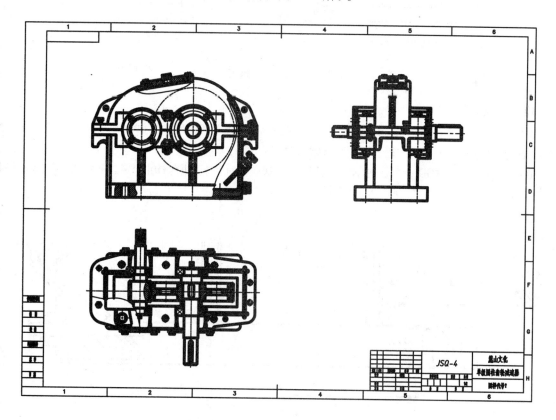

图 12-39　装配图的三视图效果

12.2.5 标注装配图

图形创建完毕后，使其对其进行标注。装配图中的标注包括标明序列号、填写明细栏，以及标注一些必要的尺寸，如重要的配合尺寸、总长、总高、总宽等外形尺寸和安装尺寸等。

1. 标注尺寸

主要包括外形尺寸、安装尺寸以及配合尺寸，分别标注如下。

❑ **标注外形尺寸**

由于减速器的上、下箱体均为铸造件，尺寸精度不高，而且减速器对于外形也无过多要求，因此减速器的外形尺寸只需注明大致的总体尺寸即可。

切换到【标注线】图层，执行 DLI【线性标注】等命令，按之前介绍的方法标注减速器的外形尺寸（主要集中在主视图与左视图上），如图 12-40 所示。

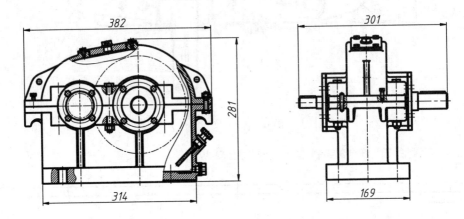

图 12-40 视图布置参考图

❑ **标注安装尺寸**

安装尺寸即减速器在安装时所涉及的尺寸，包括减速器上地脚螺栓的尺寸、轴的中心高度以及吊环的尺寸等。这部分尺寸有一定的精度要求，需参考装配精度进行标注。

01 标注主视图上的安装尺寸。主视图上可以标注地脚螺栓的尺寸。执行 DLI【线性标注】命令，选择地脚螺栓剖视图处的端点，标注该孔的尺寸，如图 12-41 所示。

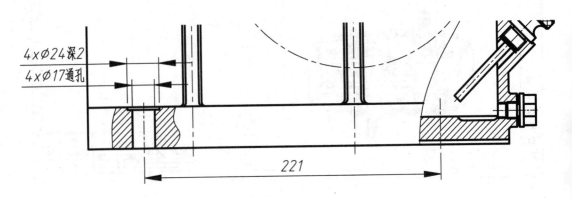

图 12-41 标注主视图上的安装尺寸

02 标注左视图的安装尺寸。左视图上可以标注轴的中心高度，即连接联轴器与带轮的工作高度，如图 12-4所示。

03 标注俯视图的安装尺寸。俯视图中可以标注高、低速轴的末端尺寸，即与联轴器、带轮等的连接尺寸，如图 12-43 所示。

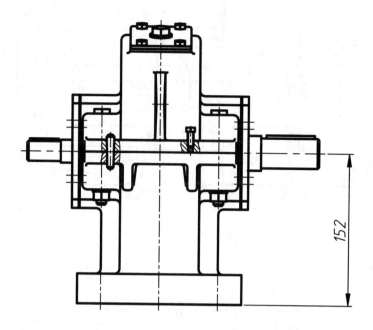

图 12-42　标注轴的中心高度

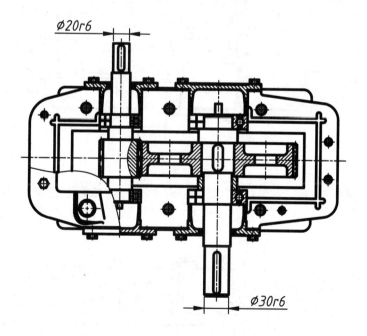

图 12-43　标注轴的连接尺寸

❑　标注配合尺寸

配合尺寸即零件在装配时需保证的配合精度。减速器的配合尺寸包括轴与齿轮、轴与轴承、轴承与轴承安装孔之间的配合尺寸。

01 标注轴与齿轮的配合尺寸。执行 DLI【线性标注】命令，在俯视图中选择低速轴与大齿轮的配合段标注尺寸，并输入配合精度，如图 12-44 所示。

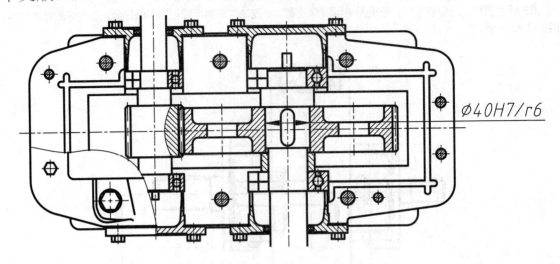

图 12-44　标注轴与齿轮的配合尺寸

02 标注轴与轴承的配合尺寸。高、低速轴与轴承的配合尺寸均为 H7/k6，标注结果如图 12-45 所示。

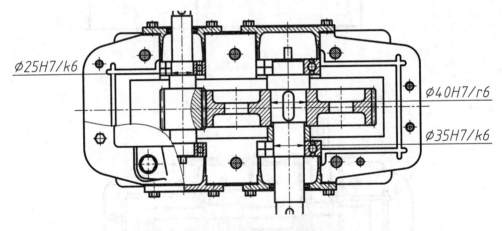

图 12-45　标注轴、轴承的配合尺寸

03 标注轴承与轴承安装孔的配合尺寸。为了安装方便，轴承一般与轴承安装孔取间隙配合，因此可取配合公差为 H7/f6，标注结果如图 12-46 所示。

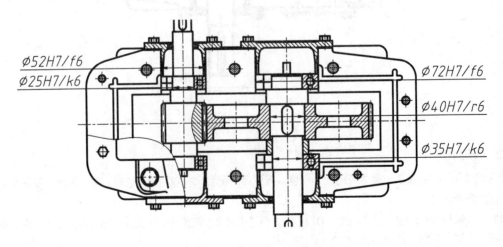

图 12-46　标注轴承与轴承安装孔的配合尺寸

2. 添加序列号

装配图中的所有零件和组件都必须编写序号。装配图中一个相同的零件或组件只编写一个序号，同一装配图中相同的零件编写相同的序号，而且一般只注明一次。另外，零件序号还应与明细栏中的序号一致。

01 设置引线样式。单击【注释】面板中的【多重引线样式】按钮，打开【多重引线样式管理器】对话框，如图 12-47 所示。

02 单击其中的【修改】按钮，打开【修改多重引线样式：Standard】对话框，选择其中的【引线格式】选项卡进行设置，如图 12-48 所示。

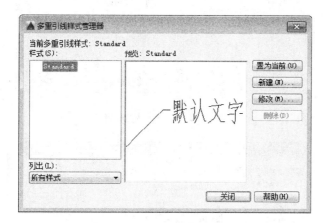

图 12-47 【多重引线样式管理器】对话框

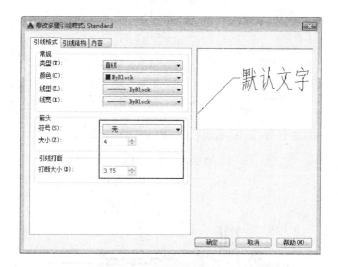

图 12-48 【引线格式】选项卡

03 切换至【引线结构】选项卡，设置其中的参数，如图 12-49 所示。

04 切换至【内容】选项卡，设置其中的参数，如图 12-50 所示。

05 标注第一个序号。将【细实线】图层设置为当前图层，单击【注释】面板中的【引线】按钮，然后在俯视图的箱座处单击，引出引线，然后输入数字"1"，即表明该零件为序号为 1 的零件，如图 12-51 所示。

06 按此方法，对装配图中的所有零部件进行引线标注，结果如图 12-52 所示。

3. 填写明细栏

01 单击【绘图】面板中的【矩形】按钮，按前面章节介绍的方法绘制装配图明细栏，也可以打开素材文件"第 12 章\附件\装配图明细表.dwg"直接进行复制，如图 12-53 所示。

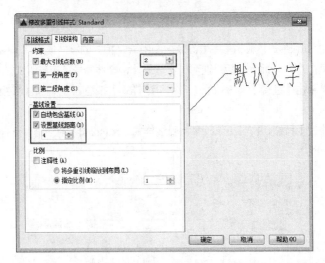

图 12-49 【引线结构】选项卡

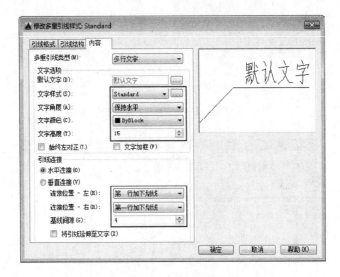

图 12-50 【内容】选项卡

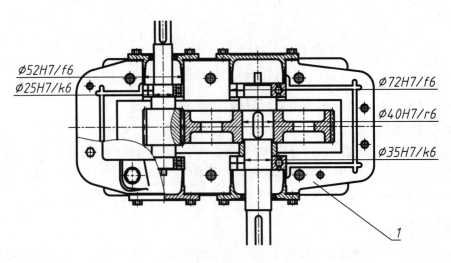

图 12-51 标注第一个序号

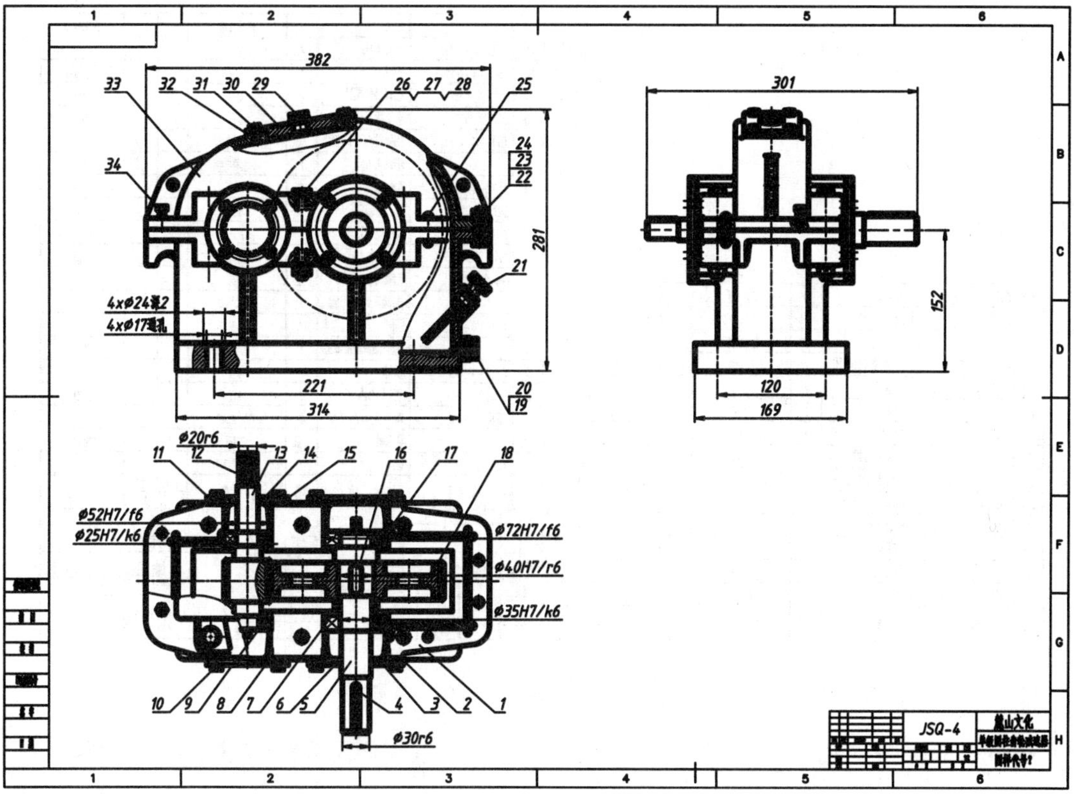

图 12-52 标注其余的序号

4	-04	缸筒	1	45			
3	-03	连接法兰	2	45			
2	-02	缸头	1	QT400			
1	-01	活塞杆	1	45			
序号	代 号	名 称	数量	材 料	单件	总计	备 注
					重 量		

图 12-53 素材文件中的明细栏

02 将该明细栏缩放至适合图纸的大小，然后按上一步骤添加的序列号顺序填写明细栏中的信息，如序列号对应的零件为“箱座”，如图 12-54 所示。

03 按相同方法，填写明细栏上的所有信息，如图 12-55 所示。

1	JSQ-4-01	箱座	1	HT200			

图 12-54 按添加的序列号填写对应的明细栏

提示

在对照序列号填写明细栏时，可以选择【视图】选项卡，然后在【视口配置】下拉选项中选择【两个：水平】选项，将模型视图从屏幕中间一分为二（两个视图都可以独立操作），这时便可将一个视图移动至模型的序列号上，另一个视图移动至明细栏处进行填写，如图 12-56 所示。这种填写方式十分便捷。

序号	代号	名称	数量	材料	单件	总计 重量	备注
20		封油圈	1	耐油橡胶			装配自制
19	JSQ-4-10	M12油塞	1	45			
18	JSQ-4-09	大齿轮	1	45			m=2, z=96
17	GB/T 276	深沟球轴承 6207	2	成品			外购
16	GB/T 1096	键 C12x32	1	45			外购
15	JSQ-4-08	轴承端盖 (6207通)	1	HT150			外购
14		调整垫 (A)	1	半粗半毛毡			
13	JSQ-4-07	高速齿轮轴	1	45			m=2, z=24
12	GB/T 1096	键 C8x30	1	45			外购
11	JSQ-4-06	轴承端盖 (6205通)	1	HT150			
10	GB/T 5783	外六角螺钉 M6x25	16	8.8级			外购
9	GB/T 276	深沟球轴承 6205	2	成品			外购
8	JSQ-4-05	轴承端盖 (6205闷)	1	HT150			
7	JSQ-4-04	键盖	1	45			
6		调整垫片φ45xφ33	1	半粗半毛毡			外购
5	JSQ-4-03	低速轴	1	45			
4	GB/T 1096	平键 C8x50	1	45			外购
3	JSQ-4-02	轴承端盖 (6207闷)	1	HT150			
2		调整垫片	2组	08F			装配自制
1	JSQ-4-01	箱座	1	HT200			
序号	代号	名称	数量	材料	单件	总计 重量	备注

JSQ-4
麓山文化
单级圆柱齿轮减速器
课程设计-4
1:2

序号	代号	名称	数量	材料	单件	总计 重量	备注
34	GB/T 5782	起盖螺钉	1	10.9级			外购
33	JSQ-4-14	箱盖	1	HT200			
32		视孔盖片	1	软钢纸板			装配自制
31	GB/T 5783	外六角螺钉 M6x10	4	8.8级			外购
30	JSQ-4-13	视孔盖	1	45			
29	JSQ-4-12	通气器	1	45			
28	GB 93	弹性垫圈 10	6	65Mn			外购
27	GB/T 6170	六角螺母 M10	6	10级			外购
26	GB/T 5782	外六角螺栓 M10x90	6	8.8级			外购
25	GB/T 117	销 8x35	2	45			外购
24	GB 93	弹性垫圈 8	2	65Mn			外购
23	GB/T 6170	六角螺母 M8	2	10级			外购
22	GB/T 5782	外六角螺栓 M8x35	2	8.8级			外购
21	JSQ-4-11	油标	1	组合件			
序号	代号	名称	数量	材料	单件	总计 重量	备注

图 12-55 填写明细栏

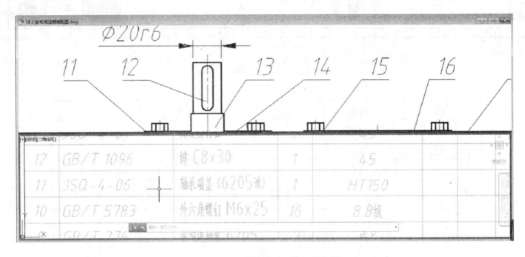

图 12-56 两个视图对照填写明细栏

4. 添加技术要求

减速器的装配图中，除了常规的技术要求外，还要填写技术特性，即填写减速器的主要参数，如输入功率传动比等，类似于齿轮零件图中的技术参数表。

01 填写技术特性。绘制一简易表格，然后在其中输入技术特性，如图 12-57 所示。

技术特性

输入功率 kw	输入轴转速 r/min	传动比
2.09	376	4

图 12-57 输入技术特性

02 单击【默认】选项卡中【注释】面板上的【多行文字】按钮，在标题栏上方的空白部分插入多行文字，输入技术要求，如图 12-58 所示。

技术要求

1. 装配前，滚动轴承用汽油清洗，其他零件用煤油清洗，箱体内不允许有任何杂物存在，箱体内壁涂耐磨油漆。

2. 齿轮副的侧隙用铅丝检验，侧隙值应不小于0.14mm。

3. 滚动轴承的轴向调整间隙均为0.05～0.1mm。

4. 齿轮装配后，用涂色法检验齿面接触斑点，沿齿高不小于45%，沿齿长不小于60%；

5. 减速器剖面分面涂密封胶或水玻璃，不允许使用任何填料。

6. 减速器内装L-AN15(GB443-1989)，油量应达到规定高度。

7. 减速器外表面涂绿色油漆。

图 12-58　输入技术要求

03 减速器装配图的绘制完成的效果如图 12-59 所示（详见素材文件"12.2 绘制单级减速器装配图-OK"）。

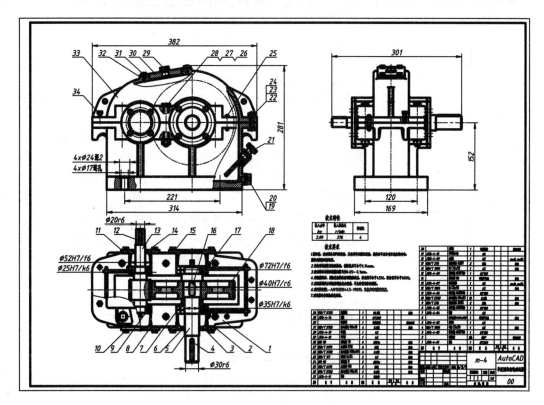

图 12-59　减速器装配图

第13章 创建和编辑三维实体

本章导读

AutoCAD 不仅具有强大的二维绘图功能，而且还具有较强的三维绘图功能。利用三维绘图功能可以绘制各种三维的线、平面以及曲面等，而且可以直接创建三维实体模型，并对实体模型进行抽壳、布尔等编辑。

树立正确的空间观念，灵活建立和使用三维坐标系，准确地在三维空间中设置视点，既是整个三维绘图的基础，也是三维绘图的难点所在。本章详细讲解了三维绘图的基本知识，以及三维建模及编辑的功能。

本章重点

➤ 了解 AutoCAD 三维模型的类型

➤ 掌握 UCS 的创建和编辑方法

➤ 掌握三维视图的切换方法

➤ 掌握三维模型视觉样式的切换方法

➤ 拉伸、旋转、扫掠、放样等三维模型生成方法

➤ 并集、差集和交集布尔运算的操作方法

➤ 三维对象的移动、旋转、对齐等操作方法

➤ 三维对象的边、面和体的编辑方法

13.1 三维模型的分类

AutoCAD 主要支持三种类型的三维模型，即线框模型、曲面模型和实体模型。每种模型都有自己的创建方法和编辑方式。

13.1.1 线框模型

线框模型是一种轮廓模型，它是三维对象的轮廓描述，主要由描述对象的三维直线和曲线组成，没有面和体的特征。线框模型是三维对象的轮廓描述，由描述对象的点、直线和曲线组成。在 AutoCAD 中，可以通过在三维空间绘制点、线、曲线的方式得到线框模型。

图 13-1 所示为线框模型。

图 13-1　线框模型

> **提示**　线框模型虽然结构简单，但构成模型的各条线需要分别绘制。此外，线框模型没有面和体的特征，不能对其进行面积、体积、重心、转动质量、惯性矩形等计算，也不能进行隐藏、渲染等操作。

13.1.2 曲面模型

曲面模型是将棱边围成的部分定义形体表面，再通过这些面的集合来定义形体。AutoCAD 的曲面模型用多边形网格构成的小平面来近似定义曲面。由面模型特别适用于构造复杂曲面，如模具、发动机叶片、汽车等复杂零件的表面，它一般使用多边形网格定义镶嵌面。由于网格面是平面的，因此网格只能近似于曲面。

图 13-2 所示为创建的曲面模型。

对于由网格构成的曲面，多边形网格越密，曲面的光滑程度越高。此外，由于曲面模型具有面的特征，因此可以对它进行计算面积、隐藏、着色、渲染、求两表面交线等操作。

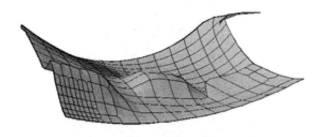

图 13-2　曲面模型

13.1.3 实体模型

实体模型是最经常使用的三维建模类型，它不仅具有线和面的特征，还具有体的特征。各实体对象间可以进行各种布尔运算操作，从而创建复杂的三维实体模型。

对于实体模型，可以直接了解它的特性，如体积、重心、转动惯量、惯性矩等，可以对它进行隐藏、剖切、装配干涉检查等操作，还可以对具有基本形状的实体进行并、交、差等布尔运算，以构造复杂的模型。

图 13-3 所示为创建的实体模型。

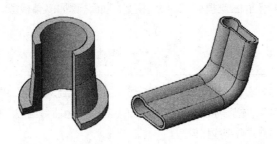

图 13-3　实体模型

13.2　三维坐标系统

在三维建模过程中，坐标系及其切换是 AutoCAD 三维图形绘制中不可缺少的。在界面上创建三维模型，其实是在平面上创建三维图形，而视图方向的切换则是通过调整坐标位置和方向获得。因此三维坐标系是确定三维对象位置的基本手段，是研究三维空间的基础。

13.2.1　UCS 的概念及特点

在 AutoCAD 中，坐标系包括世界坐标系（WCS）和用户坐标系（UCS）两种类型。世界坐标系是系统默认的二维图形坐标系，它的原点及各坐标轴的方向固定不变，因而不能满足三维建模的需要。

用户坐标系是通过变换坐标系原点及方向形成的，用户可根据需要随意更改坐标系原点及方向。用户坐标系主要应用于三维模型的创建。

13.2.2　定义 UCS

UCS 坐标系表示了当前坐标系的坐标轴方向和坐标原点位置，也表示了相对于当前 UCS 的 *XY* 平面的视图方向，尤其在三维建模环境中，它可以根据不同的指定方位来创建模型特征。

要新建 UCS，直接在命令行中输入 "UCS" 并按 Enter 键，然后根据命令行的提示选取合适位置即可。如果要使新建 UCS 在空间变换方位，则需要通过其他工具来实现，如图 13-4 所示为 AutoCAD 2020 中的【坐标】面板，用户可以利用该面板中的按钮对坐标系进行相应的操作。

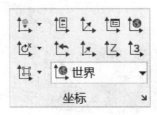

图 13-4　【坐标】面板

【坐标】面板中常用按钮的含义如下。

1.　UCS ⌊

单击该按钮，命令行提示如下。

指定 UCS 的原点或 [面 (F) / 命名 (NA) / 对象 (OB) / 上一个 (P) / 视图 (V) / 世界 (W) / X/Y/Z/Z 轴 (ZA)

<世界>：

该命令行中的各选项与面板中的按钮相对应。

2．世界🌐

该工具用来切换回模型或视图的世界坐标系，即 WCS 坐标系。世界坐标系也称为通用或绝对坐标系，它的原点位置和方向始终保持不变。

3．上一个 UCS↰

上一个 UCS 顾名思义是指通过使用上一个 UCS 确定坐标系，它相当于绘图中的撤销操作，可返回上一个绘图状态，但该操作仅返回上一个 UCS 状态，其他图形保持更改后的效果。

4．面 UCS📇

该工具主要用于将新用户坐标系的 XY 平面与所选实体的一个面重合。在模型中选取实体面或选取面的一个边界，此面被加亮显示，按 Enter 键即可将该面与新建 UCS 的 XY 平面重合，效果如图 13-5 所示。

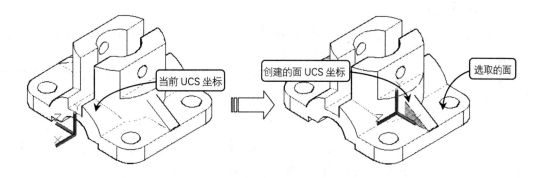

图 13-5　创建面 UCS 坐标

5．对象📇

该工具通过选择一个对象，定义一个新的坐标系，坐标轴的方向取决于所选对象的类型。当选择一个对象时，新坐标系的原点将放置在创建该对象时定义的第一点，X 轴的方向为从原点指向创建该对象时定义的第二点，Z 轴方向自动保持与 XY 平面垂直，如图 13-6 所示。

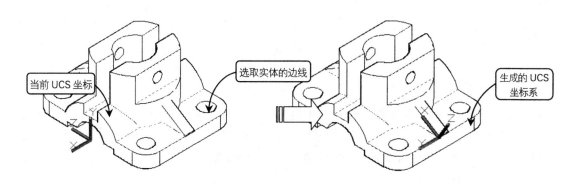

图 13-6　由选取对象生成 UCS 坐标

如果选择不同类型的对象，坐标系的原点位置和 X 轴的方向会有所不同，选取对象与坐标的关系见表 13-1。

表 13-1　选取对象与坐标的关系

对象类型	新建 UCS 坐标方式
直线	距离选取点最近的一个端点成为新 UCS 的原点，X 轴沿直线的方向，并使该直线位于新坐标系的 XY 平面
圆	圆的圆心成为新 UCS 的原点，X 轴通过选取点
圆弧	圆弧的圆心成为新 UCS 的原点，X 轴通过距离选取点最近的圆弧端点
二维多段线	多段线的起点成为新 UCS 的原点，X 轴沿从起点到下一个顶点的线段延伸方向
实心体	实体的第一点成为新 UCS 的原点，新 X 轴为两起始点之间的直线
尺寸标注	标注文字的中点为新的 UCS 的原点，新 X 轴的方向平行于绘制标注时有效 UCS 的 X 轴

6. 视图

该工具可使新坐标系的 XY 平面与当前视图方向垂直，Z 轴与 XY 面垂直，而原点保持不变。通常情况下，该方式主要用于标注文字，当文字需要与当前屏幕平行而不需要与对象平行时用此方式比较简单。

7. 原点

【原点】工具按钮是系统默认的 UCS 坐标创建方法，它主要用于修改当前用户坐标系的原点位置，坐标轴方向与上一个坐标相同，由它定义的坐标系将以新坐标存在。

可在命令行中输入"UCS"并按 Enter 键，然后配合状态栏中的对象捕捉功能，捕捉模型上的一点，按 Enter 键结束操作。

8. Z 轴矢量

该工具按钮是通过指定一点作为坐标原点，指定一个方向作为 Z 轴的正方向，从而定义新的用户坐标系。此时，系统将根据 Z 轴方向自动设置 X 轴、Y 轴的方向，如图 13-7 所示。

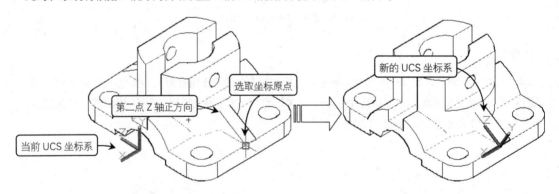

图 13-7　由 Z 轴矢量生成 UCS 坐标系

9. 三点

该方式是最简单也是最常用的一种方法，只需选取 3 个点就可确定新坐标系的原点、X 轴与 Y 轴的正向。指定的原点是坐标旋转时的基准点，再选取一点作为 X 轴的正方向即可，因为 Y 轴的正方向实际上已经确定。当确定 X 轴与 Y 轴的方向后，Z 轴的方向自动设置为与 XY 平面垂直。

10. X/Y/Z 轴

该方式是将当前 UCS 坐标绕 X 轴、Y 轴或 Z 轴旋转一定的角度，从而生成新的用户坐标系。它可以通过指定两个点或输入一个角度值来确定所需要的角度。

13.2.3 编辑 UCS

在命令行输入"UCSMAN"并按 Enter 键确认，弹出【UCS】对话框，如图 13-8 所示。该对话框集中了 UCS 命名、UCS 正交、显示方式设置以及应用范围设置等多项功能。

选择【命名 UCS】选项卡，如果单击【置为当前】按钮，可将坐标系置为当前工作坐标系。单击【详细信息】按钮，弹出【UCS 详细信息】对话框，其中显示了当前使用和已命名的 UCS 信息，如图 13-9 所示。

 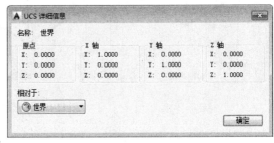

图 13-8 【UCS】对话框　　　　　　　　　　图 13-9 显示当前 UCS 信息

【正交 UCS】选项卡用于将 UCS 设置成一个正交模式。用户可以在【相对于】下拉列表中确定用于定义正交模式 UCS 的基本坐标系，也可以在【当前 UCS：UCS】列表框中选择某一正交模式，并将其置为当前，如图 13-10 所示。

选择【设置】选项卡，则可通过【UCS 图标设置】和【UCS 设置】选项组设置 UCS 图标的显示形式、应用范围等特性，如图 13-11 所示。

图 13-10 【正交 UCS】选项卡　　　　　　图 13-11 【设置】选项卡

13.2.4 动态 UCS

使用动态 UCS 功能，可以在创建对象时使 UCS 的 *XY* 平面自动与实体模型上的平面临时对齐。

执行动态 UCS 命令的方法有以下两种。

➢ **快捷键：** 按 F6 键。

➢ **状态栏：** 单击状态栏中的【将 UCS 捕捉到活动实体平面】按钮 。

调用该命令后，使用绘图命令时，可以通过在面的一条边上移动光标对齐 UCS，而无需使用 UCS 命令。结束该命令后，UCS 将恢复到其上一个位置和方向。使用动态 UCS 绘图如图 13-12 所示。

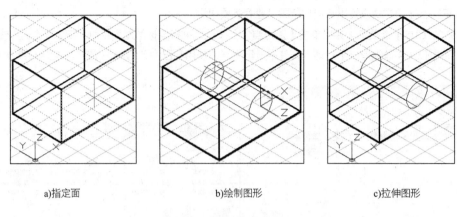

| a)指定面 | b)绘制图形 | c)拉伸图形 |

图 13-12　使用动态 UCS 绘图

13.2.5　UCS 夹点编辑

AutoCAD 2020 的 UCS 图标具有夹点编辑功能，可使坐标调整更为直观和快捷。

单击视口中的 UCS 图标，将其选择，此时会出现相应的原点夹点和轴夹点，单击原点夹点并拖动，可以调整坐标原点的位置，选择轴夹点并拖动可调整轴的方向，如图 13-13 所示。

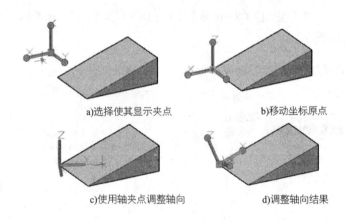

| a)选择使其显示夹点 | b)移动坐标原点 |

| c)使用轴夹点调整轴向 | d)调整轴向结果 |

图 13-13　使用 UCS 坐标夹点功能

13.3　观察三维模型

在三维建模环境中，为了创建和编辑三维图形各部分的结构特征，需要不断地调整显示方式和视图位置，以更好地观察三维模型。本节主要介绍控制三维视图显示方式和从不同方位观察三维视图的方法和技巧。

13.3.1　设置视点

视点是指观察图形的方向。例如，绘制三维球体时，如果使用平面坐标系即 Z 轴垂直于屏幕，此时仅能看到该球体在 XY 平面上的投影，如果调整视点至东南轴测视图，将看到的是三维球体，如图 13-14 所示。

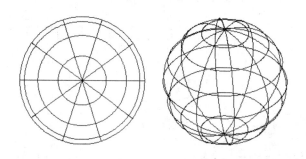

图 13-14　在平面坐标系和三维视图中的球体

13.3.2　预置视点

执行菜单栏中的【视图】|【三维视图】|【视点预设】命令，系统弹出【视点预设】对话框，如图 13-15 所示。

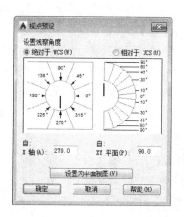

图 13-15　【视点预设】对话框

默认情况下，观察角度是相对于 WCS 坐标系的。选中【相对于 UCS】单选按钮，则可设置相对于 UCS 坐标系的观察角度。

无论是相对于哪种坐标系，用户都可以直接单击对话框中的坐标图来获取观察角度，或是在【X 轴】、【XY 平面】文本框中输入角度值。其中，对话框中左面的图形用于设置原点和视点之间的连线在 XY 平面的投影与 X 轴正向的夹角，右面的半圆图形用于设置该连线与投影线之间的夹角。

此外，若单击【设置为平面视图】按钮，则可以将坐标系设置为平面视图。

13.3.3　利用 ViewCube 工具

在三维建模工作空间中，使用 ViewCube 工具可切换各种正交或轴测视图模式，即可切换 6 种正交视图、8 种正等轴测视图和 8 种斜等轴测视图，以及其他视图方向，可以根据需要快速调整模型的视点。

ViewCube 工具中显示了非常直观的 3D 导航立方体，单击该工具图标的各个位置将显示不同的视图效果，如图 13-16 所示。

该工具图标的显示方式可根据设计进行必要的修改。右击立方体并选择【ViewCube 设置】选项，系统弹出【ViewCube 设置】对话框，如图 13-17 所示。

在该对话框中设置参数值可控制立方体的显示和行为，并且可在对话框中设置默认的位置、尺寸和立方体的透明度。

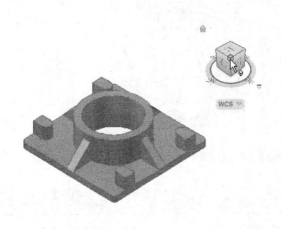

图 13-16　利用导航工具切换视图方向　　　　　　　　图 13-17　【View Cube 设置】对话框

此外，右键单击 ViewCube 工具，可以通过弹出的快捷菜单定义三维图形的投影样式，模型的投影样式可分为【平行】投影和【透视】投影两种。【平行】投影模式是平行的光源照射到物体上所得到的投影，可以准确地反映模型的实际形状和结构；【透视】投影模式可以直观地表达模型的真实投影状况，具有较强的立体感。透视投影视图取决于理论相机和目标点之间的距离，当距离较小时产生的投影效果较为明显；反之，当距离较大时产生的投影效果较为轻微，两种投影效果的对比如图 13-18 所示。

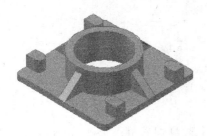

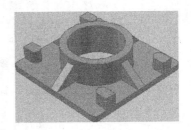

图 13-18　投影效果对比

13.3.4　三维动态观察

AutoCAD 提供了一个交互的三维动态观察器，它可以在当前视口中创建一个三维视图，用户可以使用鼠标来实时地控制和改变这个视图以得到不同的观察效果。

【三维动态观察】按钮位于绘图窗口右侧的导航栏中。使用三维动态观察器，既可以查看整个图形，也可以查看模型中任意的对象。

1.　受约束的动态观察

利用此工具可以对视图中的图形进行一定约束的动态观察，即水平、垂直或对角拖动对象进行动态观察。在观察视图时，视图的目标位置保持不动，相机位置（或观察点）围绕该目标移动。默认情况下，观察点会约束沿着世界坐标系的 XY 平面或 Z 轴移动。

单击绘图区右侧导航栏中的【受约束的动态观察】按钮，绘图区光标将呈形状。按住鼠标左键并拖动光标可以对视图进行受约束三维动态观察，如图 13-19 所示。

2.　自由动态观察

利用此工具可以对视图中的图形进行任意角度的动态观察，选择并在转盘的外部拖动光标，将使视图围绕延长线通过转盘的中心并垂直于屏幕的轴旋转。

单击绘图区右侧导航栏中的【自由动态观察】按钮 ⊗，此时，在绘图区会显示出一个导航球，如图 13-20 所示。

图 13-19　受约束的动态观察

图 13-20　导航球

❑　光标在弧线球内拖动

当在弧线球内拖动光标进行图形的动态观察时，光标将变成 ⊕ 形状，此时观察点可以在水平、垂直以及对角线等任意方向上移动任意角度，即可以对观察对象做全方位的动态观察，如图 13-21 所示。

❑　光标在弧线球外拖动

当光标在弧线球外部拖动时，光标将变成 ⊙ 形状，此时拖动光标图形将围绕着一条穿过弧线球球心且与屏幕正交的轴进行旋转，如图 13-22 所示。

❑　光标在左右侧小圆内拖动

当光标置于导航球左侧或者右侧的小圆时，光标将变成 ⊖ 形状，按住鼠标左键并左右拖动将使视图围绕着通过导航球中心的垂直轴进行旋转。当光标置于导航球顶部或者底部的小圆上时，光标将变成 ⊕ 形状，按住鼠标左键并上下拖动将使视图围绕着通过导航球中心的水平轴进行旋转，如图 13-23 所示。

图 13-21　光标在弧线球内拖动

图 13-22　光标在弧线球外拖动

图 13-23　光标在左右侧小圆内拖动

3. 连续动态观察

利用此工具可以使观察对象绕指定的旋转轴和旋转速度连续做旋转运动，从而对其进行连续动态的观察。

单击绘图区右侧导航栏中的【连续动态观察】按钮 ⊗，光标将变成 ⊗ 形状，在绘图区域中按住鼠标左键并拖动光标，使对象沿拖动方向开始移动，释放鼠标左键后，对象将在指定的方向上继续运动。光标移动的速度决定了对象的旋转速度。

13.3.5　控制盘辅助操作

新的导航滚轮在鼠标箭头尖端显示，通过该控制盘可快速访问不同的导航工具。可以以不同方式平移、缩放或操作模型的当前视图。这样将多个常用导航工具结合到一个单一界面中，可省大量的设计时间，从而提高绘图的效率。

执行【视图】|【SteeringWheels】命令，打开导航控制盘，右键单击【导航控制盘】按钮，系统弹出快捷菜单。整个控制盘可分为 3 个不同的控制盘，其中每个控制盘均拥有其独有的导航方式，如图 13-24 所示。分别介绍如下。

➢ 查看对象控制盘：将模型置于中心位置，并定义轴心点，使用【动态观察】工具可缩放和动态观察模型。

➢ 巡视建筑控制盘：通过将模型视图移近、移远或环视，以及更改模型视图的标高来导航模型。

➢ 全导航控制盘：将模型置于中心位置并定义轴心点，便可执行漫游、环视、更改视图标高、动态观察、平移和缩放模型等操作。

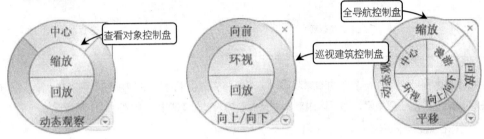

图 13-24　导航控制盘

单击该控制盘的任意按钮都将执行相应的导航操作。在执行多项导航操作后，单击【回放】按钮，可以从以前的视图中选择视图方向帧，快速返回相应的视口位置，如图 13-25 所示。

在浏览复杂对象时，通过调整导航控制盘将非常适合查看建筑的内部特征，除了上述介绍的【缩放】、【回放】等按钮外，在巡视建筑控制盘中还包含【向前】、【查看】和【向上/向下】工具。

此外，还可以根据设计需要对滚轮各参数值进行设置，即自定义导航滚轮的外观和行为。右击导航控制盘选择【Steering Wheel 设置】选项，系统弹出【Steering Wheels 设置】对话框，如图 13-26 所示。在该对话框中可以设置导航控制盘的各个参数。

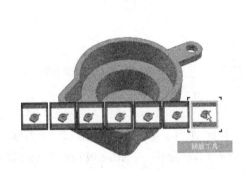

图 13-25　回放视图

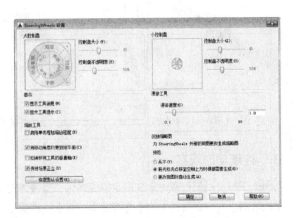

图 13-26　【Steering Wheel 设置】对话框

13.4　视觉样式

在 AutoCAD 中，为了观察三维模型的最佳效果，往往需要通过【视觉样式】功能来切换视觉样式。

13.4.1　应用视觉样式

视觉样式是一组设置，用来控制视口中边和着色的显示。一旦应用了视觉样式或更改了其设置，就可以在视口中查看效果。切换视觉样式，可以通过视口标签和菜单命令进行，如图 13-27 和图 13-28 所示。

图 13-27　视觉样式视口标签 　　　　　　　　　　　　　　图 13-28　视觉样式菜单

各种视觉样式的含义如下。

➢　二维线框：显示用直线和曲线表示边界的对象，光栅和 OLE 对象、线型和线宽均可见，如图 13-29 所示。

➢　概念：着色多边形平面间的对象，并使对象的边平滑化。着色使用古氏面样式，呈现一种冷色和暖色之间的过渡，而不是从深色到浅色的过渡。该视觉样式效果缺乏真实感，但是可以更方便地查看模型的细节，如图 13-30 所示。

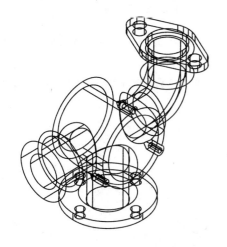

图 13-29　【二维线框】视觉样式 　　　　　　　　　　　　图 13-30　【概念】视觉样式

➢　隐藏：显示用三维线框表示的对象并隐藏表示后向面的直线，效果如图 13-31 所示

➢　真实：对模型表面进行着色，并使对象的边平滑化，显示已附着到对象的材质，效果如图 13-32 所示。

➢　着色：该样式与真实样式类似，但不显示对象轮廓线，效果如图 13-33 所示。

图 13-31 【隐藏】视觉样式

图 13-32 【真实】视觉样式

> 带边框着色：该样式与着色样式类似，对其表面轮廓线以暗色线条显示，效果如图 13-34 所示。

图 13-33 【着色】视觉样式

图 13-34 【带边框着色】视觉样式

> 灰度：以灰色着色多边形平面间的对象，并使对象的边平滑化。着色表面不存在明显的过渡，同样可以方便地查看模型的细节，效果如图 13-35 所示。

> 勾画：利用手工勾画的笔触效果显示用三维线框表示的对象并隐藏表示后向面的直线，效果如图 13-36 所示。

图 13-35 【灰度】视觉样式

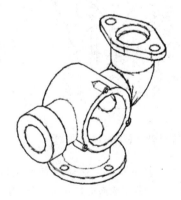

图 13-36 【勾画】视觉样式

> 线框：显示用直线和曲线表示边界的对象，效果与三维线框类似，如图 13-37 所示。

> X 射线：以 X 射线的形式显示对象效果，可以清楚地观察到对象背面的特征，效果如图 13-38 所示。

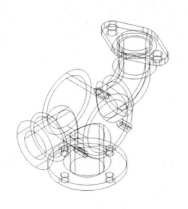

图 13-37　【线框】视觉样式

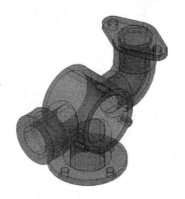

图 13-38　【X 射线】视觉样式

13.4.2　管理视觉样式

执行【视图】|【视觉样式】|【视觉样式管理器】命令，系统弹出【视觉样式管理器】选项板，如图 13-39 所示。

在【三维基础】工作空间中单击【默认】选项卡中【图层和视图】面板上的【二维线框】下拉按钮，在弹出的下拉菜单中也可以选择相应的视觉样式，如图 13-40 所示。

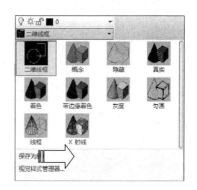

图 13-39　【视觉样式管理器】选项板

图 13-40　【图层和视图】面板上的【二维线框】下拉按钮

在【图形中的可用视觉样式】列表中显示了图形中的可用视觉样式的样例图像。当选定某一视觉样式后，该视觉样式显示黄色边框，选定的视觉样式的名称显示在选项板的底部。在【视觉样式管理器】选项板的下部，将显示该视觉样式的面设置、环境设置和边设置。

在【视觉样式管理器】选项板中，使用工具条中的工具按钮，可以创建新的视觉样式、将选定的视觉样式应用于当前视口、将选定的视觉样式输出到工具选项板以及删除选定的视觉样式。

在【图形中的可用视觉样式】列表中选择的视觉样式不同，设置区中的参数选项也不同，用户可以根据需要在面板中进行相关设置。

13.5　由二维对象生成三维实体

在 AutoCAD 中，不仅可以利用上面介绍的各类基本实体工具进行简单实体模型的创建，还可以利用二维图形生成三维实体。

13.5.1 拉伸

拉伸工具可以将二维图形沿指定的高度和路径拉伸为三维实体。【拉伸】命令常用于创建楼梯栏杆、管道、异形装饰等物体，是实际工程中创建复杂三维面最常用的一种方法。

调用【拉伸】命令的方法如下。

➤ 面板：单击【默认】选项卡中【创建】面板上的【拉伸】按钮。

➤ 菜单栏：执行【绘图】|【建模】|【拉伸】命令。

➤ 命令行： EXTRUDE 或 EXT。

该工具有两种将二维对象拉伸成实体的方法，一种是指定生成实体的倾斜角度和高度，另一种是指定拉伸路径，路径可以闭合，也可以不闭合。

【案例 13-1】： 创建把手模型

01 启动 AutoCAD 2020，单击快速访问工具栏中的【新建】按钮，建立一个新的空白图形。

02 将工作空间切换到【三维建模】工作空间中，单击【绘图】面板中的【矩形】按钮，绘制一个长为 10mm、宽为 5mm 的矩形。然后单击【修改】面板中的【圆角】按钮，在矩形边角创建 R1mm 的圆角。然后绘制两个半径为 0.5mm 的圆，其圆心到最近边的距离为 1.2mm，如图 13-41 所示。

03 将视图切换到【东南等轴测】，将图形转换为面域，并利用【差集】命令由矩形面域减去两个圆的面域，然后单击【建模】面板上的【拉伸】按钮，拉伸高度设置为 1.5mm，效果如图 13-42 所示。命令行提示如下。

```
命令: _extrude                                      //调用拉伸命令
当前线框密度:  ISOLINES=4,闭合轮廓创建模式 = 实体
选择要拉伸的对象或 [模式(MO)]: _MO 闭合轮廓创建模式 [实体(SO)/曲面(SU)] <实体>: _SO
选择要拉伸的对象或 [模式(MO)]: 找到 1 个                //选择面域
指定拉伸的高度或 [方向(D)/路径(P)/倾斜角(T)/表达式(E)]: 1.5    //输入拉伸高度
```

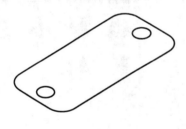

图 13-41　绘制底面　　　　　　　　　　　　　　图 13-42　拉伸

04 单击【绘图】面板中的【圆】按钮，绘制两个半径为 0.7mm 的圆，如图 13-43 所示。

05 单击【建模】面板上的【拉伸】按钮，选择上一步绘制的两个圆，向下拉伸高度为 0.2mm。单击实体编辑中的【差集】按钮，在底座中减去两圆柱实体，形成沉孔，效果如图 13-44 所示。

图 13-43　绘制圆　　　　　　　　　　　　　　　图 13-44　绘制沉孔

06 单击【绘图】面板中的【矩形】按钮，绘制一个边长为 2mm 正方形，在边角处创建半径为 0.5mm 的圆

角，效果如图 13-45 所示。

07 单击【建模】面板上的【拉伸】按钮，拉伸上一步绘制的正方形，拉伸高度设置为 1mm，效果如图 13-46 所示。

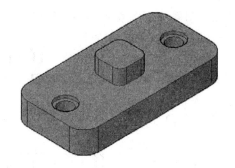

图 13-45　绘制圆角正方形　　　　　　　　　　图 13-46　拉伸生成正方体

08 单击【绘图】面板中的【椭圆】按钮，绘制如图 13-47 所示的长轴为 2mm、短轴为 1mm 的椭圆。

09 在椭圆和正方体的交点绘制一个高为 3mm、长为 10mm、圆角为 R1 的路径，效果如图 13-48 所示。

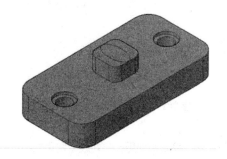

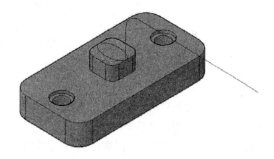

图 13-47　绘制椭圆　　　　　　　　　　　　　图 13-48　绘制拉伸路径

10 单击【建模】面板上的【拉伸】按钮，选择椭圆，然后选择上一步绘制的拉伸路径，命令行提示如下。

```
命令: _extrude                                    //调用【拉伸】命令
当前线框密度: ISOLINES=4,闭合轮廓创建模式 = 实体
选择要拉伸的对象或 [模式(MO)]: _MO 闭合轮廓创建模式 [实体(SO)/曲面(SU)] <实体>: _SO
选择要拉伸的对象或 [模式(MO)]: 找到 1 个               //选择椭圆
指定拉伸的高度或 [方向(D)/路径(P)/倾斜角(T)/表达式(E)] <1.0000>: P↙ //选择路径方式
选择拉伸路径或[倾斜角(T)]:                             //选择绘制的路径
```

11 通过以上操作步骤即可完成把手模型的绘制，效果如图 13-49 所示。

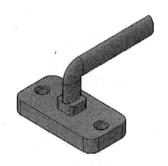

图 13-49　把手模型

13.5.2　旋转

在创建实体时，用于旋转的二维对象可以是封闭多段线、多边形、圆、椭圆、封闭样条曲线、圆环及封闭区域。三维对象、包含在块中的对象、有交叉或自干涉的多段线不能被旋转，而且每次只能旋转一个对象。

调用【旋转】命令的方法如下。

➢ 　面板：单击【默认】选项卡中【创建】面板上的【旋转】按钮💿。

➢ 　菜单栏：执行【绘图】|【建模】|【旋转】命令。

➢ 　命令行：REVOLVE 或 REV。

调用【旋转】命令生成三维实体的过程如图 13-50 所示。

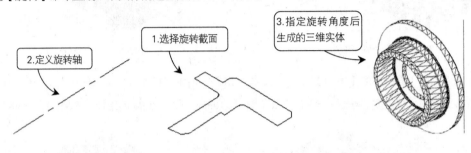

图 13-50　生成三维实体

【案例 13-2】： 创建手柄模型

本例主要针对回转体的内部特征，使用旋转实体功能根据第 2 章中【课堂举例 2-9】所完成的零件平面图形快速创建出对应的三维实体模型。

01 单击【快速访问】工具栏中的【打开】按钮📂，打开"第 2 章\2-9 使用样条曲线绘制手柄-OK.dwg"文件，如图 13-51 所示。

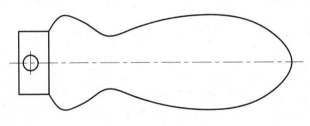

图 13-51　素材图形

02 单击【修改】面板中的【修剪】按钮✂，对图形的轮廓线进行修剪，并删除多余的线段，结果如图 13-52 所示。

图 13-52　修剪图形

03 单击【建模】面板中的【旋转】按钮💿，选中手柄的轮廓线，通过旋转命令绘制实体手柄。命令行提示如下。

```
命令: _revolve                                          //调用【旋转】命令
当前线框密度: ISOLINES=4,闭合轮廓创建模式 = 实体
选择要旋转的对象或 [模式(MO)]: _MO 闭合轮廓创建模式 [实体(SO)/曲面(SU)] <实体>: _SO
```

选择要旋转的对象或 [模式(MO)]：指定对角点：找到 40 个　　　　//选中手柄的所有轮廓线

指定轴起点或根据以下选项之一定义轴 [对象(O)/X/Y/Z] <对象>：　　　//定义旋转轴的起点

指定轴端点：　　　　　　　　　　　　　　　　　　　　　　　//定义旋转轴的端点

指定旋转角度或 [起点角度(ST)/反转(R)/表达式(EX)] <360>：　　　// 系统默认为旋转一周，按

Enter 键，旋转对象

04 通过以上操作即可完成手柄模型的创建，其效果如图 13-53 所示。

图 13-53　手柄模型

13.5.3　扫掠

使用扫掠工具可以将扫掠对象沿着开放或闭合的二维或三维路径运动扫描，来创建实体或曲面，如图 13-54 所示。

调用【扫掠】命令的方法如下。

➤ 面板：单击【默认】选项卡中【创建】面板上的【扫掠】按钮。

➤ 菜单栏：执行【绘图】|【建模】|【扫掠】命令。

➤ 命令行：SWEEP。

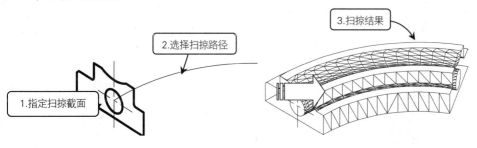

图 13-54　扫掠创建实体

【案例 13-3】：　创建钻头模型

钻头（又称为麻花钻）是机加工行业中应用广泛的孔加工工具，如图 13-55 所示，通常直径为 0.25 ~ 80mm。它主要由工作部分和柄部构成，工作部分有两条螺旋形的沟槽，形似麻花，因而得名。本例便通过【扫掠】命令来创建该模型。

图 13-55　麻花钻

01 单击快速访问工具栏中的【打开】按钮，打开 "第 13 章\13-3 创建钻头模型.dwg" 文件，素材图样

如图 13-56 所示。

02 单击【建模】面板中的【扫掠】按钮🔲，选取图中底部的圆形面域为扫掠对象，然后以圆柱体上的螺旋线为扫掠路径，得到的结果如图 13-57 所示。命令行提示如下。

```
命令: _sweep                                          //调用【扫掠】命令
当前线框密度: ISOLINES=4，闭合轮廓创建模式 = 实体
选择要扫掠的对象或 [模式(MO)]: _MO 闭合轮廓创建模式 [实体(SO)/曲面(SU)] <实体>: _SO
选择要扫掠的对象或 [模式(MO)]: 找到 1 个            //选择底部的圆形面域为扫掠对象
选择扫掠路径或 [对齐(A)/基点(B)/比例(S)/扭曲(T)]:    //选择圆柱体上对应的螺旋线为扫掠路径
```

图 13-56　素材图样

图 13-57　创建第一个扫掠体

03 通过以上操作即可完成第一个扫掠体的创建，接着创建第二个扫掠体。再次单击【建模】面板中的【扫掠】按钮🔲，选择另一个底部圆形面域，选择剩下的螺旋线作为扫描路径，效果如图 13-58 所示。

04 单击【实体编辑】面板中的【差集】按钮🔲，选择本体圆柱作为被减的对象，然后依次选择两个扫掠体，得到的差集效果如图 13-59 所示。

图 13-58　创建第二个扫掠体

图 13-59　差集效果

05 单击【建模】面板中的【球体】按钮，分别以缺口外圆的中点为圆心、圆心至缺口的最大距离为半径绘制两个辅助球体，如图 13-60 所示。

06 再次执行【差集】命令，减去该两个辅助球体，得到钻头模型，如图 13-61 所示。待学习了【剖切】命令后，可以将钻头进一步修改为如图 13-62 所示的模型。

图 13-60　绘制辅助球体　　　　图 13-61　使用差集减去辅助球体　　　　图 13-62　创建完成的钻头模型

13.5.4　放样

放样实体即是将横截面沿指定的路径或导向运动扫描所得到的三维实体。横截面指的是具有放样实体截面特征的二维对象。使用该命令时必须指定两个或两个以上的横截面来创建放样实体，如图 13-63 所示。

调用【放样】命令的方法如下。

➤　面板：单击【默认】选项卡中【创建】面板上的【放样】按钮 📷。

➤　菜单栏：执行【绘图】|【建模】|【放样】命令。

➤　命令行：LOFT。

执行上述任一操作后，即可调用【放样】命令，根据命令行的提示，对图形进行放样操作。

命令行提示如下。

```
命令：LOFT↙                          //调用【放样】命令
按放样次序选择横截面：找到 1 个
按放样次序选择横截面：找到 1 个，总计 2 个
按放样次序选择横截面：找到 1 个，总计 3 个
按放样次序选择横截面：↙                //依次选择需要放样的二维轮廓
输入选项 [导向(G)/路径(P)/仅横截面(C)] <仅横截面>：↙
```

> **提示**　按 Enter 键或空格键，默认为选择【仅横截面】选项，系统弹出【放样设置】对话框，如图 13-64 所示。根据需要设置对话框中的参数，然后单击【确定】按钮，即可生成放样三维实体。

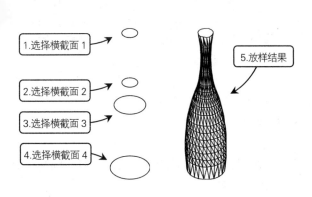

图 13-63　放样　　　　　　　　　图 13-64　【放样设置】对话框

在创建比较复杂的放样实体时，可以指定导向曲线来控制点如何匹配相应的横截面，以防止创建的实体或曲面中出现皱褶等缺陷。

【案例 13-4】： 创建曲柄滑块模型

曲柄滑块受活塞销传来的气体作用力及其本身摆动和活塞组往复惯性力的作用，这些力的大小和方向都是周期性变化的，因此连杆受到压缩、拉伸等交变载荷作用，滑块各部分的尺寸宽度会不一样。这时便可用【放样】命令创建该模型。

01 单击快速访问工具栏中的【打开】按钮 📂，打开 "第 13 章\13-4 创建曲柄连杆模型.dwg" 素材文件。

02 单击【常用】选项卡【建模】面板中的【放样】按钮 🔧，然后依次选择素材中的两个截面，操作如图 13-65 所示。命令行操作如下。

```
命令: _loft                                          //调用【放样】命令
当前线框密度:  ISOLINES=4，闭合轮廓创建模式 = 实体
按放样次序选择横截面或 [点(PO)/合并多条边(J)/模式(MO)]: _mo 闭合轮廓创建模式 [实体(SO)/
曲面(SU)] <实体>: _su
按放样次序选择横截面或 [点(PO)/合并多条边(J)/模式(MO)]: 找到 1 个
按放样次序选择横截面或 [点(PO)/合并多条边(J)/模式(MO)]: 找到 1 个，总计 2 个
按放样次序选择横截面或 [点(PO)/合并多条边(J)/模式(MO)]:
 选中了 2 个横截面
输入选项 [导向(G)/路径(P)/仅横截面(C)/设置(S)] <仅横截面>: P↙      //选择路径连接方式
选择路径轮廓:                                         //选择素材中的曲线为路径
```

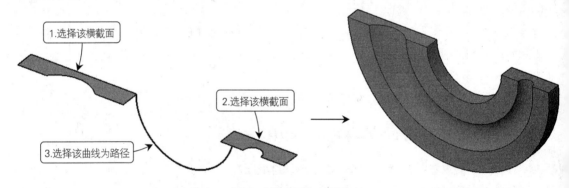

图 13-65　放样创建曲柄滑块模型

13.5.5　按住并拖动

按住并拖动是一种特殊的拉伸操作，与【拉伸】命令不同的是，【按住并拖动】命令对轮廓的要求较低，多条相交叉的轮廓只要生成了封闭区域，该区域就可以被拉伸为实体。

执行【按住并拖动】命令的方法有以下几种。

➢ 面板: 在【默认】选项卡中单击【编辑】面板中的【按住并拖动】按钮 🔲。

➢ 菜单栏: 执行【绘图】|【建模】|【按住并拖动】命令。

➢ 命令行: PRESSPULL。

执行任一命令后，选择二维对象边界形成的封闭区域，然后拖动指针即可生成实体预览，如图 13-66 所示在文本框中输入拉伸高度或指定一点作为拉伸终点，即可创建该拉伸体。

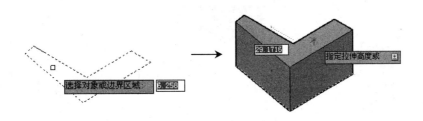

图 13-66　按住并拖动操作

【案例 13-5】：　创建管道接口的 3D 模型

管道是用管子、管子连接件和阀门等连接成的用于输送气体、液体或带固体颗粒的流体的装置。通常，流体经鼓风机、压缩机、泵和锅炉等增压后，从管道的高压处流向低压处，也可利用流体自身的压力或重力输送。管道的用途很广泛，主要用在给水、排水、供热、供煤气、长距离输送石油和天然气、农业灌溉、水利工程和各种工业装置中。

管道在机械行业中的主要连接方式有以下 4 种。

➢　螺纹连接：　螺纹连接主要适用于小直径管道，如图 13-67 所示。连接时，一般要在螺纹连接部分缠上氟塑料密封带，或涂上厚漆、绕上麻丝等密封材料，以防止泄漏。在 1.6MPa 以上压力时，一般在管子端面加垫片密封。这种连接方法简单，可以拆卸重装，但须在管道的适当地方安装活接头，以便于拆装。

➢　法兰连接：　法兰连接适用的管道直径范围较大，连接时需根据流体的性质、压力和温度选用相应的法兰和密封垫片，利用螺栓夹紧垫片保持密封，在需要经常拆装的管段处和管道与设备相连接的地方大都采用法兰连接，如图 13-68 所示。

图 13-67　螺纹连接的管道

图 13-68　法兰连接的管道

➢　承插连接：　承插连接主要用于铸铁管、混凝土管、陶土管及其连接件之间的连接，只适用于在低压常温条件下工作的给水、排水和煤气管道。连接时，一般在承插口的槽内先填入麻丝、棉线或石棉绳，然后再用石棉水泥或铅等材料填实，还可在承插口内填入橡胶密封环，使其具有较好的柔性，允许管子有少量的移动。

➢　焊接连接：焊接连接的强度和密封性最好，适用于各种管道，省工省料，但拆卸时必须切断管子和管子连接件。

本案例便绘制管道接口的 3D 模型，具体绘制步骤如下。

01 启动 AutoCAD 2020，单击快速访问工具栏中的【新建】按钮，弹出【选择样板】对话框，选择"acadiso3D.dwt"样板，如图 13-69 所示。单击【打开】按钮，进入 AutoCAD 三维绘图界面。

02 在 ViewCube 控件中单击如图 13-70 所示的角点，将视图调整到东南等轴测方向。

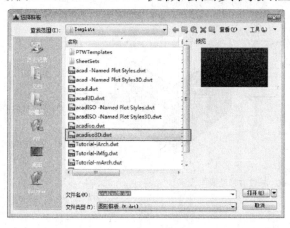

图 13-69　【选择样板】对话框　　　　　　　　　　　图 13-70　单击角点调整视图方向

03 在【常用】选项卡中单击【绘图】面板中的【直线】按钮，以绘图区任意一点为起点，分别沿 180°、90° 极轴和 Z 轴正方向绘制长度为 200mm、400mm、200mm 的直线，如图 13-71 所示。

04 在【常用】选项卡中单击【修改】面板中的【圆角】按钮，在两个拐角创建半径为 120mm 的圆角，结果如图 13-72 所示。

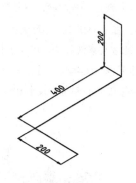

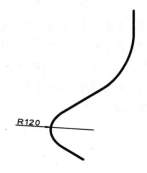

图 13-71　绘制直线　　　　　　　　　　　　　　　图 13-72　倒圆角

05 单击【修改】面板中的【合并】按钮，将 XY 平面内的多条线段合并为一条多段线，如图 13-73 所示。将 ZY 平面内的其余线段合并为另一条多段线。

06 单击【坐标】面板中的【Z 轴矢量】按钮，以直线的端点为原点，以直线方向为 Z 轴方向，创建 UCS，如图 13-74 所示。

07 单击【绘图】面板中的【圆】按钮，绘制半径分别为 40mm 和 50mm 的同心圆，结果如图 13-75 所示。

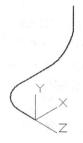

图 13-73　创建多段线　　　　　　图 13-74　新建 UCS　　　　　图 13-75　绘制同心圆

08 单击【绘图】面板中的【面域】按钮，选择绘制的两个圆，创建两个面域。

09 单击【实体编辑】面板中的【差集】按钮，选择 R50mm 的面域作为被减的面域，选择 R40mm 的面域作为减去的面域，面域求差的效果如图 13-76 所示。

10 单击【建模】面板上的【扫掠】按钮，选择求差生成的环形面域作为扫掠对象。在命令行中选择【路径】选项，选择第一条多段线为扫掠路径，创建的扫掠体如图 13-77 所示。

11 单击【建模】面板中的【拉伸】按钮，然后选择扫掠体的端面作为拉伸对象。在命令行中选择【路径】选项，更改过滤类型为【无过滤器】，然后选择第二条多段线为拉伸路径，拉伸的效果如图 13-78 所示。

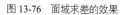

图 13-76　面域求差的效果

图 13-77　创建的扫掠体

图 13-78　沿路径拉伸的效果

12 在绘图区空白位置右击，在弹出的快捷菜单中选择【隔离】□【隐藏对象】命令，将创建的两段管道隐藏。

13 利用 ViewCube 控件将视图调整到俯视图方向，执行【直线】和【圆】命令，在圆管端面绘制如图 13-79 所示的二维轮廓线。

14 单击【修改】面板中的【移动】按钮，以 *R*40mm 圆心为基点，将图形整体移动到坐标原点。

15 利用 ViewCube 控件将视图调整到东南等轴测方向，单击【建模】面板中的【按住并拖动】按钮，选择正方形和圆之间的区域为拖动对象，设置拖动方向为沿 *Z* 轴正向，输入高度为 30mm，创建的拉伸体如图 13-80 所示。

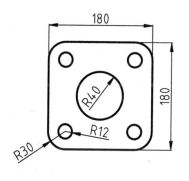

图 13-79　绘制轮廓线

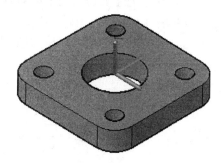

图 13-80　创建的拉伸体

16 在绘图区空白位置右击，在弹出的快捷菜单中选择【隔离】□【结束对象隔离】命令，将隐藏的管道恢复显示，如图 13-81 所示。

17 单击【坐标】面板中的【Z 轴矢量】按钮，在管道的另一端面新建 UCS，使 *XY* 平面与管道端面重合，如图 13-82 所示。

18 使用同样的方法，在 *XY* 平面内绘制法兰轮廓，单击【按住并拖动】按钮，将其拉伸为法兰实体，结果如图 13-83 所示。

图 13-81　结束对象隔离的效果

图 13-82　新建 UCS

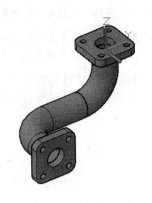

图 13-83　创建管道另一端的法兰

13.6　布尔运算

布尔运算可用来确定多个实体或面域之间的组合关系，通过它可以将多个实体组合为一个实体，从而创建一些复杂的造型，布尔运算在绘制三维模型时使用非常频繁。AutoCAD 中布尔运算的对象可以是实体，也可以是曲面或面域，但只能在相同类型的对象间进行布尔运算。

13.6.1　并集运算

并集运算是将两个或两个以上的实体（或面域）对象组合成为一个新的对象。执行并集操作后，原来各实体相互重合的部分变为一体，使其成为无重合的实体。正是由于这个无重合的原则，实体（或面域）并集运算后，体积将小于原来各个实体（或面域）的体积之和。

调用【并集】命令的方法如下。

> 面板：单击【默认】选项卡上【编辑】面板中的【并集】按钮 ◈ 。
> 菜单栏：执行【修改】|【实体编辑】|【并集】命令。
> 命令行：UNION。

执行该命令后，根据命令行的提示，在绘图区中选取所有的要合并的对象，按 Enter 键或者单击鼠标右键，即可进行合并操作，效果如图 13-84 所示。

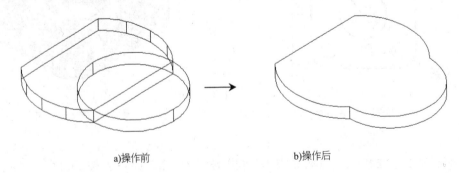

a)操作前　　　　　　　　　　　　　　b)操作后

图 13-84　并集运算

13.6.2　差集运算

差集运算就是将一个对象减去另一个对象从而形成新的组合对象。其与并集操作不同的是，首先选取的对象为被剪切对象，然后选取的对象为剪切对象。

调用【差集】命令的方法如下。

> 面板：单击【默认】选项卡上【编辑】面板中的【差集】按钮。

> 菜单栏：执行【修改】|【实体编辑】|【差集】命令。

> 命令行：SUBTRACT。

执行该命令，根据命令行的提示，在绘图区中选取被剪切的对象，按 Enter 键或单击鼠标右键，然后选取要剪切的对象，按 Enter 键或单击鼠标右键即可进行差集操作，结果如图 13-85 所示。

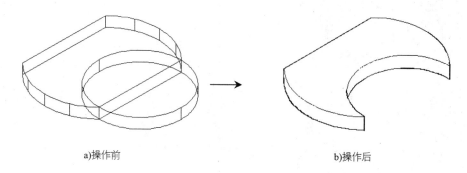

a)操作前　　　　　　　　b)操作后

图 13-85　差集运算

提示 在执行差集运算时，如果第二个对象包含在第一个对象之内，则差集操作的结果是第一个对象减去第二个对象；如果第二个对象只有一部分包含在第一个对象之内，则差集操作的结果是第一个对象减去两个对象的公共部分。

13.6.3　交集运算

在三维建模过程中执行交集运算可获取两相交实体的公共部分，从而获得新的实体，该运算是差集运算的逆运算。

调用【交集】命令的方法如下。

> 面板：单击【默认】选项卡上【编辑】面板中的【交集】按钮。

> 菜单栏：执行【修改】|【实体编辑】|【交集】命令。

> 命令行：INTERSECT。

执行该命令，根据命令行的提示，在绘图区选取具有公共部分的两个对象，按 Enter 键或单击鼠标右键即可进行交集操作，其运算结果如图 13-86 所示。

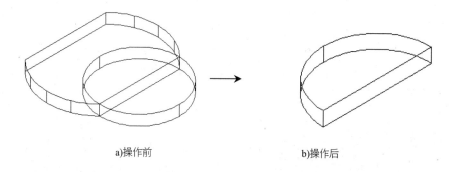

a)操作前　　　　　　　　b)操作后

图 13-86　交集运算

【案例 13-6】：　创建三角形转子模型

三角形转子又称三角形凸轮，是三角转子发动机的主要零件之一，如图 13-87 所示。与活塞式发动机一样，转子发动机也是利用空气、燃油混合气燃烧产生的压力进行工作。在活塞式发动机中，该压力保存在气缸中，驱使活塞运动,连杆和曲轴将活塞的来回运动转换为汽车提供动力的旋转运动。在活塞式发动机中,同一空间内(气缸)要交替完成四项不同的作业——进气、压缩、燃烧和排气。转子发动机同样也要完成这四项作业,但是每项作业是在各自的壳体中完成的。这就好像每项作业有一个专用气缸,活塞连续地从一个气缸移至下一个气缸。

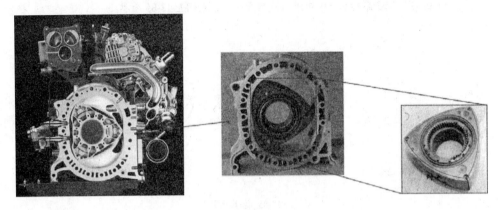

图 13-87　汽车发动机上的三角形转子

本案例便创建该三角形转子的模型,具体步骤如下。

01 新建 AutoCAD 文件,将工作空间切换为【三维基础】,然后在【默认】选项卡中单击【创建】面板上的【圆柱体】按钮,创建 3 个圆柱体。命令行操作如下。

```
命令: _cylinder
指定底面的中心点或 [三点(3P)/两点(2P)/切点、切点、半径(T)/椭圆(E)]: 30,0
指定底面半径或 [直径(D)] <0.2891>: 30
指定高度或 [两点(2P)/轴端点(A)] <-14.0000>: 15    //创建第一个圆柱体,半径为30,高度为15
命令: _cylinder                              //再次执行【圆柱体】命令
指定底面的中心点或 [三点(3P)/两点(2P)/切点、切点、半径(T)/椭圆(E)]: 0,0,0
指定底面半径或 [直径(D)] <30.0000>:
指定高度或 [两点(2P)/轴端点(A)] <15.0000>:       //创建第二个圆柱体,半径为30,高度为15
命令: _cylinder                              //再次执行【圆柱体】命令
指定底面的中心点或 [三点(3P)/两点(2P)/切点、切点、半径(T)/椭圆(E)]: 30<60
                                           //输入圆心的极坐标
指定底面半径或 [直径(D)] <30.0000>:
指定高度或 [两点(2P)/轴端点(A)] <15.0000>:       //创建第三个圆柱体,3个圆柱体如图13-88所示
```

02 在【常用】选项卡中单击【实体编辑】面板上的【交集】按钮,选择 3 个圆柱体为对象,求交集的结果如图 13-89 所示。

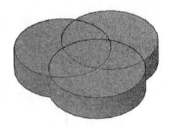

图 13-88　创建的三个圆柱体

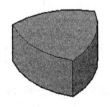

图 13-89　求交集的结果

03 在【默认】选项卡中单击【创建】面板上的【圆柱体】按钮,再次创建圆柱体,命令行操作如下。

命令：_cylinder

指定底面的中心点或 [三点(3P)/两点(2P)/切点、切点、半径(T)/椭圆(E)]：

　　　　　　　　　　　　　　　　　　　　　//捕捉到图13-90所示的顶面三维中心点

指定底面半径或 [直径(D)] <30.0000>：10

指定高度或 [两点(2P)/轴端点(A)] <15.0000>：30　　　//输入圆柱体的参数，创建的圆柱体如图13-91所示

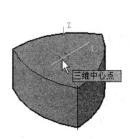

图13-90　捕捉中心点

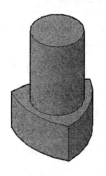

图13-91　创建的新圆柱体

04 在【默认】选项卡中单击【编辑】面板上的【并集】按钮 ，将凸轮和圆柱体合并为单一实体。

05 在【默认】选项卡中单击【创建】面板上的【圆柱体】按钮 ，再次创建圆柱体。命令行操作如下。

命令：_cylinder

指定底面的中心点或 [三点(3P)/两点(2P)/切点、切点、半径(T)/椭圆(E)]：

　　　　　　　　　　　　　　　　　　　//捕捉到如图13-92所示的圆柱体顶面中心

指定底面半径或 [直径(D)] <30.0000>：8

指定高度或 [两点(2P)/轴端点(A)] <15.0000>：-70

　　　　　　　　　　　　　　　//输入圆柱体的参数，创建的圆柱体如图13-93所示

06 在【默认】选项卡中单击【编辑】面板上的【差集】按钮 ，从组合实体中减去圆柱体。命令行操作如下。

命令：_subtract　　　　　　　选择要从中减去的实体、曲面和面域...

选择对象：找到 1 个　　　　　　　　　　　//选择组合实体

选择对象：选择要减去的实体、曲面和面域...

选择对象：找到 1 个　　　　　　　　　　　//选择中间圆柱体

选择对象：　　　　　　　　　//按Enter键完成差集操作，结果如图13-94所示

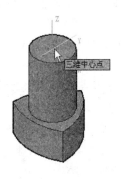

图13-92　捕捉中心点

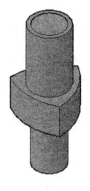

图13-93　创建的圆柱体

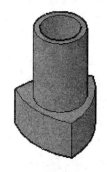

图13-94　求差集的结果

13.7　三维对象操作

AutoCAD 2020 提供了专业的三维对象编辑工具，如三维移动、三维旋转、三维对齐、三维镜像和三维阵列等，从而为创建出更加复杂的实体模型提供了条件。

13.7.1　三维旋转

利用三维旋转工具可将选取的三维对象和子对象沿指定旋转轴（X 轴、Y 轴、Z 轴）进行自由旋转。

调用【三维旋转】命令的方法如下。

> 面板：单击【默认】选项卡上的【选择】面板中的【旋转 小控件】按钮⊕。
> 菜单栏：执行【修改】|【三维操作】|【三维旋转】命令。
> 命令行：3DROTATE。

执行该命令，即可进入【三维旋转】模式，根据命令行的提示，在绘图区选取需要旋转的对象，此时绘图区出现 3 个圆环（红色代表 X 轴、绿色代表 Y 轴、蓝色代表 Z 轴），然后在绘图区指定一点为旋转基点，选择夹点工具上的圆环用以确定旋转轴，接着直接输入角度进行实体的旋转，或选择屏幕上的任意位置用以确定旋转基点，再输入角度值即可获得实体三维旋转效果，如图 13-95 所示。

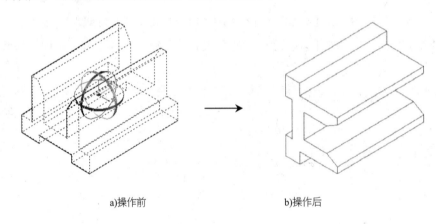

a)操作前　　　　　　　　　　　　　　b)操作后

图 13-95　三维旋转操作

【案例 13-7】：　三维旋转

与三维移动一样，三维旋转同样可以使用二维环境中的【旋转】ROTATE 命令来完成。

01 单击快速访问工具栏中的【打开】按钮☞，打开"第 13 章\13-7 三维旋转.dwg"文件，素材图样如图 13-96 所示。

02 单击【修改】面板上的【三维旋转】按钮⊕，选取连接板和圆柱体为旋转的对象，单击右键完成对象选择。然后选取圆柱中心为基点，选择 Z 轴为旋转轴，输入旋转角度为 180°。命令行提示如下。

```
命令：_3drotate                                    //调用【三维旋转】命令
UCS 当前的正角方向：ANGDIR=逆时针  ANGBASE=0
选择对象：找到 1 个                                 //选择连接板和圆柱为旋转对象
选择对象：                                          //单击右键结束选择
指定基点：                                          //指定圆柱中心点为基点
拾取旋转轴：                                        //拾取 Z 轴为旋转轴
指定角的起点或键入角度：180↙                        //输入角度
```

03 通过以上操作即可完成三维旋转的操作，效果如图 13-97 所示。

图 13-96　素材图样

图 13-97　三维旋转效果

13.7.2　三维移动

使用三维移动工具能将指定模型沿 *X*、*Y*、*Z* 轴或其他任意方向，以及直线、面或任意两点间移动，从而获得模型在视图中的准确位置。

调用【三维移动】命令的方法如下。

➢ 面板：单击【默认】选项卡上【选择】面板中的【移动 小控件】按钮。

➢ 菜单栏：执行【修改】|【三维操作】|【三维移动】命令。

➢ 命令行：3DMOVE。

执行命令后，根据命令行的提示，在绘图区选取要移动的对象，绘图区将显示坐标系图标，如图 13-98 所示。

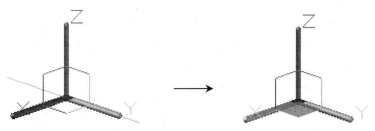

图 13-98　显示坐标系图标

单击选择坐标轴的某一轴，拖动鼠标，所选定的实体对象将沿所约束的轴移动。将光标停留在两坐标轴之间的直线汇合处的平面上（用以确定一定平面），直至其变为黄色，然后选择该平面，拖动鼠标将移动约束到该平面上。

【案例 13-8】：　三维移动

除了三维移动，读者也可以通过二维环境下的【移动】命令来完成该操作。

01 单击快速访问工具栏中的【打开】按钮，打开"第 13 章\13-8 三维移动.dwg"文件，素材图样如图 13-99 所示。

02 单击【修改】面板中的【三维移动】按钮，选择要移动的底座实体，单击右键完成选择，然后在移动小控件上选择 *Z* 轴为约束方向。命令行提示如下。

```
命令：_3dmove                           //调用【三维移动】命令
选择对象：找到 1 个                      //选中底座为要移动的对象
选择对象：                              //单击右键完成选择
指定基点或 [位移(D)] <位移>：
正在检查 666 个交点...
** MOVE **
指定移动点 或 [基点(B)/复制(C)/放弃(U)/退出(X)]：   //将底座移动到合适位置，然后单击左键，结束操作
```

03 通过以上操作即可完成三维移动的操作，效果如图 13-100 所示。

图 13-99　素材图样

图 13-100　三维移动的效果

13.7.3　三维镜像

使用三维镜像工具能够将三维对象通过镜像平面获取与之完全相同的对象，其中镜像平面可以是与 UCS 坐标系平面平行的平面或三点确定的平面。

调用【三维镜像】命令的方法如下。

➢　面板：单击【默认】选项卡上【修改】面板中的【三维镜像】按钮。

➢　菜单栏：执行【修改】|【三维操作】|【三维镜像】命令。

➢　命令行：MIRROR3D。

执行该命令，即可进入【三维镜像】模式，根据命令行的提示，在绘图区选取要镜像的实体后，按 Enter 键或右击，按照命令行提示选取镜像平面（用户可根据设计需要指定 3 个点作为镜像平面），然后根据需要确定是否删除源对象，右击或按 Enter 键即可获得三维镜像效果。

图 13-101 所示为三维镜像实体。命令行操作行如下。

```
命令：MIRROR3D↙              //调用【三维镜像】命令
选择对象：找到 1 个
选择对象：↙                  //选择要镜像的对象
指定镜像平面 (三点) 的第一个点或 [对象(O)/最近的(L)/Z 轴(Z)/视图(V)/XY 平面(XY)/YZ 平面
(YZ)/ZX 平面(ZX)/三点(3)] <三点>：
在镜像平面上指定第二点：
在镜像平面上指定第三点：        //指定确定镜像面上的三个点
是否删除源对象？[是(Y)/否(N)] <否>：  //按 Enter 键或空格键，系统默认为不删除源对象的三
维镜像操作
```

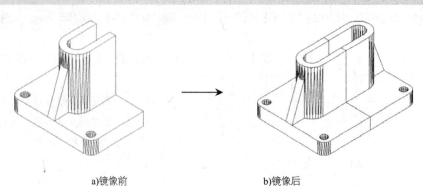

a)镜像前　　　　　　　　　　　　b)镜像后

图 13-101　三维镜像实体

【案例 13-9】： 三维镜像

如果要镜像的对象只限于 *XY* 平面，则【三维镜像】命令同样可以用【镜像】MIRROR 命令替代。

01 单击快速访问工具栏中的【打开】按钮，打开"第 13 章\13-9 三维镜像.dwg"文件，素材图样如图 13-102 所示。

02 单击【坐标】面板上的【Z 轴矢量】按钮，先捕捉到大圆圆心位置，定义坐标原点，然后捕捉到 270° 极轴方向，定义 *Z* 轴方向，创建的坐标系如图 13-103 所示。

图 13-102　素材图样　　　　　　　　　　　　　　　　图 13-103　创建坐标系

03 单击【修改】面板中的【三维镜像】按钮，选择连杆臂作为镜像对象，镜像生成另一侧的连杆，命令行操作如下。

```
命令: _mirror3d                                    //调用【三维镜像】命令
选择对象: 指定对角点: 找到 12 个                      //选择要镜像的对象
选择对象:                                           //单击右键结束选择
指定镜像平面 (三点) 的第一个点或[对象(O)/最近的(L)/Z 轴(Z)/视图(V)/XY 平面(XY)/YZ 平面
(YZ)/ZX 平面(ZX)/三点(3)] <三点>: YZ✓                //由 YZ 平面定义镜像平面
指定 YZ 平面上的点 <0,0,0>:✓     //输入镜像平面通过点的坐标(此处使用默认值, 即以 YZ 平面
作为镜像平面)
是否删除源对象? [是(Y)/否(N)] <否>:            //按 Enter 键或空格键, 系统默认为不删除源对象
```

04 通过以上操作即可完成三孔连杆的绘制，如图 13-104 所示。

图 13-104　三孔连杆

13.7.4 对齐和三维对齐

在三维建模环境中，使用【对齐】和【三维对齐】工具可对齐三维对象，从而获得准确的定位效果。这两种对齐工具都可实现两模型的对齐操作，但选取顺序不同，分别介绍如下。

1. 对齐

使用【对齐】工具可指定一对、两对或三对原点和定义点，从而使对象通过移动、旋转、倾斜或缩放对齐选定对象。

执行【修改】|【三维操作】|【对齐】命令，即可进入【对齐】模式。下面分别介绍 3 种指定点对齐对象的方法。

❏   一对点对齐对象

该对齐方式即指定一对源点和目标点进行实体对齐。当只选择一对源点和目标点时，所选取的实体对象将在二维或三维空间中从源点 *a* 沿直线路径移动到目标点 *b*，如图 13-105 所示。

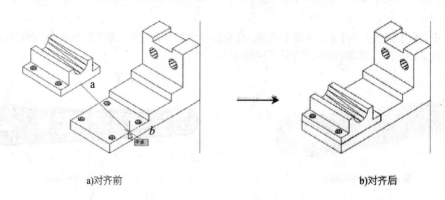

a)对齐前   b)对齐后

图 13-105   一对点对齐对象

❏   两对点对齐对象

该对齐方式即指定两对源点和目标点进行实体对齐。当选择两对点时，可以在二维或三维空间移动、旋转和缩放选定对象，以便与其他对象对齐，如图 13-106 所示。

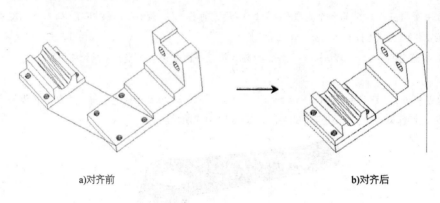

a)对齐前   b)对齐后

图 13-106   两对点对齐对象

❏   三对点对齐对象

该对齐方式即指定三对源点和目标点进行实体对齐。当选择三对源点和目标点时，直接在绘图区连续捕捉三对对应点即可进行对齐对象操作，效果如图 13-107 所示。

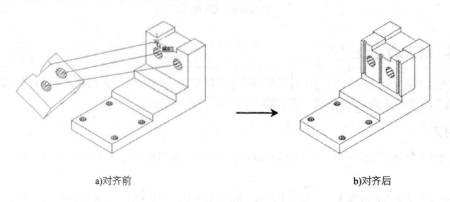

a)对齐前   b)对齐后

图 13-107   三对点对齐对象

2. 三维对齐

在 AutoCAD 2020 中，三维对齐操作是指定最多 3 个点用以定义源平面，然后指定最多 3 个点用以定义目标平面，从而获得三维对齐效果。

调用【三维对齐】命令的方法如下。

➢ 面板：单击【默认】选项卡中【修改】面板上的【三维对齐】按钮📐。

➢ 菜单栏：执行【修改】|【三维操作】|【三维对齐】命令。

➢ 命令行：3DALIGN。

执行该命令，即可进入【三维对齐】模式。三维对齐操作与对齐操作的不同之处在于执行三维对齐操作时，可首先为源对象指定 1 个、2 个或 3 个点用以确定源平面，然后为目标对象指定 1 个、2 个或 3 个点用以确定目标平面，从而实现模型与模型之间的对齐。

图 13-108 所示为三维对齐操作。

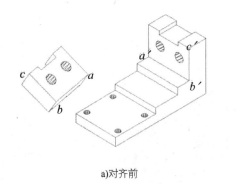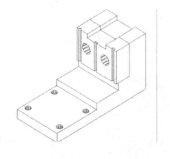

a)对齐前   b)对齐后

图 13-108　三维对齐操作

【案例 13-10】： 三维对齐装配螺钉

通过【三维对齐】命令可以实现零部件的三维装配，这也是在 AutoCAD 中创建三维装配体的主要命令之一。

01 单击快速访问工具栏中的【打开】按钮📂，打开"第 13 章\13-10 三维对齐装配螺钉.dwg"素材文件，素材图样如图 13-109 所示。

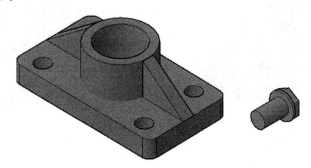

图 13-109　素材图样

02 单击【修改】面板中的【三维对齐】按钮📐，选择螺栓为要对齐的对象，此时命令行提示如下。

```
命令：_3dalign↙                    //调用【三维对齐】命令
选择对象：找到 1 个                  //选中螺栓为要对齐对象
选择对象：                          //右键单击结束对象选择
指定源平面和方向 ...
指定基点或 [复制(C)]：
```

指定第二个点或 [继续(C)] <C>:

指定第三个点或 [继续(C)] <C>:

//在螺栓上指定 3 点确定源平面，如图 13-110 所示的 A、B、C 三点，指定目标平面和方向

图 13-110 选择源平面

指定第一个目标点：

指定第二个目标点或 [退出(X)] <X>:

指定第三个目标点或 [退出(X)] <X>:

//在底座上指定 3 个点确定目标平面，如图 13-111 所示的 A′、B′、C′ 三点，完成三维对齐操作

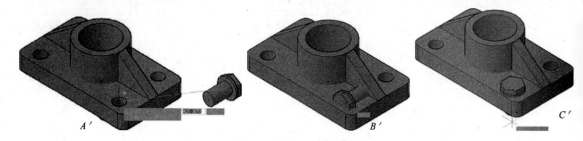

图 13-111 选择目标平面

03 通过以上操作即可完成对螺栓的三维对齐操作，效果如图 13-112 所示。

04 复制螺栓实体图形，重复以上操作完成所有位置螺栓的装配，如图 13-113 所示。

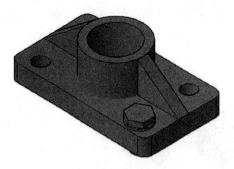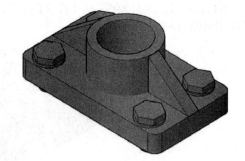

图 13-112 三维对齐效果 　　　　　 图 13-113 完成所有螺栓装配

13.8 实体高级编辑

在对三维实体进行编辑时，不仅可以对实体上单个表面和边线进行编辑操作，还可以对整个实体进行编辑操作。

13.8.1 创建倒角和圆角

倒角和圆角工具不仅在二维环境中能够使用，也能够用于三维环境。

1. 三维倒角

在三维建模过程中创建倒角特征主要用于孔或轴类零件，为方便安装轴上其他零件，防止擦伤或者划伤其他零件和安装人员。

单击【默认】选项卡【编辑】面板中的【倒角边】按钮 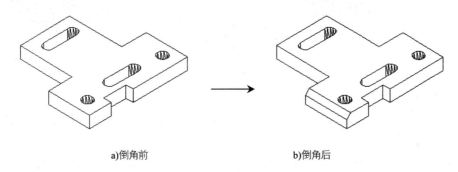，然后在绘图区选取要倒角的边线，按 Enter 键分别指定倒角距离，指定需要倒角的边线，再按 Enter 键即可创建三维倒角，效果如图 13-114 所示。

a)倒角前   b)倒角后

图 13-114 创建三维倒角

【案例 13-11】： 基座模型倒角

三维模型的倒角操作相对于二维图形来说要更为繁琐一些，在进行倒角边的选择时，可能选中目标显示得不明显，这是操作倒角边要注意的地方。

01 单击【打开】按钮 📂，打开"第 13 章\13-11 基座模型倒斜角.dwg"文件，素材图样如图 13-115 所示。

02 在【实体】选项卡中单击【实体编辑】面板上的【倒角边】按钮 🔶，选择如图 13-116 所示的边线为倒角边。命令行提示如下。

```
命令：_CHAMFEREDGE                           //调用【倒角边】命令
选择一条边或 [环(L)/距离(D)]:               //选择同一面上需要倒角的边
选择同一个面上的其他边或 [环(L)/距离(D)]:
选择同一个面上的其他边或 [环(L)/距离(D)]:
选择同一个面上的其他边或 [环(L)/距离(D)]:
按 Enter 键接受倒角或 [距离(D)]:D          //单击右键结束选择倒角边，然后输入 D 设置倒角参数
指定基面倒角距离或 [表达式(E)] <1.0000>: 2
指定其他曲面倒角距离或 [表达式(E)] <1.0000>: 2    //输入倒角参数
按 Enter 键接受倒角或 [距离(D)]:           //按 Enter 键结束倒角边命令
```

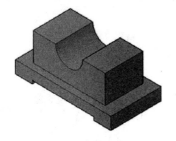

图 13-115 素材图样

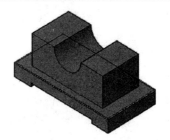

图 13-116 选择倒角边

03 通过以上操作即可完成倒角边的操作，效果如图 13-117 所示。

04 重复以上操作，继续完成其他边的倒角操作，如图 13-118 所示。

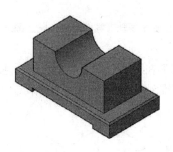

图 13-117　倒角效果

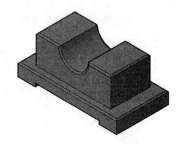

图 13-118　完成所有边的倒角

2. 三维圆角

三维建模过程中创建圆角特征主要用在回转零件的轴肩处，以防止轴肩产生应力集中，避免在长时间的运转中断裂。

单击【默认】选项卡【编辑】面板中的【圆角边】按钮，然后在绘图区选取需要绘制圆角的边线，输入圆角半径，按 Enter 键，其命令行出现"选择边或 [链(C)/半径(R)]:"提示。激活"链"选项可以选择多个边线进行倒圆角，激活"半径"选项可以创建不同半径值的圆角，按 Enter 键即可创建三维圆角，如图 13-119 所示。

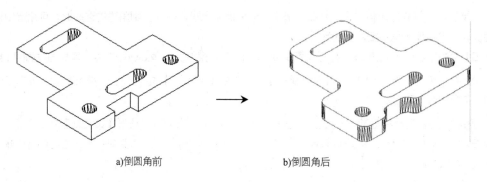

a)倒圆角前　　　　　　　　　　　　　　b)倒圆角后

图 13-119　创建三维圆角

【案例 13-12】：基座模型倒圆角

01 单击快速访问工具栏中的【打开】按钮，打开"第 13 章\13-12 基座模型倒圆角.dwg"文件，素材图样如图 13-120 所示。

02 单击【实体编辑】面板上的【圆角边】按钮，选择如图 13-121 所示的边为要圆角的边。命令行提示如下。

```
命令：_FILLETEDGE                              //调用【圆角边】命令
半径 = 1.0000
选择边或 [链(C)/环(L)/半径(R)]:               //选择要圆角的边
选择边或 [链(C)/环(L)/半径(R)]:               //单击右键结束边选择
已选定 1 个边用于圆角。
按 Enter 键接受圆角或 [半径(R)]:r↙           //选择半径参数
指定半径或 [表达式(E)] <1.0000>: 5↙          //输入半径值
按 Enter 键接受圆角或 [半径(R)]: ↙           //按 Enter 键结束操作
```

03 通过以上操作即可完成倒圆角，效果如图 13-122 所示。

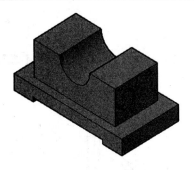

图 13-120　素材图样

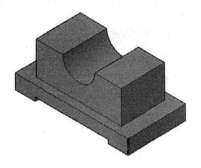

图 13-121　选择圆角边

04 重复以上操作，完成其他边的倒圆角，效果如图 13-123 所示。

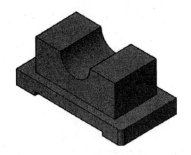

图 13-122　倒圆角效果

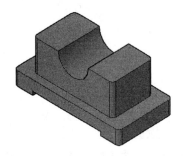

图 13-123　完成所有边倒圆角

13.8.2　抽壳

通过执行抽壳操作可将实体以指定的厚度形成一个空的薄层，同时还允许将某些指定面排除在壳外。指定正值从圆周外开始抽壳，指定负值从圆周内开始抽壳。

调用【抽壳】命令的方法如下。

➢ 面板：在【三维建模】工作空间中单击【常用】选项卡【实体编辑】面板中的【抽壳】按钮🖾。

➢ 菜单栏：执行【修改】|【实体编辑】|【抽壳】命令。

在进行实体抽壳时，用户可根据设计需要保留所有面进行抽壳操作（即中空实体）或删除单个面进行抽壳操作，分别介绍如下。

1．删除抽壳面

该抽壳方式通过移除面形成内孔实体。执行【抽壳】命令后，根据命令行的提示，在绘图区选取待抽壳的实体，继续选取要删除的单个或多个表面并单击右键，输入抽壳偏移距离，按 Enter 键即可完成抽壳操作，效果如图 13-124 所示。

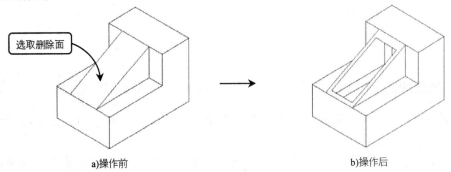

图 13-124　删除抽壳面操作

2. 保留抽壳面

该抽壳方法与删除面抽壳操作不同之处在于选取抽壳对象后，直接按 Enter 键或单击右键，并不选取删除面，而是输入抽壳距离，从而形成中空的抽壳效果，如图 13-125 所示。

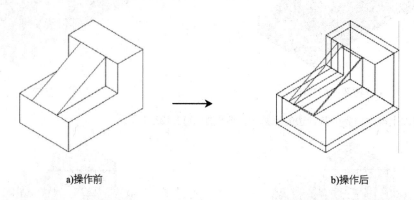

a)操作前　　　　　　　　　　　　　　　　　b)操作后

图 13-125　保留抽壳面操作

13.8.3　剖切实体

在绘图过程中，为了表达实体内部的结构特征，可假想一个与指定对象相交的平面或曲面将该实体剖切，从而创建新的对象。可根据设计需要通过指定点、选择曲面或平面对象来定义剖切平面。

单击【默认】选项卡【编辑】面板上的【剖切】按钮，就可以通过剖切现有实体来创建新实体。作为剖切平面的对象可以是曲面、圆、椭圆、圆弧、椭圆弧、二维样条曲线和二维多段线。在剖切实体时，可以保留剖切实体的一半或全部。剖切实体不保留创建它们的原始形式的记录，只保留原实体的图层和颜色特性，如图 13-126 所示。

剖切实体的默认方法是指定两个点定义垂直于当前 UCS 的剪切面，然后选择要保留的部分。也可以通过指定三个点，使用曲面、其他对象、当前视图、Z 轴或者 XY 平面来定义剪切面。

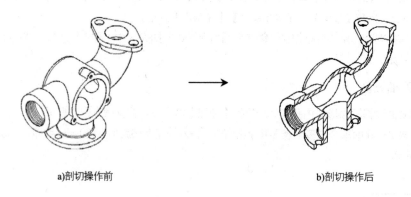

a)剖切操作前　　　　　　　　　　　　　　　　　b)剖切操作后

图 13-126　实体剖切效果

13.8.4　加厚曲面

在三维建模环境中，可以将网格曲面、平面曲面或截面曲面等类型的曲面通过加厚处理形成具有一定厚度的三维实体。

单击【默认】选项卡【编辑】面板上的【加厚】按钮，进入【加厚】模式，直接在绘图区选择要加厚的曲面，单击右键或按 Enter 键后在命令行中输入厚度值，按 Enter 键即可完成加厚操作，如图 13-127 所示。

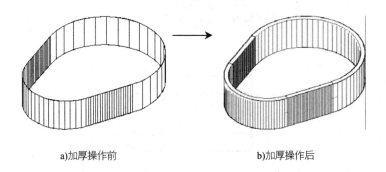

a)加厚操作前   b)加厚操作后

图 13-127　加厚曲面

13.9　习　题

1.　填空题

（1）　在 AutoCAD 中，可以通过对简单的三维实体进行_____、_____以及_____布尔运算来绘制出复杂的三维实体。

（2）　单击菜单栏中的【修改】|【三维操作】菜单中的子命令，可以对三维空间中的对象进行_____、_____、_____、_____、_____等操作。

（3）　在进行三维矩形阵列时，需要指定的参数有_____、_____和_____。

2.　操作题

（1）　绘制如图 13-128 所示的三维实体。

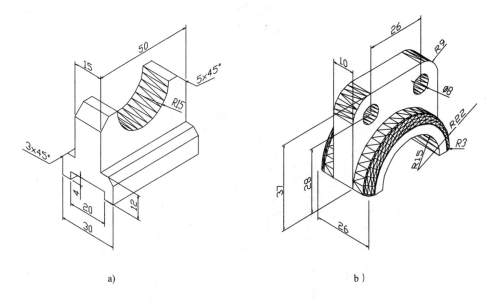

a)   b）

图 13-128　绘图练习

（2）　利用如图 13-129 所示的二维视图，绘制三维实体模型。

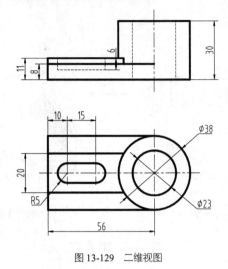

图 13-129　二维视图

（3）　创建如图 13-130 和图 13-131 所示的三维图形。

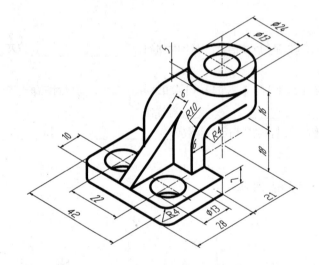

图 13-130　练习 1

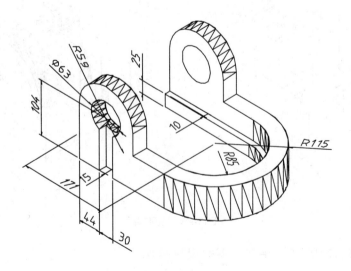

图 13-131　练习 2

第14章

创建三维实体模型

本章导读

　　由于三维立体图比二维平面图更加形象和直观，因此，三维绘制和装配在机械设计领域的运用越来越广泛。在介绍了 AutoCAD 的三维绘制和编辑功能之后，本章将分别讲述几类机械零件（如轴套类、盘盖类、叉架类、箱座类等）三维模型的创建方法。

本章重点

➢ 轴套类三维模型的特点
➢ 轴套类三维模型的创建方法
➢ 轮盘类三维模型的特点
➢ 轮盘类三维模型的创建方法
➢ 叉架类三维模型的特点
➢ 叉架类三维模型的创建方法
➢ 箱座类三维模型的特点
➢ 箱座类三维模型的创建方法

14.1　创建轴套类模型

轴套类零件在机械传动中运用极为广泛。根据轴的形状不同，可将轴分为直轴、曲轴两大类。直轴根据外形的不同，又可分为光轴、阶梯轴两种。光轴的形状比较简单，但零件的装配、定位比较困难；而阶梯轴的形状比较复杂，是一个纵向不等直径的圆柱体，齿轮、蜗轮等零件一般通过键、键槽来紧固。在建模的时候可根据情况使用【旋转】或【扫掠】命令来进行创建。

低速轴为一阶梯轴，因此可以用【旋转】命令直接创建出轴体，然后使用【拉伸】、【差集】命令创建键槽。详细步骤讲解如下。

14.1.1　从零件图中分离出低速轴的轮廓

01 启动 AutoCAD 2020，执行【文件】|【新建】命令，新建一空白图形文件，并将工作空间设置为【三维建模】。

02 打开 "第 11 章\11.2 绘制阶梯轴零件图-OK.dwg" 素材文件，使用 Ctrl+C（复制）、Ctrl+V（粘贴）命令从低速轴的零件图中分离出轴的半边轮廓，然后放置在新建图纸的空白位置上，如图 14-1 所示。

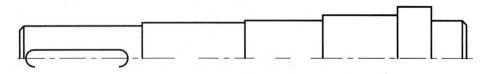

图 14-1　从零件图中分离出来的低速轴半边轮廓

03 修剪图形。使用 TR【修剪】、E【删除】命令将图形中的多余线段删除，并封闭图形，如图 14-2 所示。

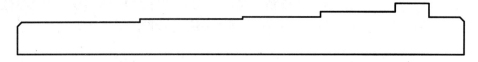

图 14-2　修剪图形

14.1.2　创建轴体

01 单击【绘图】面板中的【面域】按钮 ⬡，执行【面域】命令，将绘制的图形创建为面域。执行【视图】|【三维视图】|【东南等轴测】命令，将视图转换为【东南等轴测】模式，以方便三维建模。

02 将视觉样式改为【概念】模式，然后单击【建模】面板中的【旋转】按钮 ◉，根据命令行的提示，选择轴的中心直线为旋转轴，如图 14-3 所示，将创建的面域旋转生成轴体，如图 14-4 所示。

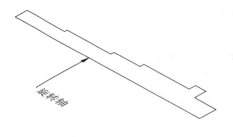

图 14-3　选择旋转轴

图 14-4　旋转生成轴体

14.1.3 创建键槽

01 切换视觉样式为【三维线框】，然后执行【视图】|【三维视图】|【前视图】命令，将视图转换为前视图。

02 在前视图中按低速轴零件图上的键槽尺寸，绘制两个键槽图形，如图 14-5 所示。

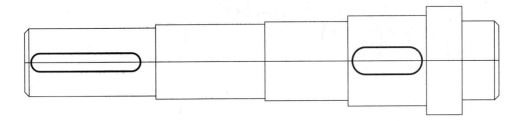

图 14-5　绘制键槽图形

> **提示**　如果视图对应的是前视图、俯视图、左视图等基本视图，那么图形的绘制命令会自动对齐相应的基准平面。

03 单击【绘图】面板中的【面域】 按钮，将两个键槽转换为面域。

04 单击【建模】面板中的【拉伸】按钮 ，将小键槽面域向外拉伸 4mm，大键槽面域向外拉伸 5mm，并旋转视图以方便观察，如图 14-6 所示。

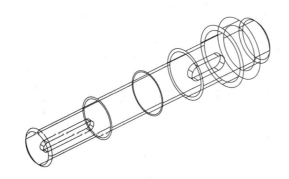

图 14-6　拉伸键槽

05 将视图切换到俯视图，调用 M【移动】命令移动拉伸的两个键槽，如图 14-7 所示。

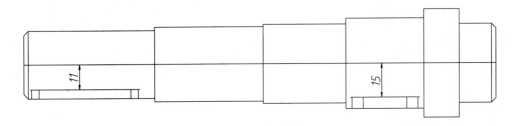

图 14-7　移动键槽

06 将视觉样式切换为【概念】，执行 SUB【差集】命令，进行布尔运算，即可生成如图 14-8 所示的键槽。

图 14-8　差集运算创建键槽

14.2　创建轮盘类模型

轮盘类零件一般用于传递动力、改变速度、转换方向或者起到支承、轴向定位、密封等作用，轮盘类零件根据形状的不同，可分为带轮、齿轮、端盖、法兰盘等几种类型。

在零件图中，大齿轮的图形为简化画法，因此其齿形没有得到具体的体现，而在三维建模中，通过创建合适的齿形，才能算是完整的齿轮模型。齿轮模型的创建方法半径简单，通过 EXT【拉伸】、SUB【差集】命令便可以创建。具体步骤介绍如下。

14.2.1　从零件图中分离出大齿轮的轮廓

01 启动 AutoCAD 2020，新建一个空白图形文件，并将工作空间设置为【三维建模】。

02 打开素材文件 "第 11 章\11.3 绘制大齿轮零件图-OK.dwg"，使用 Ctrl+C（复制）、Ctrl+V（粘贴）命令从大齿轮的零件图中分离出大齿轮的半边轮廓，然后放置在新建图纸的空白位置上，如图 14-9 所示。

03 修剪图形。使用 TR【修剪】、E【删除】命令将齿轮截面图形中的多余线段删除，并补画轮毂处的孔，如图 14-10 所示。

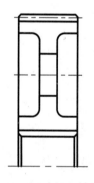

图 14-9　从零件图中分离出来的大齿轮半边轮廓

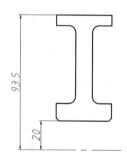

图 14-10　修剪齿轮截面

14.2.2　创建齿轮体

01 单击【绘图】面板中的【面域】按钮 [○]，执行【面域】命令，将齿轮截面创建为面域。

02 将视图转换为【西南等轴测】模式，视觉样式为【概念】模式，如图 14-11 所示，以方便三维建模。

03 单击【建模】面板中的【旋转】按钮 [圆]，根据命令行的提示，选择现有的中心线为旋转轴，将创建的面域旋转生成如图 14-12 所示的大齿轮体。

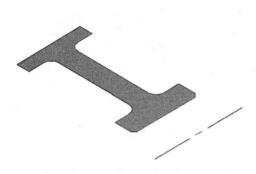

图 14-11　调整视图显示模型

图 14-12　旋转生成图形

14.2.3　创建轮齿模型

　　根据大齿轮的零件图可知，大齿轮的齿数为 96、齿高为 4.5mm、单个齿跨度为 4mm，因此可以先绘制出单轮齿，再进行阵列，得到完整的大齿轮模型。

01 将视图切换为【左视图】方向，执行 L【直线】、A【圆弧】等绘图命令，绘制如图 14-13 所示的齿轮轮线。

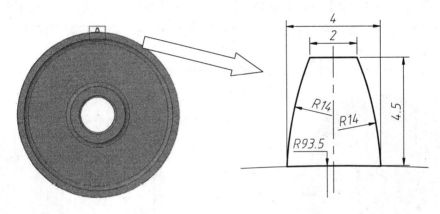

图 14-13　绘制轮齿轮廓线

02 单击【绘图】面板中的【面域】按钮 ，将绘制的齿形图形转换为面域。

03 单击【建模】面板中的【拉伸】按钮 ，将齿形面域拉伸 40mm，如图 14-14 所示。

04 阵列轮齿。选择【修改】面板中的【三维阵列】命令，选取轮齿为阵列对象，设置环形阵列，阵列项目 96，进行阵列操作，结果如图 14-15 所示。

图 14-14　拉伸单个齿形

图 14-15　阵列轮齿

05 执行【并集】操作，将轮齿与齿轮体合并。

14.2.4 创建键槽

01 将视图切换到左视图，设置视觉样式为【二维线框】，绘制键槽图形，如图 14-16 所示。

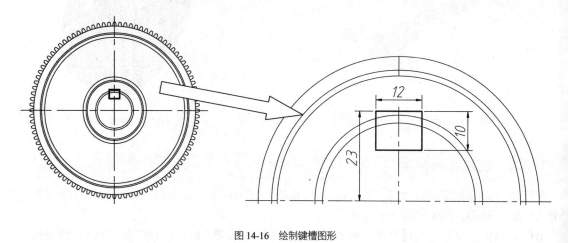

图 14-16 绘制键槽图形

02 将视觉样式切换为【概念】，单击【绘图】面板中的【面域】按钮，将绘制的键槽图形转换为面域。

03 单击【建模】面板中的【拉伸】按钮，将键槽面域拉伸 40mm，并旋转视图以方便观察，如图 14-1
所示。

04 执行 SUB【差集】命令，进行布尔运算，即可生成如图 14-18 所示的键槽。

图 14-17 拉伸键槽

图 14-18 生成键槽

14.2.5 创建腹板孔

01 将视图切换到左视图，设置视觉样式为【二维线框】，绘制腹板孔，如图 14-19 所示。

02 将视觉样式切换为【概念】，单击【绘图】面板中的【面域】按钮，将绘制的腹板孔图形转换为面域

03 单击【建模】面板中的【拉伸】按钮，将腹板孔反向拉伸，并旋转视图以方便观察，如图 14-20 所示

04 阵列腹板孔。选择【修改】面板中的【阵列】命令，选取腹板孔的拉伸图形为阵列对象，设置环形阵列
阵列项目为 6，进行阵列操作，结果如图 14-21 所示。

05 执行 SUB【差集】命令，进行布尔运算，即可生成腹板孔，如图 14-22 所示。

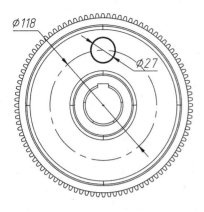

图 14-19　绘制腹板孔图形

图 14-20　拉伸腹板孔

如果拉伸是为了在模型中进行切除操作，那具体的拉伸数值可以给定任意值，只需大于切除对象即可。

图 14-21　阵列腹板孔

图 14-22　差集运算生成腹板孔

14.3　创建叉架类模型

叉架类零件一般起支承、连接等作用，常见的有拨叉、连杆、支架、摇臂等。

下面根据素材文件"第 11 章\11.4 绘制弧形连杆零件图-OK.dwg"创建弧形连杆的三维模型。该模型图形简单，但细节内容较多，需要综合应用三维建模的一系列命令。

14.3.1　从零件图中分离出连杆轮廓

01 启动 AutoCAD 2020，新建一个空白图形文件，并将工作空间设置为【三维建模】。

02 打开素材文件"第 11 章\11.4 绘制弧形连杆零件图-OK.dwg"，使用 Ctrl+C（复制）、Ctrl+V（粘贴）命令从零件图中分离出弧形连杆的主视图轮廓，然后放置在新建图纸的空白位置上，在命令中输入 TR 命令修剪图形，结果如图 14-23 所示。

图 14-23　弧形连杆轮廓

14.3.2　创建连杆体

01 将视图切换至东南等轴测视图，单击【建模】面板中的【按住并拖动】按钮，选择两端曲线包含的面，将其向上拉伸 24mm，结果如图 14-24 所示。

02 使用同样的方法，将中间肋板部分向上拉伸 24mm，结果如图 14-25 所示。

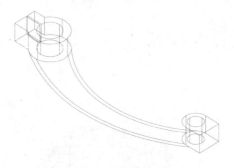

图 14-24　拉伸两端曲线包含的面

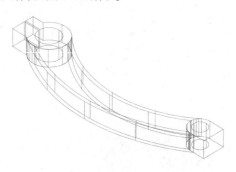

图 14-25　拉伸中间肋板部分

03 在【实体】选项卡中单击【实体编辑】面板中的【拉伸面】按钮，将实体肋板中间部分的上端面拉伸-8mm，两边肋板拉伸-4mm，结果如图 14-26 所示。

04 使用同样的方法，将下端面向上拉伸，结果如图 14-27 所示。

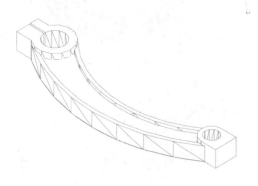

图 14-26　拉伸上端面

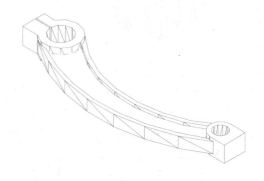

图 14-27　拉伸下端面

05 在命令行中输入"C"命令，分别以点（0，0，0）、点（0，0，24）为圆心绘制两个半径为 26mm 的辅助圆，结果如图 14-28 所示。

06 单击【实体】面板中的【按住并拖动】按钮，将大头两个辅助圆外侧面分别向内拉伸 4mm，结果如图 14-29 所示。

07 单击【实体】面板中的【倒角边】按钮，对小头内圆进行倒角处理，倒角距离设置为 2mm，结果如图 14-30 所示。

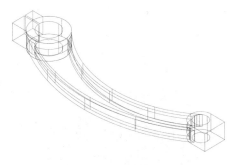

图 14-28　绘制辅助圆

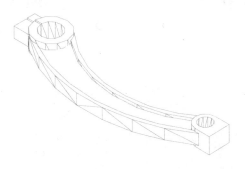

图 14-29　按住并拖动

08 执行【视图】|【视觉样式】|【概念】命令，对模型进行着色，结果如图 14-31 所示。

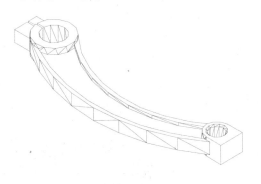

图 14-30　倒角边

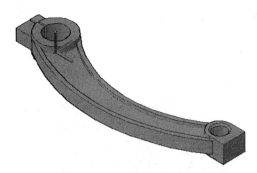

图 14-31　对模型进行着色

14.3.3　创建圆角

01 单击【实体编辑】面板中的【并集】按钮，将图中所有图形进行并集处理，再单击【实体编辑】面板中的【圆角边】按钮，对肋板两面凹槽进行圆角处理，设置圆角半径为 2mm，结果如图 14-32 所示。

02 使用相同的方法，对肋板与两端连接处进行圆角处理，设置圆角半径为 3mm，再对大头顶端进行圆角，设置圆角半径为 8mm，结果如图 14-33 所示。

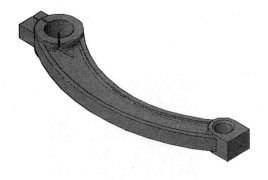

图 14-32　圆角肋板两面凹槽

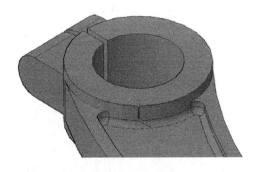

图 14-33　圆角大头顶端

03 在命令行中输入"UCS"命令，调整当前坐标系，结果如图 14-34 所示。

04 在命令行中输入"CYL"命令，以坐标原点为中心点，绘制半径为 3mm，高度为-33mm 的圆柱体，结果如图 14-35 所示。

05 单击【实体编辑】面板中的【差集】按钮，将圆柱体从实体中去掉，结果如图 14-36 所示。

06 使用【直线】命令和 UCS 命令，结合【对象捕捉功能】调整坐标系；在命令行中输入"CYL"命令，以坐标原点为中心点，绘制半径为 3mm，高度为-25mm 的圆柱体，结果如图 14-37 所示。

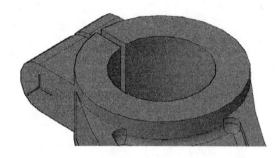

图 14-34　圆角边

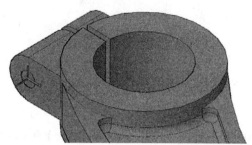

图 14-35　绘制圆柱体

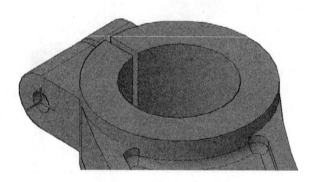

图 14-36　差集运算去掉圆柱体

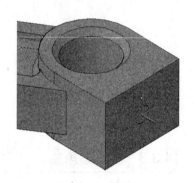

图 14-37　绘制圆柱体

07 单击【实体编辑】面板中的【差集】按钮，将圆柱体从实体中去掉，结果如图 14-38 所示。

08 单击【实体编辑】面板中的【倒角边】按钮，对圆孔进行倒角处理，设置倒角距离 1 为 5mm、倒角距离 2 为 2.9mm，结果如图 14-39 所示。

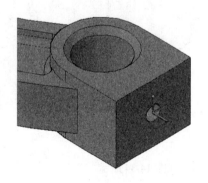

图 14-38　差集运算去掉圆柱体

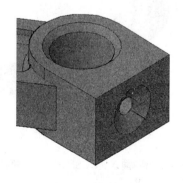

图 14-39　倒角处理圆孔

09 将视图切换至东南等轴测视图，弧形连杆模型如图 14-40 所示。至此，弧形连杆实体模型创建完成。

图 14-40　弧形连杆模型

14.4　创建箱座类模型

箱座类零件的主要作用是支承轴、轴承等零件，并对这些零件进行密封、保护，其外形一般比较复杂。典型的箱座零件有阀体、减速箱体、泵体等。

本节将绘制减速器箱座的三维模型。相对于大齿轮与轴来说，箱座模型要复杂很多，但用到的命令却很简单，主要使用的命令有基本体素、拉伸、布尔运算、圆角等。

14.4.1　创建箱座的基本形体

01 启动 AutoCAD 2020，执行【文件】|【新建】命令，系统弹出【选择样板】对话框，选择【acad.dwt】模板，单击【打开】按钮，创建一个新的空白图形文件，并将工作空间设置为【三维建模】。

02 创建箱座底板。单击【建模】面板中的【长方体】按钮 ，以左下角点为坐标原点，创建一个 314mm×169mm×30mm 的长方体，如图 14-41 所示。命令行操作如下。

命令：_box	//执行【长方体】命令
指定第一个角点或 [中心(C)]：0,0,0	//指定坐标原点为第一个角点
指定其他角点或 [立方体(C)/长度(L)]：@314,169,30	//输入第二个角点

03 创建箱座主体。在命令行中输入"UCS"并按 Enter 键，指定长方体左下角点为坐标原点。再执行 BOX【长方体】命令，创建一个 314mm×81mm×122mm 的长方体，如图 14-42 所示。命令行操作如下。

命令：_box	//执行【长方体】命令
指定第一个角点或 [中心(C)]：0,44,0	//指定第一个角点
指定其他角点或 [立方体(C)/长度(L)]：@314,81,122	//输入第二个角点

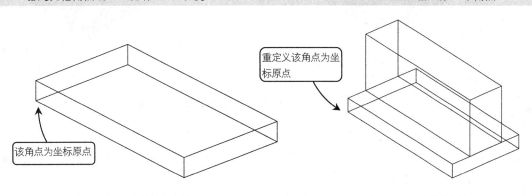

重定义该角点为坐标原点

该角点为坐标原点

图 14-41　创建箱座底板　　　　　　　　　　图 14-42　创建箱座主体

04 创建箱座面板。使用同样的方法，在 314mm×81mm×122mm 长方体的上端面创建一个 382mm×165mm

×12mm 的长方体，如图 14-43 所示。

05 执行 UNI【并集】命令，将绘制的长方体 1、长方体 2、长方体 3 进行合并，得到一个实体。

14.4.2 绘制轴承安装孔

01 绘制轴承安装孔的外孔。在命令行中输入"UCS"并按 Enter 键，设置坐标原点为 382 mm×165 mm×12 mm 长方体的下端面左下角点，选择其下端的面为 XY 平面，新建 UCS，再执行 C【圆】命令，分别绘制直径为 φ90mm、φ107mm 的两个圆，如图 14-44 所示。

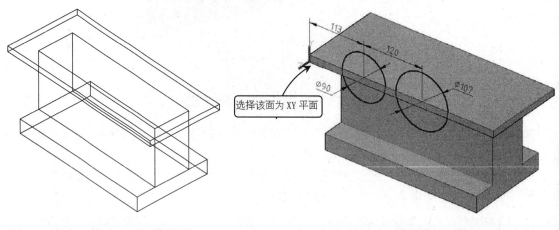

图 14-43 创建箱座面板   图 14-44 绘制轴承安装孔的外孔

02 绘制轴承安装孔的外孔模型。单击【建模】面板中的【拉伸】按钮，将绘制好的两个圆反向拉伸 165mm，如图 14-45 所示。

03 剖切轴承安装孔的外孔。单击【实体编辑】面板中的【剖切】按钮，将拉伸出来的两个圆柱按箱座面板的上表面进行剖切，保留平面下的部分，如图 14-46 所示。

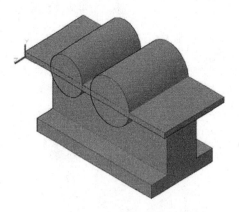
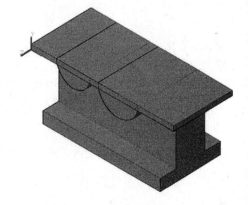

图 14-45 创建轴承安装孔的外孔模型   图 14-46 剖切轴承安装孔的外孔

 提示 由于"圆"本身就是一封闭图形，因此可以直接进行拉伸操作，而不需要生成面域。

04 执行 UNI【并集】命令，将剩下的两个半圆柱与箱座体合并，得到一个实体。

05 绘制轴承安装孔的内孔。按相同方法，分别在两个半圆的圆心处绘制 φ52mm 和 φ72mm 的圆，如图 14-4 所示。

06 按相同方法，将这两个圆拉伸，然后与箱体模型进行差集运算，得到的图形如图 14-48 所示。

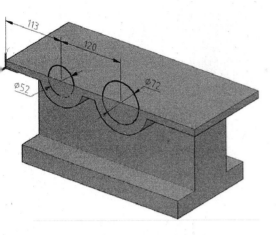

图 14-47 创建轴承安装孔的内孔

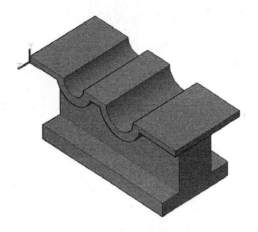

图 14-48 创建完成轴承安装孔

14.4.3 创建肋板

01 创建肋板。保持 UCS 不变，分别以点（108，-30）、（228，-30）为起始角点，创建 10mm×90mm×20mm 的长方体，如图 14-49 所示。

02 镜像肋板。选择【修改】面板中的【镜像】命令，选取刚创建的两个肋板为镜像对象，以箱座的中心线为镜像线，进行镜像操作，然后使用 UNI【并集】命令将其合并，结果如图 14-50 所示。

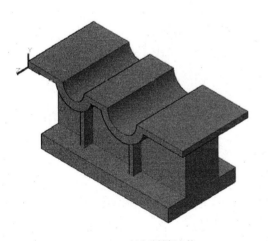

图 14-49 创建肋板长方体

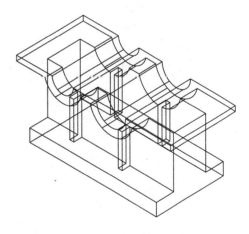

图 14-50 镜像肋板

14.4.4 创建箱座内壁

01 在命令行中输入 "UCS" 并按 Enter 键，指定长方体上端面左上角点为坐标原点。再执行【长方体】命令，以点（50，53）为起始角点（该点由零件图中测量得到），向箱座内部创建一个 287mm×65mm×132mm 的长方体，如图 14-51 所示。命令行操作如下。

命令：_box	//执行【长方体】命令
指定第一个角点或 [中心(C)]：50,53	//指定坐标原点为第一个角点
指定其他角点或 [立方体(C)/长度(L)]：@287,65,-132	//输入第二个角点

02 执行 SUB【差集】命令，进行布尔运算，即可生成箱座内壁，如图 14-52 所示。

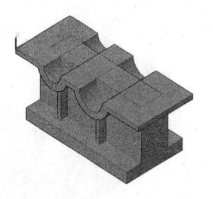

图 14-51　创建长方体

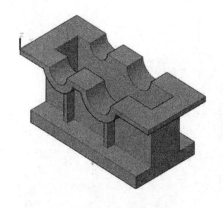

图 14-52　创建箱座内壁

14.4.5　创建箱座上的孔

01 创建箱座左侧的销钉孔圆柱体。保持 UCS 不变，单击【建模】面板中的【圆柱体】按钮，以点（18，113.5）为圆心，向下创建一个 φ8mm×15mm 的圆柱体，如图 14-53 所示，命令行操作如下。

```
命令：_cylinder                                              //执行【圆柱体】命令
指定底面的中心点或 [三点(3P)/两点(2P)/切点、切点、半径(T)/椭圆(E)]：18,133.5  //输入中心点
指定底面半径或 [直径(D)]：4                                    //输入圆柱半径值
指定高度或 [两点(2P)/轴端点(A)] <-132.0000>：-15              //指定圆柱高度值
```

02 执行 SUB【差集】命令，进行布尔运算，即可创建该销钉孔，如图 14-54 所示。

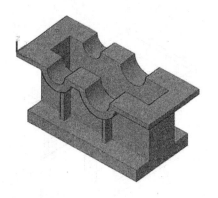

图 14-53　创建销钉孔圆柱体

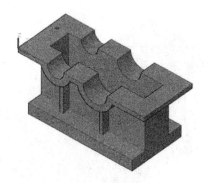

图 14-54　差集运算生成销钉孔

03 测量箱座零件图上的尺寸，按相同方法创建箱座上的其他孔，效果如图 14-55 所示。

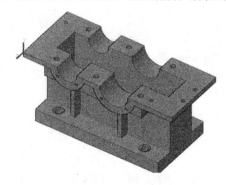

图 14-55　创建箱座上的孔

14.4.6　创建吊钩

04 创建吊钩。将 UCS 放置在箱座上表面底边的中点上，调整方向如图 14-56 所示。

05 按零件图的尺寸绘制吊钩的截面，如图 14-57 所示。

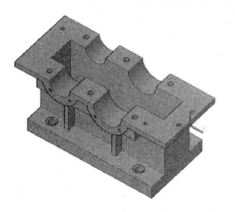

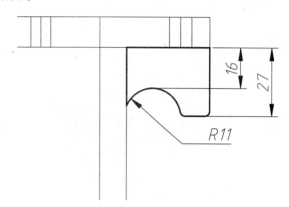

图 14-56　调整 UCS

图 14-57　绘制吊钩截面

06 单击【绘图】面板中的【面域】按钮 ，执行【面域】命令，将绘制的吊钩截面创建为面域。

07 单击【建模】面板中的【拉伸】按钮 ，将吊钩面域拉伸 10mm，如图 14-58 所示。

08 移动吊钩。执行 M【移动】命令，将吊钩向+Z 轴方向移动 28mm，如图 14-59 所示。

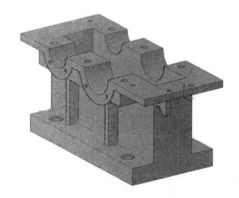

图 14-58　拉伸吊钩面域

图 14-59　移动吊钩

09 镜像吊钩。将绘制好的单个吊钩按箱座的中心线进行镜像，再按此方法创建对侧的吊钩，结果如图 14-60 所示。

图 14-60　创建全部吊钩

14.4.7 创建油标孔与放油孔

01 将 UCS 放置在箱座下表面底边的中点上，调整方向如图 14-61 所示。

02 绘制油标孔的辅助线，如图 14-62 所示。

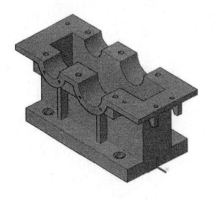

图 14-61 调整 UCS

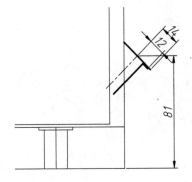

图 14-62 绘制油标孔辅助线

03 调整 UCS，将 UCS 放置在绘制的辅助线端点上，然后调整方向，如图 14-63 所示。

04 绘制油标孔截面，如图 14-64 所示。

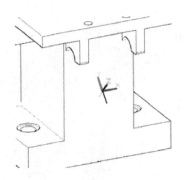

图 14-63 调整 UCS

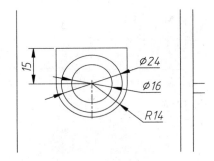

图 14-64 绘制油标孔截面

05 分别将绘制好的截面创建面域，然后利用 EXT【拉伸】、SUB【差集】等命令创建出油标孔，如图 14-65 所示。

06 按相同方法创建出放油孔，如图 14-66 所示。

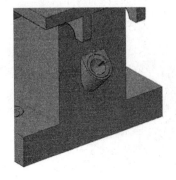

图 14-65 创建油标孔

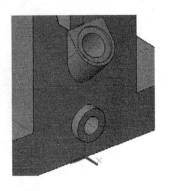

图 14-66 绘制放油孔

14.4.8　修饰箱座细节

按零件图上的技术要求对箱座进行倒角，创建油槽，并修剪上表面，创建完成的箱座模型如图 14-67 所示。

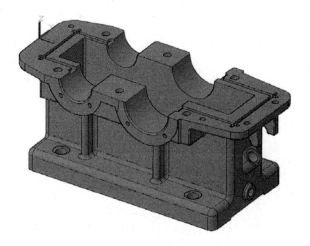

图 14-67　创建完成的箱座模型

第15章 绘制机械三维装配图

本章导读

由于三维立体图比二维平面图更加形象和直观，因此，三维绘制和装配在机械设计领域的运用越来越广泛。在介绍了 AutoCAD 的三维绘制和编辑功能之后，本章将按此方法创建减速器主要零件（如大齿轮、低速轴、箱盖、箱座等）的三维模型，并介绍在 AutoCAD 中进行三维装配的方法。

本章重点

➢ 绘制三维装配图的思路和方法
➢ 熟悉三维装配常用工具的使用
➢ 零件块的创建方法
➢ 三维装配过程中视图的切换方法

15.1　绘制三维装配图的思路和方法

装配图是用于表达部件与机器工作原理、零件之间的位置和装配关系，以及装配、检验、安装所需要的尺寸数据技术文件。

绘制三维装配图与绘制二维装配图的基本思路相似，装配顺序一般都是按照"从里往外、从左到右、从上至下或从下至上"的顺序。

在装配过程中，要考虑零件之间的约束条件是否足够和装配关系是否合理。每个零件都有一定自由度，若零件之间约束不足，就会造成整个机器或者装置不能正常运转。

绘制三维装配图的方法一般有以下两种。

➢ 按照装配关系，在同一个绘图区中逐一绘制零件的三维图，最后完成三维装配图。

➢ 先绘制单个小零件，然后创建成块或复制到同一视图，通过三维旋转、三维移动等编辑命令对所引入的块进行精确的定位，最后进行总装配。

15.2　组装减速器的三维装配体

三维造型装配图可以形象直观地反映机械部件或机器的整体组合装配关系和空间相对位置。本节将详细介绍减速器部件及整体的三维装配设计。通过本节的学习，可以使读者掌握机械零件三维装配设计的基本方法与技巧。

减速器的装配可参考如下顺序。

01 装配大齿轮与低速轴。

02 啮合大齿轮与高速齿轮轴。

03 装配轴上的轴承。

04 将齿轮传动组件装配至箱座。

05 装配箱盖。

06 装配螺钉等其他零部件。

15.2.1　装配大齿轮与低速轴

使用 AutoCAD 进行装配时，由于三维模型比较复杂，可能会导致软件运行不流畅，但如果将要装配的三维模型依次转换为图块模型，不但可以有效减小占用的内存，而且以后再调用该三维模型时还能以图块的方式快速插入到文件中。

1. 创建高速齿轮轴的图块

01 打开素材文件"第 15 章\配件\高速齿轮轴三维模型.dwg"，其中已经创建好了高速齿轮轴的三维模型，如图 15-1 所示。

图 15-1　高速齿轮轴三维模型

02 创建零件图块。单击【绘图】面板中的【创建块】按钮，打开【块定义】对话框，然后选择整个三维模型实体为对象，指定齿轮轴端面的圆心为基点，在名称文本框中输入"高速齿轮轴"，其他选项默认，如图 15-2 所示。

03 保存零件图块。在命令行中输入"WB"，执行【写块】命令，打开"写块"对话框，在【源】选项组中选择【块】模式，从下拉列表中按路径选择"高速齿轮轴"图块，再在【目标】选项组中选择文件名和路径，完成零件图块的保存，如图 15-3 所示。

图 15-2　【块定义】对话框　　　　　　　　　图 15-3　【写块】对话框

04 按此方法创建大齿轮、低速轴等三维模型的图块。

2.　插入低速轴

01 启动 AutoCAD 2020，执行【文件】|【新建】命令，系统弹出【选择样板】对话框，选择【acad.dwt】模板，单击【打开】按钮，创建一个新的空白图形文件，并将工作空间设置为【三维建模】。

02 在命令行中输入"INSERT"，执行【插入】命令，打开【块】选项板，选择【其他图形】选项卡。

03 单击浏览按钮，打开【选择图形文件】对话框，按之前的保存路径，定位至低速轴的图块文件，如图 15-4 所示。

04 其他设置保持默认，单击【确定】按钮，即可插入低速轴的三维模型图块，如图 15-5 所示。

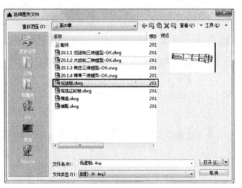

图 15-4　【选择图形文件】对话框　　　　　　　图 15-5　低速轴三维模型

3.　组装大齿轮与低速轴

01 按相同方法插入低速轴上的键 C12mm×32mm（素材文件为"第 15 章\配件\键 C12×32.dwg"），放置在任意位置。

02 单击【修改】面板中的【三维对齐】按钮，执行对齐命令，先选中新插入的键，然后分别指定键上的三个基点，再按命令行提示在轴上选中要对齐的三个位置点，即可将键按三点一一定位的方式进行对齐，如

图 15-6 所示。

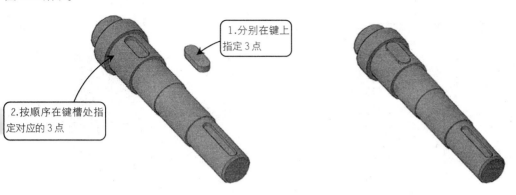

1.分别在键上指定 3 点

2.按顺序在键槽处指定对应的 3 点

图 15-6　插入键 C12mm×32mm

03 按相同方法插入大齿轮，放置在任意位置。

04 单击【修改】面板中的【三维对齐】按钮，执行对齐命令，选中大齿轮，然后分别指定大齿轮轮毂上的三个基点，再按命令行提示在键上选中要对齐的三个位置点，即可将键按三点一一定位的方式进行对齐，如图 15-7 所示。

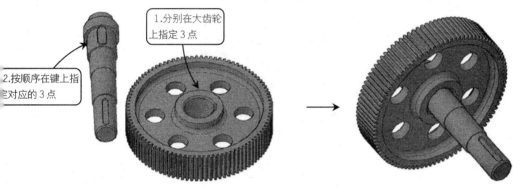

1.分别在大齿轮上指定 3 点

2.按顺序在键上指定对应的 3 点

图 15-7　插入大齿轮

15.2.2　啮合大齿轮与高速齿轮轴

01 按相同方法将高速齿轮轴转换为块，然后插入，放置在任意位置，如图 15-8 所示，选中高速齿轮轴，在模型上会显示出小控件，默认为"移动"。

02 将鼠标置于小控件的原点，然后单击右键，即可弹出小控件的快捷菜单，在其中选择【旋转】命令，如图 15-9 所示。

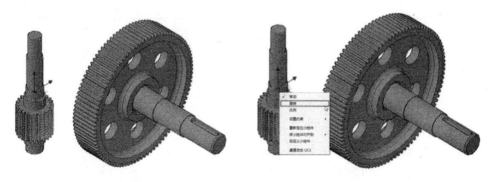

图 15-8　插入高速齿轮轴　　　　　　　　　　图 15-9　选择【旋转】命令

03 切换至旋转控件后，即可按照新的控件进行旋转，调整高速齿轮轴，如图 15-10 所示。

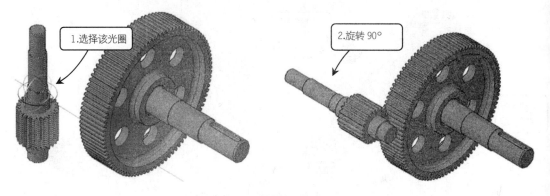

图 15-10　调整高速齿轮轴

04 使用 M【移动】命令，按与低速轴中心距为 120mm 的关系将其移动至相应位置，然后使用 RO【旋转】命令调整大、小齿轮至啮合状态，如图 15-11 所示。

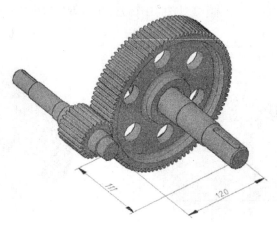

图 15-11　啮合大、小齿轮

15.2.3　装配轴上的轴承

01 按相同方法插入高速齿轮轴上的轴承 6205（素材文件为"第 15 章\配件\轴承 6205.dwg"），放置在任意位置。

02 执行 M【移动】命令，选择轴承的圆心为基点，然后移动至齿轮轴上的圆心处，即可对齐，如图 15-12 所示。

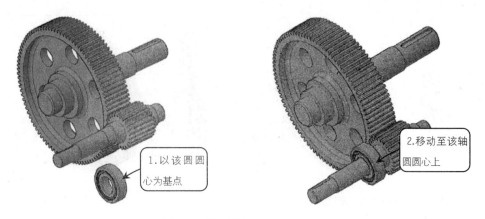

图 15-12　插入轴承 6205

03 按相同的方法，创建对侧的 6205 轴承以及低速轴上的 6207 轴承，结果如图 15-13 所示。

图 15-13　插入其余轴承

15.2.4　将齿轮传动组件装配至箱座

传动机构（各齿轮与轴）已经全部装配完毕，这时就可以将其一起安放至箱座当中。具体步骤如下。

01 按相同方法插入箱座的模型图块，放置在任意位置，如图 15-14 所示。

02 使用小控件，将箱座旋转至正确的角度，如图 15-15 所示。

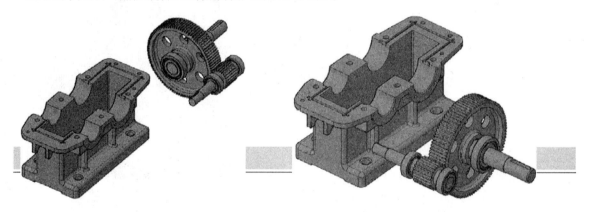

图 15-14　插入箱座　　　　　　　　　　　　图 15-15　旋转箱座

03 利用箱座上表面与轴中心线平齐的特性，再测量装配图上的箱座边线中点与低速轴的距离，即可获得定位尺寸，然后执行 M【移动】命令，即可将箱座移动至合适的位置，如图 15-16 所示。

15.2.5　装配箱盖

上述操作已经完成了减速器的主要装配，在实际生产中，如果确认无误，就可以进行封盖。

01 按相同方法插入箱盖的模型图块，放置在任意位置。

02 移动箱盖，将其与箱座上的基点对齐，效果如图 15-17 所示。

15.2.6　装配螺钉等其他零部件

对照装配图，依次插入素材中的螺钉、螺母、销钉模型，然后进行装配。

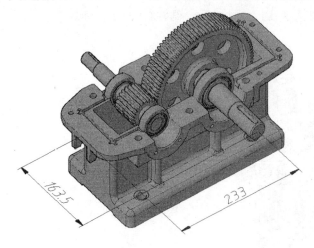

图 15-16 将箱座与齿轮传动组件装配在一起

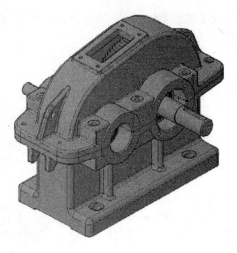

图 15-17 装配箱盖

1. 插入定位销与螺钉、螺母

01 在命令行中输入"INSERT",执行【插入】命令,打开【块】选项板,浏览至素材文件"第 15 章\配件\圆锥销 8×35.dwg",将该圆锥销的三维模型插入装配组件中,这时光标便带有该圆锥销的模型,如图 15-18 所示。

02 将该圆锥销模型定位至装配体的锥销孔处,如图 15-19 所示。

图 15-18 圆锥销附于光标上

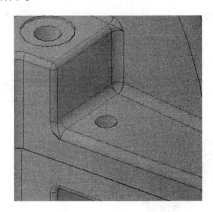

图 15-19 插入圆锥销

03 按相同的方法插入对侧的圆锥销,可以适当将圆锥销向上平移一定尺寸,使之符合装配关系。插入圆锥销之后的效果如图 15-20 所示。

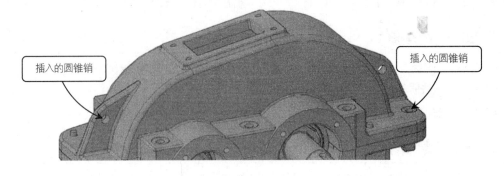

图 15-20 插入圆锥销的效果

04 按相同的方法插入箱盖、箱座上的连接螺钉（M10×90），并装配好对应的弹性垫圈（10）与螺母（M10），效果如图 15-21 所示。

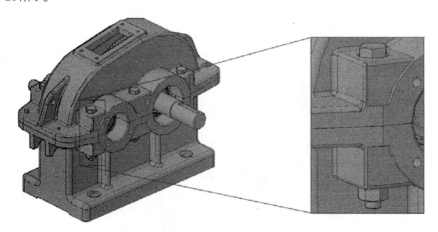

图 15-21　装配连接螺钉与螺母

05 再调整视图，插入油标孔上方的连接螺钉 M8×35 以及螺母 M8、弹性垫圈 8，效果如图 15-22 所示。

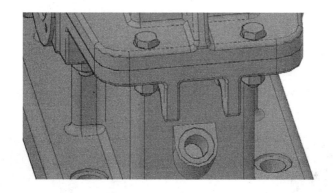

图 15-22　插入螺钉及螺母、垫圈

2．装配轴承端盖

01 按相同方法插入轴承端盖模型，按图 15-23 所示进行装配。

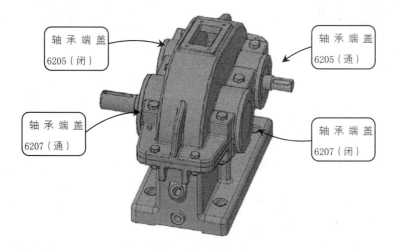

图 15-23　插入各轴承端盖

02 按前面插入螺钉的方法，插入轴承端盖上的 16 个安装螺钉（M6×25），效果如图 15-24 所示。

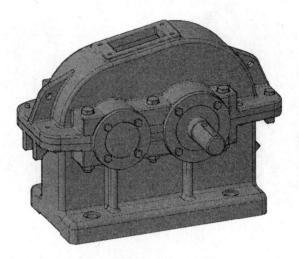

图 15-24　插入轴承端盖上的安装螺钉

3．安装油标尺与油口塞

01 输入 "INSERT"，找到油标尺模型的素材文件 "第 15 章\配件\油标尺.dwg"，将其插入至装配体中，然后使用【ALIGN】对齐命令对齐至油标孔中，效果如图 15-25 所示。

02 再次输入 "INSERT"，找到油口塞模型的素材文件 "第 15 章\配件\油口塞.dwg"，将其插入至装配体中，然后使用【ALIGN】对齐命令对齐至放油孔中，效果如图 15-26 所示。

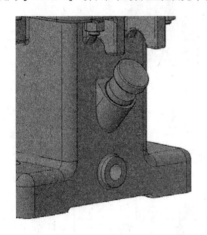

图 15-25　插入油标尺

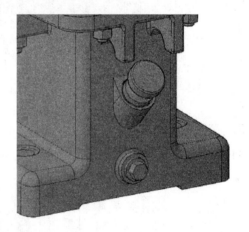

图 15-26　插入油口塞

4．插入视孔盖与通气器

01 按相同方法插入视孔盖模型，将其对齐至箱盖的视口盖上，效果如图 15-27 所示。

02 再输入 "INSERT"，找到通气器模型，然后插入至装配体中，使用【3D 对齐】命令装配至视孔盖上的孔中，如图 15-28 所示。

03 调用素材文件 "第 15 章\配件\螺钉 M6×10.dwg"，将螺钉装配至视孔盖上的 4 个螺钉孔处，效果如图 15-29 所示。

04 至此，减速器全部装配完成，效果如图 15-30 所示（详见素材文件 "15.2 减速器装配体-OK"）。

图 15-27　插入视孔盖

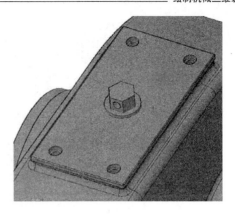

图 15-28　插入通气器

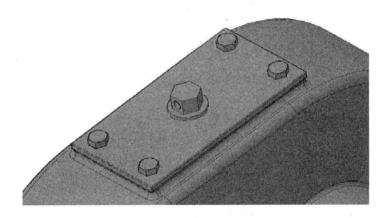

图 15-29　安装视孔盖上的螺钉

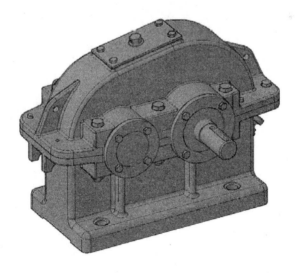

图 15-30　减速器装配完成效果图

15.3　习　题

根据配套资源中万向联轴器文件夹所提供的文件，试装配如图 15-31 所示的万向联轴器。

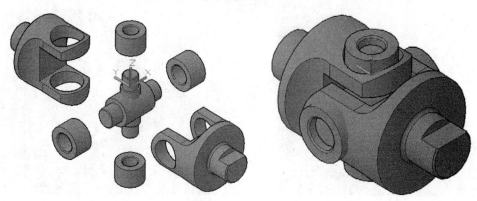

图 15-31　万向联轴器

第16章 三维实体生成二维视图

本章导读

比较复杂的实体可以先绘制三维实体，再转换为二维工程图，这种绘制工程图的方式可以减少工作量，提高绘图速度与精度。本章将介绍由三维实体生成各种基本视图和剖视图，以及打印布局的方法。

本章重点

➤ 三维实体生成二维视图的流程

➤ 三维实体创建基本二维视图的方法

➤ 三维实体创建全剖视图的方法

➤ 三维实体创建半剖视图的方法

➤ 三维实体创建局部放大图的方法

16.1　实体模型生成二维视图

在 AutoCAD 2020 中，将三维实体模型生成三视图的方法大致有以下两种。

➤ 使用 VPORTS 或 MVIEW 命令，在布局空间中创建多个二维视口，然后使用 SOLPROF 命令在每个视口分别生成实体模型的轮廓线，以创建零件的三视图。

➤ 使用 SOLVIEW 命令后，在布局空间中生成实体模型的各个二维视图视口，然后使用 SOLDRAW 命令在每个视口中分别生成实体模型的轮廓线，以创建三视图。

16.1.1　使用 VPORTS 命令创建视口

使用 VPORTS 命令，可以打开【视口】对话框，以在模型空间和布局空间创建视口。

打开【视口】对话框的方式有以下几种。

➤ 菜单栏：执行【视图】|【视口】|【新建视口】命令。

➤ 工具栏：单击【视口】工具栏中的【显示视口对话框】按钮 。

➤ 命令行：输入 "VPORTS"。

➤ 功能区：单击功能区【可视化】选项卡中【模型视口】面板中的【命名】按钮 。

执行上述任一操作，都能打开如图 16-1 所示的【视口】对话框。

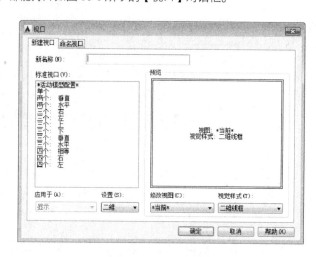

图 16-1　【视口】对话框

通过此对话框，用户可进行设置视口的数量、命名视口和选择视口的形式等操作。

16.1.2　使用 SOLVIEW 命令创建布局多视图

使用 SOLVIEW 命令可以自动为三维实体创建正交视图、图层和布局视口。SOLVIEW 和 SOLDRAW 的创建用于放置每个视图的可见线和隐藏线的图层（视图名称-VIS、视图名称-HID、视图名称-HAT），以及创建可以放置各个视口中均可见的标注的图层（视图名称-DIM）。

通过执行【绘图】|【建模】|【设置】|【视图】命令，或者直接在命令行中输入 "SOLVIEW"，都可以创建布局多视图。

若用户当前处于模型空间，则执行 "SOLVIEW" 命令后，系统将自动转换到布局空间，并提示用户选择创建浮动视口的形式，其命令行提示如下。

```
命令: _solview
输入选项 [UCS(U)/正交(O)/辅助(A)/截面(S)]:
```

命令行中各选项的含义如下。

- UCS（U）：创建相对于用户坐标系的投影视图。
- 正交（O）：从现有视图创建折叠的正交视图。
- 辅助（A）：从现有视图创建辅助视图。辅助视图投影到和已有视图正交并倾斜于相邻视图的平面。
- 截面（S）：通过图案填充创建实体图形的剖视图。

16.1.3 使用 SOLDRAW 创建实体图形

SOLDRAW 命令是在 SOLVIEW 命令之后用来创建实体轮廓或填充图案的。

启动 SOLDRAW 命令的方式有以下几种。

- 菜单栏：执行【绘图】|【建模】|【设置】|【图形】命令。
- 命令行：输入"SOLVIEW"。
- 功能区：单击【常用】选项卡中【建模】面板上的【实体图形】按钮。

执行上述任一操作后，命令行提示如下。

```
命令：Soldraw
选择要绘图的视口...
选择对象：
```

使用该命令时，系统提示"选择对象"，此时用户需要选择由 SOLDRAW 命令生成的视口，如果是利用【UCS（U）】、【正交（O）】、【辅助（A）】选项所创建的投影视图，则所选择的视口中将自动生成实体轮廓线。若是所选择的视口由 SOLDRAW 命令的【截面（S）】选项创建，则系统将自动生成剖视图，并填充剖面线。

16.1.4 使用 SOLPROF 创建二维轮廓线

SOLPOROF 命令是对三维实体创建轮廓图形，它与 SOLDRAW 命令有一定的区别，即 SOLDRAW 命令只能对由 SOLDVIEW 命令创建的视图生成轮廓图形，而 SOLPROF 命令不仅可以对 SOLDVIEW 命令创建的视图生成轮廓图形，而且还可以对其他方法创建的浮动视口中的图形生成轮廓图形，但是使用 SOLPROF 命令时，必须是在模型空间，一般使用 MSPACE 命令激活。

启动 SOLPROF 命令的方式有以下几种。

- 菜单栏：执行【绘图】|【建模】|【设置】|【轮廓】命令。
- 命令行：输入"SOLPROF"。
- 功能区：单击【常用】选项卡中【建模】面板上的【实体轮廓】按钮。

16.1.5 使用创建视图面板创建三视图

【创建视图】面板位于【布局】选项卡中，使用该面板中的命令可以从模型空间中直接将三维实体的基础视图调用出来，然后根据主视图生成三视图、剖视图以及三维模型图，从而更快、更便捷地将三维实体转换为二维视图。需注意的是，在使用【创建视图】面板时，必须是在布局空间，如图16-2所示。

图16-2 【创建视图】面板

16.1.6 利用 VPORTS 命令和 SOLPROF 命令创建三视图

下面以一个简单的实体为例，介绍如何使用 VPORTS 命令和 SOLPROF 命令创建三视图，具体操作步骤如下。

01 启动 AutoCAD 2020，打开本书配套资源"第 16 章\16-1.dwg"图形文件，如图 16-3 所示。

02 在绘图区单击【布局 1】标签，进入布局空间，然后在【布局 1】标签上单击鼠标右键，在弹出的快捷菜单中选择【页面设置管理器】选项，弹出如图 16-4 所示的【页面设置管理器】对话框。

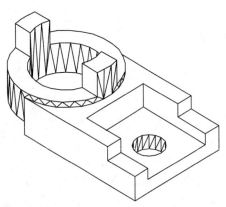

图 16-3　图形文件　　　　　　　　　　　　图 16-4　【页面设置管理器】对话框

03 单击【修改】按钮，弹出【页面设置】对话框，在【图纸尺寸】下拉菜单中选择"ISOA4(210.00×297.00毫米)"选项，其余参数保持默认，如图 16-5 所示。单击【确定】按钮，返回【页面设置管理器】对话框，再单击【关闭】按钮，关闭【页面设置管理器】对话框。

04 修改后的布局页面如图 16-6 所示。双击视口或单击状态栏【模型】按钮，切换至图纸空间，选中系统自动创建的视口，按 Delete 键将其删除。

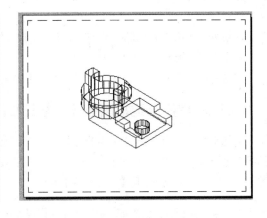

图 16-5　设置图纸尺寸　　　　　　　　　　图 16-6　修改后的布局页面

05 将视图显示模式设置为【二维线框】模式，执行【视图】|【视口】|【四个视口】命令，创建满布页面的 4 个视口，如图 16-7 所示。

06 在命令行中输入"MSPACE"，或直接双击视口，将布局空间转换为模型空间。

07 分别激活各视口，执行【视图】|【三维视图】菜单项下的命令，将各视口视图分别转换为前视图、俯视图、左视图和等轴测视图，如图 16-8 所示。

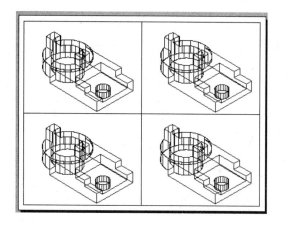

图 16-7　创建视口

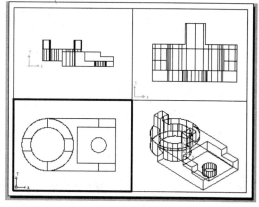

图 16-8　设置各视图

 双击视口进入模型空间后，视口边框线将会加粗显示。

08 在命令行中输入"SOLPROF"，选择各视口的二维图，将二维图转换为轮廓图，如图 16-9 所示。

09 选择右下三维视口，单击该视口中的实体，按 Delete 键删除。打开图层设置，关闭 vports 层显示。

10 删除实体后，轮廓线如图 16-10 所示。

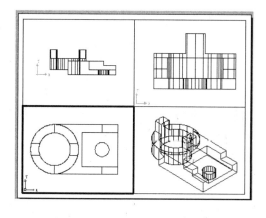

图 16-9　创建轮廓图

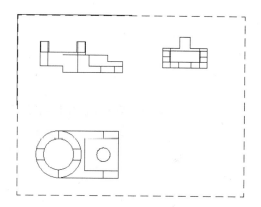

图 16-10　删除实体后轮廓线

16.1.7　利用 SOLVIEW 命令和 SOLDRAW 命令创建三视图

下面以一个简单的实体为例，介绍如何使用 SOLVIEW 命令和 SOLDRAW 命令创建三视图，具体步骤如下。

01 启动 AutoCAD 2020，打开本书配套资源"第 16 章
\16-1.dwg"图形文件，如图 16-11 所示。

02 在绘图区单击【布局 1】标签，进入布局空间，选中系统自动创建的视口，按 Delete 键将其删除。

03 执行【绘图】|【建模】|【设置】|【视图】命令，创建主视图，如图 16-12 所示。命令行提示如下。

```
命令: _solview
输入选项 [UCS(U)/正交(O)/辅助(A)/截面(S)]:U↙
                              //激活"UCS"选项
```

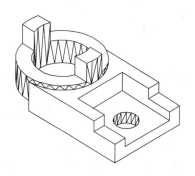

图 16-11　图形文件

输入选项 [命名(N)/世界(W)/?/当前(C)] <当前>:W↙

                //激活"世界"选项，选择世界坐标系创建视图

输入视图比例 <1>: 0.3↙   //设置打印输出比例

指定视图中心: //选择视图中心点，这里选择视图布局中左上角适当的一点

指定视图中心 <指定视口>:   //按 Enter 键确定

指定视口的第一个角点:

指定视口的对角点: //分别指定视口两对角点，确定视口范围

输入视图名: 主视图↙   //输入视图名称为主视图

技巧 使用 SOLVIEW 命令创建视图，其创建的视图默认为俯视图。

04 使用同样的方法，分别创建左视图和俯视图，如图 16-13 所示。

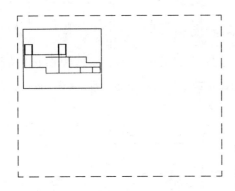

图 16-12 创建的主视图   图 16-13 创建左视图和俯视图

05 执行【绘图】|【建模】|【设置】|【图形】命令，在布局空间中选择视口生成轮廓图，如图 16-14 所示。

06 双击进入模型空间，将实体隐藏或删除，然后进入【图层特性管理器】对话框将"VPORTS"关闭。

07 返回【布局 1】布局空间，得到如图 16-15 所示的图形。

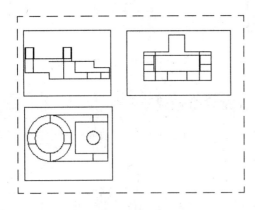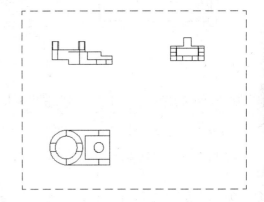

图 16-14 创建轮廓图   图 16-15 隐藏实体后图形

16.1.8 使用创建视图面板命令创建三视图

下面以一个简单的实体为例，介绍如何使用创建视图面板命令创建三视图，具体步骤如下。

01 启动 AutoCAD 2020，打开本书配套资源"第 16 章\16-2.dwg"图形文件，如图 16-16 所示。

02 在绘图区单击【布局 1】标签，进入布局工作空间，选中系统自动创建的视口，按 Delete 键将其删除。

03 单击【布局】选项卡【创建视图】面板【基点】下拉菜单中的【从模型空间】按钮 ，根据命令行的提示创建基础视图，如图 16-17 所示。

图 16-16 图形文件

图 16-17 创建基础视图

04 单击【投影】按钮 ，分别创建左视图和俯视图，生成的三视图如图 16-18 所示。

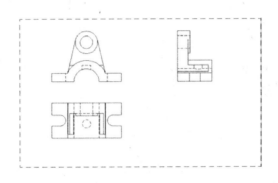

图 16-18 生成的三视图

16.2 三维实体创建剖视图

除了基本的三视图，使用 AutoCAD 2020 的【创建视图】面板和相关命令，还可以从三维模型轻松创建全剖、半剖、旋转剖和局部放大等二维视图。

16.2.1 创建全剖视图

01 启动 AutoCAD 2020，打开本书配套资源"第 16 章\16-3.dwg"图形文件，如图 16-19 所示。

图 16-19 图形文件

02 在绘图区单击【布局 1】标签，进入布局空间，选中系统自动创建的视口，按 Delete 键将其删除。

03 在命令行中输入"HPSCALE"，将剖面线的填充比例调大，使线的密度更大。命令行提示如下。

```
命令: HPSCALE
输入 HPSCALE 的新值 <1.0000>: 10↙
```

04 执行【绘图】|【建模】|【设置】|【视图】命令，在布局空间中创建主视图，如图 16-20 所示。命令行提示如下。

```
命令:SOLVIEW↙
输入选项 [UCS(U)/正交(O)/辅助(A)/截面(S)]:U↙
输入选项 [命名(N)/世界(W)/?/当前(C)] <当前>:W↙
输入视图比例 <1>: 0.4↙                //设置打印输出比例
指定视图中心:                        //在视图布局左上角拾取适当一点
指定视图中心 <指定视口>:              //按 Enter 键确认
指定视口的第一个角点:
指定视口的对角点:                     //分别指定视口两对象点，确定视口范围
输入视图名: 主视图                    //输入视图名称
```

05 执行【绘图】|【建模】|【设置】|【视图】命令，创建全剖视图。命令行提示如下。

```
命令: _solview
输入选项 [UCS(U)/正交(O)/辅助(A)/截面(S)]:S↙          //选择"截面"选项
指定剪切平面的第一个点:                               //捕捉指定剪切平面的第一点
指定剪切平面的第二个点:                               //捕捉指定剪切平面的第二点
指定要从哪侧查看:                                     //选择要查看剖面的方向
输入视图比例 <0.6109>:0.4↙
指定视图中心:
指定视图中心 <指定视口>:
指定视口的第一个角点:
指定视口的对角点:
输入视图名: 剖视图↙                                  //输入视图的名称，创建的剖视图如图 16-21 所示
```

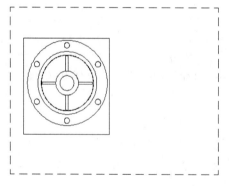

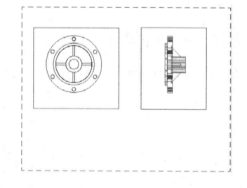

图 16-20　创建主视图　　　　　　　　　　图 16-21　创建剖视图

06 在命令行中输入"SOLDRAW"，将所绘制的两个视图图形转换成轮廓线，如图 16-22 所示。

07 修改填充图案为【ANSI31】，隐藏视口线框图层，结果如图 16-23 所示。

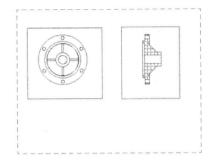

图 16-22　转换为轮廓线

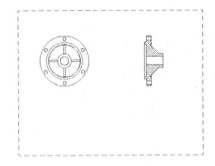

图 16-23　修改填充图案

16.2.2　创建半剖视图

使用【创建视图】面板创建半剖视图具体操作步骤如下。

01 启动 AutoCAD 2020，打开本书配套资源第 16 章 "16-4.dwg" 图形文件，如图 16-24 所示。

02 设置页面。在绘图区内单击【LAYOUT1(布局 1)】标签，进入布局空间，然后在【布局 1】标签上右击，在弹出的快捷菜单中选择【页面设置管理器】选项，在打开的【页面设置管理器】对话框中单击【修改】按钮，系统弹出【页面设置-布局 1】对话框，选择图纸尺寸为 "ISOA4〔210.00 ×297.00 毫米〕"，其他设置采用默认，单击【确定】按钮，系统返回【页面设置管理器】对话框，再单击【关闭】按钮，即可完成页面设置，如图 16-25 所示。

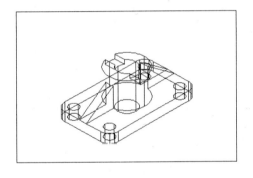

图 16-24　图形文件

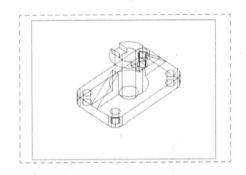

图 16-25　完成页面设置

03 在布局空间中选择默认的布局视口，按 Delete 键将其删除。

04 将工作空间切换为三维建模空间。单击【布局】选项卡标签，进入【布局】选项卡，如图 16-26 所示。

图 16-26　【布局】选项卡

05 单击【创建视图】面板中的【基点】按钮，再选择【从模型空间】选项，如图 16-27 所示。

06 在布局空间内指定基础视图的位置，创建主视图，如图 16-28 所示。

07 再单击【创建视图】面板中的【截面】按钮，根据命令行的提示，创建剖视图，如图 16-29 所示。

08 完成剖视图设置，全剖视图效果如图 16-30 所示。

09 新建【布局】空间，在模型空间中创建主视图，如图 16-31 所示。

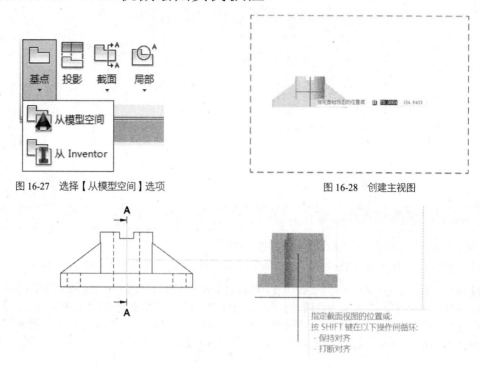

图 16-27　选择【从模型空间】选项

图 16-28　创建主视图

图 16-29　创建剖视图

图 16-30　全剖视图

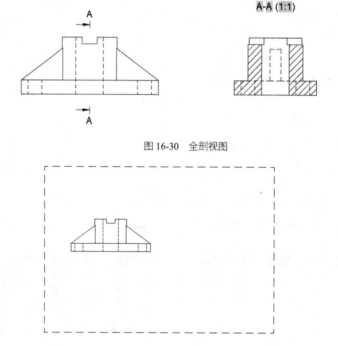

图 16-31　创建主视图

10 再单击【创建视图】面板中的【截面】按钮，在其下拉菜单中选择【半剖】选项，根据命令行的提示，创建半剖视图，如图 16-32 所示。

11 新建【布局】空间，在模型空间中创建主视图。再单击【创建视图】面板中的【截面】按钮，在其下拉菜单中选择【偏移】选项，根据命令行的提示，创建阶梯剖视图，如图 16-33 所示。

12 新建【布局】空间，在模型空间中创建主视图。再单击【创建视图】面板中的【截面】按钮，在其下拉菜单中选择【对齐】选项，根据命令行的提示，创建旋转剖视图，如图 16-34 所示。

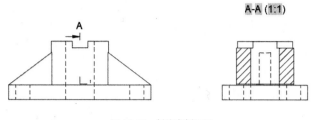

图 16-32　创建半剖视图

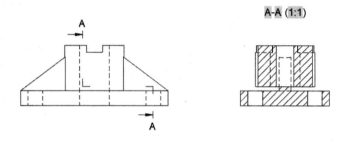

图 16-33　创建阶梯剖视图

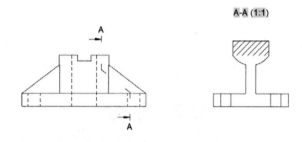

图 16-34　创建旋转剖视图

16.2.3　创建局部放大图

利用【创建视图】面板中的相关命令创建局部放大图的具体操作步骤如下。

01 启动 AutoCAD 2020，打开本书配套资源第 16 章 "16-5.dwg" 图形文件，如图 16-35 所示。

02 在绘图区内单击【LAYOUT1(布局 1)】标签，进入布局空间。

03 在【布局 1】标签上右击，在弹出的快捷菜单中选择【页面设置管理器】选项，在打开的【页面设置管理器】对话框中单击【修改】按钮，系统弹出【页面设置-布局 1】对话框，设置图纸尺寸为 "ISOA4〔210.00 × 297.00 毫米〕"，其他设置采用默认。单击【确定】按钮，系统返回【页面设置管理器】对话框，再单击【关闭】按钮，即可完成页面设置。

04 在布局空间中，选择系统自动生成的图形视口，按 Delete 键将其删除。

05 将工作空间切换为三维建模空间。选择【布局】选项卡，即可看到布局空间的各工作按钮。

06 单击【创建视图】面板中的【基点】按钮 ，选择【从模型空间】选项，根据命令行的提示创建主视图，如图 16-36 所示。

07 单击【创建视图】面板中的【局部】按钮 ，在其下拉菜单中选择【圆形】选项，根据命令行的提示创建圆形局部放大图，如图 16-37 所示。

08 单击【创建视图】面板中的【局部】按钮 ，在其下拉菜单中选择【矩形】选项，根据命令行的提示创建矩形局部放大图，如图 16-38 所示。

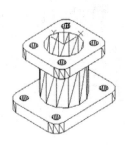

图 16-35　图形文件

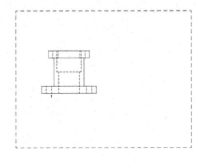

图 16-36　创建主视图

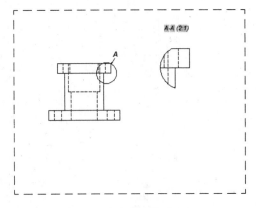

图 16-37　创建圆形局部放大图

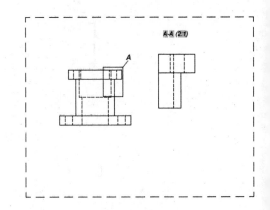

图 16-38　创建矩形局部放大图

16.3　习　题

将本书配套资源提供的"16.3-1.dwg 与 16.3-2.dwg"三维实体图形转变为三视图，如图 16-39、图 16-40 所示。

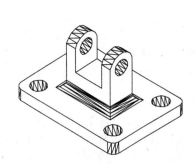

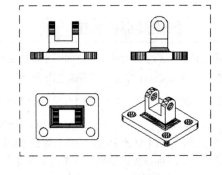

图 16-39　实体 1

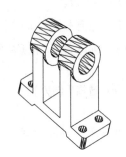

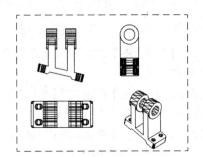

图 16-40　实体 2

第17章 机械图形打印和输出

本章导读

当完成所有的设计和制图工作之后，就可以将图形文件通过绘图仪或打印机输出为图样了。本章主要讲述了 AutoCAD 出图过程中涉及的一些问题，包括模型空间与图样空间的转换、打印样式、打印比例设置等。

本章重点

➢ 模型空间与布局空间的基本知识
➢ 模型空间与布局空间的切换方法
➢ 打印样式的创建方法
➢ 视口的创建和编辑方法
➢ 打印出图的流程
➢ 打印出图参数的设置方法
➢ 打印输出文件的方法

17.1 模型空间与布局空间

模型空间和布局空间是 AutoCAD 两个功能不同的工作空间，单击绘图区下面的标签页，可以在模型空间和布局空间之间进行切换。一个打开的文件中只有一个模型空间和两个默认的布局空间，用户也可创建更多的布局空间。

17.1.1 模型空间

当打开或新建一个图形文件时，系统将默认进入模型空间，如图 17-1 所示。模型空间是一个无限大的绘图区域，可以在其中创建二维或三维图形，以及进行必要的尺寸标注和文字说明。

模型空间对应的窗口称为模型窗口，在模型窗口中，十字光标在整个绘图区域都处于激活状态，并且可以创建多个不重复的平铺视口，以展示图形的不同视口，如在绘制机械三维图形时，可以创建多个视口，以从不同的角度观测图形。在一个视口中对图形做出修改后，其他视口也会随之更新，如图 17-2 所示。

图 17-1 模型空间

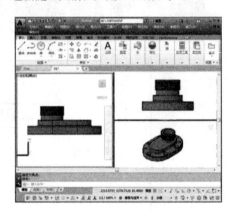

图 17-2 模型空间的视口

17.1.2 布局空间

布局空间又称为图纸空间，主要用于出图。模型建立后，需要将模型打印到纸面上形成图样。使用布局空间可以方便地设置打印设备、纸张、比例尺、图样布局，并预览实际出图的效果，如图 17-3 所示。

图 17-3 布局空间

布局空间对应的窗口称为布局窗口。可以在同一个 AutoCAD 文档中创建多个不同的布局图。单击工作区左下角的各个布局按钮，可以从模型窗口切换到各个布局窗口。当需要将多个视图放在同一张图样上输出时，布局就可以很方便地控制图形的位置、输出比例等参数。

17.1.3 空间管理

右击绘图窗口下的【模型】或【布局】选项卡标签，在弹出的快捷菜单中选择相应的命令，可以对布局进行删除、新建、重命名、移动、复制、页面设置等操作，如图 17-4 所示。

1. 空间的切换

在模型中绘制完图样后，若需要进行布局打印，可单击绘图区左下角的布局空间选项卡标签，即【布局1】和【布局2】进入布局空间，对图样打印输出的布局效果进行设置。设置完毕后，单击【模型】选项卡标签即可返回模型空间，如图 17-5 所示。

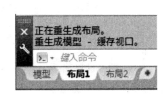

图 17-4 【布局】快捷菜单　　　　　　　　　图 17-5 空间切换

2. 创建新布局

布局是一种图纸空间环境，它模拟显示图纸页面，提供直观的打印设置，主要用来控制图形的输出，布局中所显示的图形与图纸页面上打印出来的图形完全一样。

调用【创建布局】的方法如下。

➢ 菜单栏：执行【工具】|【向导】|【创建布局】命令，如图 17-6 所示。
➢ 命令行：在命令行中输入 "LAYOUT"。
➢ 功能区：在【布局】选项卡中单击【布局】面板中的【新建】按钮，如图 17-7 所示。
➢ 快捷方式：右击绘图窗口下的【模型】或【布局】选项卡标签，在弹出的快捷菜单中选择【新建布局】选项。

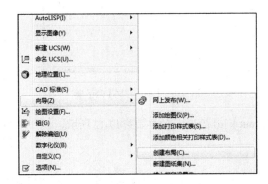

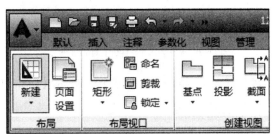

图 17-6 从菜单栏调用【创建布局】命令　　　　图 17-7 在功能区调用【新建布局】命令

创建布局的操作过程与新建文件相差无几，同样可以通过功能区中的选项卡来完成。

中文版 AutoCAD 2020 机械绘图实例教程

3. 插入样板布局

在 AutoCAD 中提供了多种样板布局供用户使用。其创建方法如下。

➤ 菜单栏：执行【插入】|【布局】|【来自样板的布局】命令，如图 17-8 所示。
➤ 功能区：在【布局】选项卡中单击【布局】面板中的【从样板】按钮，如图 17-9 所示。
➤ 快捷方式：右击绘图窗口左下方的【布局】选项卡标签，在弹出的快捷菜单中选择【来自样板】命令。

图 17-8 从菜单栏调用【来自样板的布局】命令

图 17-9 在功能区调用【从样板】命令

执行上述命令后，系将弹出【从文件选择样板】对话框，可以在其中选择需要的样板创建布局。

【案例 17-1】： 插入样板布局

如果需要将图样发送至国外的客户，可以尽量采用 AutoCAD 中自带的英制或公制模板。

01 单击快速访问工具栏中的【新建】按钮，新建空白文件。

02 在【布局】选项卡中单击【布局】面板中的【从样板】按钮，系统弹出【从文件选择样板】对话框，如图 17-10 所示。

03 选择【Tutorial-iArch.dwt】样板，单击【打开】按钮，系统弹出【插入布局】对话框，如图 17-11 所示。选择布局名称后单击【确定】按钮。

图 17-10 【从文件选择样板】对话框

图 17-11 【插入布局】对话框

04 完成样板布局的插入，切换至新创建的【D-Size Layout】布局空间，效果如图 17-12 所示。

4. 布局的组成

布局图中通常存在 3 个边界，如图 17-13 所示。最外层的是纸张边界，通过【纸张设置】中的纸张类型和打印方向确定。中间的虚线线框是打印边界，其作用就好像 Word 文档中的页边距一样，只有位于打印边界内部的图形才会被打印出来。位于图形四周的实线线框为视口边界，边界内部的图形就是模型空间中的模型，视口边界的大小和位置是可调的。

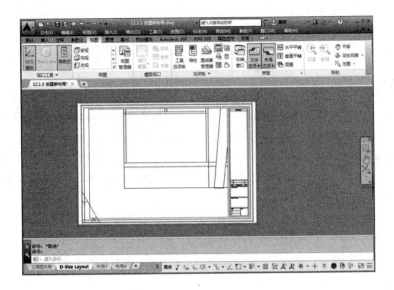

图 17-12　样板空间

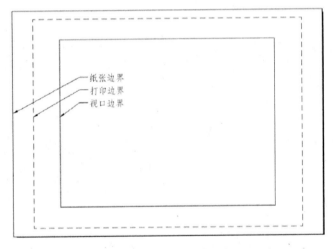

图 17-13　布局图的组成

17.2　打印样式

在图形绘制过程中，AutoCAD 可以为单个的图形对象设置颜色、线型、线宽等属性，这些样式可以在屏幕上直接显示出来。在出图时，有时用户希望打印出来的图样和绘图时图形所显示的属性有所不同，如在绘图时一般会使用各种颜色的线型，但打印时仅以黑白打印。

打印样式的作用就是在打印时修改图形的外观。每种打印样式都有其样式特性，包括端点、连接、填充图案，以及抖动、灰度等打印效果。打印样式特性的定义都以打印样式表文件的形式保存在 AutoCAD 的支持文件搜索路径下。

17.2.1　打印样式的类型

AutoCAD 中有两种类型的打印样式：【颜色相关样式（CTB）】和【命名样式（STB）】

➤ 颜色相关打印样式以对象的颜色为基础，共有 255 种。在颜色相关打印样式模式下，通过调整与对象颜色对应的打印样式可以控制所有具有同种颜色的对象的打印方式。颜色相关打印样式表文件的扩展名为 ".ctb"。

➢ 命名打印样式可以独立于对象的颜色使用，不管对象的颜色是什么，均可给对象指定任意一种打印样式。命名打印样式表文件的扩展名为 ".stb"。

简而言之，".ctb" 的打印样式是根据颜色来确定线宽的，同一种颜色只能对应一种线宽；而 ".stb" 则是根据对象的特性或名称来指定线宽，同一种颜色打印出来可以有两种不同的线宽，因为它们的对象可能不一样。

17.2.2 打印样式的设置

使用打印样式可以多方面控制对象的打印方式，打印样式属于对象的一种特性，它用于修改打印图形的外观。用户可以设置打印样式来代替其他对象原有的颜色、线型和线宽等特性。在同一个 AutoCAD 图形文件中，不允许同时使用两种不同的打印样式类型，但允许使用同一类型的多个打印样式。例如，若当前文档使用命名打印样式时，图层特性管理器中的【打印样式】属性项是不可用的，因为该属性只能用于设置颜色打印样式。

设置【打印样式】的方法如下。

➢ 菜单栏：执行【文件】|【打印样式管理器】命令。

➢ 命令行：在命令行中输入 "STYLESMANAGER"。

执行上述任一命令后，系统自动弹出如图 17-14 所示的对话框。所有 CTB 和 STB 打印样式表文件都保存在这个对话框中。

双击【添加打印样式表向导】文件，可以根据对话框提示逐步创建新的打印样式表文件。将打印样式附加到相应的布局图，就可以按照打印样式的定义进行打印了。

图 17-14 打印样式管理器

在系统盘的 AutoCAD 存储目录下，可以打开如图 17-14 所示的【Plot Styles】文件夹，其中存放着 AutoCAD 自带的 10 种打印样式（.ctb），各打印样式含义说明如下。

➢ acad.ctb：默认的打印样式表，所有打印设置均为初始值。

➢ Fill Patterns.ctb：设置前 9 种颜色使用前 9 个填充图案，所有其他颜色使用对象的填充图案。

➢ Grayscale.ctb：打印时将所有颜色转换为灰度。

➢ Monochrome.ctb：对所有颜色打印为黑色。

➢ Screening 100%.ctb：对所有颜色使用 100% 墨水。

➢ Screening 75%.ctb：对所有颜色使用 75% 墨水。

➤ Screening 50%.ctb：对所有颜色使用 50% 墨水。

➤ Screening 25%.ctb：对所有颜色使用 25% 墨水。

【案例 17-2】： 添加颜色打印样式

使用颜色打印样式可以通过图形的颜色设置不同的打印宽度、颜色、线型等打印外观。

01 单击快速访问工具栏中的【新建】按钮，新建空白文件。

02 执行【文件】|【打印样式管理器】菜单命令，系统弹出如图 17-15 所示的【添加打印样式表】对话框，单击【下一步】按钮，系统转换成【添加打印样式表-开始】对话框，如图 17-16 所示。

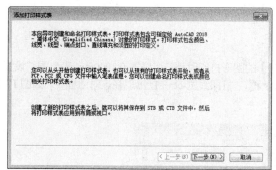 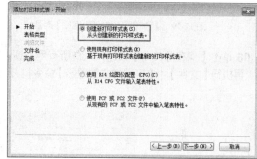

图 17-15 【添加打印样式表】对话框　　　　图 17-16 【添加打印样式表-开始】对话框

03 选择【创建新打印样式表】单选按钮，单击【下一步】按钮，系统打开【添加打印样式表-选择打印样式表】对话框，如图 17-17 所示。选择【颜色相关打印样式表】单选按钮，单击【下一步】按钮，系统转换成【添加打印样式表-文件名】对话框，如图 17-18 所示，新建一个名为"打印线宽"的颜色打印样式表文件，单击【下一步】按钮。

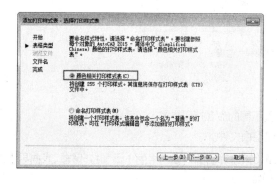 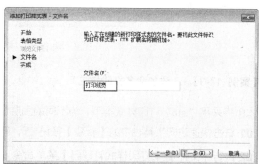

图 17-17 【添加打印样式表-选择打印样式】对话框　　图 17-18 【添加打印样式表-文件名】对话框

04 在如图 17-19 所示的【添加打印样式表-完成】对话框中单击【打印样式表编辑器】按钮，打开【打印样式表编辑器】对话框。

05 在【打印样式】列表框中选择【颜色 1】，在【表格视图】选项卡【特性】选项组的【颜色】下拉列表框中选择黑色，在【线宽】下拉列表框中选择线宽 0.3000 毫米，如图 17-20 所示。

技巧 黑白打印机常用灰度区分不同的颜色，使得图样比较模糊。可以在【打印样式表编辑器】对话框的【颜色】下拉列表框中将所有颜色的打印样式设置为黑色，以得到清晰的出图效果。

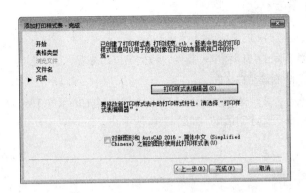

图 17-19 【添加打印样式表-完成】对话框　　　　图 17-20 【打印样式表编辑器】对话框

06 单击【保存并关闭】按钮，这样所有用【颜色 1】的图形打印时都将以线宽 0.3000mm 来出图。设置完成后，再执行【文件】|【打印样式管理器】命令打开对话框，"打印线宽-ctb"就出现在该对话框中，如图 17-21 所示。

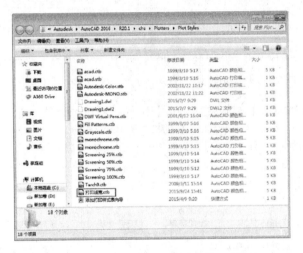

图 17-21　添加打印样式结果

【案例 17-3】：　添加命名打印样式

本例将采用".stb"打印样式类型，为不同的图层设置不同的命名打印样式。

01 单击快速访问工具栏中的【新建】按钮，新建空白文件。

02 执行【文件】|【打印样式管理器】菜单命令，单击系统弹出的对话框中的【添加打印样式表向导】图标，系统弹出【添加打印样式表】对话框，如图 17-22 所示。

03 单击【下一步】按钮，打开【添加打印样式表-开始】对话框，选择【创建新打印样式表】单选按钮，如图 17-23 所示。

04 单击【下一步】按钮，打开【添加打印样式表-选择打印样式表】对话框，选择【命名打印样式表】单选按钮，如图 17-24 所示。

05 单击【下一步】按钮，系统打开【添加打印样式表-文件名】对话框，如图 17-25 所示，新建一个名为"机械零件图"的命名打印样式表文件，单击【下一步】按钮。

06 在【添加打印样式表-完成】对话框中单击【打印样式表编辑器】按钮，如图 17-26 所示。

07 在打开的【打印样式表编辑器-机械零件图.stb】对话框【表格视图】选项卡中单击【添加样式】按钮，添加一个名为"粗实线"的打印样式，设置【颜色】为黑色、【线宽】为 0.3mm。用同样的方法添加一个"细实线"打印样式，设置【颜色】为黑色、【线宽】为 0.1mm、【淡显】为 30，如图 17-27 所示。设置完成后，单击【保存并关闭】按钮退出对话框。

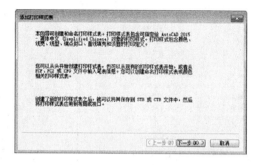

图 17-22　【添加打印样式表】对话框

图 17-23　【添加打印样式表-开始】对话框

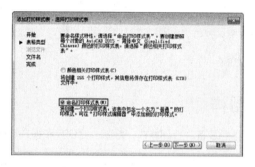

图 17-24　【添加打印样式表-选择打印样式表】对话框

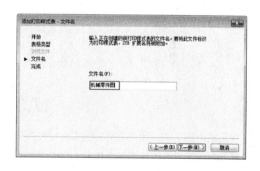

图 17-25　【添加打印样式表-文件名】对话框

图 17-26　【添加打印样式表-完成】对话框

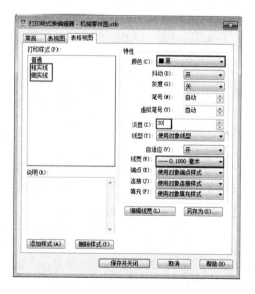

图 17-27　【打印样式表编辑器-机械零件图.stb】对话框

08 执行【文件】|【打印样式管理器】命令打开对话框，【机械零件图.stb】就出现在该对话框中，如图 17-28 所示。

图 17-28　添加打印样式结果

17.3　布局图样

在正式出图之前，需要在布局窗口中创建好布局图，并对绘图设备、打印样式、纸张、比例尺和视口等进行设置。布局图显示的效果就是图样打印的实际效果。

17.3.1　创建布局

打开一个新的 AutoCAD 图形文件时，就已经存在了两个布局，即【布局 1】和【布局 2】。在布局图标签上右击，弹出快捷菜单，在快捷菜单中选择【新建布局】命令，通过该方法，可以新建更多的布局图。调用【创建布局】命令的方法如下。

➢ **菜单栏**：执行【插入】|【布局】|【新建布局】命令。

➢ **功能区**：在【布局】选项卡中单击【布局】面板中的【新建】按钮 。

➢ **命令行**：在命令行中输入 "LAYOUT"。

➢ **快捷方式**：在【布局】选项卡上单击鼠标右键，在弹出的快捷菜单中选择【新建布局】命令。

上述方法所创建的布局都与图形自带的【布局 1】与【布局 2】相同，如果要创建新的布局格式，只能通过布局向导来创建。下面通过一个例子来进行介绍。

【案例 17-4】： 通过向导创建布局

通过使用向导创建布局可以选择【打印机 / 绘图仪】、定义【图纸尺寸】、插入【标题栏】等，其作用是自定义视口，且能使模型在视口中显示完整。这些定义能被创建为模板文件（.dwt），方便调用。要使用向导创建布局，可以按以下方法来激活 LAYOUTWIZARD 命令。

➢ **方法一**：在命令行中输入 "LAYOUTWIZARD"，然后按 Enter 键。

➢ **方法二**：单击【插入】菜单，在弹出的下拉菜单中选择【布局】|【创建布局向导】命令。

➢ **方法三**：单击【工具】菜单，在弹出的下拉菜单中选择【向导】|【创建布局】命令。

01 新建空白文档，按上述 3 种方法之一操作后，系统弹出【创建布局-开始】对话框，在【输入新布局的名称】文本框中输入名称，如图 17-29 所示。

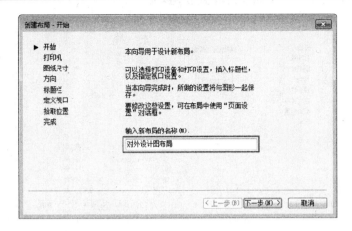

图 17-29 【创建布局-开始】对话框

02 单击【下一步】按钮，系统弹出【创建布局-打印机】对话框，在绘图仪列表中选择合适的选项，如图 17-30 所示。

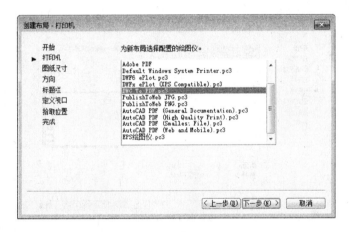

图 17-30 【创建布局-打印机】对话框

03 单击【下一步】按钮，系统弹出【创建布局-图纸尺寸】对话框，在【图纸尺寸】下拉列表中选择合适的尺寸，尺寸根据实际图纸的大小来确定，这里选择 A4 图纸，如图 17-31 所示。设置【图形单位】为【毫米】。

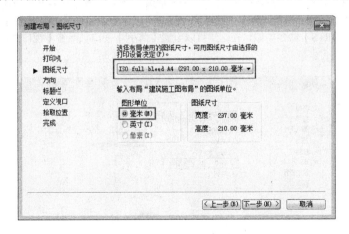

图 17-31 【创建布局-图纸尺寸】对话框

04 单击【下一步】按钮，系统弹出【创建布局-方向】对话框，一般选择图形方向为【横向】，如图 17-32 所示。

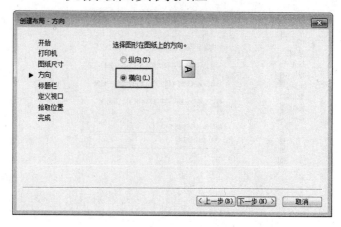

图 17-32 【创建布局-方向】对话框

05 单击【下一步】按钮，系统弹出【创建布局-标题栏】对话框，如图 17-33 所示，此处选择系统自带的国外版建筑图标题栏。

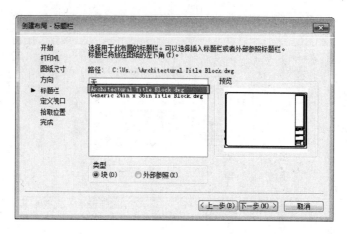

图 17-33 【创建布局-标题栏】对话框

技巧 用户也可以自行创建标题栏文件，然后保存至路径 C:\Users\Administrator\AppData\Local\Autodesk\AutoCAD 2020\R20.1\chs\Template 中。可以控制以图块或外部参照的方式创建布局。

06 单击【下一步】按钮，系统弹出【创建布局-定义视口】对话框，在【视口设置】中有 4 种选项，如图 17-34 所示。这与【VPORTS】命令类似，在这里可以设置【阵列】视口，而在【视口】对话框中可以修改视图样式和视觉样式等。

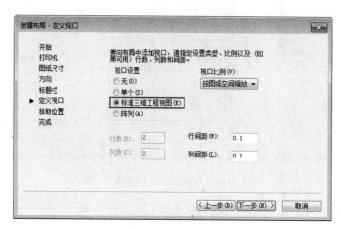

图 17-34 【创建布局-定义视口】对话框

07 单击【下一步】按钮，系统弹出【创建布局-拾取位置】对话框，如图 17-35 所示。单击【选择位置】按钮，可以在图纸空间中框选矩形作为视口，如果不指定位置直接单击【下一步】按钮，系统会默认以"布满"的方式布置视口。

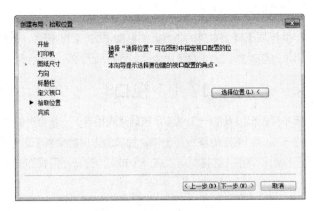

图 17-35 【创建布局-拾取位置】对话框

08 单击【下一步】按钮，系统弹出【创建布局-完成】对话框，再单击对话框中的【完成】按钮，即可完成整个布局的创建。

17.3.2 调整布局

创建好一个新的布局图后，接下来的工作就是对布局图中的图形位置和大小进行调整和布置。

1. 调整视口

视口的大小和位置是可以调整的，视口边界实际上是在图样空间中自动创建的一个矩形图形对象，单击视口边界，4 个角点上出现夹点，利用夹点拉伸的方法可以调整视口，如图 17-36 所示。

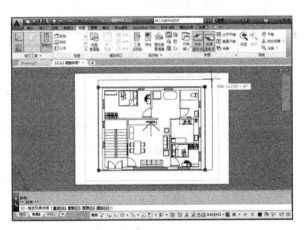

图 17-36 利用夹点调整视口

如果出图时只需要一个视口，通常可以调整视口边界到充满整个打印边界。

2. 设置图形比例

设置比例尺是出图过程中最重要的一个步骤，该比例尺反映了图上尺寸和实际尺寸的换算关系。

AutoCAD 制图和传统纸面制图在设置比例尺这一步骤上有很大的不同。传统制图的比例尺一开始就已经确定了，并且绘制的是经过比例换算后的图形，而在 AutoCAD 建模过程中，在模型空间中始终按照 1:1 的实际尺寸绘图，只有在出图时才按照比例尺将模型缩放到布局图上进行出图。

如果需要观看当前布局图的比例尺，首先应在视口内部双击，使当前视口内的图形处于激活状态，然后单

击工作区间右下角【图样】|【模型】切换开关，将视口切换到模型空间状态。然后打开【视口】工具栏，在该工具栏右边文本框中显示的数值就是图样空间相对于模型空间的比例尺，同时也是出图时的最终比例。

3. 在图样空间中增加图形对象

有时需要在出图时添加一些不属于模型本身的内容，如制图说明、图例符号、图框、标题栏、会签栏等，此时可以在布局空间状态下添加这些对象，这些对象只会添加到布局图中，而不会添加到模型空间中。

17.4 视口

视口是在布局空间中构造布局图时涉及的一个概念，布局空间相当于一张空白的纸，要在其上布置图形时，先要在纸上开一扇窗，让存在于里面的图形能够显示出来，视口的作用就相当于这扇窗。可以将视口视为布局空间的图形对象，并对其进行移动和调整，这样就可以在一个布局内进行不同视图的放置、绘制、编辑和打印。视口可以相互重叠或分离。

17.4.1 删除视口

打开布局空间时，系统就已经自动创建了一个视口，所以能够看到分布在其中的图形。在布局中，选择视口的边界，如图 17-37 所示，按 Delete 键可删除视口，删除后，显示于该视口的图像将不可见，如图 17-38 所示。

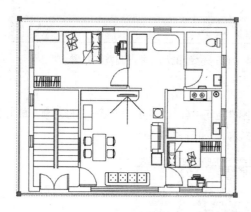

图 17-37　选中视口　　　　　　　　　　　　　　　图 17-38　删除视口的效果

17.4.2 新建视口

系统默认的视口往往不能满足布局的要求，尤其是在进行多视口布局时，需要手动创建新视口，并对其进行调整和编辑。

新建视口的方法如下。

➤ 功能区：在【输出】选项卡中单击【布局视口】面板中各按钮，可创建相应的视口。

➤ 菜单栏：执行【视图】|【视口】命令。

➤ 命令行：VPORTS。

4. 创建标准视口

执行上述命令下的【新建视口】子命令后，将打开【视口】对话框，如图 17-39 所示。在【新建视口】选项卡的【标准视口】列表中可以选择要创建的视口类型，在右边的预览窗口中可以进行预览。可以创建单个视口，也可以创建多个视口，如图 17-40 所示。还可以选择多个视口的摆放位置。

调用多个视口的方法如下。

➤ 功能区：在【布局】选项卡中单击【布局视口】中的各按钮，如图 17-41 所示。

➤ 菜单栏：执行【视图】|【视口】命令，如图 17-42 所示。

> 命令行： VPORTS。

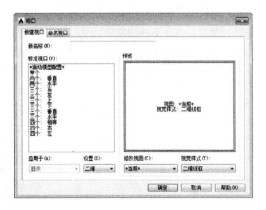

图 17-39 【视口】对话框

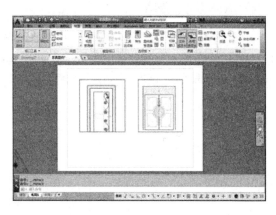

图 17-40 创建多个视口

图 17-41 从功能区调用【视口】命令

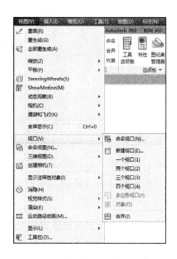

图 17-42 从菜单栏调用【视口】命令

5. 创建特殊形状的视口

执行上述命令中的【多边形视口】命令，可以创建多边形的视口，如图 17-43 所示，甚至还可以在布局图样中手动绘制特殊的封闭对象边界，如多边形、圆、样条曲线或椭圆等，然后使用【对象】命令，将其转换为视口，如图 17-44 所示。

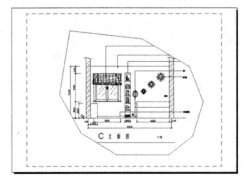

图 17-43 多边形视口

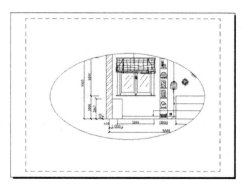

图 17-44 转换为视口

17.4.3 调整视口

视口创建后，为了使其满足需要，还要对视口的大小和位置进行调整。相对于布局空间，视口和一般的图形对象没什么区别，每个视口均被绘制在当前图层上，且采用当前图层的颜色和线型。因此可使用通常的图形编辑方法来编辑视口。例如，可以通过拉伸和移动夹点来调整视口的边界，如图 17-45 所示。

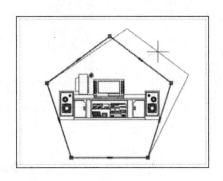

图 17-45　利用夹点调整视口

17.5　打印出图

打印出图之前还需进行页面设置，这是出图准备过程中的最后一个步骤。打印的图形在进行布局之前，先要对布局的页面进行设置，以确定出图的纸张大小等参数。页面设置包括打印设备、纸张、打印区域、打印方向等参数的设置。页面设置可以命名保存，可以将同一个命名页面设置应用到多个布局图中，也可以从其他图形中输入命名页面设置并将应用到当前图形的布局中，这样就避免了在每次打印前都要反复进行打印设置的麻烦。

页面设置在【页面设置管理器】对话框中进行，调用【新建页面设置】的方法如下。

➢ 菜单栏：执行【文件】|【页面设置管理器】命令，如图 17-46 所示。

➢ 命令行：在命令行中输入 "PAGESETUP"。

➢ 功能区：在【输出】选项卡中单击【布局】面板或【打印】面板中的【页面设置管理器】按钮，如图 17-47 所示。

➢ 快捷方式：右击绘图窗口下的【模型】或【布局】选项卡，在弹出的快捷菜单中选择【页面设置管理器】命令。

图 17-46　从菜单栏调用【页面设置管理器】命令

图 17-47　从功能区调用【页面设置管理器】命令

执行该命令后，将打开【页面设置管理器】对话框，如图 17-48 所示，其中显示了已存在的所有页面设置的列表。通过右击页面设置，或单击右边的工具按钮，可以对页面设置进行新建、修改、删除、重命名和当前页面设置等操作。

单击对话框中的【新建】按钮，新建一个页面，或选中某页面设置后单击【修改】按钮，都将打开如图 17-49 所示的【页面设置】对话框。在该对话框中，可以进行打印设备、图样、打印区域、比例等选项的设置。

图 17-48　【页面设置管理器】对话框

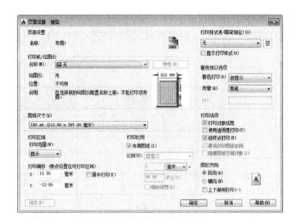

图 17-49　【页面设置】对话框

17.5.1　指定打印设备

【打印机/绘图仪】选项组用于设置出图的绘图仪或打印机。如果打印设备已经与计算机或网络系统正确连接，并且驱动程序也已经正常安装，那么在【名称】下拉列表框中就会显示出全部打印设备的名称，可以从中选择需要的打印设备。

AutoCAD 将打印介质和打印设备的相关信息储存在扩展名为 "*.pc3" 的打印配置文件中，这些信息包括绘图仪配置设置指定端口信息、光栅图形和矢量图形的质量、图样尺寸以及取决于绘图仪类型的自定义特性。这样使得打印配置可以用于其他 AutoCAD 文档，能够实现共享，避免了反复设置。

单击功能区【输出】选项卡【打印】组面板中的【打印】按钮，系统弹出【打印-模型】对话框，如图 17-50 所示。在对话框【打印机/绘图仪】的【名称】下拉列表中选择要设置的名称选项，单击右边的【特性】按钮 特性(R)...，系统弹出【绘图仪配置编辑器】对话框，如图 17-51 所示。

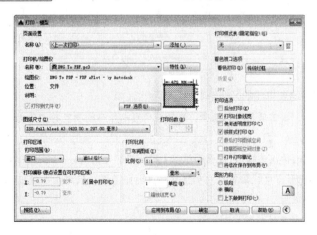

图 17-50　【打印-模型】对话框

图 17-51　【绘图仪配置编辑器】对话框

选择【设备和文档设置】选项卡，然后选择各个选项，即可对其进行设置。如果更改了设置，所做更改将出现在设置名旁边的尖括号 (<>) 中。修改过其值的节点图标上还会显示一个复选标记。

17.5.2 设定图纸尺寸

在【图纸尺寸】下拉列表框中选择打印出图时的纸张类型，控制出图比例。

工程制图的图纸有一定的规范尺寸，一般采用英制 A 系列图纸尺寸，包括 A0、A1、A2 等标准型号，以及 A0+、A1+等加长图纸型号。图纸加长的规定是：可以将边延长 1/4 或 1/4 的整数倍，最多可以延长至原尺寸的两倍，短边不可延长。各型号图纸的尺寸见表 17-1。

表 17-1 标准图纸尺寸

图纸型号	长宽尺寸
A0	1189mm×841mm
A1	841mm×594mm
A2	594mm×420mm
A3	420mm×297mm
A4	297mm×210mm

新建图纸尺寸的步骤为首先在打印机配置文件中新建一个或若干个自定义尺寸，然后保存为新的打印机配置 pc3 文件。这样，以后需要使用自定义尺寸时，只需要在【打印机/绘图仪】对话框中选择该配置文件即可。

17.5.3 设置打印区域

在使用模型空间打印时，一般在【页面设置-模型】对话框中设置打印范围，如图 17-52 所示。

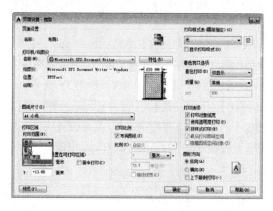

图 17-52 设置打印范围

【打印范围】下拉列表用于确定设置图形中需要打印的区域，其中各选项含义如下。

➢【布局】：打印当前布局图中的所有内容。该选项是默认选项，选择该项可以精确地确定打印范围、打印尺寸和比例。

➢【窗口】：用窗选的方法确定打印区域。选择该选项后，【页面设置】对话框暂时消失，系统返回绘图区可以用鼠标在模型窗口中的工作区间拉出一个矩形窗口，该窗口内的区域就是打印范围。使用该选项确定打印范围简单方便，但是不能精确设置比例尺和出图尺寸。

➢【范围】：打印模型空间中包含所有图形对象的范围。

➢【显示】：打印模型窗口当前视图状态下显示的所有图形对象，可以通过 ZOOM 调整视图状态，从而调整打印范围。

在使用布局空间打印图形时，可单击【打印】面板中的【预览】按钮，预览当前的打印效果。图签有时会出现部分不能完全打印的状况，如图 17-53 所示，这是因为图签大小超越了图纸可打印区域的缘故。可通过【绘图仪配置编辑器】对话框中的【修改标准图纸尺寸（可打印区域）】选项重新设置图纸的可打印区域来解决，如图 17-54 所示的虚线表示了图纸的可打印区域。

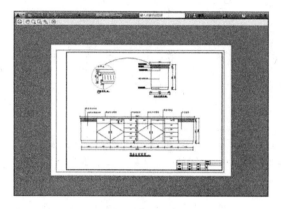

图 17-53　打印预览

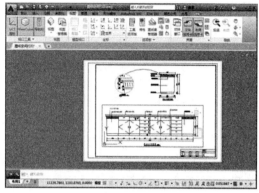

图 17-54　可打印区域

单击【打印】面板中的【绘图仪管理器】按钮，系统弹出【Plotters】对话框，如图 17-55 所示。双击所设置的打印设备。系统弹出【绘图仪配置编辑器】对话框，选择【修改标准图纸尺寸（可打印区域）】选项，可重新设置图纸的可打印区域，如图 17-56 所示。也可在【打印】对话框中选择打印设备后，再单击右边的【特性】按钮，打开【绘图仪配置编辑器】对话框。

图 17-55　【Plotters】对话框

图 17-56　【绘图仪配置编辑器】对话框

在【修改标准图纸尺寸】栏中选择当前使用的图纸类型（即在【页面设置】对话框中的【图纸尺寸】列表中选择的图纸类型），如图 17-57 所示光标所在的位置（不同打印机有不同的显示）。单击【修改】按钮，弹出【自定义图纸尺寸】对话框，如图 17-58 所示。分别设置上、下、左、右页边距（可以使打印范围略大于图框），两次单击【下一步】按钮，再单击【完成】按钮，返回【绘图仪配置编辑器】对话框。单击【确定】按钮关闭对话框。

图 17-57　选择图纸类型

图 17-58　【自定义图纸尺寸】对话框

修改图纸可打印区域之后，此时布局如图 17-59 所示（虚线内表示可打印区域）。

在命令行中输入"LAYER",调用【图层特性管理器】命令,系统弹出【图层特性管理器】对话框,将视口边框所在图层设置为不可打印,如图 17-60 所示,这样视口边框将不会被打印。

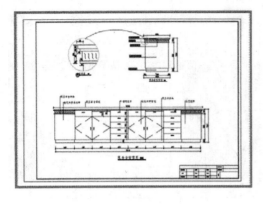

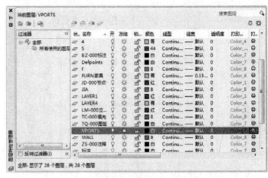

图 17-59　布局效果　　　　　　　　　　　　　　图 17-60　设置视口边框图层属性

修改页边距后的打印效果如图 17-61 所示。可以看出,图形可以正确打印了。

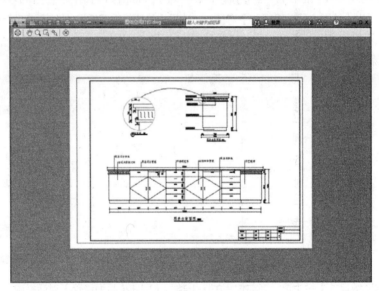

图 17-61　修改页边距后的打印效果

17.5.4　设置打印偏移

【打印偏移】选项组用于指定打印区域偏离图样左下角的 X 方向和 Y 方向偏移值,一般情况下,都要求出图充满整个图样,所以设置 X 和 Y 偏移值均为 0,如图 17-62 所示。

通常情况下打印的图形和纸张的大小一致,不需要修改设置。选中【居中打印】复选框,则图形居中打印。这个"居中"是指在所选纸张 A1、A2 等尺寸的基础上居中,也就是 4 个方向上各留空白,而不只是卷筒纸的横向居中。

17.5.5　设置打印比例

1.　打印比例

【打印比例】选项组用于设置出图比例尺。在【比例】下拉列表框中可以精确地设置需要出图的比例尺。如果选择【自定义】选项,则可以在下方的文本框中设置与图形单位等价的英寸数来创建自定义比例尺。

如果对出图比例尺和打印尺寸没有要求，可以直接选中【布满图纸】复选框，这样 AutoCAD 会将打印区域自动缩放到充满整个图纸。【缩放线宽】复选框用于设置线宽值是否按打印比例缩放。通常要求直接按照线宽值打印，而不按打印比例缩放。

在 AutoCAD 中，有两种方法控制打印出图比例。

➢ 在打印设置或页面设置的【打印比例】区域设置比例，如图 17-63 所示。

➢ 在图纸空间中使用视口控制比例，然后按照 1∶1 打印。

图 17-62　【打印偏移】设置选项

图 17-63　设置【打印比例】选项

2.　图形方向

工程制图多需要使用大幅的卷筒纸打印，在使用卷筒纸打印时，打印方向包括两个方面的问题：第一，图纸阅读时的图纸方向是横宽还是竖长；第二，图形与卷筒纸的方向关系是顺着出纸方向还是垂直于出纸方向。

在 AutoCAD 中分别使用图纸尺寸和图形方向来控制最后出图的方向。在【图形方向】区域可以看到小示意图 ，其中白纸表示设置图纸尺寸时选择的图纸尺寸是横宽还是竖长，字母 A 表示图形在纸张上的方向。

17.5.6　指定打印样式表

【打印样式表】下拉列表框列出了已存在的打印样式，从而可以非常方便地用设置好的打印样式替代图形对象的原有属性，并体现到出图格式中。

17.5.7　设置打印方向

在【图形方向】选项组中可选择纵向或横向打印，若选中【反向打印】复选框，可以允许在图样中上下颠倒地打印图形。

17.5.8　最终打印

在完成上述的所有设置工作后，就可以开始打印出图了。调用【打印】命令的方法如下。

➢ 功能区：在【输出】选项卡中单击【打印】面板中的【打印】按钮 。

➢ 菜单栏：执行【文件】|【打印】命令。

➢ 命令行：　PLOT。

➢ 快捷操作：Ctrl+P。

在模型空间中，执行【打印】命令后，系统弹出【打印】对话框，如图 17-64 所示。该对话框与【页面设置】对话框相似，可以进行出图前的最后设置。

下面通过具体的实例来讲解模型空间打印的具体步骤。

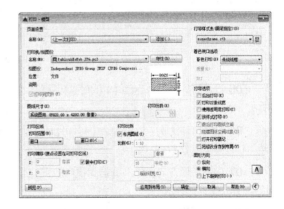

图 17-64　【打印】对话框

【案例 17-5】：　零件图打印实例

通过本实例的操作，可熟悉布局空间的创建、多视口的创建、视口的调整、打印比例的设置、图形的打印等。

01 单击快速访问工具栏中的【打开】按钮🗁，打开配套资源中的"第 17 章\17-5 单比例打印.dwg"素材文件，如图 17-65 所示。

02 按 Ctrl+P 组合键，弹出【打印】对话框。然后在【名称】下拉列表框中选择所需的打印机，本例以【DWG To PDF.pc3】打印机为例。该打印机可以打印出 PDF 格式的图形。

03 设置图纸尺寸。在【图纸尺寸】下拉列表框中选择【ISO full bleed A3（420.00×297.00 毫米）】选项，如图 17-66 所示。

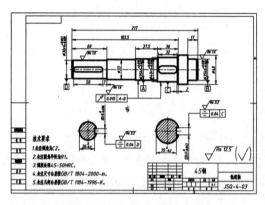

图 17-65　素材文件

图 17-66　指定打印机及选择图纸尺寸

04 设置打印区域。在【打印范围】下拉列表框中选择【窗口】选项，系统自动返回绘图区，在其中框选出要打印的区域，如图 17-67 所示。

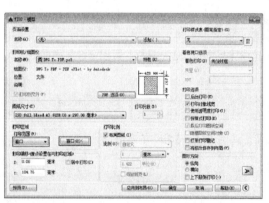

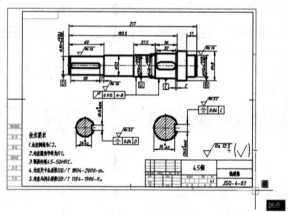

图 17-67　设置打印区域

05 设置打印偏移。返回【打印】对话框，勾选【打印偏移】选项区域中的【居中打印】选项，如图 17-68 所示。

06 设置打印比例。取消勾选【打印比例】选项区域中的【布满图纸】选项，然后在【比例】下拉列表中选择 1:1 选项，如图 17-69 所示。

07 设置图形方向。本例图框为横向放置，因此在【图形方向】选项区域中选择打印方向为【横向】，如图 17-70 所示。

08 打印预览。所有参数设置完成后，单击【打印】对话框左下角的【预览】按钮进行打印预览，效果如图 17-71 所示。

09 打印图形。若图形显示无误，便可以在预览窗口中单击鼠标右键，在弹出的快捷菜单中选择【打印】选项，输出打印。

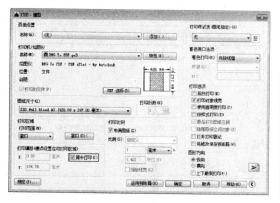

图 17-68　设置打印偏移

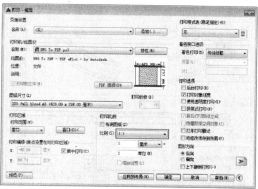

图 17-69　设置打印比例

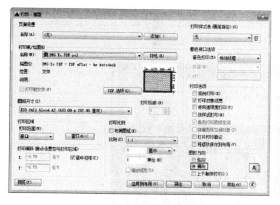

图 17-70　设置图形方向

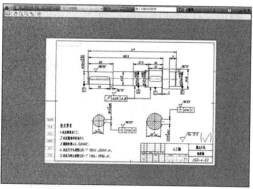

图 17-71　打印预览

17.6　文件的输出

AutoCAD 具有强大、方便的绘图能力，在利用其绘图后，有时还需要将绘图的结果用于其他程序，在这种情况下，需要将 AutoCAD 图形输出为通用格式的图像文件，如 JPG、PDF 等。

17.6.1　输出为 dxf 文件

dxf 是 Autodesk 公司开发的用于 AutoCAD 与其他软件之间进行 CAD 数据交换的 CAD 数据文件格式。

DXF（Drawing Exchange File）图形交换文件是一种 ASCII 编码文件，它包含对应的 dwg 文件的全部信息，但是这些信息不是 ASCII 码形式，可读性差，不同类型的计算机（如 PC 及其兼容机与 SUN 工作站哪怕是用同一版本的文件，其 dwg 文件也是不可交换的。为了克服这一缺点，AutoCAD 提供了 dxf 类型文件，其内部为 ASCII 码，这样不同类型的计算机可通过交换 dxf 文件来达到交换图形的目的，而且 dxf 文件可读性好，用户可方便地对它进行修改、编程，达到从外部图形进行编辑、修改的目的。

【案例 17-6】：　输出 dxf 文件在其他建模软件中打开

将 AutoCAD 图形输出为 dxf 文件后，就可以导入至其他的建模软件（如 UG、Creo、草图大师等）中打开。dxf 文件适用于 AutoCAD 的二维草图输出。

01 打开要输出 dxf 的素材文件"第 17 章\17-6 输出 dxf 文件.dwg"，如图 17-72 所示。

02 单击快速访问工具栏中的【另存为】按钮，或按快捷键 Ctrl+Shift+S，打开【图形另存为】对话框，选择输出路径，输入新的文件名为"9-12"，在【文件类型】下拉列表中选择【AutoCAD 2000/LT2000DXF（*.dxf）】

选项，如图 17-73 所示。

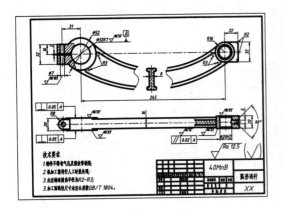

图 17-72　素材文件

图 17-73　【图形另存为】对话框

03 在建模软件中导入生成的"9-12.dxf"文件，具体方法请见各软件有关资料。如图 17-74 所示为在其他软件（UG）中导入的 dxf 文件。

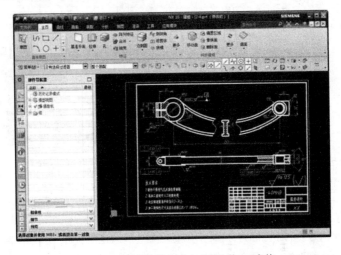

图 17-74　在其他软件（UG）中导入的 dxf 文件

17.6.2　输出为 stl 文件

stl 文件是一种平版印刷文件，可以将实体数据以三角形网格面形式保存，一般用来转换 AutoCAD 的三维模型，近年来发展迅速的 3D 打印技术就需要使用到该种文件格式。除了 3D 打印之外，stl 数据还用于通过沉淀塑料、金属或复合材质的薄图层的连续性来创建对象。生成的部分和模型通常用于以下方面。

➢ 可视化设计概念，识别设计问题。

➢ 创建产品实体模型、建筑模型和地形模型，测试外形、拟合和功能。

➢ 为真空成型法创建主文件。

【案例 17-7】：输出 stl 文件并用于 3D 打印

除了专业的三维建模，AutoCAD 2020 所提供的三维建模命令也可以使得用户创建出自己想要的模型，并通过输出 stl 文件来进行 3D 打印。

01 打开素材文件"第 17 章\17-7 输出 stl 文件并用于 3D 打印.dwg"，其中已经创建好了一个三维模型，如图 17-75 所示。

02 单击【应用程序】按钮 ▲，在弹出的快捷菜单中选择【输出】选项，在右侧的输出菜单中选择【其他格式】命令，如图 17-76 所示。

图 17-75　素材模型

图 17-76　输出其他格式

03 系统弹出【输出数据】对话框，在文件类型下拉列表中选择【平板印刷（*.stl）】选项，如图 17-77 所示。

04 单击【保存】按钮，系统返回绘图界面，命令行提示选择实体或无间隙网格，手动将整个模型选中，然后单击按 Enter 键完成选择，即可在指定路径生成 stl 文件，如图 17-78 所示。该 stl 文件可支持 3D 打印，具体方法请参阅 3D 打印的有关资料。

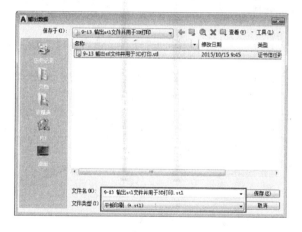

图 17-77　【输出数据】对话框

图 17-78　生成 stl 文件

17.6.3　输出为 PDF 文件

PDF（Portable Document Format 的简称，意为"便携式文档格式"）是由 Adobe Systems 用于与应用程序、操作系统、硬件无关的方式进行文件交换所发展出的文件格式。PDF 文件以 PostScript 语言图像模型为基础，无论在哪种打印机上都可保证精确的颜色和准确的打印效果，即 PDF 会忠实地再现原稿的每一个字符、颜色以及图像。

PDF 这种文件格式与操作系统平台无关，也就是说，PDF 文件不管是在 Windows、Unix 还是在苹果公司的 Mac OS 操作系统中都是通用的。这一特点使它成为在 Internet 上进行电子文档发行和数字化信息传播的理想文档格式。越来越多的电子图书、产品说明、公司文告、网络资料、电子邮件开始使用 PDF 格式文件。

【案例 17-8】：　输出 PDF 文件供客户快速查阅

对于 AutoCAD 用户来说，掌握 PDF 文件的输出尤为重要。因为有些客户并非设计专业，在他们的计算机中不会装有 AutoCAD 或者简易的 DWF Viewer，这样进行设计图交流时就会很麻烦，如直接通过截图的方式交流，截图的分辨率太低；打印成高分辨率的 JPEG 图形又不好添加批注等信息。如果将 dwg 图形输出为 PDF，则既能高清地还原 AutoCAD 图纸信息，又能添加批注，更重要的是 PDF 普及度高，在任何平台、任何系统都能有效打开。

01 打开素材文件 "第 17 章\17-8 输出 PDF 文件供客户快速查阅.dwg"，其中已经绘制好了一完整图纸，如图 17-79 所示。

02 单击【应用程序】按钮，在弹出的快捷菜单中选择【输出】选项，在右侧的输出菜单中选择【PDF】，如图 17-80 所示。

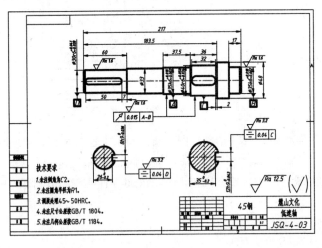

图 17-79　素材文件　　　　　　　　　　图 17-80　选择 PDF

03 系统弹出【另存为 PDF】对话框，在对话框中指定输出路径、文件名，然后在【PDF 预设】下拉列表框中选择【AutoCAD PDF（High Quality Print）】，即 "高品质打印"（读者也可以自行选择要输出 PDF 的品质），如图 17-81 所示。

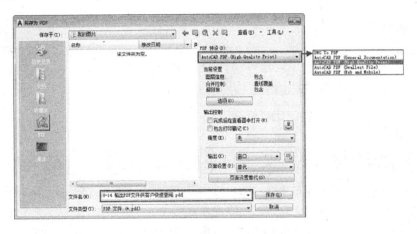

图 17-81　【另存为 PDF】对话框

04 在对话框的【输出】下拉列表中选择【窗口】，系统返回绘图界面，然后点选素材图形的对角点即可定义输出窗口，如图 17-82 所示。

05 在对话框的【页面设置】下拉列表中选择【替代】，再单击下方的【页面设置替代】按钮，打开【页面设置替代】对话框，在其中定义好打印样式和图纸尺寸，如图 17-83 所示。

06 单击【确定】按钮，返回【另存为 PDF】对话框，再单击【保存】按钮，即可输出 PDF，效果如图 17-84 所示。

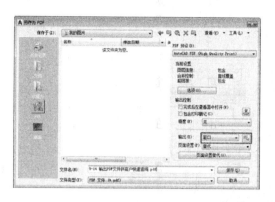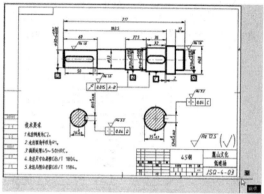

图 17-82　定义输出窗口

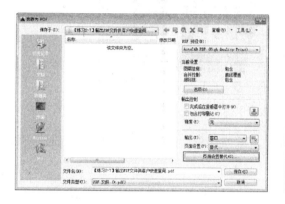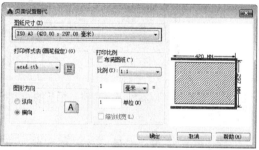

图 17-83　定义页面设置

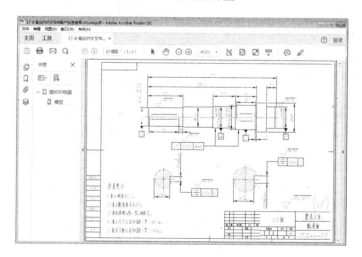

图 17-84　输出的 PDF 效果

17.6.4　图纸的批量输出与打印

图纸的批量输出或批量打印很多时候只能通过安装 AutoCAD 的插件来完成，但这些插件并不稳定，使用效果也差强人意。

其实在 AutoCAD 中，可以通过【发布】功能来实现批量打印或输出的效果，最终的输出格式可以是电子版文档，如 PDF、DWF，也可以是纸质文件。下面通过一个具体案例来进行说明。

【案例 17-9】： 批量输出 PDF 文件

01 打开素材文件 "第 17 章\17-9 批量输出 PDF 文件.dwg"，其中已经绘制好了 4 张图纸，如图 17-85 所示。

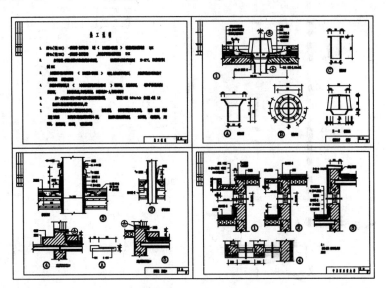

图 17-85　素材文件

02 在状态栏中可以看到已经创建了相应的 4 个布局，如图 17-86 所示，每一个布局对应一张图纸，并控制该图纸的打印。

图 17-86　创建的布局

操作技巧：如需打印新的图纸，读者可以自行新建布局，然后分别将各布局中的视口对准要打印的部分。

03 单击【应用程序】按钮，在弹出的快捷菜单中选择【发布】选项，打开【发布】对话框，在【发布为】下拉列表中选择【PDF】选项，在【发布选项信息】中定义发布位置，如图 17-87 所示。

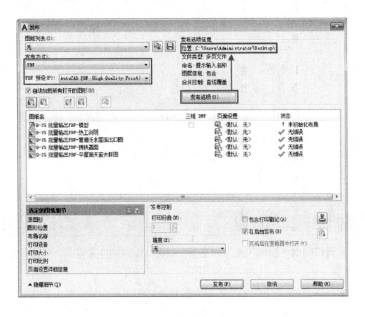

图 17-87　【发布】对话框

04 在【图纸名】列表栏中可以查看到要发布为 DWF 的文件，用鼠标右击其中的任一文件，在弹出的快捷菜单中选择【重命名图纸】选项，如图 17-88 所示，为图形输入合适的名称，效果如图 17-89 所示。

图 17-88 选择【重命名图纸】选项

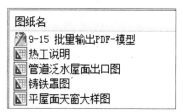

图 17-89 重命名效果

05 设置无误后，单击【发布】对话框中的【发布】按钮，打开【指定 PDF 文件】对话框，在【文件名】文本框中输入发布后 PDF 文件的文件名，单击【选择】按钮即可发布，如图 17-90 所示。

06 如果是第一次进行 PDF 发布，会打开【发布-保存图纸列表】对话框，如图 17-91 所示。单击【否】按即可。

图 17-90 【指定 PDF 文件】对话框

图 17-91 【发布-保存图纸列表】对话框

07 此时 AutoCAD 弹出如图 17-92 所示的对话框，开始处理 PDF 文件的输出。输出完成后在状态栏右下角出现如图 17-93 所示的提示，PDF 文件即输出完成。

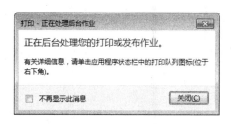

图 17-92 【打印-正在处理后台作业】对话框

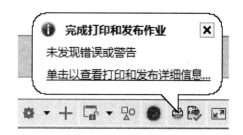

图 17-93 "完成打印和发布作业"提示

08 打开输出后的 PDF 文件，效果如图 17-94 所示。

图 17-94　打开输出后的 PDF 文件效果